# 中国科普统计

## 2018年版

中华人民共和国科学技术部

科学技术文献出版社

·北京·

图书在版编目(CIP)数据

中国科普统计:2018 年版 / 中华人民共和国科学技术部著. —北京:科学技术文献出版社,2019.1

ISBN 978-7-5189-5125-3

Ⅰ.①中… Ⅱ.①中… Ⅲ.①科普工作—统计资料—中国—2018 Ⅳ.①N4-66

中国版本图书馆 CIP 数据核字(2019)第 016154 号

## 中国科普统计 2018 年版

策划编辑:周国臻　　责任编辑:赵　斌　　责任校对:文　浩　　责任出版:张志平

| 出　版　者 | 科学技术文献出版社 |
|---|---|
| 地　　　址 | 北京市复兴路 15 号　邮编　100038 |
| 编　务　部 | (010)58882938,58882087(传真) |
| 发　行　部 | (010)58882868,58882870(传真) |
| 邮　购　部 | (010)58882873 |
| 网　　　址 | www.stdp.com.cn |
| 发　行　者 | 科学技术文献出版社发行　全国各地新华书店经销 |
| 印　刷　者 | 北京地大彩印有限公司 |
| 版　　　次 | 2019 年 1 月第 1 版　2019 年 1 月第 1 次印刷 |
| 开　　　本 | 787×1092　1/16 |
| 字　　　数 | 383 千 |
| 印　　　张 | 22.75 |
| 书　　　号 | ISBN 978-7-5189-5125-3 |
| 定　　　价 | 88.00 元 |

版权所有 违法必究

购买本社图书,凡字迹不清、缺页、倒页、脱页者,本社发行部负责调换

# 前言

党的十九大报告指出:"弘扬科学精神,普及科学知识。"

习近平总书记 2016 年在全国科技创新大会上指出:"科技创新、科学普及是实现创新发展的两翼,要把科学普及放在与科技创新同等重要的位置。"

习近平总书记 2018 年在致世界公众科学素质促进大会的贺信中强调:"中国高度重视科学普及,不断提高广大人民科学文化素质。"

科普是指"以浅显的、让公众易于理解、接受和参与的方式向普通大众介绍自然科学和社会科学知识、推广科学技术的应用、倡导科学方法、传播科学思想、弘扬科学精神的活动"。《"十三五"国家科技创新规划》对"十三五"期间我国科普工作做出了全面部署,规划明确提出,未来五年,我国科技创新工作将"围绕夯实创新的群众和社会基础,加强科普和创新文化建设。深入实施全民科学素质行动,全面推进全民科学素质整体水平的提升;加强科普基础设施建设,大力推动科普信息化,培育发展科普产业;推动高等学校、科研院所和企业的各类科研设施向社会公众开放;弘扬科学精神,加强科研诚信建设,增强与公众的互动交流,培育尊重知识、崇尚创造、追求卓越的企业家精神和创新文化"。《"十三五"国家科普和创新文化建设规划》提出了"十三五"期间的重点任务:提升重点人群科学素质、加强科普基础设施建设、提高科普创作研发传播能力、加强重点领域科普工作、推动科普产业发展、营造鼓励创新的文化环境、积极开展国际交流与合作,以及加强国防科普能力建设。

科普统计是贯彻落实《中华人民共和国科学技术普及法》的重要举措,是了解和掌握全国科普工作状况的重要数据基础。通过科普统计和统计数据分析,可以为政府部门制定科普政策、法律法规及有针对性地开展科普工作提供支持,也可以让广大公众及时了解我国科普事业发展现状。自全国科普统计工作开展以来，发布的数据成为社会各界了解我国科普事业发展状况的重要窗口，成为国内外政府部门和研究机构普遍引用的权威数据。

2018年第12次全国科普统计涉及全国31个省、自治区、直辖市（不含香港特别行政区、澳门特别行政区和台湾地区），包括发改、教育、科技管理等31个部门的中央、省级、地市级和县级四级单位。统计时间为2017年1月1日至2017年12月31日。统计内容涉及科普人员、科普经费、科普场地、科普传媒、科普活动和创新创业中的科普六大类指标。

全国科普统计由科技部引进国外智力管理司负责牵头组织，中国科学技术信息研究所具体实施并承担数据汇总和分析工作，中央、国务院相关部门负责本系统及直属机构的科普统计，各级科技管理部门组织协调开展本地区的科普统计。

科技部引进国外智力管理司邱成利同志负责全书的策划和综述部分的撰写。中国科学技术信息研究所佟贺丰、赵璇、刘娅、于洁、曹燕、徐峰、张长柱、常越、邢天华、龚春红、赵婧等同志负责具体的统计工作及本书相关章节的撰写。《中国科普统计2018年版》一书是对第12次全国科普统计数据的全面解析。全书共分为7个部分：综述、科普人员、科普场地、科普经费、科普传媒、科普活动和创新创业中的科普。书中收录了"2017年度全国科普统计调查方案"及2010—2017年的分类统计数据。

科普统计数据是反映我国科普工作状况的重要指标数据。从2004年的试统计开始，全国科普统计处于不断完善的过程中。为了更加真实、有效地反映全国科普事业的发展状况，科普统计方案、统计范围和统计指标处于适度调整、变动的过程之中。统计范围的变化会造成数据分析中有关变化率的计算并不是基于相同的统计口径。一些指标数据的变化就受到此方面因素的影响，因此在解读、引用此类数据时须注意相关信息。

科普统计是科技统计中的一个专项统计。同时，由于水平和时间所限，错误和疏漏在所难免，欢迎广大读者批评指正。衷心感谢各地、各部门及相关单位和个人对科普统计提供的支持和帮助。

# 目 录

综　　述 ............................................................................................................ 1
1　科普人员 .................................................................................................... 13
　　1.1　科普人员概况 .................................................................................... 13
　　　　1.1.1　科普人员类别 .......................................................................... 14
　　　　1.1.2　科普人员分级构成 .................................................................. 15
　　　　1.1.3　科普人员区域分布 .................................................................. 16
　　1.2　各省科普人员分布 ............................................................................ 20
　　　　1.2.1　各省科普人员总量 .................................................................. 20
　　　　1.2.2　各省科普人员分类构成 .......................................................... 23
　　1.3　部门科普人员分布 ............................................................................ 28
　　　　1.3.1　部门科普人员数量 .................................................................. 28
　　　　1.3.2　部门科普人员分类构成 .......................................................... 31
2　科普场地 .................................................................................................... 35
　　2.1　科技馆 ................................................................................................ 35
　　　　2.1.1　科技馆总体情况 ...................................................................... 36
　　　　2.1.2　科技馆的地区分布 .................................................................. 38
　　　　2.1.3　科技馆的部门分布 .................................................................. 40
　　2.2　科学技术类博物馆 ............................................................................ 42
　　　　2.2.1　科学技术类博物馆总体情况 .................................................. 42
　　　　2.2.2　科学技术类博物馆的地区分布 .............................................. 43
　　　　2.2.3　科学技术类博物馆的部门分布 .............................................. 45
　　2.3　青少年科技馆站 ................................................................................ 46

| | | |
|---|---|---|
| 2.4 | 公共场所科普宣传设施 | 48 |
| 2.4.1 | 科普画廊 | 48 |
| 2.4.2 | 城市社区科普（技）专用活动室 | 50 |
| 2.4.3 | 农村科普（技）活动场地 | 52 |
| 2.4.4 | 科普宣传专用车 | 54 |
| 3 | 科普经费 | 55 |
| 3.1 | 科普经费概况 | 56 |
| 3.1.1 | 科普经费筹集 | 56 |
| 3.1.2 | 科普经费使用 | 59 |
| 3.2 | 各省科普经费筹集及使用 | 60 |
| 3.2.1 | 科普经费筹集 | 61 |
| 3.2.2 | 科普经费使用 | 67 |
| 3.3 | 部门科普经费筹集及使用 | 71 |
| 3.3.1 | 科普经费筹集 | 71 |
| 3.3.2 | 科普经费使用 | 74 |
| 4 | 科普传媒 | 77 |
| 4.1 | 科普图书、期刊和科技类报纸 | 77 |
| 4.1.1 | 科普图书 | 77 |
| 4.1.2 | 科普期刊 | 81 |
| 4.1.3 | 科技类报纸 | 83 |
| 4.2 | 电台、电视台科普（技）节目 | 83 |
| 4.2.1 | 电台科普（技）节目 | 84 |
| 4.2.2 | 电视台科普（技）节目 | 85 |
| 4.3 | 科普（技）音像制品及网站 | 86 |
| 4.3.1 | 科普（技）音像制品 | 86 |
| 4.3.2 | 科普网站 | 88 |
| 4.4 | 科普读物和资料 | 89 |
| 4.5 | 科普类微博、微信公众号 | 90 |

## 5 科普活动 .................................................. 93
### 5.1 科技活动周 .............................................. 94
#### 5.1.1 科普专题活动 ........................................ 96
#### 5.1.2 科技活动周经费 ...................................... 100
### 5.2 科普（技）讲座、展览和竞赛 ............................. 104
#### 5.2.1 整体概况 ............................................ 104
#### 5.2.2 科普（技）讲座 ...................................... 105
#### 5.2.3 科普（技）展览 ...................................... 108
#### 5.2.4 科普（技）竞赛 ...................................... 109
### 5.3 青少年科普活动 ......................................... 111
#### 5.3.1 青少年科普活动概况 .................................. 111
#### 5.3.2 青少年科技兴趣小组 .................................. 112
#### 5.3.3 科技夏（冬）令营 .................................... 113
### 5.4 科研机构、大学向社会开放情况 ........................... 114
### 5.5 科普国际交流 ........................................... 117
### 5.6 实用技术培训 ........................................... 117
### 5.7 重大科普活动 ........................................... 118

## 6 创新创业中的科普 ......................................... 119
### 6.1 创新创业科普活动的载体 ................................. 119
### 6.2 科普活动助推创新创业 ................................... 121

**附录 1** 2017 年度全国科普统计调查方案 ...................... 123
**附录 2** 2017 年全国科普统计分类数据统计表 .................. 140
**附录 3** 2016 年全国科普统计分类数据统计表 .................. 161
**附录 4** 2015 年全国科普统计分类数据统计表 .................. 182
**附录 5** 2014 年全国科普统计分类数据统计表 .................. 203
**附录 6** 2013 年全国科普统计分类数据统计表 .................. 222
**附录 7** 2012 年全国科普统计分类数据统计表 .................. 241
**附录 8** 2011 年全国科普统计分类数据统计表 .................. 260
**附录 9** 2010 年全国科普统计分类数据统计表 .................. 279

| 附录 10 | 国家科普基地名单 | 298 |
| 附录 11 | 全国科技馆名单 | 301 |
| 附录 12 | 中国公民科学素质基准 | 315 |
| 附录 13 | "十三五"国家科普和创新文化建设规划 | 325 |
| 附录 14 | 2017年全国科普讲解大赛优秀讲解人员名单 | 339 |
| 附录 15 | 2017年全国优秀科普微视频作品名单 | 342 |
| 附录 16 | 2017年全国科学实验展演汇演优秀项目名单 | 347 |
| 附录 17 | 2017年全国优秀科普作品名单 | 349 |

# CONTENTS

**SUMMARY** ......... 1

**1 S&T POPULARIZATION PERSONNEL** ......... 13
   1.1 OVERVIEW OF S&T POPULARIZATION PERSONNEL ......... 13
      *1.1.1 S&T popularization personnel by category* ......... 14
      *1.1.2 S&T popularization personnel by administrative level* ......... 15
      *1.1.3 S&T popularization personnel by region* ......... 16
   1.2 PROVINCIAL DISTRIBUTION OF SCIENCE POPULARIZATION PERSONNEL ......... 20
      *1.2.1 Total of S&T popularization personnel by province* ......... 20
      *1.2.2 Constitution of S&T popularization personnel by province* ......... 23
   1.3 DEPARTMENTAL DISTRIBUTION OF SCIENCE POPULARIZATION PERSONNEL ......... 28
      *1.3.1 Total of S&T popularization personnel by department* ......... 28
      *1.3.2 Constitution of S&T popularization personnel by department* ......... 31

**2 S&T POPULARIZATION VENUES AND FACILITIES** ......... 35
   2.1 S&T MUSEUMS OR CENTERS ......... 35
      *2.1.1 Overview* ......... 36
      *2.1.2 Distribution of S&T museums or centers by region* ......... 38
      *2.1.3 Distribution of S&T museums or centers by department* ......... 40
   2.2 S&T RELATED MUSEUMS ......... 42
      *2.2.1 Overview* ......... 42
      *2.2.2 Distribution of S&T related museums by region* ......... 43
      *2.2.3 Distribution of S&T related museums by department* ......... 45
   2.3 YOUTH S&T MUSEUMS OR CENTERS ......... 46
   2.4 S&T POPULARIZATION FACILITIES IN PUBLIC PLACES ......... 48
      *2.4.1 S&T popularization galleries* ......... 48
      *2.4.2 Urban community S&T popularization rooms* ......... 50
      *2.4.3 Rural S&T popularization sites* ......... 52
      *2.4.4 S&T popularization vehicles* ......... 54

# 3 S&T POPULARIZATION FUNDS ......... 55

## 3.1 OVERVIEW OF S&T POPULARIZATION FUNDING ......... 56
### 3.1.1 Raising of S&T popularization funds ......... 56
### 3.1.2 Utilization of S&T popularization funds ......... 59

## 3.2 RAISING AND UTILIZATION OF S&T POPULARIZATION FUNDS BY PROVINCE ......... 60
### 3.2.1 Raising of S&T popularization funds ......... 61
### 3.2.2 Utilization of S&T popularization funds ......... 67

## 3.3 RAISING AND UTILIZATION OF S&T POPULARIZATION FUNDS BY DEPARTMENT ......... 71
### 3.3.1 Raising of S&T popularization funds ......... 71
### 3.3.2 Utilization of S&T popularization funds ......... 74

# 4 S&T POPULARIZATION MEDIA ......... 77

## 4.1 POPULAR SCIENCE BOOKS, MAGAZINES AND NEWSPAPERS ......... 77
### 4.1.1 Popular science books ......... 77
### 4.1.2 Popular science magazines ......... 81
### 4.1.3 Popular science newspapers ......... 83

## 4.2 POPULAR SCIENCE PROGRAMMES BROADCASTED ON RADIO AND TV ......... 83
### 4.2.1 Popular science radio programs ......... 84
### 4.2.2 Popular science TV programs ......... 85

## 4.3 AUDIOVISUAL PRODUCTS AND WEBSITES FOR S&T POPULARIZATION ......... 86
### 4.3.1 Popular science audiovisual products ......... 86
### 4.3.2 Popular science websites ......... 88

## 4.4 POPULAR SCIENCE BOOKS ......... 89

## 4.5 POPULAR SCIENCE WEIBO AND WECHAT PUBLIC ACCOUNT ......... 90

# 5 S&T POPULARIZATION ACTIVITIES ......... 93

## 5.1 SCIENCE AND TECHNOLOGY WEEK ......... 94
### 5.1.1 S&T popularization Theme activities ......... 96
### 5.1.2 Funding of Science and Technology Week ......... 100

## 5.2 S&T POPULARIZATION LECTURES, EXHIBITIONS AND COMPETITIONS ......... 104
### 5.2.1 Overview ......... 104
### 5.2.2 S&T popularization lectures ......... 105
### 5.2.3 S&T popularization exhibitions ......... 108
### 5.2.4 S&T popularization competitions ......... 109

## 5.3 S&T POPULARIZATION ACTIVITIES FOR TEENAGERS ......... 111

  *5.3.1 Overview* ······················································································ 111
  *5.3.2 Teenage S&T interest groups* ·················································· 112
  *5.3.3 Summer (winter) science camps* ················································ 113
 5.4 S&T OUTREACH OF UNIVERSITIES AND SCIENTIFIC INSTITUTIONS TO THE PUBLIC ···················································································· 114
 5.5 INTERNATIONAL EXCHANGES IN S&T POPULARIZATION ···················· 117
 5.6 PRACTICAL TRAINING ······································································ 117
 5.7 MAJOR S&T POPULARIZATION ACTIVITIES ········································ 118

**6 S&T POPULARIZATION IN INNOVATION AND ENTREPRENEURSHIP** ··················································································· 119
 6.1 CARRIERS OF S&T POPULARIZATION ACTIVITIES FOR INNOVATION AND ENTREPRENEURSHIP ·············································· 119
 6.2 S&T POPULARIZATION ACTIVITIES PROMOTING INNOVATION AND ENTREPRENEURSHIP ···················································································· 121

**APPENDIX 1 STATISTICAL REPORTING SYSTEM ON NATIONAL SCIENCE AND TECHNOLOGY POPULARIZATION 2017** ··········· 123

**APPENDIX 2 STATISTICAL TABLES ON NATIONAL SCIENCE AND TECHNOLOGY POPULARIZATION 2017** ································ 140

**APPENDIX 3 STATISTICAL TABLES ON NATIONAL SCIENCE AND TECHNOLOGY POPULARIZATION 2016** ································ 161

**APPENDIX 4 STATISTICAL TABLES ON NATIONAL SCIENCE AND TECHNOLOGY POPULARIZATION 2015** ································ 182

**APPENDIX 5 STATISTICAL TABLES ON NATIONAL SCIENCE AND TECHNOLOGY POPULARIZATION 2014** ································ 203

**APPENDIX 6 STATISTICAL TABLES ON NATIONAL SCIENCE AND TECHNOLOGY POPULARIZATION 2013** ································ 222

**APPENDIX 7 STATISTICAL TABLES ON NATIONAL SCIENCE AND TECHNOLOGY POPULARIZATION 2012** ································ 241

**APPENDIX 8 STATISTICAL TABLES ON NATIONAL SCIENCE AND TECHNOLOGY POPULARIZATION 2011** ································ 260

**APPENDIX 9 STATISTICAL TABLES ON NATIONAL SCIENCE AND TECHNOLOGY POPULARIZATION 2010** ································ 279

**APPENDIX 10 NATIONAL BASES FOR SCIENCE AND TECHNOLOGY POPULARIZATION** ································································· 298

APPENDIX 11　SCIENCE AND TECHNOLOGY MUSEUMS BY REGION ········································································· 301

APPENDIX 12　BENCHMARKS FOR CHINA'S CIVILIAN SCIENTIFIC LITERACY ······························································· 315

APPENDIX 13　NATIONAL S&T POPULARIZATION AND INNOVATION CULTURE CONSTRUCTION PLAN FOR THE 13 TH FIVE-YEAR PLAN ·················································· 325

APPENDIX 14　EXCELLENT COMMENTATORS OF THE NATIONAL POPULAR SCIENCE EXPLANATION COMPETITION IN 2017 ····················································· 339

APPENDIX 15　EXCELLENT MICROVIDEO LIST OF THE NATIONAL POPULAR SCIENCE IN 2017 ································ 342

APPENDIX 16　EXCELLENT PROGRAMS OF THE NATIONAL SCIENCE EXPERIMENTS' EXHIBITION IN 2017 ················· 347

APPENDIX 17　EXCELLENT NATIONAL POPULAR SCIENCE BOOKS LIST IN 2017 ······················································ 349

# 综　　述

## 一、科普工作和主要成效

2017年是推进国家"十三五"发展规划的关键之年，在各部门、各地区的共同努力下，《"十三五"国家科技创新规划》《"十三五"国家科普和创新文化建设规划》实施顺利，全国科普事业各项工作稳步推进，总体呈现稳定向好的发展态势。2017年度科普经费实现较快增长，全国科普经费筹集额160.05亿元，比2016年增长5.32%[1]。全国科普专职人员结构持续优化，2017年科普专职人员22.70万人，比2016年增长1.55%。其中，中级职称及以上或大学本科以上学历人员13.95万人，比2016年增长4.59%；专职从事科普创作人员14907人，比2016年增长5.36%；专职科普讲解人员31200人，比2016年增长8.14%。科普场馆数量保持增长，全国共有科技馆、科学技术类博物馆1439个，比2016年增长3.30%。其中，科技馆488个，科学技术类博物馆951个，分别比2016年增长3.17%和3.37%。

科普活动亮点纷呈，科普影响力不断扩大。通过科技活动周、科普讲座、科普展览、科普竞赛、科普培训等针对不同对象、内容丰富、形式多样的科普活动，《中国公民科学素质基准》广泛普及，2017年度全国各类科普活动参与总人数达到7.71亿人次，比2016年增长6.30%。参观科技馆和科学技术类博物馆两类场馆的人数达到2.05亿人次，比2016年增长23.00%。中科院和科技部全国科学实验展演汇演、中国气象局"全国气象科技活动周"、国家林业局"全国林业科技活动周"、卫生计生委"健康中国行"、中国科协"全国科普日"等系列活动，多元化科普活动品牌体系逐步成型，影响力和辐射力不断提升。由此

---

[1] 本书中增长（减少）比例、占比等数值以四舍五入前的统计数据计算得出，结果可能与四舍五入后的数值计算有差异。

可见，我国科普工作以点多面广的格局对全社会产生着广泛的影响，促进了科学精神、科学思想、科学知识、科学方法的传播与实用技术的推广。

统计数据表明，2017 年全国科普工作以科普能力和创新文化建设为重点，实施效果总体良好，科技创新与科学普及协调发展，科普工作作为我国实现创新发展的重要一翼，对扎实推进国家创新驱动发展战略起到了有力的支撑作用。

## 1. 科普人员结构持续优化

2017 年全国共有科普人员 179.45 万人，比 2016 年下降 3.13%。每万人口拥有科普人员 12.91 人[1]，比 2016 年减少 0.49 人。其中，科普专职人员 22.70 万人，比 2016 年增加 3464 人，占科普人员总数的 12.65%；科普兼职人员 156.75 万人，比 2016 年减少 6.14 万人，占科普人员总数的 87.35%。2017 年科普兼职人员共投入工作量 189.78 万人月，比 2016 年增加 2.33%；科普兼职人员人均投入工作量为 1.21 个月，比 2016 年增加 0.07 个月。

全国共有中级职称及以上或大学本科及以上学历的科普人员 99.68 万人，比 2016 年减少 2806 人，占科普人员总数的 55.55%，占比较 2016 年增加 1.59 个百分点。中级职称及以上或大学本科及以上学历的科普专职人员 13.95 万人，占科普专职人员总数的 61.45%，占比较 2016 年增加 1.79 个百分点；中级职称及以上或大学本科及以上学历的科普兼职人员 85.73 万人，占科普兼职人员总数的 54.69%，占比较 2016 年减少 1.51 个百分点。

女性在我国科普事业中发挥着越来越重要的作用。全国共有 72.13 万名女性科普人员，比 2016 年增加 6306 人，占科普人员总数的 40.19%，占比较 2016 年增加 1.60 个百分点。其中女性科普专职人员 8.80 万人，占科普专职人员总数的 38.76%，占比较 2016 年增加 2.02 个百分点；女性科普兼职人员 63.33 万人，占科普兼职人员总数的 40.40%，占比较 2016 年增加 1.55 个百分点。

农村科普人员数量出现小幅回升。全国共有农村科普人员 57.21 万人，占科普人员总数的 31.88%，占比较 2016 年增加了 1.04 个百分点。其中，农村科普专职人员 7.28 万人，农村科普兼职人员 49.93 万人。与 2016 年相比，农村科普专职人员增加 4436 人，农村科普兼职人员减少 3583 人。2017 年全国每万农村人口拥有科普人员数达到 9.92 人，比 2016 年增加 0.23 人。

科普创作人员数量小幅上升。专职从事科普创作的人员力量持续增强，为

---

[1] 根据国家统计局数据，截至 2017 年年底我国总人口 13.90 亿人。

我国科普内容资源的丰富和完善奠定了坚实基础。全国专职从事科普创作人员共计14907人，比2016年增加759人，占科普专职人员总数的6.57%，数量上已经连续两年保持增长。同时，全国专职科普讲解人员队伍也连续两年保持较大增幅，2017年人数达到31200人，比2016年增加2348人，占科普专职人员总数的13.74%。

科普管理人员和科普志愿者有增有减。全国共有专职科普管理人员4.91万人，比2016年增加2106人，增幅为4.48%。全国共有注册科普志愿者225.60万人，比2016年减少59327人，降幅为2.56%。

**2. 科技馆和科学技术类博物馆呈现良性增长态势**

科技馆和科学技术类博物馆数量都有所增长。全国共有科技馆和科学技术类博物馆1439个，比2016年增长3.30%，建筑面积增长10.75%，展厅面积增长13.72%，参观人数增长23.00%。4个指标数据均连续两年保持较大增幅。1439个场馆中，科技馆488个，科学技术类博物馆951个，分别比2016年增加了15个和31个（表1）。

表1 2013—2017年全国科普场馆数量　　　　　　　　　　　　单位：个

| 年份 | 2013 | 2014 | 2015 | 2016 | 2017 |
| --- | --- | --- | --- | --- | --- |
| 科技馆 | 380 | 409 | 444 | 473 | 488 |
| 科学技术类博物馆 | 678 | 724 | 814 | 920 | 951 |
| 合计 | 1058 | 1133 | 1258 | 1393 | 1439 |

488个科技馆建筑面积合计371.07万平方米，比2016年增长15.74%；展厅面积合计180.04万平方米，比2016年增长14.52%；参观人数共计6301.75万人次，比2016年增长11.61%；年累计免费开放天数10.28万天，比2016年增长9.03%。上述4个指标连续两年保持了较为强劲的增长态势。实现门票收入共计2.78亿元。

951个科学技术类博物馆建筑面积合计658.58万平方米，比2016年增长8.13%；展厅面积合计319.99万平方米，比2016年增长13.27%；参观人数共计14193.47万人次，比2016年增长28.85%。年累计免费开放天数21.53万天，比2016年增长3.83%。上述4个指标连续两年增长。实现门票收入共计15.91亿元。

全国共有青少年科技馆站549个，比2016年减少7.89%。

在公园、社区、图书馆、体育场所等公共场所引入科普宣传设施，可以促进科普能力提升。全国公共场所的科普宣传设施建设工作从数量表现上看总体欠佳，各项调查指标均出现不同程度下降。全国城市社区科普（技）专用活动室7.14万个，比2016年减少15.77%；农村科普（技）活动场地34.23万个，比2016年减少1.24%；科普宣传专用车1694辆，比2016年减少10.75%；科普画廊17.54万个，比2016年减少16.54%。

**3. 以政府财政拨款为主的科普经费稳定增长**

2017年全社会科普经费筹集额160.05亿元，比2016年增加8.08亿元，增幅为5.32%。从科普经费筹集渠道看，来自公共财政的经费支持是全国科普经费筹集的最主要来源，政府部门在支持我国科普事业中充当了引领角色。各级政府财政拨款共计122.96亿元，比2016年增长6.23%，占全社会科普经费筹集额的76.82%。在政府拨款的科普经费中，科普专项经费62.69亿元，比2016年增长1.11%。全国人均科普专项经费4.51元，比2016年增加0.03元。捐赠额共计1.87亿元，比2016年增加0.30亿元，增长19.22%。自筹资金28.81亿元，比2016年增加4.38%。其他筹集额6.38亿元，比2016年减少10.49%（表2）。统计数据显示，除其他收入来源以外，政府拨款、社会捐赠、自筹资金自2016年以来连续两年实现增长，因此，"十三五"以来我国科普经费整体上获得了较为稳定的保障。

表2  2013—2017年全国科普经费筹集额及构成                          单位：亿元

| 年份 | 2013 | 2014 | 2015 | 2016 | 2017 |
| --- | --- | --- | --- | --- | --- |
| 筹集额 | 132.19 | 150.03 | 141.2 | 151.98 | 160.05 |
| 政府拨款 | 92.25 | 114.04 | 106.66 | 115.75 | 122.96 |
| 捐赠 | 0.97 | 1.60 | 1.12 | 1.57 | 1.87 |
| 自筹资金 | 33.32 | 27.27 | 25.74 | 27.60 | 28.81 |
| 其他收入 | 5.77 | 7.10 | 7.72 | 7.13 | 6.38 |

全国科普经费使用额共计161.36亿元，比2016年增加6.01%。每万人口使用的经费额度为11.61万元，比2016年增加0.60万元。其中，行政支出24.43亿元，比2016年下降2.38%，占使用总额的15.14%；科普活动支出87.59亿元，比2016年增长4.59%，占使用总额的54.28%；科普场馆基建支出37.41亿元，比2016年增长10.54%，占使用总额的23.19%；其他支出11.85亿元，比2016年增长23.41%，占使用总额的7.35%。从科普经费的使用情况可以看出，开展

各类科普活动和科普场馆基建支出是最主要的两项支出内容。对科普场馆基建支出经费进行细分可知，场馆、展品及设施建设均是2017年度科普场馆基建支出的主要流向。其中，用于场馆建设支出共计16.18亿元，占科普场馆基建支出的43.24%；用于展品、设施建设支出共计15.79亿元，占科普场馆基建支出的42.21%。科普场馆基建支出中来自各级政府的拨款共计14.31亿元，占科普场馆基建支出总额的38.24%。

**4. 科普宣传载体日益丰富**

科普传播媒介的发展状况很大程度上决定了科普内容向社会传播的速度、范围和效率。中央宣传部、科技部等印发《关于丰富和完善科普宣传载体进一步加强科普宣传工作的通知》，对科普宣传载体建设进行了系统部署。2017年全国共出版科普图书14059种，比2016年增加2122种，增幅为17.78%，占2017年全国出版图书种数的5.51%；出版总册数为1.12亿册，比2016年减少17.05%。科普图书占2017年各类图书总册数的1.21%。全国共建成科普网站2570个，比2016年减少405个。微博、微信和微视频等新媒体在科学传播中的作用日益显著。2065个科普类微博发布各类文章66.45万篇，阅读量达到44.09亿次。5488个科普类微信公众号发布各类文章87.49万篇，阅读量达到6.94亿次。

全国共出版科普期刊1252种，比2016年减少1.03%；出版总册数1.25亿册，比2016年减少21.45%。科普期刊出版总册数占各类期刊出版总册数的5.02%。在各类科普活动中，共发放科普读物和资料7.86亿份。

全国共发行科技类报纸4.91亿份，比2016年增长83.48%。平均每万人拥有科技类报纸3530份，比2016年增加1595.56份。全国广播电台播出科普（技）节目总时长为7.37万小时，比2016年减少41.85%；电视台播出科普（技）节目总时长为8.97万小时，比2016年减少33.72%。我国发行科普（技）音像制品达到4255种，比2016年减少22.14%；发行科普（技）类光盘569.70万张，比2016年增长31.43%；发行录音带、录像带39.20万盒，比2016年增长9.27%。

**5. 公众参与科普活动热情高涨**

通过科普（技）讲座、科普（技）展览、科普（技）竞赛、科技夏（冬）令营、科普培训、科技活动周等方式，全国各类科普活动参与人数达7.71亿参与人次，比2016年增长6.30%，每万人参加次数5546次。全国科普讲解大赛、全国科普微视频大赛、全国科学实验展演汇演活动在社会具有广泛影响和知名度。

共举办科普（技）讲座88.01万次，听众达1.46亿人次，参加人次比2016年增长0.21%；举办科普（技）展览11.99万次，参观人数超过2.56亿人次，比2016年增长20.39%；举办科普（技）竞赛4.89万次，参加人数达1.01亿人次，比2016年减少9.84%；进行科普国际交流2713次，参与人数共有70.21万人次，比2016年增长13.83%。

科技活动周已发展成为全国公众参与度最高、覆盖面最广、社会影响力最大的群众性科技活动品牌。2017年科技活动周期间，全国共举办科普专题活动11.60万次，1.64亿人次参与其中，参与人数比2016年增长11.48%（表3）。2017年度全国科技活动周经费筹集额共计4.99亿元，比2016年减少0.87%。其中，各级政府拨款3.76亿元，比2016年减少0.42%，占总筹集额度的75.50%。全国共举办重大科普活动2.78万次。

表3 2013—2017年全国科技活动周主要数据

| 年份 | 2013 | 2014 | 2015 | 2016 | 2017 |
| --- | --- | --- | --- | --- | --- |
| 科普专题活动次数/次 | 125045 | 117238 | 117506 | 128545 | 115999 |
| 参加人数/万人次 | 10581 | 15726 | 15753 | 14740 | 16434 |
| 每万人口参加人数/人次 | 777 | 1150 | 1144 | 1066 | 1182 |

全国共有青少年科技兴趣小组21.33万个，参加人数超过1882.52万人次，参加人数比2016年增长9.76%。青少年科技夏（冬）令营活动共举办1.56万次，参加人数303.13万人次，参加人数比2016年降低0.17%。

科研机构和大学利用科研设施、场所等科技资源向社会开放开展科普活动，对于提高公民科学素养、培养后备科技人才具有重要意义。全国共有8461个单位向公众开放，比2016年增长4.72%；共有878.65万人次前往参观，平均每个开放单位年接待1038.47人次。

**6. 科学普及有效发挥对"创新创业"的支撑作用**

在大力推进国家创新驱动发展战略的大背景下，2017年全国各种类型的众创空间发展活跃，数量达到8236个，比2016年增长22.72%。孵化科技类项目16.63万个，比2016年增长105.84%。开展创新创业培训7.95万次，比2016年减少7.51%，参加人数438.78万人次，比2016年降低4.39%；举办科技类创新创业赛事7209次，比2016年增长8.93%，参加人数274.89万人次，比2016年增长13.16%。

## 二、地区科普工作发展特征

### 1. 大部分地区科普经费投入增长

各省、自治区、直辖市（以下简称"省"）对科普工作的重视体现在持续的科普投入上，包括经费投入和人员投入。从经费投入总体规模来看，2017年全国31个省、自治区、直辖市中，19个省、自治区、直辖市的科普经费投入在2016年基础上实现增长。同时，17个省、自治区、直辖市的科普专项经费投入规模也比2016年有所增加。从人均科普专项经费上看，17个省、自治区、直辖市在人均科普专项经费投入方面有所增加，在万人科普人员数和人均科普专项经费方面同时实现增长的有6个省（表4）。

表4  2016—2017年各省万人科普人员数和人均科普专项经费

| 地区 | 2016年 | | 2017年 | |
| --- | --- | --- | --- | --- |
| | 万人科普人员数/人 | 人均科普专项经费/元 | 万人科普人员数/人 | 人均科普专项经费/元 |
| 北京 | 25.29 | 58.12 | 23.51 | 52.18 |
| 天津 | 22.18 | 4.66 | 11.03 | 5.60 |
| 河北 | 8.70 | 1.90 | 11.94 | 1.57 |
| 山西 | 11.07 | 1.06 | 5.22 | 1.87 |
| 内蒙古 | 14.31 | 4.08 | 14.87 | 2.38 |
| 辽宁 | 20.23 | 3.57 | 13.14 | 2.78 |
| 吉林 | 2.35 | 0.17 | 6.03 | 0.74 |
| 黑龙江 | 7.48 | 2.02 | 7.79 | 1.74 |
| 上海 | 24.80 | 19.74 | 23.47 | 22.67 |
| 江苏 | 13.76 | 5.37 | 15.15 | 5.24 |
| 浙江 | 26.01 | 5.76 | 24.30 | 7.64 |
| 安徽 | 12.68 | 2.46 | 8.96 | 2.56 |
| 福建 | 19.86 | 3.59 | 16.13 | 5.14 |
| 江西 | 10.53 | 1.61 | 10.94 | 2.43 |
| 山东 | 8.22 | 3.38 | 9.12 | 1.93 |
| 河南 | 11.37 | 1.18 | 10.79 | 1.36 |
| 湖北 | 15.02 | 3.93 | 15.62 | 4.25 |
| 湖南 | 14.46 | 2.55 | 13.55 | 2.90 |
| 广东 | 6.99 | 3.63 | 6.33 | 3.46 |
| 广西 | 11.13 | 3.82 | 13.32 | 3.58 |

| 地区 | 2016年 | | 2017年 | |
|---|---|---|---|---|
| | 万人科普人员数/人 | 人均科普专项经费/元 | 万人科普人员数/人 | 人均科普专项经费/元 |
| 海南 | 7.51 | 7.44 | 10.97 | 4.62 |
| 重庆 | 17.38 | 6.91 | 14.01 | 5.89 |
| 四川 | 10.98 | 2.39 | 12.74 | 3.75 |
| 贵州 | 11.45 | 3.98 | 11.89 | 3.07 |
| 云南 | 18.44 | 6.44 | 18.89 | 5.00 |
| 西藏 | 6.44 | 4.79 | 5.66 | 13.20 |
| 陕西 | 21.08 | 3.91 | 18.67 | 4.13 |
| 甘肃 | 22.10 | 2.68 | 18.06 | 2.09 |
| 青海 | 13.90 | 4.01 | 13.39 | 12.42 |
| 宁夏 | 17.93 | 6.63 | 20.12 | 7.74 |
| 新疆 | 12.75 | 3.42 | 16.48 | 4.72 |

## 2. 我国优质科普资源更多集中在东部地区

从科普人员投入来看，东部地区、中部地区和西部地区的专兼职科普人员占全国专兼职科普人员总数的比例分别为42.72%、25.64%和31.64%，东部地区明显领先于中部地区和西部地区。排名前5位的省份分别是浙江、江苏、四川、河南和湖南，这5个省的科普人员总规模达到56.11万人，占到全国科普人员总数的31.27%。排名后5位的省、自治区是吉林、宁夏、海南、青海和西藏，这5个省、自治区的科普人员总数为5.02万人，占全国科普人员总数的2.80%。

从科普经费投入来看，东部地区、中部地区和西部地区的科普经费筹集额占全国科普经费筹集总额的比例分别为57.33%、17.27%和25.40%，东部地区大幅度超越了中部地区和西部地区。排名前5位的省、直辖市是北京、上海、浙江、江苏和广东，仅这5个省、直辖市的科普经费筹集额就达到了72.25亿元，占到全国总额的45.14%。排名后5位的省、自治区是海南、青海、宁夏、西藏和吉林，这5个省、自治区的科普经费筹集额为4.38亿元，仅占全国总额的2.73%。

从科普场馆建设来看，东部地区、中部地区和西部地区的科技馆数量分别占全国科技馆数量的53.07%、23.16%和23.77%。排名前5位的省是湖北、广东、福建、上海和山东。东部地区科技馆的建筑面积是中部和西部地区科技馆建筑面积总和的1.20倍。东部地区、中部地区和西部地区的科学技术类博物馆数量分别占全国科学技术类博物馆数量的 54.78%、13.88%和 31.34%。排名前 5 位的省、直辖市是上海、北京、四川、辽宁和浙江。东部地区科学技术类博物馆的建筑面积是中部和西部地区科学技术类博物馆建筑面积总和的 1.49 倍。与 2016 年、2015 年相比，中部和西部地区与东部地区在科技馆建筑面积、科学技术类博物馆建筑面积的差距持续缩小，说明进入"十三五"以来，这两个地区在科技场馆建设方面不断地加强工作力度。当然，特大型和大型科技馆和科学技术类博物馆大多数仍集中在东部发达地区。

从各省主要科普资源指标的平均值来看，2017 年中部地区和西部地区各省均处于相对落后的状态，东部地区领先幅度较大。西部地区在平均每省拥有的科普人员数、科技馆个数及科普经费筹集额三个指标上的表现都处于最后，唯一在平均每省拥有的科学技术类博物馆数量方面超过了中部地区（表 5）。

表 5　2017 年东部、中部和西部地区各省主要科普资源指标平均值

| 地区 | 科普人员数/人 | 科技馆/个 | 科学技术类博物馆/个 | 科普经费筹集额/万 |
|---|---|---|---|---|
| 东部 | 69687 | 24 | 47 | 83410 |
| 中部 | 57519 | 14 | 17 | 34552 |
| 西部 | 47312 | 10 | 25 | 33885 |

### 3. 西部地区部分科普指标具有相对优势

如果考虑到各地区的人口数量和经济发展状况，西部地区部分科普统计指标的测算结果表现优于东部和中部地区。西部地区的万人科普人员数、科普经费占 GDP 比例、万元科普活动支出参加人次 3 项科普指标均在 3 个区域中位列第一，而中部地区除万元科普活动支出参加人次以外的 5 项科普指标均相对靠后（表 6）。这说明西部地区虽然经济条件有限，但对部分科普工作的相对投入力度并不算弱，同时在科普工作效果方面也具有一些不错的表现。

表 6　2017 年东部、中部和西部地区部分科普指标相对值

| 地区 | 万人科普人员数/人 | 科普经费占 GDP 比例/$10^{-4}$ | 人均科普专项经费/元 | 万人拥有科技馆建筑面积/米$^2$ | 万人拥有科学技术类博物馆建筑面积/米$^2$ | 万元科普活动支出参加人次/人次 |
|---|---|---|---|---|---|---|
| 东部 | 13.28 | 1.95 | 6.38 | 35.05 | 68.30 | 827.93 |
| 中部 | 10.60 | 1.33 | 2.32 | 17.23 | 22.03 | 923.68 |
| 西部 | 15.06 | 2.41 | 4.19 | 24.92 | 44.74 | 978.37 |

如果将各省科普经费筹集额占本省地区生产总值的比例定义为科普经费强度，它的分布不同于R&D经费强度（R&D经费/地区生产总值）的分布，一些地区生产总值相对较低的省在科普经费强度方面有着很好的表现（表7）。云南、贵州、青海、内蒙古等地区虽然经济发展较落后，但其科普经费强度在2017年都进入了全国前10位。

表7　2016—2017年各省科普经费强度　　　　　　单位：$10^{-4}$

| 地区 | 2016年 | 2017年 | 地区 | 2016年 | 2017年 |
| --- | --- | --- | --- | --- | --- |
| 北京 | 9.79 | 9.62 | 湖北 | 2.26 | 2.15 |
| 天津 | 1.37 | 1.26 | 湖南 | 1.46 | 1.41 |
| 河北 | 1.16 | 0.82 | 广东 | 1.16 | 0.98 |
| 山西 | 0.72 | 1.25 | 广西 | 2.44 | 2.04 |
| 内蒙古 | 1.11 | 2.37 | 海南 | 2.90 | 2.32 |
| 辽宁 | 2.06 | 1.23 | 重庆 | 3.10 | 2.04 |
| 吉林 | 0.19 | 0.41 | 四川 | 1.41 | 2.11 |
| 黑龙江 | 0.96 | 1.08 | 贵州 | 3.55 | 2.73 |
| 上海 | 5.69 | 5.65 | 云南 | 5.18 | 3.91 |
| 江苏 | 1.24 | 1.08 | 西藏 | 2.38 | 5.07 |
| 浙江 | 2.04 | 1.91 | 陕西 | 1.79 | 1.92 |
| 安徽 | 1.18 | 1.47 | 甘肃 | 2.52 | 2.17 |
| 福建 | 1.40 | 1.85 | 青海 | 3.66 | 3.94 |
| 江西 | 1.49 | 1.48 | 宁夏 | 2.40 | 3.00 |
| 山东 | 0.77 | 0.61 | 新疆 | 1.88 | 2.41 |
| 河南 | 0.77 | 0.91 | | | |

注：科普经费强度=各省科普经费筹集额/本省地区生产总值。

**4.部分地区科普人员投入出现下降**

从人员投入总体规模来看，有16个省、自治区、直辖市在科普人员总数和万人科普人员数上有所减少。在万人科普人员数和人均科普专项经费方面同时出现下降的有5个省。

## 三、部门科普工作发展特征

在我国，科普工作是涉及各行各业、具有广泛社会性的一项工作。各部门在法定职责范围内努力开展科普工作。《科普法》指出：国务院行政部门按照各自的职责范围，负责有关的科普工作；科学技术协会是科普工作的主要社会力量。在国家科普工作联席会议制度的组织与协调下，各部门的科普工作都根据本部门工作特点进行了对应性安排，我国条块结合的科普工作网络已经逐步完善。2017年度全国科普统计数据结果表明：从主要统计指标的绝对值来看，以科协组织、科技管理部门、教育部门等为代表的部分部门在我国科普工作中发挥着主导作用；同时，部分指标的相对测算结果亦显示，其他一些部门在特定方面的表现上也各领风骚。

从科普人员数量规模来看，科协组织、教育部门、卫生健康部门、农业农村部门、科技管理部门的专兼职人员总数均超过了10万人。而从部门科普人员中中级职称及以上或本科及以上学历人员占比来看，中科院所属部门、社科院所属部门、气象部门、教育部门、新闻出版部门的比例均超过了70%。

从科普场馆建设规模来看，教育部门、科协组织、文化和旅游部门、科技管理部门的科技馆、科学技术类博物馆和青少年科技馆站三类主要场馆建设规模均超过了150个。从三类主要科普场馆单位展厅面积年接待观众人数来看，发展改革部门（含粮食和物资储备系统）、文化和旅游部门、新闻出版部门、生态环境部门、广播电视部门的服务能力均超过了50人次/平方米。

从科普经费投入规模来看，科协组织、科技管理部门和教育部门的经费支持力度都超过了10亿元，远高于其他部门。而从万元科普活动支出参加人次来看，应急管理部门（含地震系统、煤矿安全监察系统）、中国人民银行、文化和旅游部门均超过了2500人次。

从科普活动举办情况来看，卫生健康部门、科协组织、教育部门、科技管理部门举办的科普（技）讲座均超过7万次。科协组织、科技管理部门、教育部门、卫生健康部门举办的科普（技）展览均超过1万次。教育部门举办的科普（技）竞赛超过2万次。教育部门、科技管理部门、科协组织在科技活动周期间举办的科普专题活动均超过了1.5万次。

从图书、期刊、报纸几种主要科普传播媒介的发行规模来看，2017年新闻出版部门、广播电视部门、科协组织、科技管理部门、教育部门位列部门排名的前茅。尤其是新闻出版部门和广播电视部门，其业务特点决定了它们在科普传播媒介方面独具优势。2017年，两个部门的科普图书发行量占科普图书发行总量的27.31%，科普期刊发行量占科普期刊发行总量的75.40%，科技类报纸发行量占科技类报纸发行总量的62.47%。

# 附 录

为了真实地反映全国科普事业发展的实际情况，科普统计会适时调整统计指标和调查范围，具体的变化如表 8 所示。具体到各省、自治区和直辖市（以下简称"省"），也因为统计范围的变化，每次回收调查表的情况有所不同。

表 8  2004—2017 年全国科普统计变化情况

| 年份 | 2004 | 2006 | 2008 | 2009 | 2010 | 2011 |
|---|---|---|---|---|---|---|
| 二级指标数/个 | 65 | 75 | 75 | 86 | 86 | 86 |
| 调查部门数/个 | 17① | 18② | 19③ | 20④ | 20 | 24⑤ |
| 有效调查表/份 | 30514 | 36738 | 42565 | 43856 | 44346 | 49163 |
| 年份 | 2012 | 2013 | 2014 | 2015 | 2016 | 2017 |
| 二级指标数/个 | 86 | 86 | 93 | 109 | 109 | 124 |
| 调查部门数/个 | 25⑥ | 25⑦ | 30⑧ | 30 | 31⑨ | 31⑩ |
| 有效调查表/份 | 56461 | 56399 | 61076 | 60186 | 60012 | 65032 |

①试统计时包括：科技管理、科协、教育、国土资源、农业、文化、卫生、计生、环保、广电、林业、旅游、中科院、地震、气象、共青团组织和妇联组织 17 个部门。未涵盖在以上部门的调查表，则归类为其他部门（下同）。

②新增了工会部门数据。

③新增了国防科工部门和部分创新型企业数据。

④新增了公安和工信部门数据，并将国防科工部门与创新型企业数据纳入工信部门，但仍以国防科工来统计分析。

⑤新增了民委部门、安监部门和粮食部门数据，并包含了其他。

⑥新增了质检部门数据，并包含了其他。

⑦自 2013 年起，包含国防科工的工信部门，以工信部门来统计分析。

⑧新增了发展改革部门、人力资源与社会保障部门、体育部门、食品药品监督管理部门和社科院所属部门。

⑨新增了国资部门。

⑩根据 2018 年国家机构改革方案，对部分部门归属进行了调整。本轮调查共包括 31 个部门：发展改革部门（含粮食和物资储备系统）、教育部门、科技管理部门、工业和信息化部门（含国防科工系统）、民族事务部门、公安部门、民政部门、人力资源和社会保障部门、自然资源部门（含林业和草原系统）、生态环境部门、住房和城乡建设部门、交通运输部门（含民用航空系统、铁路系统）、水利部门、农业农村部门、文化和旅游部门（旅游部门合并到文化部门）、卫生健康部门（计生部门已合并到卫生部门）、应急管理部门（含地震系统、煤矿安全监察系统）、中国人民银行、国有资产监督管理部门、市场监督管理部门（含药品监督管理系统、知识产权系统）、广电部门、体育部门、中科院所属部门、社科院所属部门、气象部门、新闻出版部门、共青团组织、工会组织、妇联组织、科协组织、其他部门。

# 1 科普人员

科普人员是指科普活动的组织者、科学技术的传播者，是我国科技工作者的重要组成部分。按从事科普工作时间占全部工作时间的比例及职业性质划分，科普人员可以分为科普专职人员和科普兼职人员。

科普专职人员是指从事科普工作时间占其全部工作时间60%及以上的人员，包括各级国家机关和社会团体的科普管理工作者，科研院所和大中专院校中从事专业科普研究和创作的人员，专职科普作家，中小学专职科技辅导员，各类科普场馆的相关工作人员，科普类图书、期刊、报纸科普（技）专栏版的编辑，电台、电视台科普频道、栏目的编导和科普网站信息加工人员等。

科普兼职人员是科普专职人员队伍的重要补充，他们在非职业范围内从事科普工作，工作时间不能满足科普专职人员的要求，主要包括进行科普（技）讲座等科普活动的科技人员、中小学兼职科技辅导员、参与科普活动的志愿者和科技馆（站）的志愿者等。

## 1.1 科普人员概况

2017年全国共有科普人员179.45万人，比2016年减少5.79万人，减少3.13%；全国每万人口拥有科普人员12.91人，与2016年的13.40人相比有所降低。其中，科普专职人员22.70万人，占科普人员总数的12.65%，相比2016年科普专职人员总数及占比均有所上升。显示全国科普人员专职化比例在提高。

科普兼职人员数量在下降，但投入工作量在上升。科普兼职人员156.75万人，比2016年减少6.14万人，连续两年持续下降。2017年全国科普兼职人员共投入工作量189.78万人月，比2016年的185.46万人月有所增加；科普兼职人员人均年度投入工作量1.21个月，比2016年的1.14个月有所增加。

### 1.1.1 科普人员类别

农村科普人员数量略有增长。我国各级政府都非常重视农村地区的科普工作。农村科普工作面广量大、任务繁重，因此科普人员也较多。农村科普人员主要包括农业管理部门的专职科普人员、农技咨询协会的工作人员和农业函授大学教员等。2017年全国共有农村科普人员57.21万人，比2016年的57.13万人略有增加，占全国科普人员总数的31.88%，也略高于2016年的30.84%。在全国农村科普人员中，科普专职人员7.28万人，科普兼职人员49.93万人。与2016年相比，农村科普专职人员有所增加，兼职人员略有减少，使得2017年全国农村科普人员总量和占比均略有增长。2017年全国每万农村人口拥有科普人员9.92人[1]，高于2016年。

全国中级职称及以上或大学本科及以上学历的科普人员数量略有下降，但比例在提高。中级职称及以上或大学本科及以上学历的科普人员共计99.68万人，占科普人员总数的55.55%，与2016年的53.96%相比有所增长。中级职称及以上或大学本科及以上学历的科普专职人员13.95万人，占科普专职人员总数的61.45%，与2016年的59.66%相比有所增长，占比提高1.79个百分点；中级职称及以上或大学本科及以上学历的科普兼职人员85.73万人，占科普兼职人员总数的54.69%，与2016年的86.62万人和53.18%相比，减少0.89万人，占比增加1.51个百分点。总体来说，中级职称及以上或大学本科及以上学历人员在科普专职人员中所占比例继续高于同类人员在科普兼职人员中所占比例。

科普创作人员规模增加。科普创作人员包括科普文学作品创作人员、科普影视作品创作人员、科普展品创作人员和科普理论研究人员等。全国专职从事科普作品创作的人员14907人，比2016年增加759人，但总体规模仍然较小，占全国科普专职人员的6.57%，与2016年的6.33%相比略有增加。

女性科普人员的数量和比例都在提高。全国共有72.13万名女性科普人员，比2016年的71.50万名增加0.63万名，占科普人员总数的40.19%，与2016年的38.60%相比有所增长。其中，女性科普专职人员8.80万人，占科普专职人员总数的38.76%，占比较2016年有所增长；女性科普兼职人员63.33万人，占科普兼职人员总数的40.40%，占比较2016年有所增长。

科普管理人员数量及占比均略有增长。管理是科普工作必不可少的组成部

---

[1] 根据国家统计局数据，截至2017年年底，我国城镇人口81347万人，农村人口57661万人。

分，科普工作需要管理者的组织协调。2017年全国共有科普管理人员4.91万人，占科普专职人员总数的21.63%，占科普人员总数的2.74%，高于2016年的4.70万人和2.54%。

科普讲解人员数量连续两年保持大幅增长。科普讲解大赛在全国范围内的持续举办，有力地促进了科普讲解队伍的壮大。全国共有专职科普讲解人员31200人，比2016年增加2348人，增长8.14%，占科普专职人员总数的13.74%。

全国共有注册科普志愿者225.60万人，与2016年的231.54万人相比减少5.94万人，我国科普志愿者的队伍建设和科普活动组织水平有待进一步提高。

### 1.1.2 科普人员分级构成

我国科普人员主要分布在基层。按照中央部门级、省级、地市级和县级的科普人员分布来看，我国县级科普人员最多，而中央部门级科普人员最少（图1-1）。2017年，全国县级科普人员共有117.72万人，与2016年的139.55万人相比减少21.83万人，占全国科普人员总量的65.60%。分布在中央部门级的科普人员有2.95万人，比2016年的5.03万人大幅减少2.08万人，占全国科普人员总数的1.65%。中央部门级的科普人员中，科普专职人员占14.65%，科普兼职人员占85.35%；其中，27.36%的科普专职人员是科普管理人员，这与2016年的27.30%大致持平。

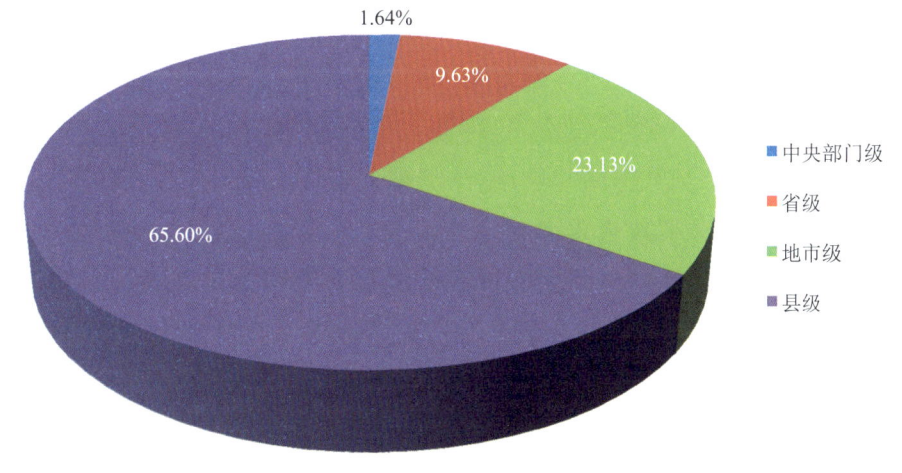

图1-1 2017年四级科普人员比例

在科普人员的构成方面，中央部门级科普人员中科普专职人员比例最高，地市级科普专职人员占同级科普人员的比例最低,但这四级的比例已相差不大(表1-1)。从科普人员的职称及学历看,中央部门级和省级的科普人员中具有中级职称及以上或大学本科及以上学历的人员所占比例较高;地市级的科普人员中具有中级职称及以上或大学本科及以上学历的人员所占比例较2016年有所下降;在县级部门与单位,49.98%的科普人员具有中级职称及以上或大学本科及以上学历,与2016年的47.99%相比略有提高。因此,县级科普人员的素质还有待进一步提高。从表1-1还可以看出,2017年各级别部门与单位中的女性科普人员所占比例与2016年相比有所变化。省级女性科普人员所占比例超过中央部门级,为最高;中央部门级、省级和地市级女性科普人员所占比例均已超过四成。2017年各级别部门与单位中的农村科普人员占同级科普人员比例相比2016年均有提高,县级的这一比例依然最高,接近四成。

表1-1 2017年科普人员构成情况

| 层级 | 科普专职人员占同级科普人员比例 | 中级职称及以上或大学本科及以上学历人员占同级科普人员比例 | 女性科普人员占同级科普人员比例 | 农村科普人员占同级科普人员比例 |
| --- | --- | --- | --- | --- |
| 中央部门 | 14.65% | 74.12% | 45.74% | 3.82% |
| 省级 | 13.55% | 72.34% | 47.31% | 15.75% |
| 地市级 | 12.00% | 63.04% | 45.69% | 22.02% |
| 县级 | 12.70% | 49.98% | 37.07% | 38.43% |

### 1.1.3 科普人员区域分布

2017年东部、中部和西部地区的科普人员分别为76.65万人、46.02万人和56.78万人(图1-2)。与2016年的统计结果(80.11万人、49.79万人和55.33万人)相比,东部地区科普人员减少3.45万人,下降4.31%;中部地区科普人员减少3.77万人,下降7.57%;西部地区科普人员增加1.44万人,增长2.60%。

各地区科普人员占比与人口数量占比呈正相关。东部地区人口占全国总人口的41.58%,各类科普人员占全国总量的42.72%(图1-3)。西部地区的科普人员、科普专职人员和科普兼职人员占全国的比例均超过中部地区。

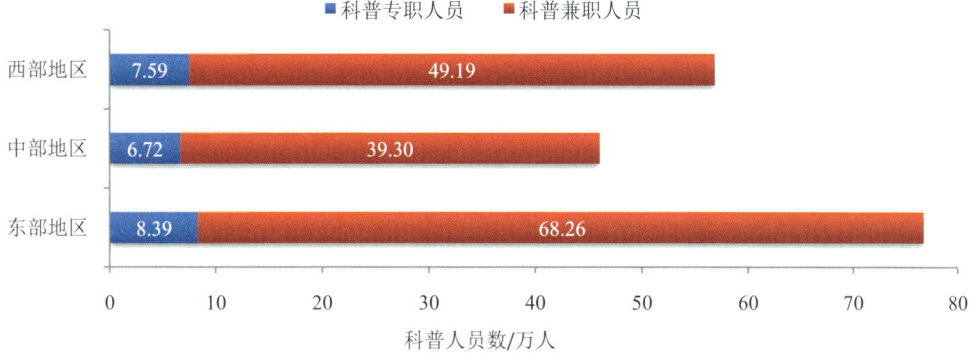

图 1-2  2017 年东部、中部和西部地区科普人员数

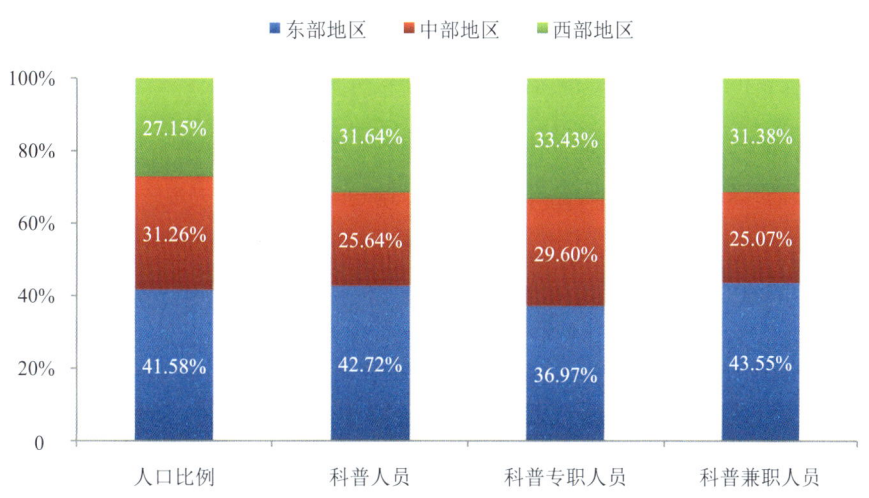

图 1-3  2017 年东部、中部和西部地区人口及科普人员占全国的比例

东部、中部和西部地区每万人口中的科普人员数分别为 13.28 万人、10.60 万人和 15.06 万人，与 2016 年的 13.97 万人、11.52 万人和 14.79 万人相比，东部和中部地区均有下降，西部地区有所增长，依然呈现出西部地区多、东部地区较多、中部地区最少的特征。

东部地区专职科普人员比例较低。2017 年东部、中部和西部地区的科普专职人员比例分别为 10.95%、14.60%和 13.37%，中部地区科普专职人员比例仍然相对较高（图 1-4）。各地区所占比例与 2016 年的 10.28%、14.22%和 12.72%相比均有所增长。

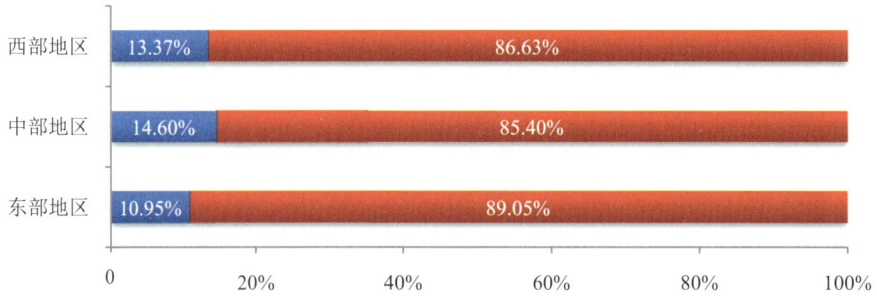

图 1-4　2017 年东部、中部和西部地区科普人员构成

东部、中部和西部地区科普人员中中级职称及以上或大学本科及以上学历人员的比例差别不大。东部地区科普专职人员中中级职称及以上或大学本科及以上学历人员的比例达到了 66.31%，在 3 个地区中最高，比西部地区的 57.42%高 8.89 个百分点（图 1-5）。科普兼职人员中中级职称及以上或大学本科及以上学历人员的比例，也是东部地区最高，比例为 57.03%，中部和西部地区相对低一些。此外，在 3 个地区中，科普专职人员中中级职称及以上或大学本科及以上学历人员所占比例均高于科普兼职人员的这一比例。

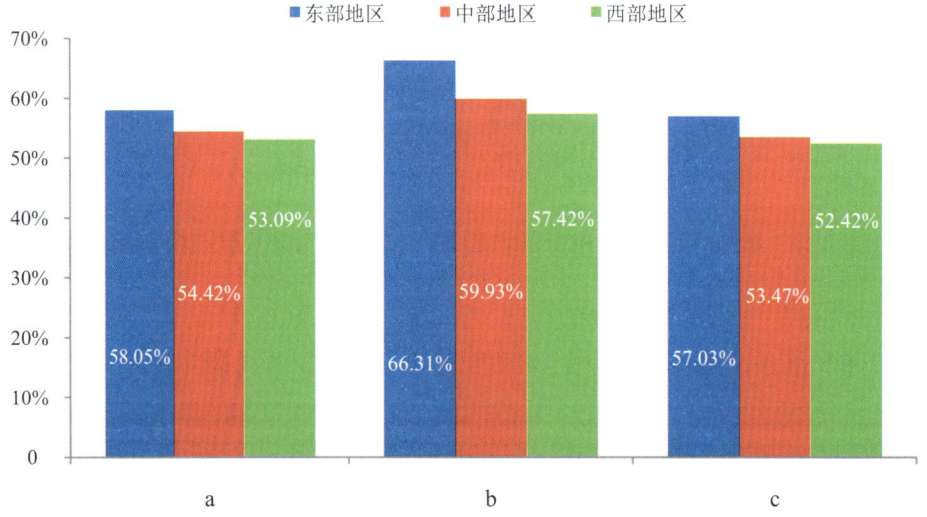

图 1-5　2017 年东部、中部和西部地区科普人员的职称或学历比例

a：科普人员中中级职称及以上或大学本科及以上学历人员的比例；b：科普专职人员中中级职称及以上或大学本科及以上学历人员的比例；c：科普兼职人员中中级职称及以上或大学本科及以上学历人员的比例

中部地区农村科普人员数量下降。东部、中部和西部地区的农村科普人员总数分别为21.51万人、16.73万人和18.97万人,与2016年的20.72万人、19.03万人和17.38万人相比,中部地区下降明显,东部和西部地区均略有增长。从科普人员中农村科普人员的比例来看(图1-6),中部地区农村科普人员比例仍然最高,达到36.36%;其次是西部地区,为33.41%;东部地区这一比例仅为28.06%。与2016年东部、中部和西部地区的25.86%、38.23%和31.40%相比,东部和西部地区比例均有所增长,中部地区则有所下降。此外,在中部和西部地区,农村科普专职人员分别占科普专职人员的比例分别为39.25%和32.89%;在东部地区,这一比例仅为25.62%,这与我国东部、中部和西部地区工农业分布现状相吻合。

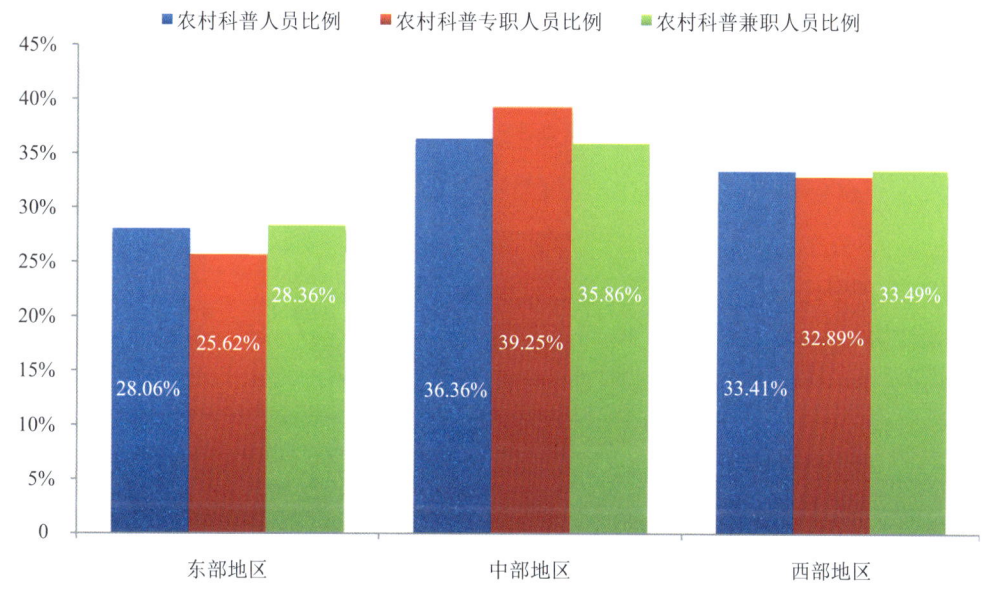

图1-6 2017年科普人员中农村科普人员的比例

各地区科普人员中女性科普人员所占比例差别不大(图1-7),分别为42.22%、37.11%和39.95%。与2016年的41.69%、35.75%和36.68%相比,均有所增长。

东部、中部和西部地区分别有专职科普创作人员7099人、3589人和4219人,分别占全国专职科普创作人员总量的47.62%、24.08%和28.30%(图1-8);与2016年东部、中部和西部地区的6778人、3822人和3548人相比,东部地区和西部地区的专职科普创作人员均有增加,中部地区有所减少。同时,西部地区专职科普创作人员所占全国比例增长较为明显,已经超过中部地区。

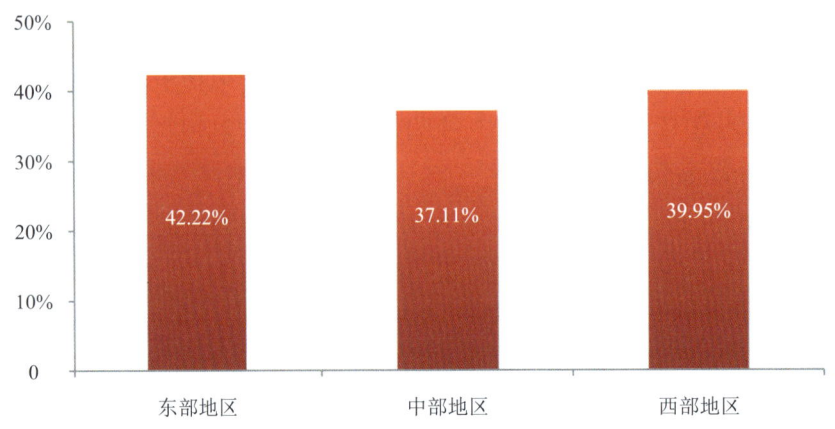

图 1-7　2017 年女性科普人员的比例

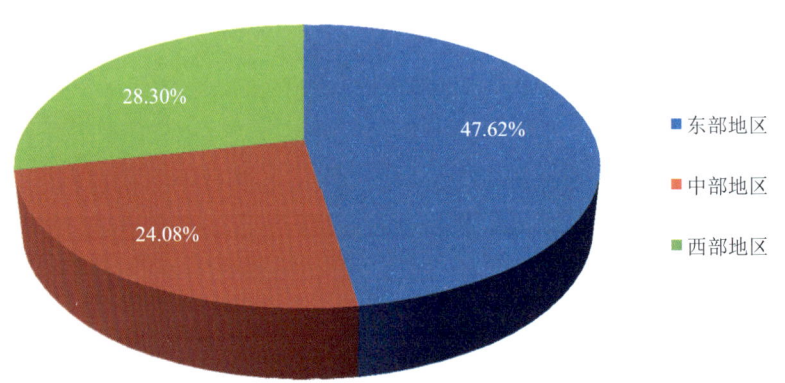

图 1-8　2017 年东部、中部和西部地区科普创作人员占全国专职科普创作人员比例

## 1.2　各省科普人员分布

### 1.2.1　各省科普人员总量

2017 年全国各省平均投入科普人员 5.79 万人，比 2016 年减少 0.19 万人。科普人员规模超过全国平均水平的地区依次是浙江、江苏、四川、河南、湖南、湖北、山东、云南、河北、陕西、广东、广西和福建（图 1-9）。这 13 个省的科普人员总数占全国科普人员总数的 66.62%。科普人员数超过 10 万人的地区有浙江、江苏、四川和河南 4 个省。海南、青海和西藏的人口少，科普人员规模也小，西藏科普人员总数仅为 1909 人，与 2016 年的 2133 人相比有所下降。

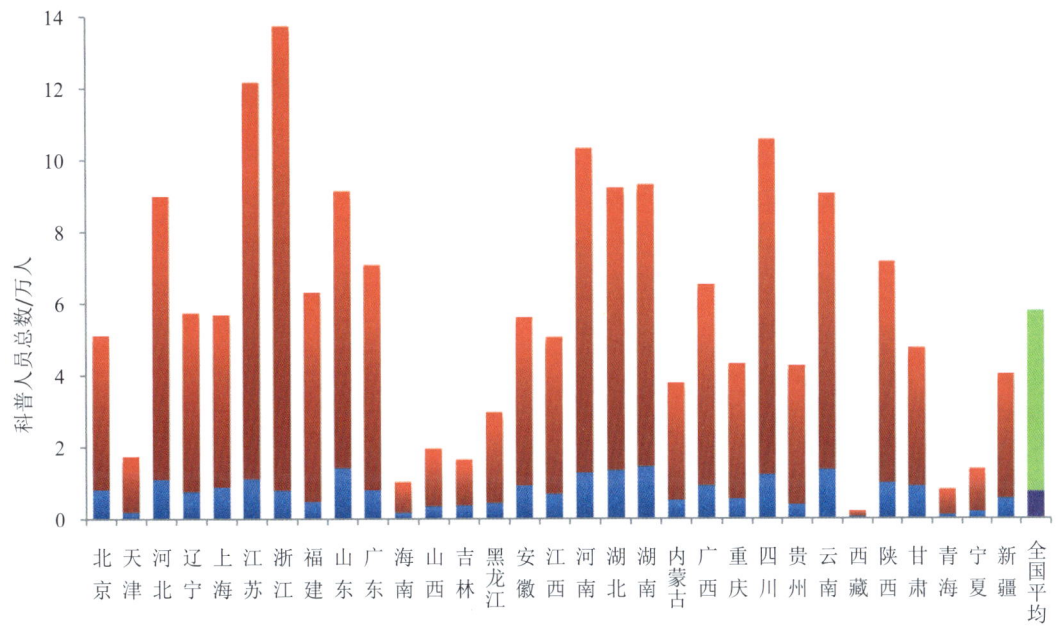

图 1-9  2017 年各省科普人员总数

各省平均科普专职人员数 7323 人，比 2016 年的 7211 人增加了 112 人。共有 17 个地区超过了全国平均水平，分别为湖南、山东、云南、湖北、河南、四川、江苏、河北、陕西、广西、安徽、甘肃、上海、北京、广东、浙江和辽宁。湖南有科普专职人员 1.45 万人，居全国之首，其后依次是：山东 1.40 万人、云南 1.36 万人。

各省平均科普兼职人员数 5.06 万人，比 2016 年减少 0.19 万人，浙江、江苏、四川、河南、湖北、河北、湖南、山东、云南、广东、陕西、福建和广西共 13 个省的科普兼职人员数量高于全国平均水平。其中，浙江的科普兼职人员规模最大，达到了 12.96 万人；江苏、四川和河南的科普兼职人员数量均超过了 9 万人。

各省科普专职人员占比差异较大。吉林、西藏、甘肃、山西、安徽、北京、湖南、上海、山东、海南、云南、黑龙江、湖北、广西、新疆、陕西、内蒙古、江西和辽宁共 19 个省超过了全国 12.65% 的平均水平。其中，吉林最高，达到了 22.03%；浙江、福建、贵州和江苏科普专职人员比例较低，其中，浙江仅有 5.72% 的科普人员为专职（图 1-10）。

全国平均每万人口拥有科普人员 12.93 人，比 2016 年的 13.42 人减少了 0.49

人（图 1-11），浙江、北京、上海、宁夏、云南、陕西、甘肃、新疆、福建、湖北、江苏、内蒙古、重庆、湖南、青海、广西和辽宁共 17 个省超过全国平均水平。浙江位于第一，每万人口拥有科普人员数达到 24.30 人；北京和上海每万人口拥有科普人员数也位居前列，分别达到了 23.51 人和 23.47 人。每万人口科普人员拥有量为 10 人以下的地区有山西、西藏、吉林、广东、黑龙江、安徽和山东 7 个省。

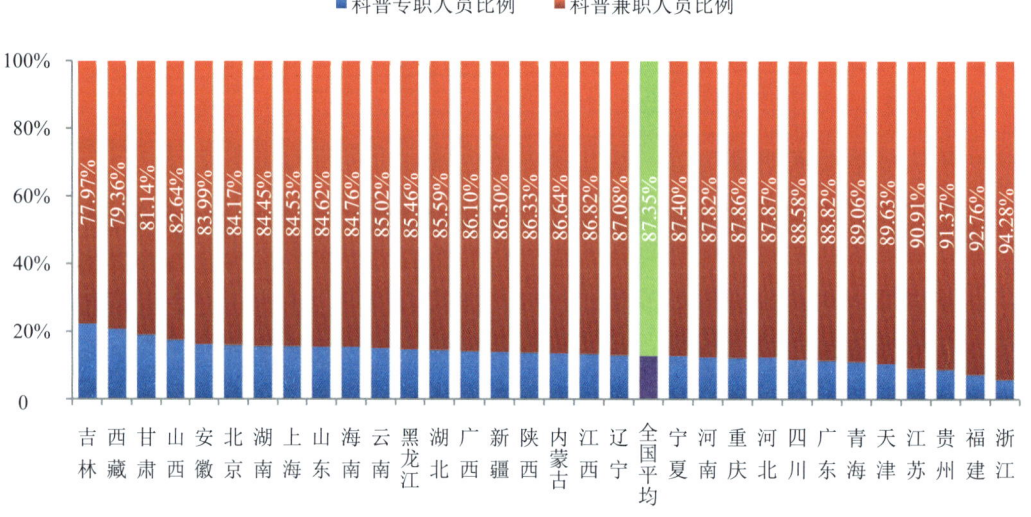

图 1-10　2017 年各省科普人员构成

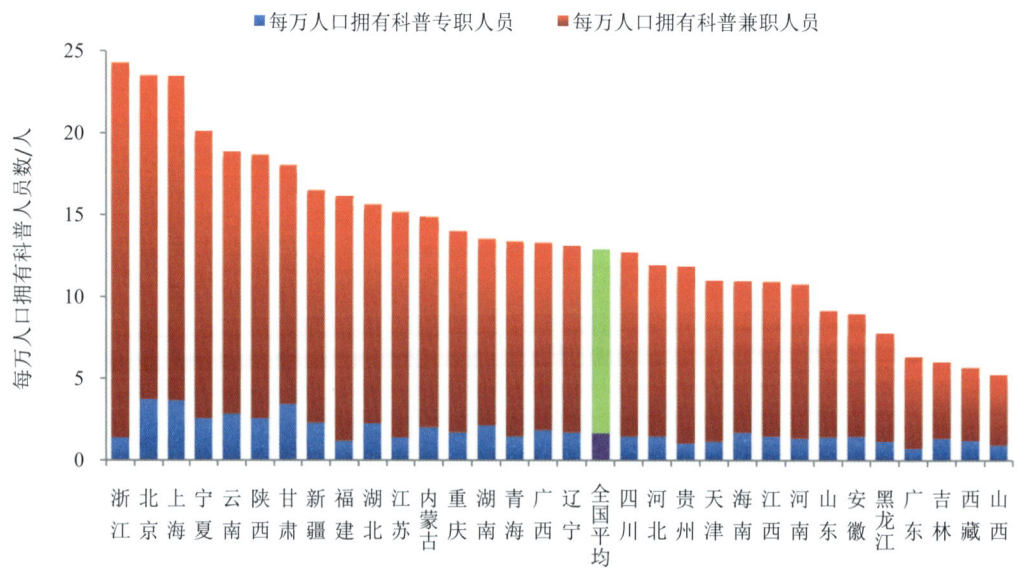

图 1-11　2017 年各省每万人口科普人员拥有量

## 1.2.2 各省科普人员分类构成

### （1）科普人员职称及学历

全国共有中级职称及以上或大学本科及以上学历的科普人员 99.68 万人。中级职称及以上或大学本科及以上学历科普人员数量较多的地区依次是浙江、江苏、四川、河南、湖北、云南、山东、河北、湖南、广东、陕西、上海、福建、北京和辽宁，这 15 个省超过全国平均水平（3.22 万人），其中多数为人口大省（图 1-12）。浙江共有中级职称及以上或大学本科及以上学历科普人员 8.18 万人，继续位居全国第一。此外，江苏、四川、河南和湖北的中级职称及以上或大学本科及以上学历科普人员也相对较多，均超过了 5 万人；西藏、海南、青海和宁夏 4 个省因人口总量较少，中级职称及以上或大学本科及以上学历科普人员数量也较少，均未超过 1 万人。吉林的这部分数据人员也只有 8718 人。

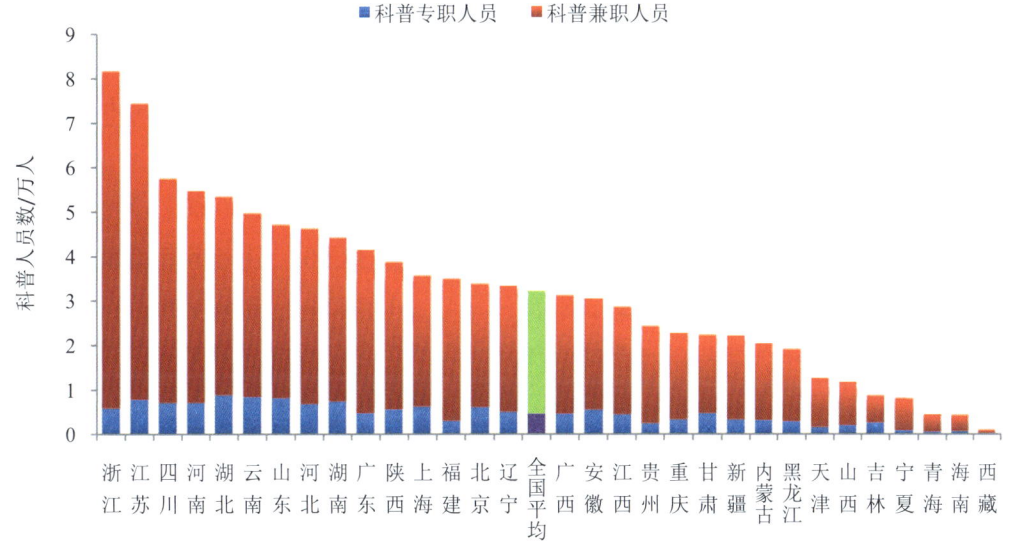

图 1-12　2017 年各省中级职称及以上或大学本科及以上学历科普人员数

全国科普人员中中级职称及以上或大学本科及以上学历人员的比例为 55.51%，与 2016 年的 53.96% 相比有所增长。天津、北京、黑龙江、上海、江苏、山西、浙江、宁夏、广东、辽宁、湖北、贵州、青海和江西共 14 个省超过这一比例（图 1-13）。天津的这一比例最高，达 72.93%。

除海南、山西、黑龙江和宁夏的科普专职人员中级职称及以上或大学本科及以上学历人员比例低于科普兼职人员的这一比例外，绝大多数省的科普专职人员中级职称及以上或大学本科及以上学历人员比例要高于科普兼职人员的这一比例。天津、北京、辽宁、上海、江苏、浙江、江西、湖北和贵州共 9 个省的科普专职人员中中级职称及以上或大学本科及以上学历人员比例超过 65%。

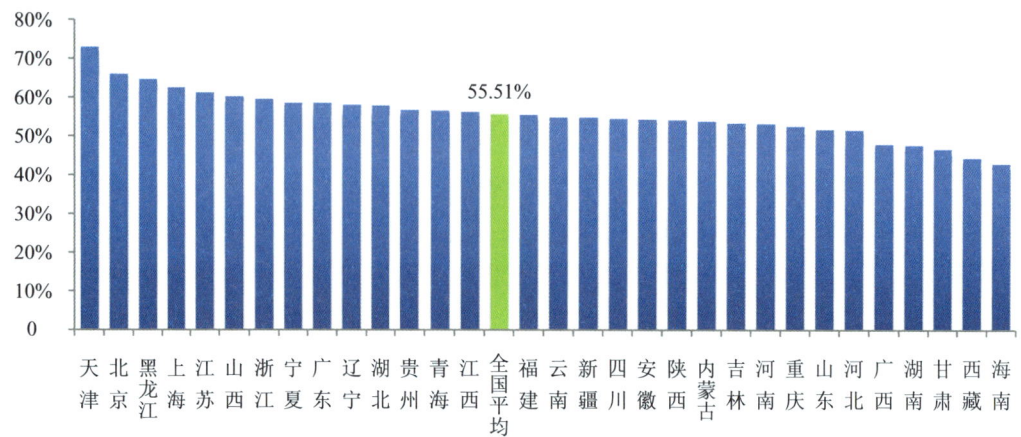

图 1-13　2017 年各省中级职称及以上或大学本科及以上学历科普人员比例

### （2）女性科普人员

全国共有女性科普人员 72.13 万人，比 2016 年的 71.50 万人增加 0.63 万人。浙江、江苏、四川和河南 4 个省的女性科普人员规模较大，均超过了 4 万人。浙江女性科普人员规模达到了 5.60 万人（图 1-14），居全国之首。2017 年全国女性科普人员占科普人员的比例为 41.10%，与 2016 年的 38.60% 相比略有增长。北京、上海和天津的女性科普人员比例较高，有一半以上的科普人员是女性（图 1-15）。此外，辽宁、吉林、宁夏和山西的女性科普人员比例也较高，均超过了 45%。

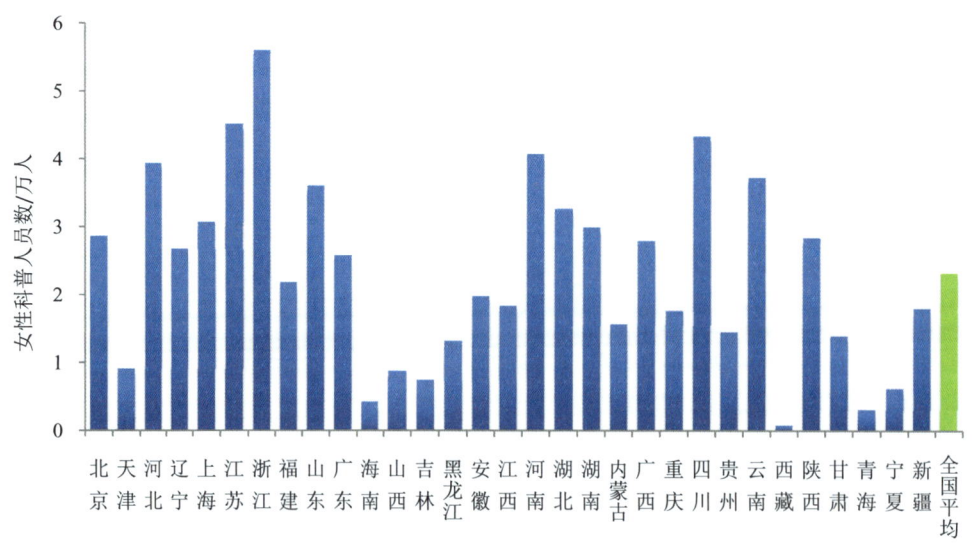

图 1-14　2017 年各省女性科普人员数

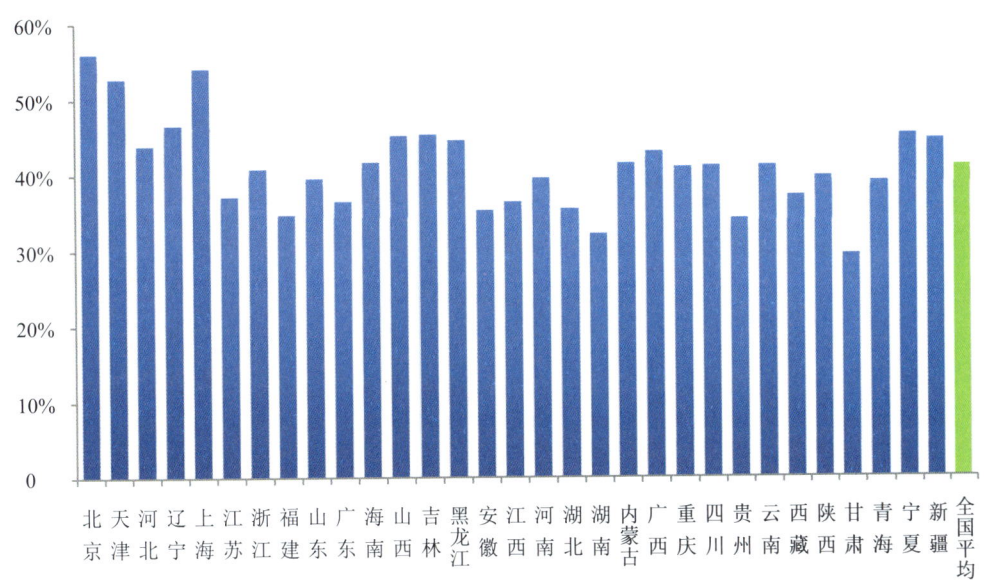

图 1-15　2017 年各省女性科普人员比例

女性科普专职人员数超过 4000 人的省依次是北京、河北、上海、江苏、山东、河南、湖北、湖南、四川和云南 10 个地区，河南女性科普专职人员达到 5710 人。科普专职人员中女性比例相对较高的则是北京，达到了 54.19%，其次是天津和山西。女性科普兼职人员较多的依次是浙江、江苏、四川、河南、河北和云南，均超过了 3 万人，其中，浙江最高，达到 5.26 万人。北京、上海和天津的科普兼职人员中女性比例相对较高，分别为 56.40%、54.90% 和 52.69%。

**（3）农村科普人员**

全国共有农村科普人员 57.21 万人，各省农村科普人员数量差异较大。农村科普人员数超过全国平均水平 1.85 万人的省共有 13 个，分别是：四川、湖南、浙江、山东、河南、江苏、河北、云南、湖北、安徽、陕西、广西和福建，这些省大都是农村人口规模较大的省。2017 年四川投入各类农村科普人员 4.33 万人，居全国之首（图 1-16）。农村科普人员规模不足万人的 10 个省为天津、北京和上海 3 个直辖市，以及海南、西藏、青海和宁夏等人口较少的地区；吉林和黑龙江虽然是农业大省，但投入的农业科普人员却相对较少。

各省平均拥有农村科普专职人员 2350 人。湖北和湖南 2 个省的农村科普专职人员数均超过 5000 人。其中，湖北从事农村科普工作的专职人员数达到了 6022 人。有 5 个省 40% 以上的科普专职人员是农村科普专职人员。安徽有 51.35% 的科普专职人员为农村科普专职人员，在科普专职人员中占比最高。

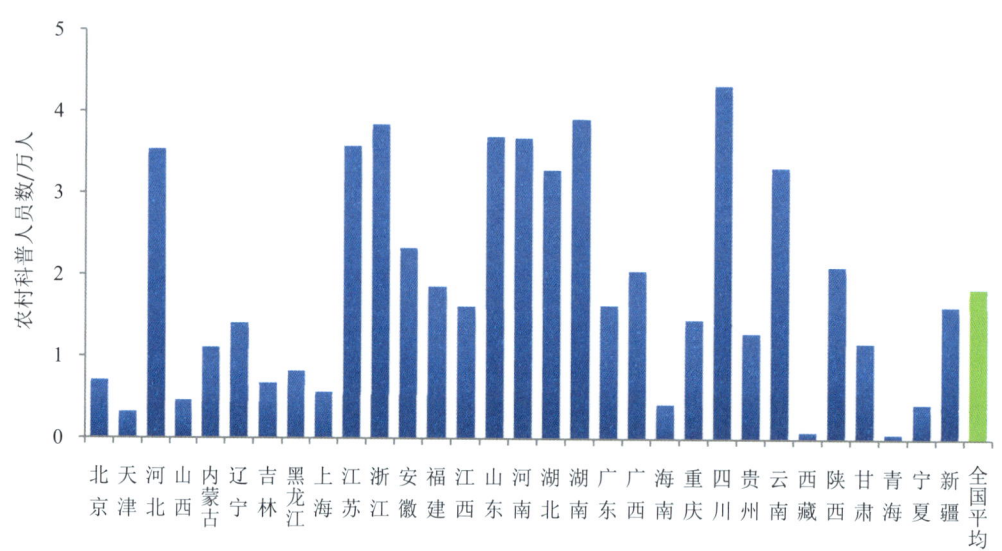

图 1-16  2017 年各省农村科普人员

大多数中部、西部地区的农村科普人员所占比例高于东部地区。2017 年农村科普人员比例高于 40% 的有湖南、安徽、四川、山东、海南、吉林和新疆 7 个省（图 1-17）。其中，湖南最高，达到 42.09%，青海和上海的农村科普人员比例不足 10%。科普人员中农村科普人员所占比例和各地区的城市化程度密切相关。

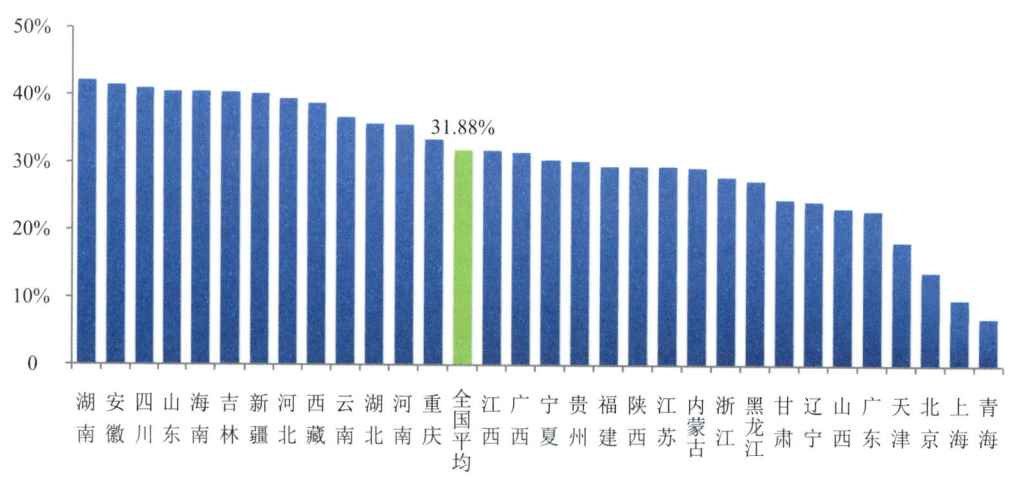

图 1-17  2017 年各省农村科普人员比例

**（4）科普管理人员**

全国共有科普管理人员 4.91 万人。各省平均科普管理人员为 1584 人，比

2016年的1516人增加了68人（图1-18）。科普人员总数较多的省，科普管理人员数也相应较多。相对于其他省，四川、河南、湖南和江苏的科普管理人员规模较大，均超过2500人。从科普人员中管理人员的比例来看，除个别省外，多数省的科普管理人员与科普人员之比在1∶50~1∶30。

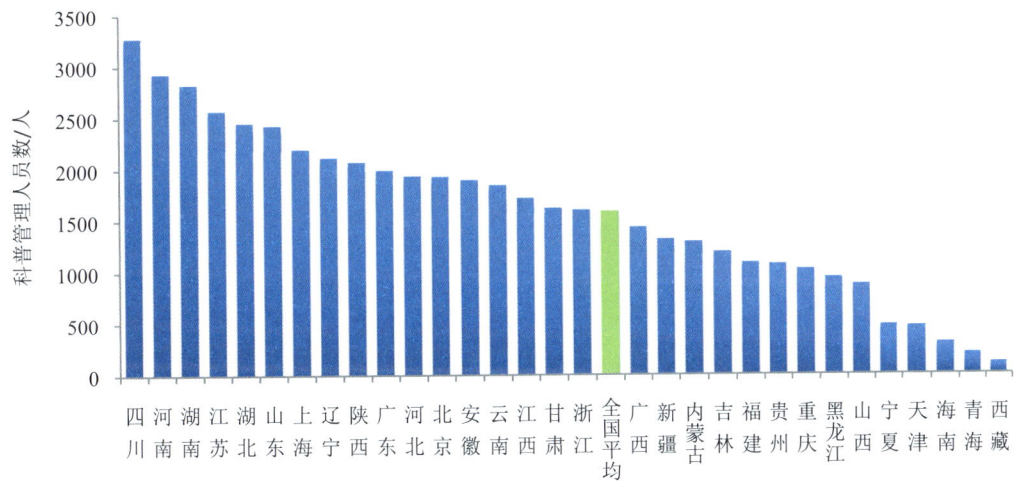

图1-18　2017年各省科普管理人员数

（5）科普创作人员

全国共有科普创作人员14907人，比2016年的14148人增加759人，增长了5.36%。科普创作人员主要集中于上海、北京、山东、江苏、湖北、四川、湖南和陕西等省（图1-19），占全国总数的49.05%。

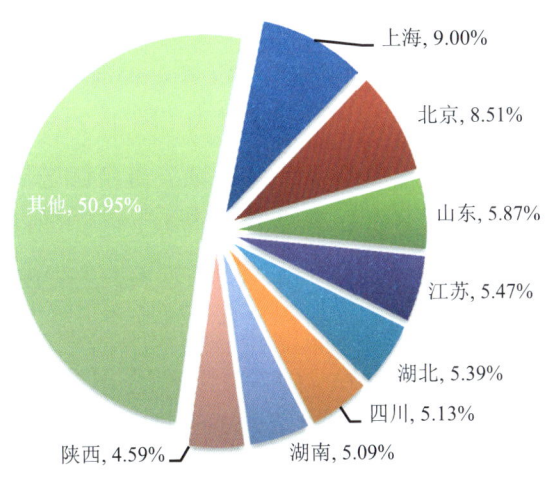

图1-19　2017年主要省份科普创作人员数占全国比例

### （6）注册科普志愿者

全国共有注册科普志愿者 225.60 万人，各省在注册科普志愿者规模上存在明显差异（图 1-20）。江苏注册科普志愿者最多，达到 72.11 万人，占全国注册科普志愿者总数的 31.96%；河南以 18.88 万人位居次席；广东的注册科普志愿者规模也相对较大，人数是 17.49 万人。全国各省平均注册科普志愿者 7.28 万人。

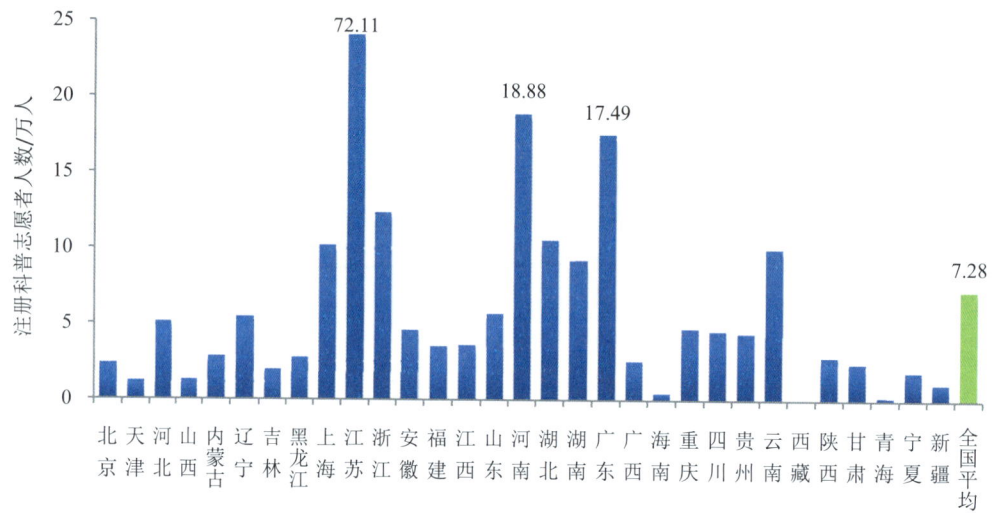

图 1-20　2017 年各省注册科普志愿者人数

注：江苏注册科普志愿者人数约为图示高度数值的 3 倍。

## 1.3　部门科普人员分布

### 1.3.1　部门科普人员数量

从科普人员规模来看，2017 年科协、教育、卫生健康、农业农村和科技管理部门的科普人员相对较多，都超过了 10 万人（图 1-21）。由于工作性质关系，科协的科普人员总数位居首位，共计 46.44 万人，占全国总数的 25.88%，与 2016 年的 44.40 万人和 24.00% 相比均有所增长。教育、卫生健康和农业农村的科普人员数分别为 30.74 万人、24.66 万人和 21.70 万人，与 2016 年的 34.69 万人、26.20 万人和 20.84 万人相比，除农业部门外均略有下降。科技管理部门的科普人员规模也相对较大，人数为 12.92 万人，比 2016 年的 15.16 万人减少 2.24 万人。自然资源、文化和旅游、市场监督管理和民政部门的科普人员数也均超过了 3 万人。相比之下，社科院、新闻出版、民族事务和中国人民银行等部门的科普人员较少，均不足 3000 人。

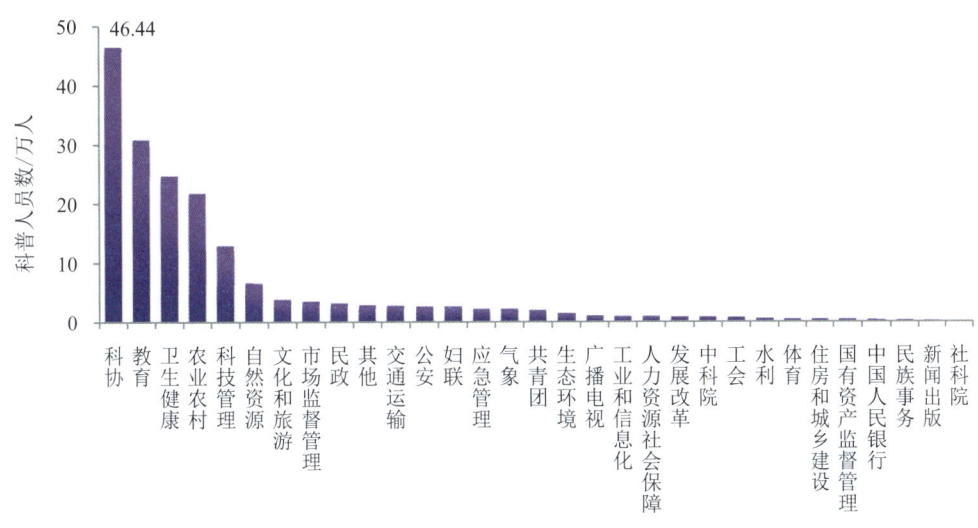

图 1-21　2017 年各部门科普人员数

**（1）部门科普人员组成结构**

由于工作性质关系，2017 年，农业农村部门拥有科普专职人员 5.52 万人，规模居各部门第 1 位；科协部门拥有科普专职人员 5.00 万人，规模居第 2 位（图 1-22）。各部门在科普人员构成上存在较大差异。新闻出版、农业农村、广播电视、文化和旅游等部门的科普专职人员比例较高（图 1-23），2017 年分别达到了 35.44%、25.46%、23.65% 和 20.95%。中国人民银行、妇联、市场监督管理和共青团等部门的科普专职人员比例较低，这些部门的科普专职人员比例仅分别为 0.37%、2.75%、3.66% 和 4.96%。

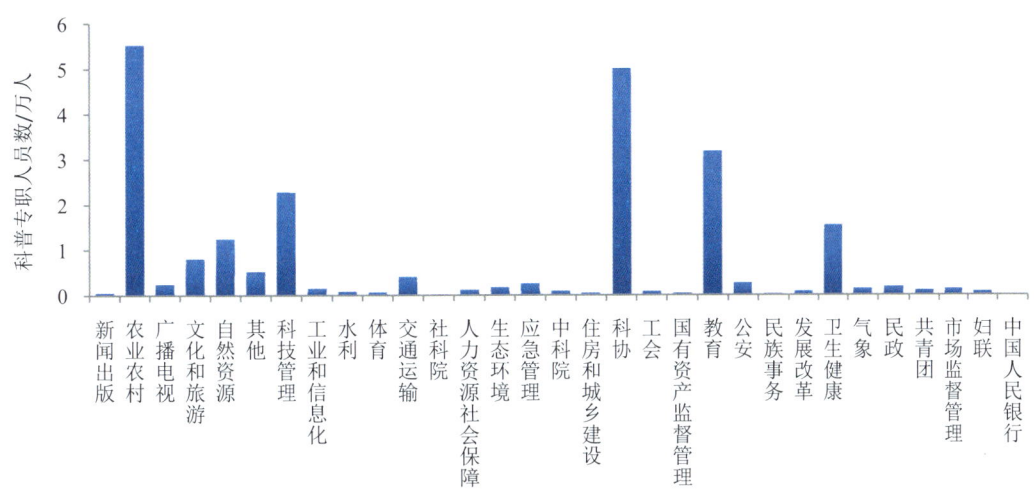

图 1-22　2017 年各部门科普专职人员数

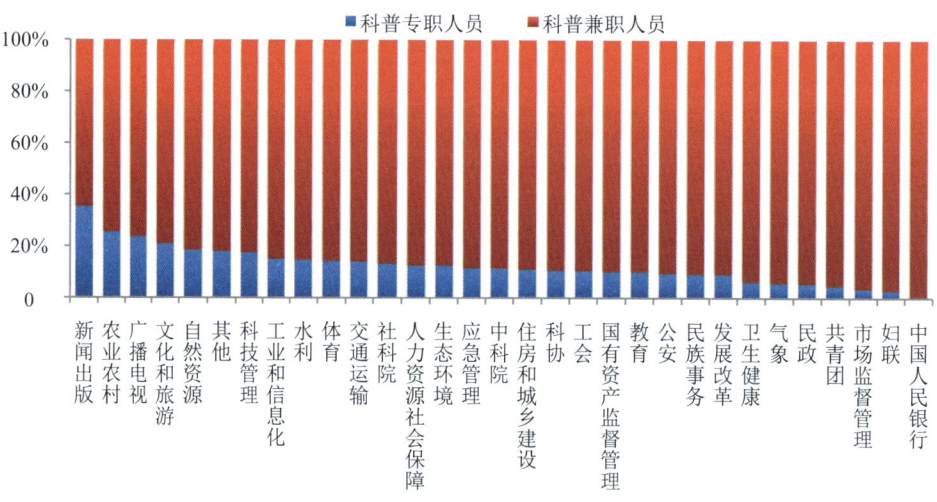

图 1-23　2017 年各部门科普人员构成

**（2）科普兼职人员年度实际投入工作量**

科协和教育部门的科普兼职人员年度投入工作量仍然居前两位，分别为 52.18 万人月和 36.05 万人月（图 1-24）。农业农村部门的科普兼职人员年度投入工作量居第 3 位，共计 23.17 万人月。体育、工业和信息化、新闻出版、农业农村、交通运输和人力资源社会保障的人均年度投入工作量较高，分别为 1.78 个月、1.55 个月、1.55 个月、1.43 个月、1.42 个月和 1.41 个月。水利、国有资产监督管理和中国人民银行等部门的科普兼职人员人均年度投入工作量相对较少。

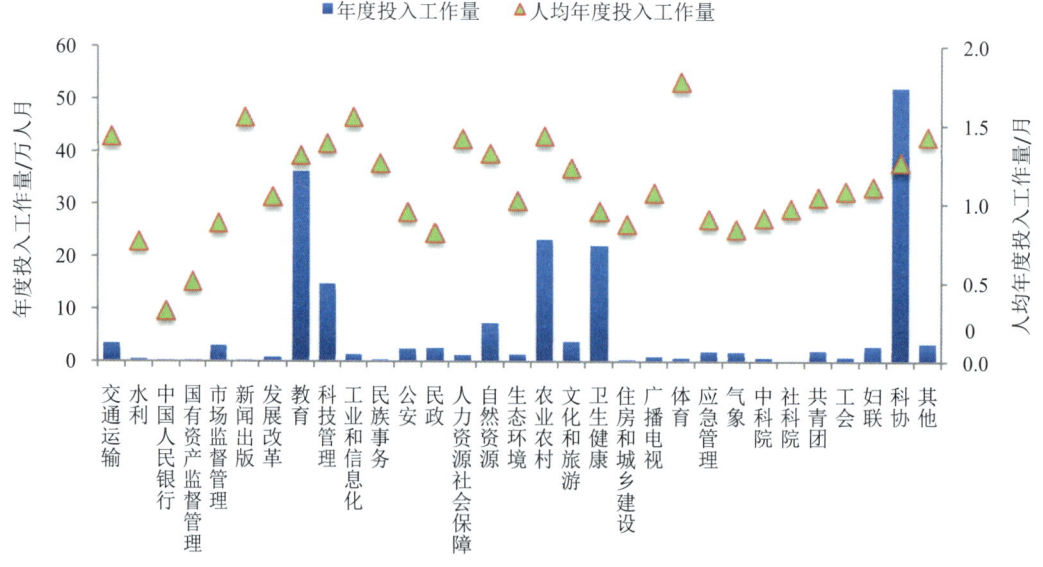

图 1-24　2017 年各部门科普兼职人员年度投入工作量

## 1.3.2 部门科普人员分类构成

### （1）科普人员职称及学历

从科普人员中的中级职称及以上或大学本科及以上学历人员情况来看（图1-25），教育部门中级职称及以上或大学本科及以上学历科普人员总数超过科协部门跃居首位，达到 22.62 万人。在科普专职人员方面，农业农村部门中级职称及以上或大学本科及以上学历的科普专职人员数量位居首位，达到 3.31 万人。中科院具有高科技人才优势，部门的中级职称及以上或大学本科及以上学历人员比例仍为最高，达到 85.24%，社科院、气象、教育、新闻出版、中国人民银行、生态环境、人力资源社会保障、发展改革、水利、体育、工业和信息化、公安部门的比例也较高，都在 60% 以上。妇联部门的这一比例较低，为 35.03%。

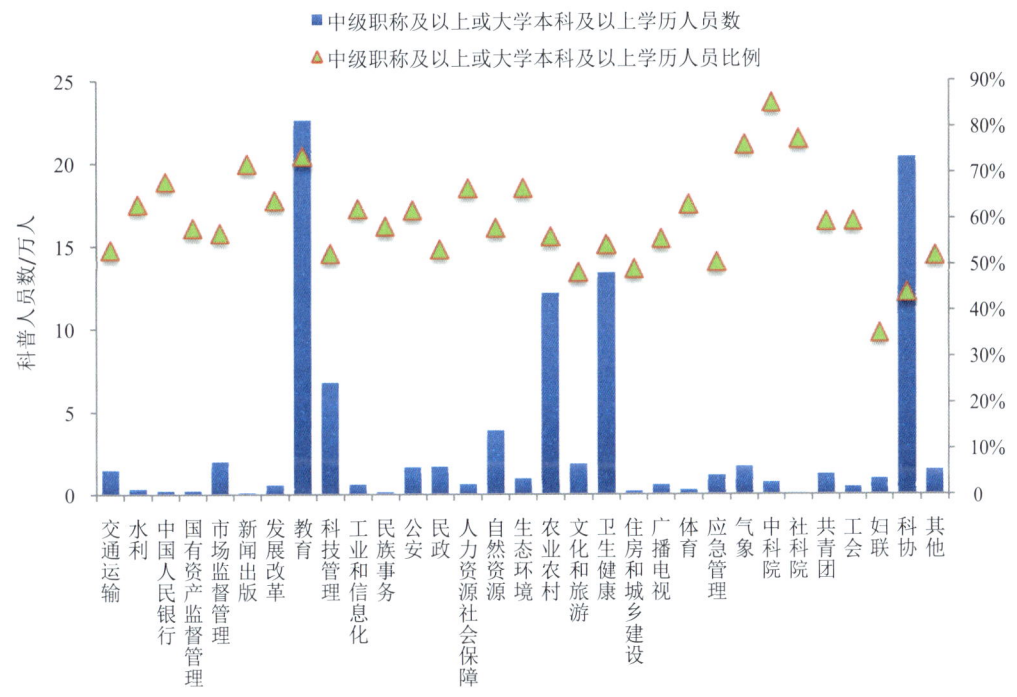

图 1-25　2017 年各部门中级职称及以上或大学本科及以上学历科普人员数及比例

### （2）女性科普人员

科协、教育和卫生健康部门的女性科普人员数量居前 3 位，女性科普人员数分别达到了 15.78 万人、14.22 万人和 12.91 万人。农业农村、科技管理和妇联等部门的女性科普人员规模也较大（图1-26）。由于工作对象和工作性质的原因，妇联和卫生健康部门的女性科普人员比例分别高达 78.52% 和 52.37%。

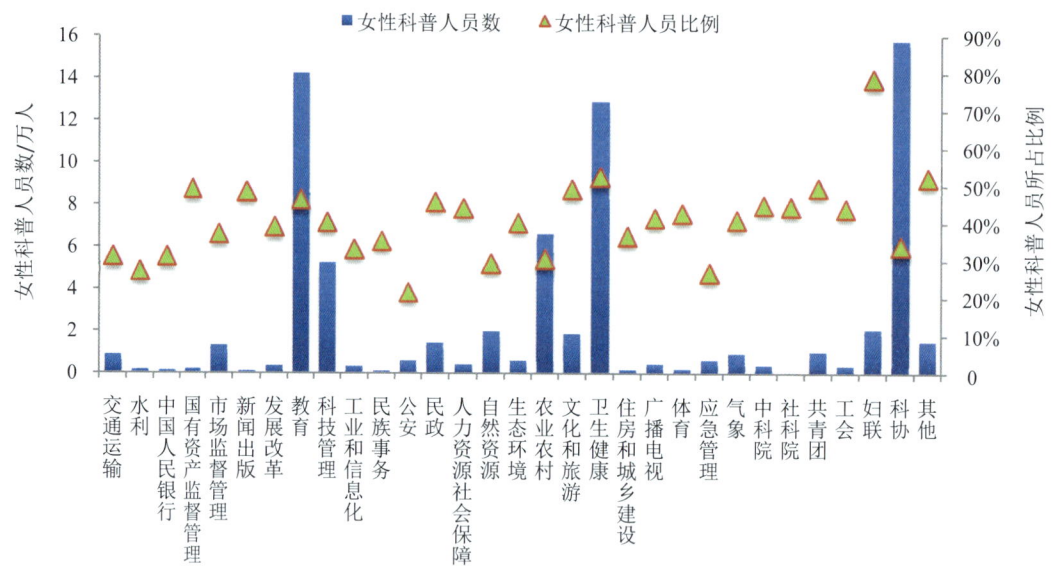

图 1-26　2017 年各部门女性科普人员数及所占比例

**（3）农村科普人员**

科协系统的农村科普人员数达到了 18.85 万人，占科协系统科普人员总数的 40.60%（图 1-27）。农业农村部门的农村科普人员规模仅次于科协系统，人数是 11.67 万人。因为工作性质原因，农业农村和妇联部门的农村科普人员比例较高，分别达到 53.75% 和 45.69%。

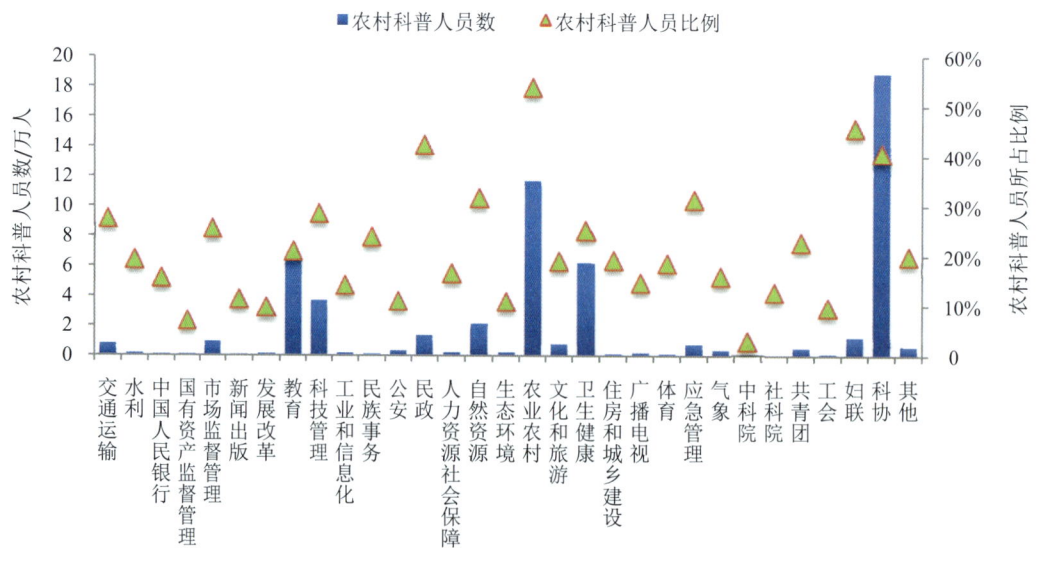

图 1-27　2017 年各部门农村科普人员数及所占比例

从科普人员中农村科普人员比例来看，除农业农村和妇联部门外，民政、科协、自然资源和应急管理部门也呈现农村科普人员比例较高的特点，均超过了30%。因为工作性质原因，中科院、国有资产监督管理、工会和发展改革部门（单位）的农村科普人员比例较低，不足10%。中科院系统仅2.81%的科普人员为农村科普人员。

**（4）科普管理人员**

科协系统的科普管理人员最多，为15191人。科技管理和农业农村部门分别位居第2位和第3位，分别有科普管理人员6859人和6857人（图1-28）。

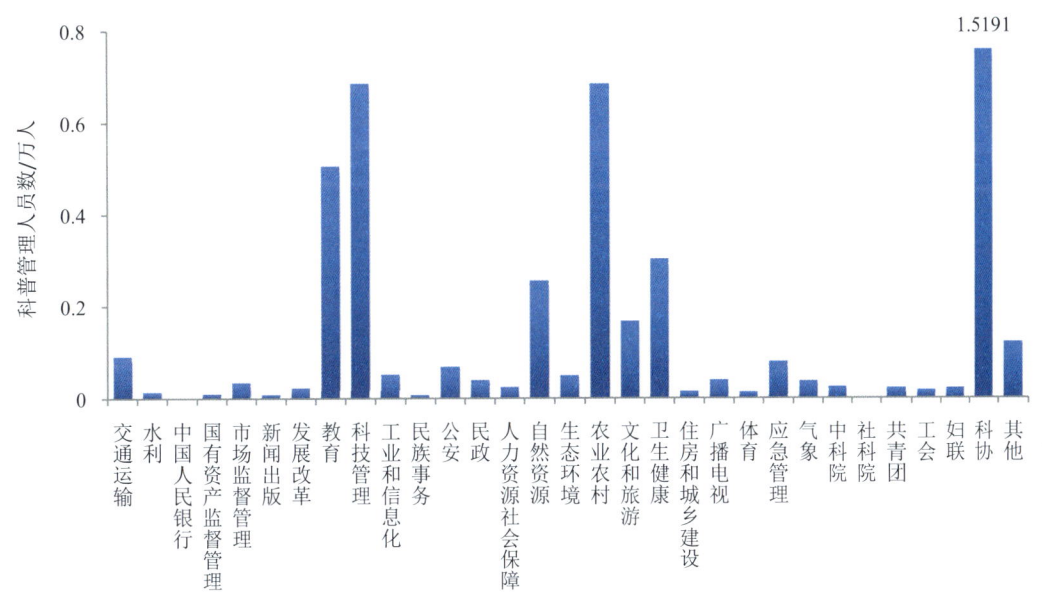

图1-28　2017年各部门科普管理人员数

注：科协系统管理人员数约为图示高度数值的2倍。

**（5）科普创作人员**

科普创作人员仍然主要分布于教育、科协、卫生健康、科技管理和农业农村部门（图1-29）。教育部门有科普创作人员2911人，占全国科普创作人员总数的19.53%。科协、卫生健康、科技管理和农业农村部门的科普创作人员数也超过了1000人。新闻出版和中科院部门虽然科普专职人员总数不多，但科普创作人员却相对较多，科普创作人员占科普专职人员的比例分别高达28.97%和26.90%。这与部门的工作性质相符，历年的统计结果一直如此。

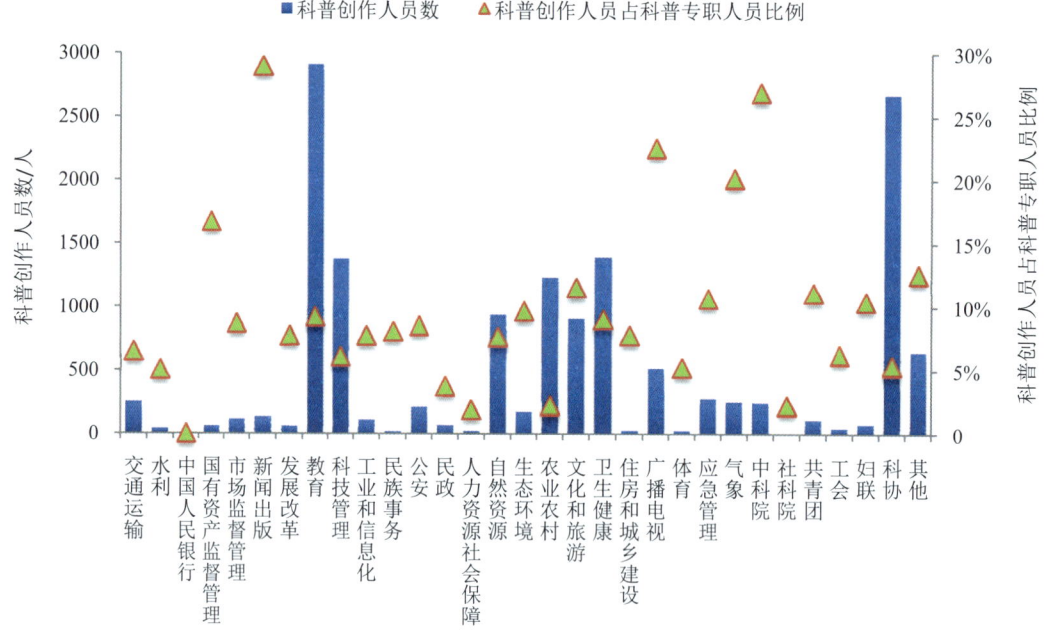

图1-29 2017年各部门科普创作人员数及占科普专职人员比例

# 2 科普场地

科普场地包括科普场馆和公共场所科普宣传设施两部分。科普场馆包括科技馆（以科技馆、科学中心、科学宫等命名的，以展示教育为主，传播、普及科学的科普场馆）、科学技术类博物馆（包括专业科技类博物馆、天文馆、水族馆、标本馆及设有自然科学部的综合博物馆等）和青少年科技馆站 3 类场馆；公共场所科普宣传设施包括科普画廊、城市社区科普（技）专用活动室、农村科普（技）活动场地和科普宣传专用车 4 类设施。

2017 年，全国共有科普场馆 1439 个，其中，科技馆 488 个，比 2016 年增加 15 个，增长 3.17%。科技馆建筑面积合计 371.07 万平方米，比 2016 年增长 15.74%；展厅面积合计 180.04 万平方米，比 2016 年增长 14.52%；参观人数共计 6301.75 万人次，比 2016 年增长 11.61%。共有科学技术类博物馆 951 个，比 2016 年增加 31 个，增长 3.37%。科学技术类博物馆建筑面积合计 658.58 万平方米，比 2016 年增长 8.13%；展厅面积合计 319.99 万平方米，比 2016 年增长 13.27%；参观人数共计 1.42 亿人次，比 2016 年增长 28.85%。

全国共有科普画廊 17.54 万个，比 2016 年减少 16.54%；城市社区科普（技）专用活动室 7.14 万个，比 2016 年减少 15.77%；农村科普（技）活动场地 34.23 万个，比 2016 年减少 1.24%；科普宣传专用车 1694 辆，比 2016 年减少 204 辆。

## 2.1 科技馆

科技馆是重要的科普基础设施。科技馆的主要功能是展览教育，通过常设和短期展览，以激发科学兴趣、启迪科学观念为目的，用参与、体验、互动性的展品及辅助性展示手段对公众进行科学技术的普及教育。科技馆通常是由政府投资兴建的公共事业单位，其服务和产品在消费上具有拥挤性，在供给上具有非排他性,属于准公共产品。目前民营和企业建设的科技馆越来越多。

### 2.1.1 科技馆总体情况

全国共有科技馆488个,比2016年增加15个(表2-1)。全部科技馆建筑面积合计371.07万平方米,展厅面积合计180.04万平方米,展厅面积占建筑面积的48.52%,比2016年略有下降。全国每万人平均拥有科技馆建筑面积26.69平方米,比2016年增加3.50平方米。科技馆参观人次比2016年增长11.61%。

表2-1 2014—2017年科技馆相关数据的变化

| 指标 | 2014年 | 2015年 | 2016年 | 2017年 | 2016—2017年增长率 |
|---|---|---|---|---|---|
| 科技馆/个 | 409 | 444 | 473 | 488 | 3.17% |
| 建筑面积/万米$^2$ | 304.24 | 313.84 | 320.61 | 371.07 | 15.74% |
| 展厅面积/万米$^2$ | 144.61 | 154.20 | 157.22 | 180.04 | 14.52% |
| 参观人次/万人次 | 4192.31 | 4695.09 | 5646.41 | 6301.75 | 11.61% |

《科学技术馆建设标准》将科技馆按照建设规模分成特大、大、中和小型4类:建筑面积30000平方米以上的为特大型馆,建筑面积15000~30000平方米的为大型馆,建筑面积8000~15000平方米的为中型馆,建筑面积8000平方米及以下的为小型馆。

现有特大型科技馆24个,比2016年增加1个,建筑面积50000平方米的甘肃省科技馆在2017年年底开放;大型科技馆43个,比2016年增加15个;中型科技馆42个,比2016年增加9个;小型科技馆仍然是主体,共有379个,比2016年减少了10个(表2-2)。增加的科技馆大多是大中型科技馆,一些小型科技馆失去了科普功能。

表2-2 2017年各类科技馆的数量、建筑面积及参观人数

| 场馆类别 | 特大型科技馆 | 大型科技馆 | 中型科技馆 | 小型科技馆 |
|---|---|---|---|---|
| 建筑面积 | 30000米$^2$以上 | 15000~30000米$^2$(含30000米$^2$) | 8000~15000米$^2$(含15000米$^2$) | 8000米$^2$及以下 |
| 场馆数量/个 | 24 | 43 | 42 | 379 |
| 合计建筑面积/万米$^2$ | 128.51 | 95.40 | 46.62 | 100.54 |
| 合计参观人次/万人次 | 2356.69 | 1802.50 | 724.42 | 1418.13 |

特大型科技馆的馆年均参观人数有所增长。特大型科技馆的数量只占全部

科技馆数量的 4.92%，参观人次占比达 37.40%。每个特大型科技馆的年均参观人数为 98.20 万人次，比 2016 年略有增长。

大型科技馆的馆年均参观人数有所增长。大型科技馆占总数的 8.81%，参观人次所占比例为 28.60%，比 2016 年大幅增长。每个大型科技馆的年均参观人数为 41.92 万人次，比 2016 年增加超过 10 万人。

中型科技馆占全部科技馆数量的 8.61%，年参观总人数占总数的 11.50%。每个中型科技馆的年均参观人数为 17.25 万人次，比 2016 年增加近 3 万人。

小型科技馆年参观人次占比下降，为 22.50%。每个小型科技馆的年均参观人数为 3.74 万人次，比 2016 年有所下降。

各类型科技馆的单位面积使用效率相差不多。由表 2-2 可以看出，各类场馆的建筑面积所占比例与其参观人次所占比例基本成正比。这说明单位建筑面积内，各类型场馆的参观人次相差不多，都在年均每平方米 14~19 人次。

县级科技馆数量仍然最多（表 2-3）。2017 年，县级科技馆共计 201 个，比 2016 年减少 42 个，数量占全国总数的 41.19%。县级科技馆的平均建筑面积 3414 平方米，每个科技馆年参观人数为 4.64 万人次，县级科技馆的全部参观人次占全国总数的 14.80%，比 2016 年略有下降。

表 2-3 2017 年各级别科技馆的相关数据

| 级别 | 科技馆/个 | 建筑面积/万米$^2$ | 展厅面积/万米$^2$ | 参观人次/万人次 |
| --- | --- | --- | --- | --- |
| 中央部门级 | 15 | 13.51 | 7.52 | 441.59 |
| 省级 | 92 | 127.76 | 61.44 | 2383.84 |
| 地市级 | 180 | 161.18 | 76.93 | 2543.37 |
| 县级 | 201 | 68.62 | 34.16 | 932.95 |

地市级科技馆共计 180 个，比 2016 年增加 44 个，占科技馆总数的 36.89%。地市级科技馆的平均建筑面积为 8954 平方米，每个科技馆平均年参观人数为 14.13 万人次，地市级科技馆的全部参观人次占全国总数的 40.36%。

省级科技馆数量比 2016 年增加 19 个，共有 92 个，占科技馆总数的 18.85%。省级科技馆的平均建筑面积为 1.39 万平方米，每个科技馆平均年参观人数为 25.91 万人次，省级科技馆的全部参观人次占全国总数的 37.83%。特大型科技馆大多数是省级科技馆。

中央部门级的科技馆数量略有下降。隶属于中央部门的科技馆有 15 个，比

2016 年减少 6 个，占科技馆总数的 3.07%。中央部门级科技馆的平均建筑面积为 9005 平方米，每个科技馆平均年参观人数为 29.44 万人次，中央部门级科技馆的全部参观人次占全国总数的 7.01%。

全部科技馆共有科普专职人员 10971 人，比 2016 年有所下降。其中专职科普创作人员 1038 人，专职科普讲解人员 3323 人，都比 2016 年有所增长；共有科普兼职人员 5.80 万人，注册科普志愿者 7.53 万人。

科技馆共筹集科普经费 32.81 亿元，平均每个科技馆筹集科普经费 672 万元，均比 2016 年有所增长。科普筹集额中来自政府拨款 27.56 亿元、自筹资金 2.83 亿元、捐赠 1.14 亿元、其他收入 1.28 亿元。捐赠数额比 2016 年大幅增长。科技馆的基建相关支出共计 11.59 亿元，其中场馆建设支出 3.09 亿元，展品设施支出 5.67 亿元，都比 2016 年大幅增长，可见，科技馆的维护和展品设施更新都更加受到重视。

科技馆共举办科普（技）讲座 1.24 万次，共有 260 万人次参加；共举办科普（技）展览 5628 次，观众达到 2861 万人次；还举办了 1169 次科普（技）竞赛活动，共有 218 万人次参加。

### 2.1.2 科技馆的地区分布

东部地区科技馆数量持续增加。东部地区 11 个省共有 259 个科技馆，占全国总数的 53.07%；而中部和西部地区 20 个省合计有 229 个科技馆，分别占全国总数的 23.16% 和 23.77%。东部和西部地区的科技馆数量分别增长 18 个和 4 个（图 2-1）。

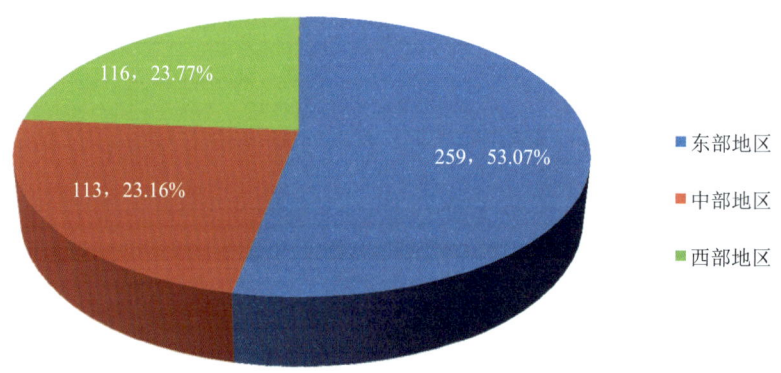

图 2-1　2017 年东部、中部和西部地区科技馆数量及所占比例

东部地区科技馆的建筑面积是中部和西部地区科技馆建筑面积总和的1.20倍，展厅面积是中部和西部地区之和的1.16倍。从科技馆展厅面积占建筑面积比例来看，东部、中部和西部地区差别不大（表2-4）。

表2-4 2017年东部、中部和西部地区科技馆建筑面积和展厅面积比较

| 地区 | 建筑面积/万米² | 展厅面积/万米² | 展厅面积占建筑面积比例 |
| --- | --- | --- | --- |
| 东部地区 | 202.33 | 96.79 | 47.84% |
| 中部地区 | 74.79 | 36.39 | 48.66% |
| 西部地区 | 93.95 | 46.86 | 49.87% |
| 全国 | 371.07 | 180.04 | 48.52% |

特大型和大型科技馆大多分布在东部地区，但目前西部地区的科技馆平均规模最大。东部地区平均每个科技馆的建筑面积为7812平方米，与2016年基本持平。中部地区为6618平方米，比2016年有所增加。西部地区为8099平方米，因为甘肃省科技馆这个特大型科技馆的建设，大幅提升了西部地区的平均水平。

全国各省平均拥有16个科技馆，共有12个省的科技馆数量超过平均数。由图2-2可以看出，科技馆数量在30个及以上的有湖北(50个)、广东(43个)、福建(36个)、上海(31个)和山东(30个)。湖北省的一些小型科技馆近年来逐步失去科普功能，数量逐渐减少。

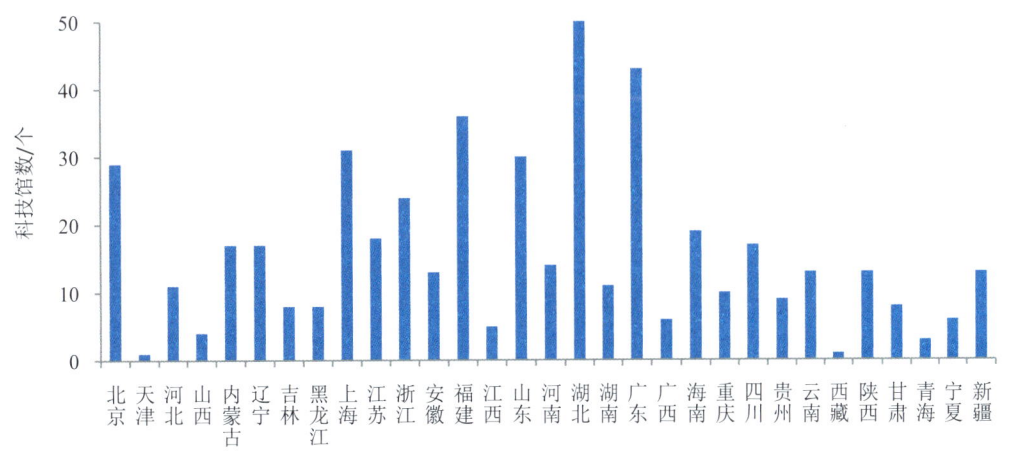

图2-2 2017年全国科技馆分布情况

广东的科技馆总建筑面积最大，其次是浙江和北京。吉林的科技馆总建筑面积最小，吉林虽然有8个科技馆，但建筑面积都比较小。在4个直辖市中，天津一直只有1个科技馆，且建筑面积较小（图2-3）。

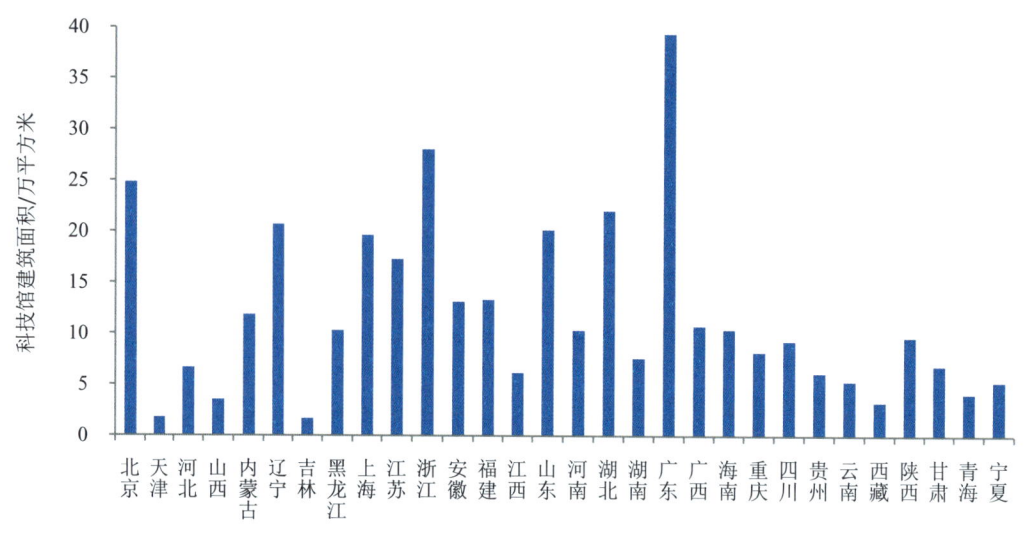

图 2-3  2017 年各省科技馆建筑面积

广东的科技馆参观人数合计 554.50 万人次，排在全国第 1 位，上海的科技馆参观人次占上海常住人口的 22.50%，排在全国第 1 位。科技馆参观人次占常住人口比例较低的省是甘肃、吉林、四川和河北（图 2-4）。

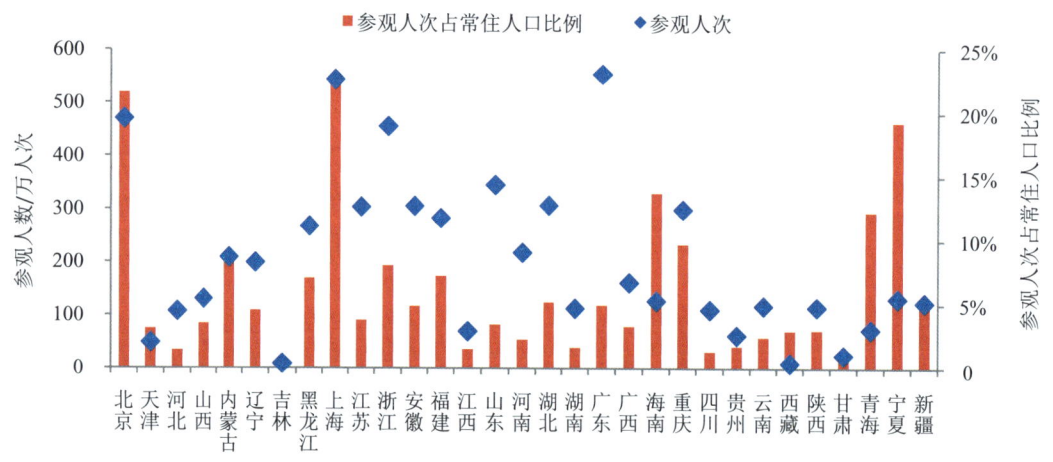

图 2-4  2017 年各省科技馆参观人次及其占地区常住人口比例

### 2.1.3 科技馆的部门分布

各部门下属的科技馆数量差异较大。科协、科技管理和教育部门的科技馆数量仍然是最多的（图 2-5）。科协系统共有 277 个科技馆，占全部科技馆总数的 56.76%。

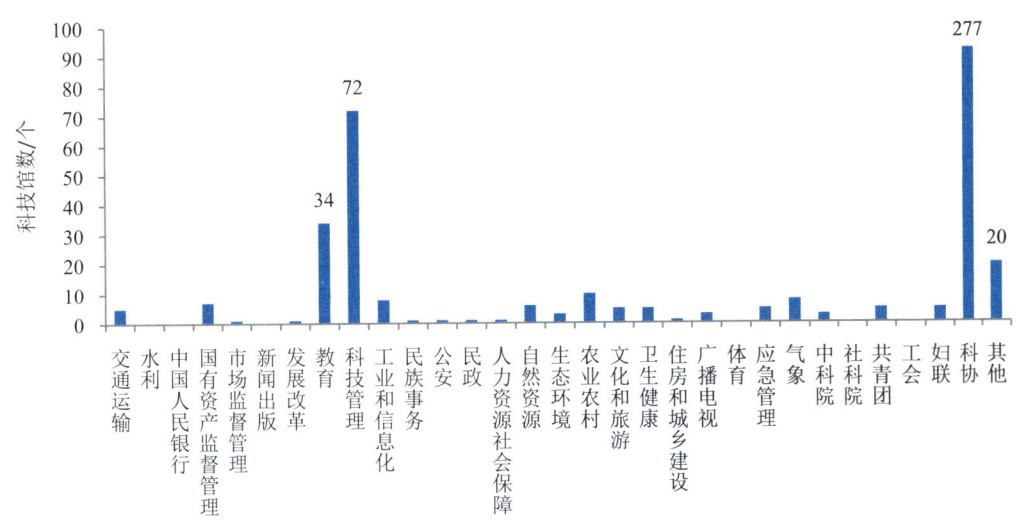

图 2-5　2017 年科技馆按部门分布情况

注：科协系统科技馆数量为图示高度数值的 3 倍。

科协系统的科技馆建筑面积和参观人次也显著高于其他部门。科协系统科技馆建筑面积合计 244.32 万平方米（图 2-6），占全部科技馆建筑面积的 65.84%，该系统每个科技馆的平均建筑面积为 8820 平方米。科协系统科技馆的参观人数共计 4355.93 万人次，科技管理部门为 1111.73 万人次。

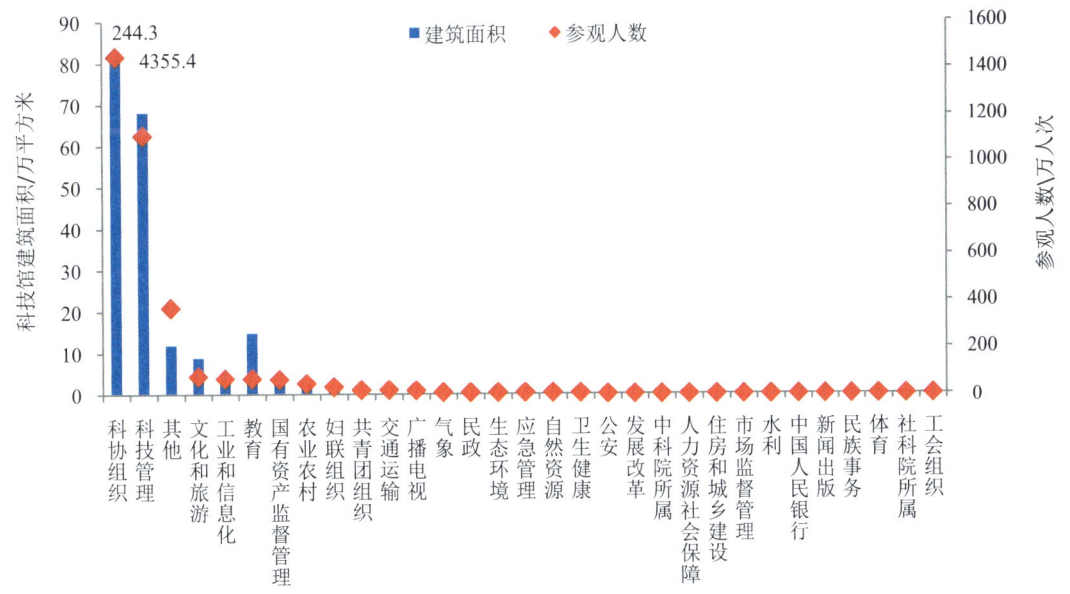

图 2-6　2017 年各部门科技馆建筑面积及参观人次

注：科协系统科技馆建筑面积、参观人次为图示高度数值的 3 倍。

## 2.2 科学技术类博物馆

科学技术类博物馆包括专业科技类博物馆、天文馆、水族馆、标本馆及设有自然科学部的综合博物馆等。科学技术类博物馆的种类非常丰富，可以从多个侧面进行科普展示教育，对于单个场馆来说，可以在某个方面提供更深入的科普服务。

### 2.2.1 科学技术类博物馆总体情况

全国共有科学技术类博物馆951个，比2016年增加31个，增长3.37%。科学技术类博物馆建筑面积合计658.58万平方米，比2016年增长8.13%；展厅面积合计319.99万平方米，比2016年增长13.27%；参观人数共计1.42亿人次，比2016年增长28.85%。（表2-5）。全国平均每万人拥有科学技术类博物馆建筑面积47.38平方米，比2016年增加3.33平方米。

表2-5  2014—2017年科学技术类博物馆相关数据的变化

| 场馆类别 | 2014年 | 2015年 | 2016年 | 2017年 | 2016—2017年增长率 |
| --- | --- | --- | --- | --- | --- |
| 科学技术类博物馆/个 | 724 | 814 | 920 | 951 | 3.37% |
| 建筑面积/万米² | 517.85 | 574.63 | 609.08 | 658.58 | 8.13% |
| 展厅面积/万米² | 239.87 | 269.73 | 282.49 | 319.99 | 13.27% |
| 参观人数/万人次 | 9914.62 | 10511.12 | 11015.87 | 14193.47 | 28.85% |

根据联合国教科文组织发表的《科学技术博物馆建设标准》文件，科学技术类博物馆的设施和建筑面积因馆而异，但能吸引相当数量观众参观的展览最低面积限度需要3000平方米。按此标准，2017年全国建筑面积在3000平方米以下（不含3000平方米）的科学技术类博物馆有441个，占总数的46.37%。

大部分科学技术类博物馆隶属于省级、地市级和县级单位（表2-6）。新增的科学技术类博物馆主要分布在省级和地市级单位。

表2-6  2017年各级别科学技术类博物馆的相关指标

| 级别 | 数量/个 | 建筑面积/万米² | 展厅面积/万米² | 参观人数/万人次 |
| --- | --- | --- | --- | --- |
| 中央部门级 | 79 | 57.89 | 25.85 | 1278.66 |
| 省级 | 300 | 252.12 | 118.18 | 4528.92 |
| 地市级 | 274 | 192.82 | 85.30 | 4640.50 |
| 县级 | 298 | 155.75 | 90.66 | 3745.39 |

科学技术类博物馆共有科普专职人员 11480 人，平均每个科学技术类博物馆 12.07 人，比 2016 年有所增长；共有科普创作人员 1757 人，专职科普讲解人员 3766 人，都比 2016 年有所增长。共有科普兼职人员 37294 人，平均每个科学技术类博物馆有 39.22 人，比 2016 年有所增长。

科学技术类博物馆共筹集科普经费 16.53 亿元，平均每个场馆筹集经费 173 万元，均低于 2016 年。科普筹集经费中政府拨款 10.90 亿元、自筹资金 4.98 亿元、捐赠 188.8 万元、其他收入 0.64 亿元。

科学技术类博物馆共举办科普（技）讲座 24739 次，吸引了 820.71 万人次参加；共举办科普（技）展览 8189 次，观众达到 7015.54 万人次；科技活动周期间，举办科普专题活动 3860 次，共有 5623.82 万人次参加。这些数据都比 2016 年有所增长。

### 2.2.2 科学技术类博物馆的地区分布

东部地区共有科学技术类博物馆 521 个，占全国科学技术类博物馆总数的 54.78%；中部和西部地区分别有 132 个和 298 个，分别占全国总数的 13.88% 和 31.34%（图 2-7）。

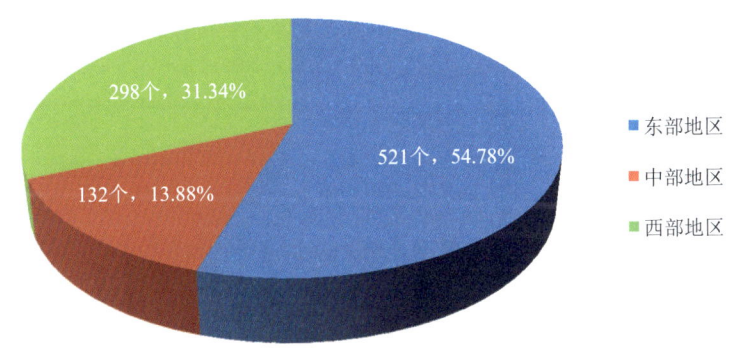

图 2-7　2017 年东部、中部和西部地区科学技术类博物馆数量及所占比例

东部地区科学技术类博物馆的建筑面积和展厅面积分别为中部和西部地区总和的 1.49 倍和 1.58 倍，西部地区科学技术类博物馆的数量、建筑面积和展厅面积增长都较快。

全国各省平均拥有 31 个科学技术类博物馆，达到和超过这一水平的共有 14 个省。由图 2-8 可以看出，科学技术类博物馆数在 50 个以上的有上海（137 个）、北京（82 个）、四川（56 个）、辽宁（54 个），大多位于东部发达地区。

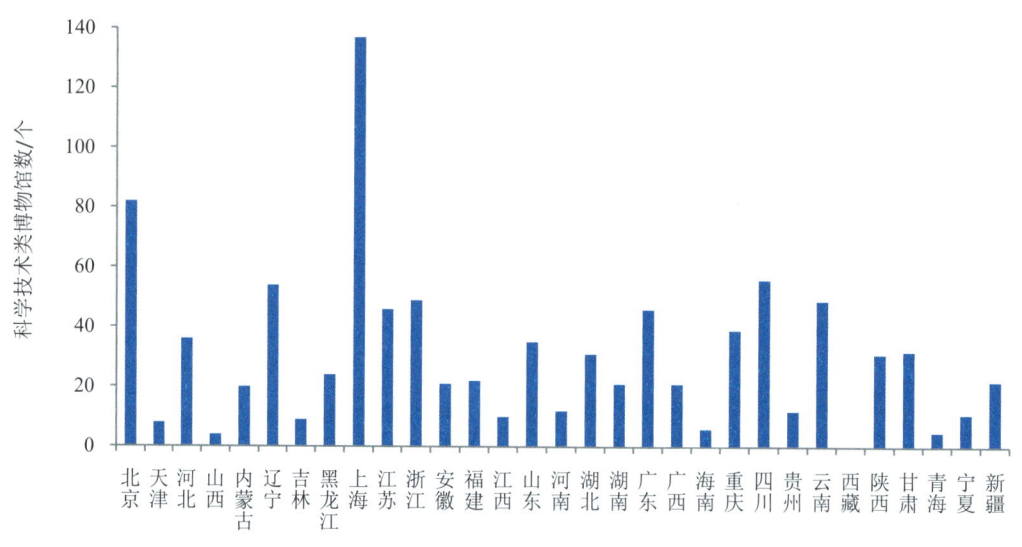

**图 2-8　2017 年各省科学技术类博物馆数量**

北京地区的科学技术类博物馆总建筑面积最大，共计 103.94 万平方米（图 2-9）。科学技术类博物馆总建筑面积较大的省还有上海、辽宁、浙江和江苏等。

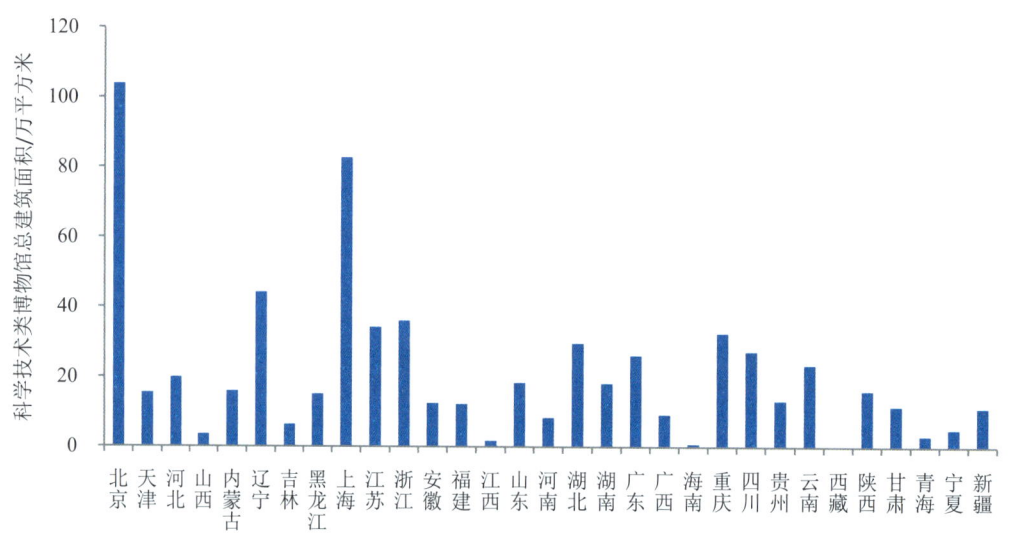

**图 2-9　2017 年各省科学技术类博物馆建筑面积**

北京的科学技术类博物馆参观人数 2438.58 万人次，已经超过北京的常住人口数量（图 2-10）。上海和江苏在这两个指标上也有不错的表现。科学技术类博物馆参观人数占常住人口比例较低的省是吉林、西藏、山西、贵州和河南。

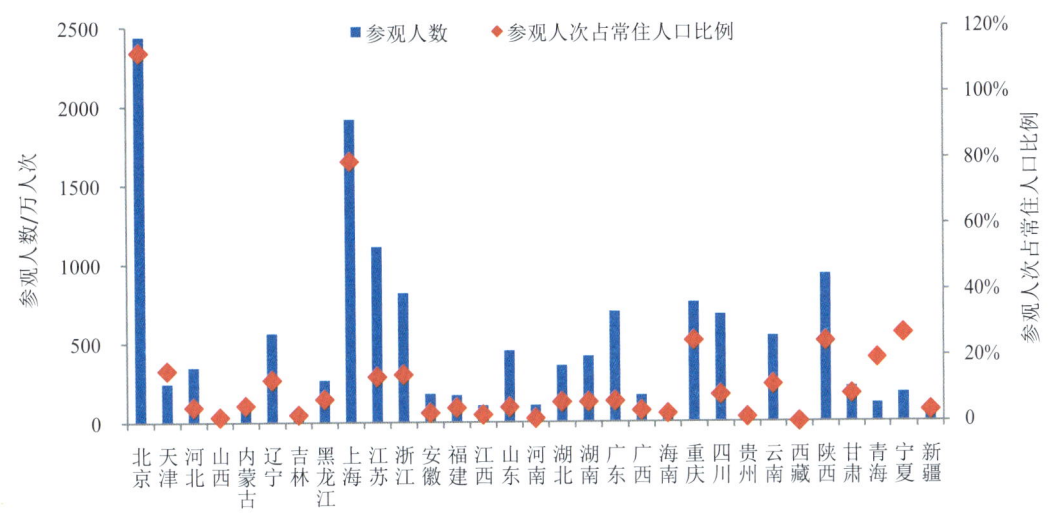

图 2-10　2017 年各省科学技术类博物馆参观人次及其占常住人口比例

### 2.2.3　科学技术类博物馆的部门分布

2017 年，文化和旅游部门的科学技术类博物馆数量最多。教育、自然资源和其他部门（特指一些没有被明确划归到具体部门）所拥有的科学技术类博物馆数量也较多（图 2-11）。

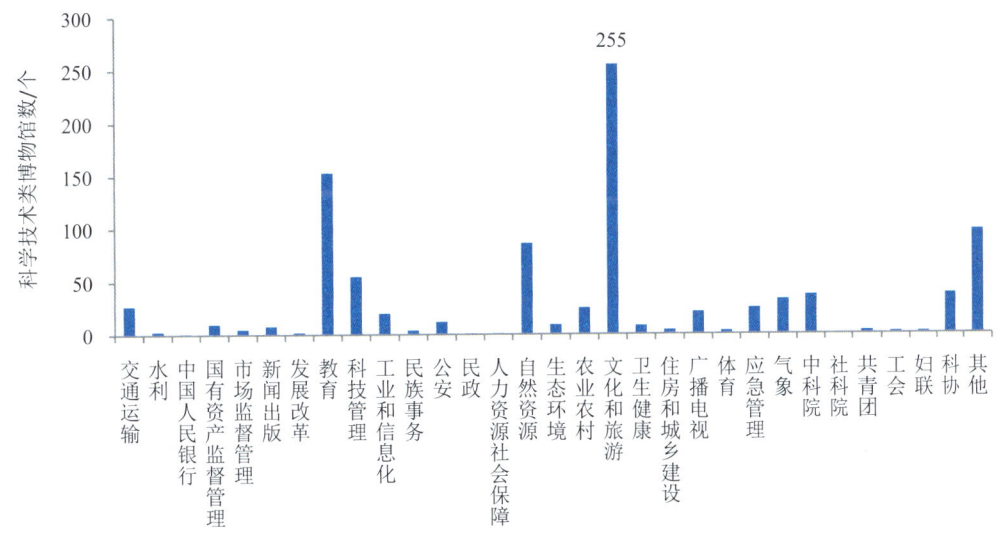

图 2-11　2017 年科学技术类博物馆按部门分布情况

文化和旅游部门的科学技术类博物馆建筑面积合计 253.67 万平方米（图 2-12），占全部科学技术类博物馆建筑面积的 38.52%。全国每个科学技术类博物馆的平均建筑面积为 6925 平方米，比 2016 年有所增长。

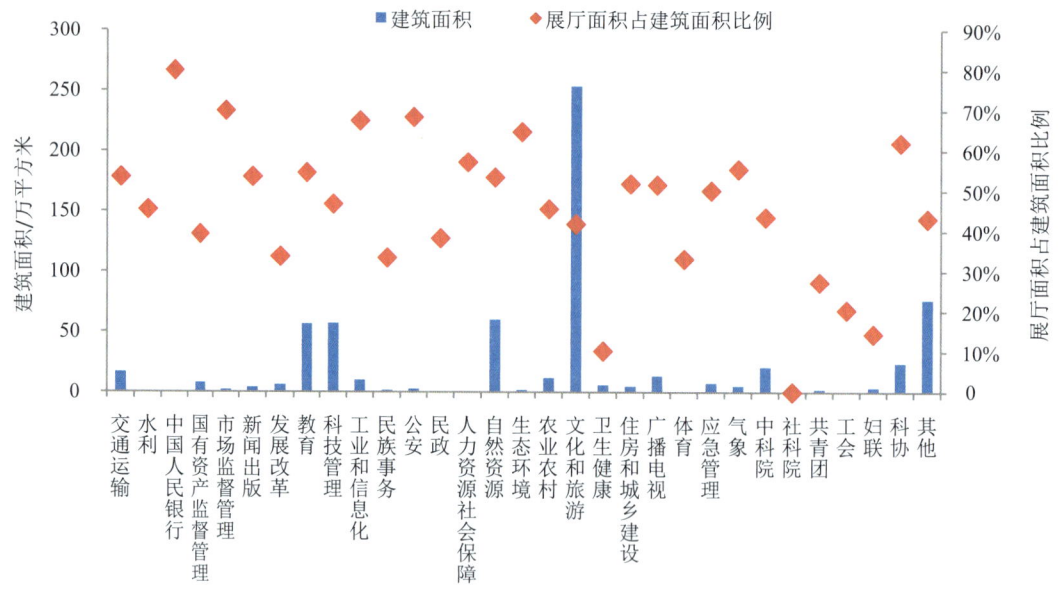

图 2-12　2017 年各部门科学技术类博物馆按建筑面积分布情况

## 2.3 青少年科技馆站

面对青少年开展科普活动的青少年科技馆站数量略有下降（图 2-13）。全国共有青少年科技馆站 549 个，建筑面积共计 148.22 万平方米，展厅面积 44.69 万平方米，共有 0.12 亿人次参观。

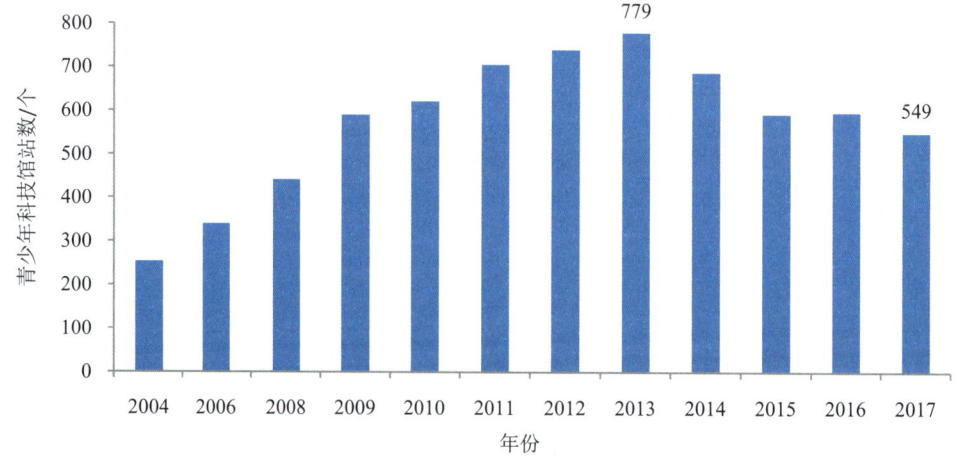

图 2-13　2004—2017 年青少年科技馆站数量的变化

从青少年科技馆站的地区分布来看，东部地区共有 183 个，占总数的 33.33%；中部和西部地区分别有 152 个和 214 个，分别占全国总数的 27.69% 和 38.98%。

从青少年科技馆站的级别分布来看，大部分青少年科技馆站都隶属于县级单位，共计 412 个，占全部的 75.05%；地市级青少年科技馆站有 118 个。

青少年科技馆站共有科普专职人员 8984 人，平均每个青少年科技馆站 16.36 人，比 2016 年有所增加；共有科普创作人员 879 人，专职科普讲解人员 1869 人，都比 2016 年有所增加。共有科普兼职人员 6.33 万人，平均每个青少年科技馆站 115.34 人。

青少年科技馆站共筹集科普经费 5.78 亿元，平均每个青少年科技馆站 105.37 万元。科普筹集经费中政府拨款 4.99 亿元、自筹资金 0.53 亿元、捐赠 0.14 亿元、其他收入 0.13 亿元。这些场馆的科普基建支出为 3.06 亿元。除自筹资金外，青少年科技馆站的其他科普筹集经费与支出都比 2016 年有所增长。

青少年科技馆站共举办科普（技）讲座 1.77 万次，有 421.49 万人次参加；举办科普（技）展览 5087 次，吸引了 445.17 万人次参观；举办了 2826 次科普（技）竞赛，共有 375.51 万人次参加。

全国各省都建有青少年科技馆站（图 2-14）。四川的青少年科技馆站数量最多，浙江和湖北其次。

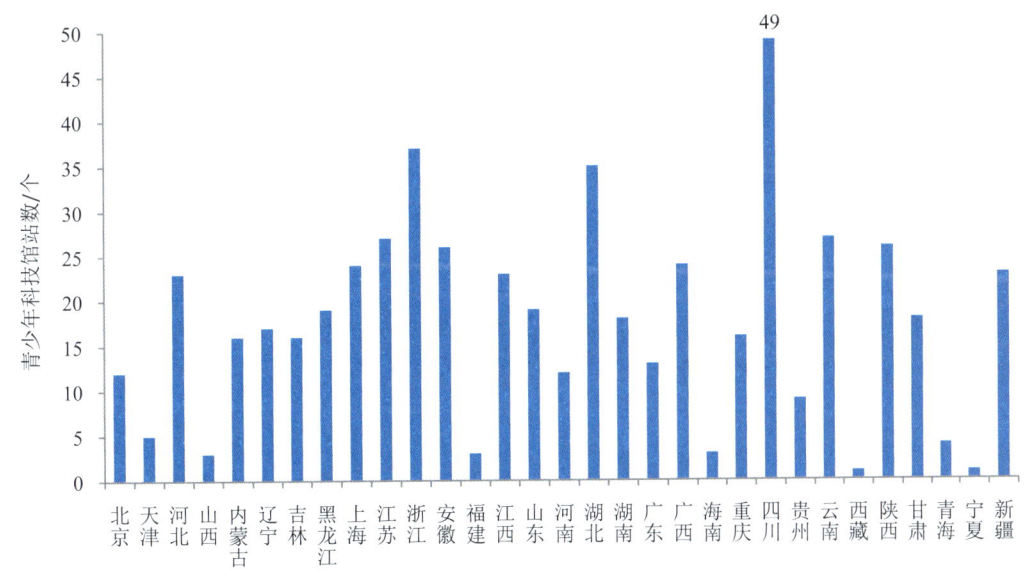

图 2-14　2017 年各省青少年科技馆站数量

教育部门的青少年科技馆站数量最多，有 270 个，占总数的 49.18%。其他数量较多的机构还包括科协组织、科技管理部门和共青团组织等（图 2-15）。教育部门的青少年科技馆站建筑面积和参观人次分别占全国总数的 51.07%和 54.32%。

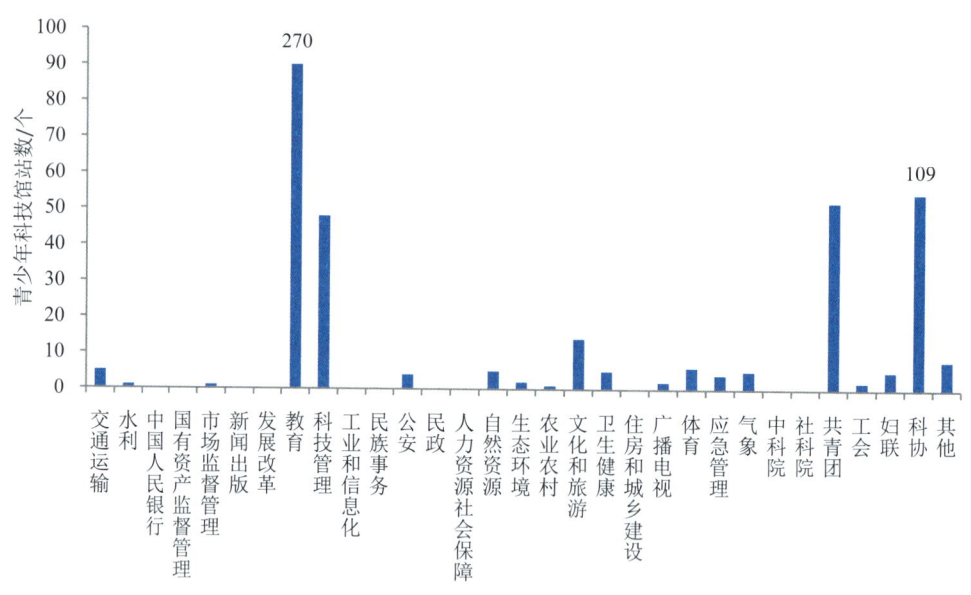

图 2-15 2017 年各部门青少年科技馆站数量

注：教育部门青少年科技馆站数为图示高度数值的 3 倍，科协系统青少年科技馆站数为图示高度数值的 2 倍。

## 2.4 公共场所科普宣传设施

公共场所科普宣传设施的数量近年来大多处于下降趋势。科普画廊、城市社区科普（技）专用活动室、农村科普（技）活动场地和科普宣传专用车都是重要的公共场所科普宣传设施。截至 2017 年年底，全国共有科普画廊 17.54 万个，比 2016 年减少 16.54%；城市社区科普（技）专用活动室 7.14 万个，比 2016 年减少 15.77%；农村科普（技）活动场地 34.23 万个，比 2016 年减少 1.24%；科普宣传专用车 1694 辆，比 2016 年减少 204 辆。

### 2.4.1 科普画廊

科普画廊的数量近 4 年来一直在减少。科普画廊主要是指在公共场所建立的用于向社会公众介绍科普知识的橱窗，这种宣传形式更新快、投入低，在我国城乡都非常普及，但近年来有被电子屏取代的趋势。截至 2017 年年底，全国共有科普画廊 17.54 万个，比 2016 年下降 16.54%（图 2-16）。

从科普画廊的区域分布看，东部地区占总数的 58.92%，中部地区占 20.25%，西部地区占 20.73%（表 2-7）。中部地区的科普画廊数量不稳定，在 2017 年再次下降。

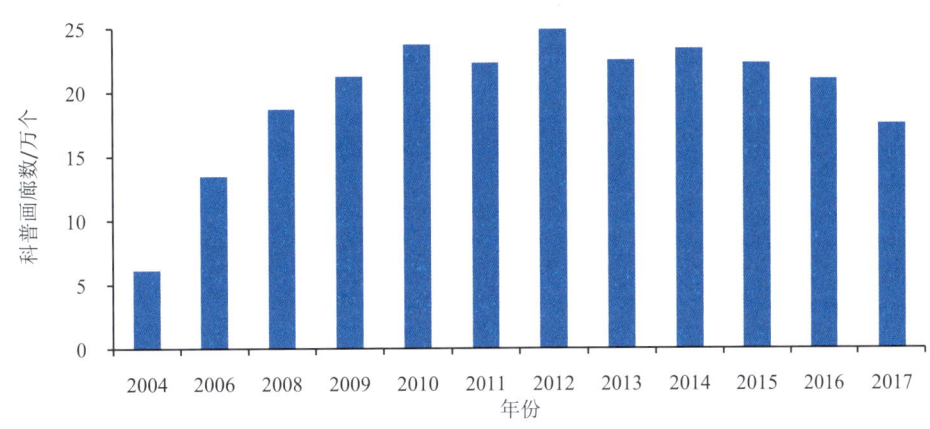

图 2-16 2004—2017 年科普画廊数量的变化

表 2-7 2014—2017 年东部、中部和西部地区科普画廊分布情况

| 地区 | 科普画廊数量/个 | | | | 2016—2017年的变化情况 |
|---|---|---|---|---|---|
| | 2014 年 | 2015 年 | 2016 年 | 2017 年 | |
| 东部 | 142632 | 137254 | 117995 | 103346 | -12.41% |
| 中部 | 46981 | 40137 | 48802 | 35699 | -26.85% |
| 西部 | 44256 | 45280 | 43370 | 36352 | -16.18% |
| 全国 | 233869 | 222671 | 210167 | 175397 | -16.54% |

各地区科普画廊数量分布不均。从各省科普画廊的分布情况看，山东、江苏和浙江仍然是科普画廊数量较多的（图 2-17）。

从部门分布来看，科协、卫生健康、科技管理和教育部门的科普画廊数量仍然是较多的（图 2-18）。

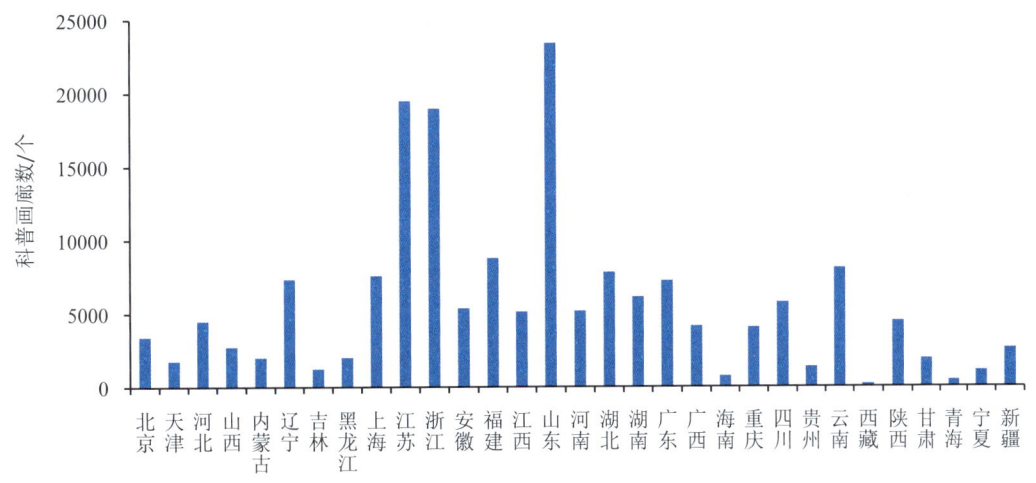

图 2-17 2017 年各省科普画廊数量

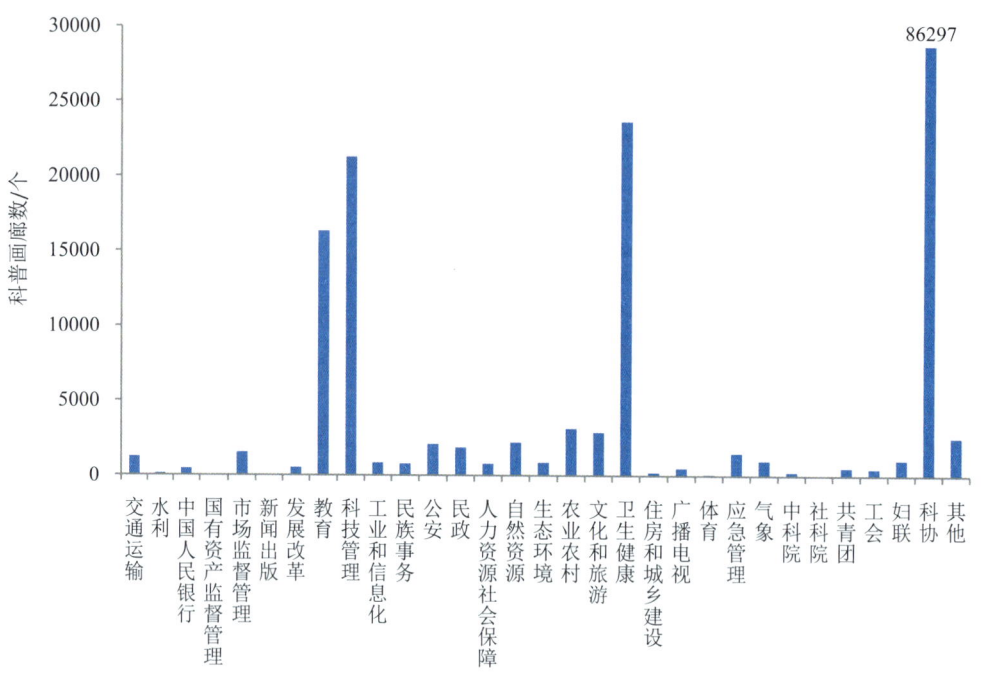

图 2-18 2017 年各部门科普画廊数量

注：科协系统科普画廊数为图示高度数值的 3 倍。

## 2.4.2 城市社区科普（技）专用活动室

城市社区科普（技）专用活动室共有 7.14 万个，比 2016 年减少 15.77%。中部地区的城市社区科普（技）专用活动室数量在上升后大幅下降，东部和西部地区都有所下降（表 2-8）。

表 2-8 2014—2017 年东部、中部和西部地区城市社区科普（技）专用活动室数量

| 地区 | 城市社区科普（技）专用活动室/个 | | | | 2016—2017 年的变化情况 |
| --- | --- | --- | --- | --- | --- |
| | 2014 年 | 2015 年 | 2016 年 | 2017 年 | |
| 东部 | 41364 | 43279 | 42166 | 36336 | −13.83% |
| 中部 | 24881 | 19674 | 24679 | 18519 | −24.96% |
| 西部 | 19602 | 19022 | 17979 | 16590 | −7.73% |
| 全国 | 85847 | 81975 | 84824 | 71445 | −15.77% |

中央部门级、省级、地市级和县级单位建设的城市社区科普（技）专用活动室数量差别很大，2017 年县级单位建设的活动室达到 4.71 万个，占全国城市社区科普（技）专用活动室总数的 65.88%（图 2-19）。

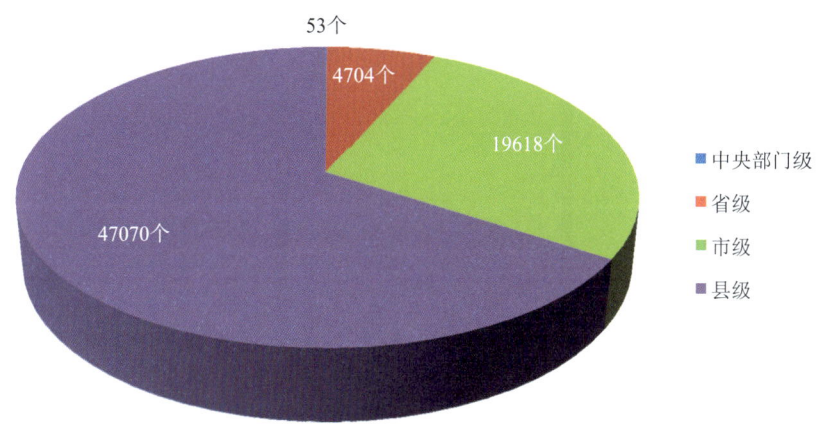

图 2-19 2017 年各级别城市社区科普（技）专用活动室数量

浙江、湖北和江苏的城市社区科普（技）活动室数量在全国居前列（图 2-20）。吉林、浙江等省增长较快，山西、天津和青海则出现了大幅下降。

从部门的城市社区科普（技）专用活动室数量看（图 2-21），仍然是科协系统建设的活动室数量最多，共计 2.97 万个，占全国总数的 41.59%。科技管理和卫生健康部门建设的城市社区科普（技）专用活动室也比较多。

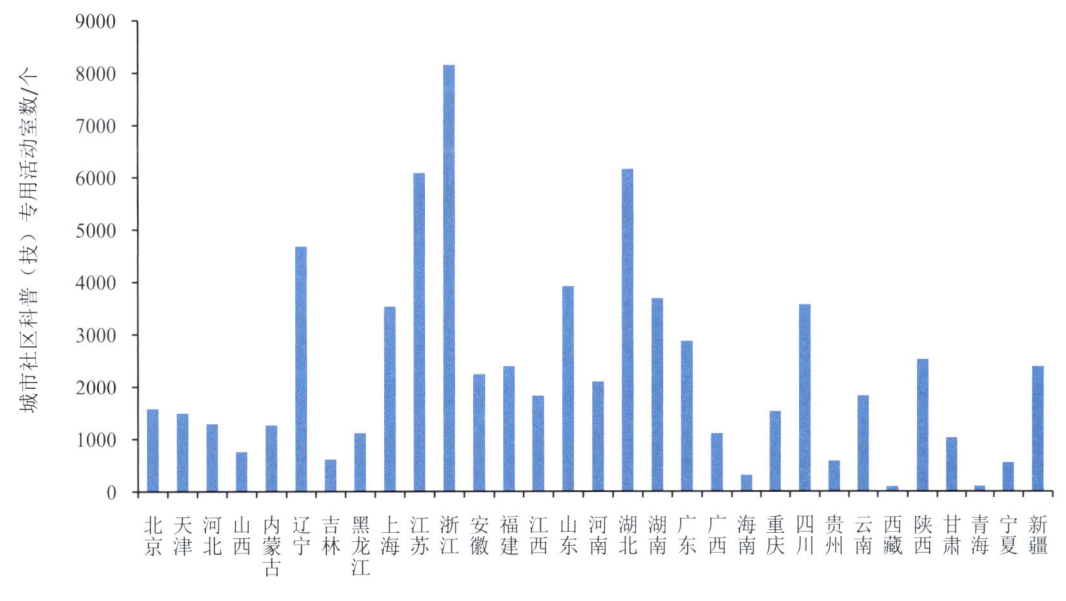

图 2-20 2017 年各省城市社区科普（技）专用活动室数量

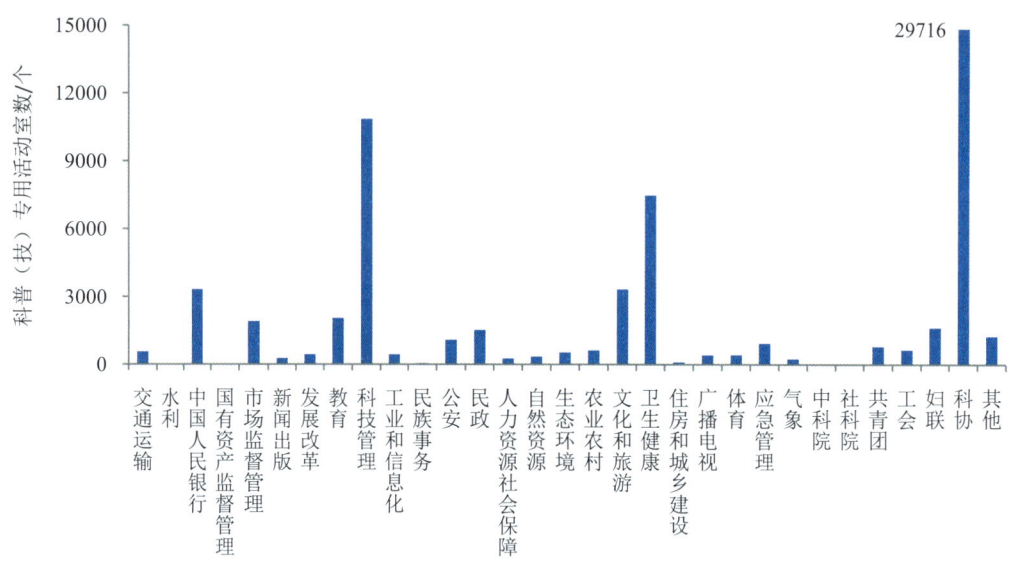

图 2-21 2017 年各部门城市社区科普（技）专用活动室数量

注：科协系统建设的城市社区科普（技）专用活动室数为图示高度数值的 2 倍。

## 2.4.3 农村科普（技）活动场地

农村科普（技）活动场地是面向农民开展科普活动的重要阵地，但近年来数量在逐渐萎缩。全国共有农村科普（技）活动场地 34.23 万个，比 2016 年减少 1.24%。

东部和西部地区的农村科普（技）活动场地数量都有所减少，但是中部地区继续保持增长（表 2-9）。

表 2-9　2014—2017 年农村科普（技）活动场地分布情况

| 地区 | 农村科普（技）活动场地/个 | | | | 2016—2017 年的变化情况 |
| --- | --- | --- | --- | --- | --- |
| | 2014 年 | 2015 年 | 2016 年 | 2017 年 | |
| 东部 | 190553 | 187598 | 141381 | 123806 | -12.43% |
| 中部 | 131527 | 98284 | 108135 | 137470 | 27.13% |
| 西部 | 93667 | 100887 | 97054 | 80982 | -16.56% |
| 全国 | 415747 | 386769 | 346570 | 342258 | -1.24% |

农村科普（技）活动场地主要由县级单位建设。县级单位建设管理的农村科普（技）活动场地占全部的 70.84%（图 2-22）。中央部门级单位拥有的农村科普（技）活动场地非常少，主要在农业农村部门。

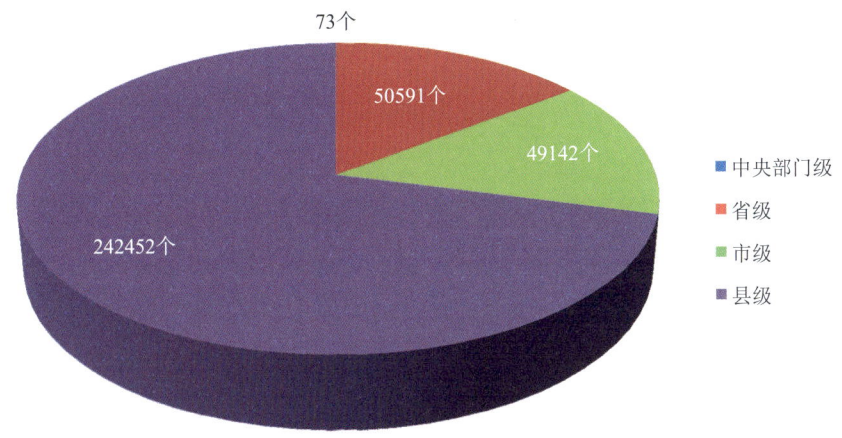

图 2-22  2017 年各级别农村科普（技）活动场地数量

拥有农村科普（技）活动场地数量较多的省包括湖南、山东和四川等（图 2-23）。吉林、湖南和贵州的农村科普（技）活动场地增长较快。

从部门的农村科普（技）活动场地数量看（图 2-24），科协系统建设的农村科普（技）活动场地最多，共计 12.08 万个，占全国总数的 35.29%。

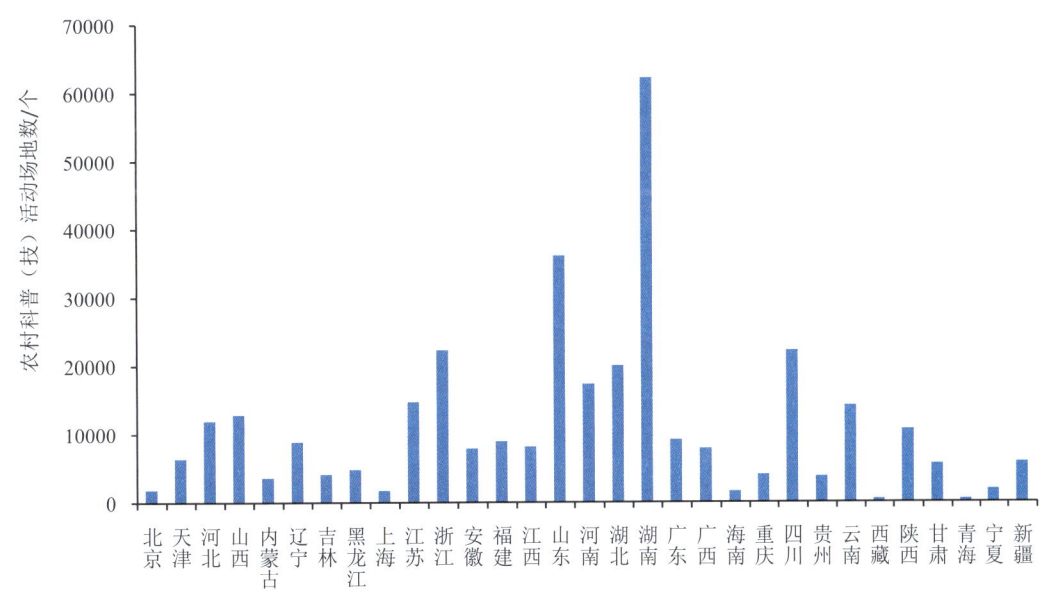

图 2-23  2017 年各省农村科普（技）活动场地数量

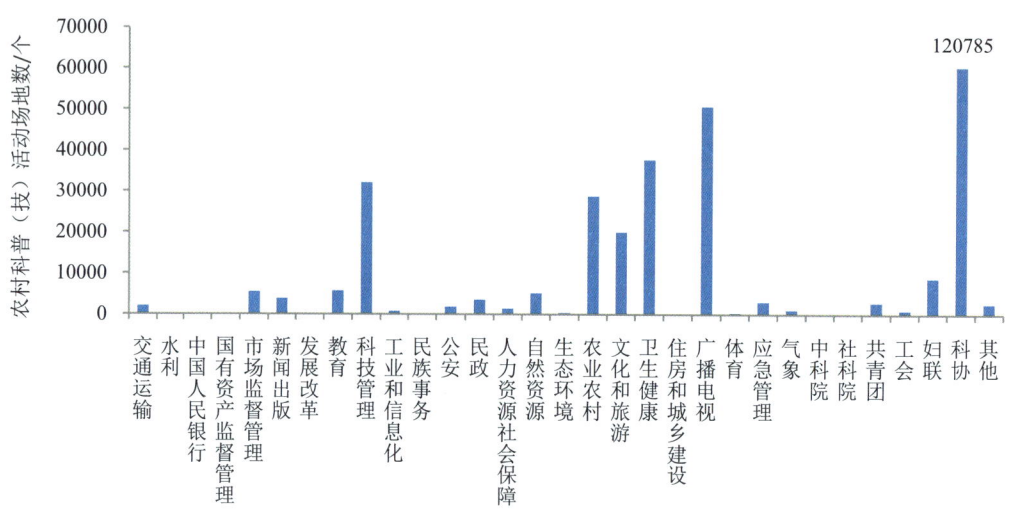

图 2-24  2017 年各部门农村科普（技）活动场地数量

注：科协系统建设的农村科普（技）活动场地数为图示高度数值的 2 倍。

### 2.4.4 科普宣传专用车

科普宣传专用车是指科普大篷车及其他专门用于科普活动的车辆，其最大的特点是机动灵活，适合服务于偏远地区的群众。全国科普宣传专用车共有 1694 辆，比 2016 年减少 204 辆。

科普宣传专用车数量超过 100 辆的省有 4 个（图 2-25），分别是浙江、山西、湖北和重庆。浙江、山西和湖北的科普宣传专用车数量增长较多。

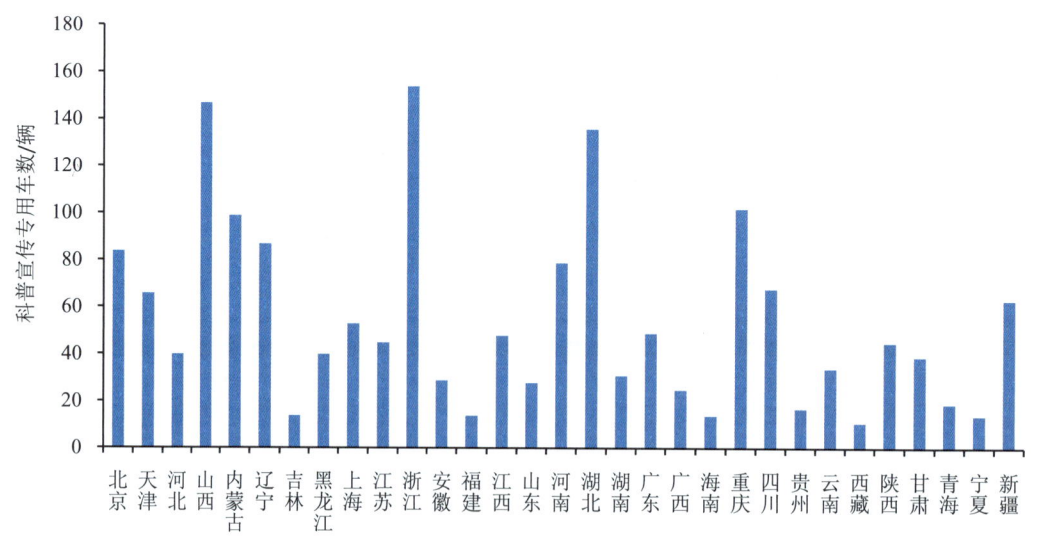

图 2-25  2017 年各省科普宣传专用车数量

# 3 科普经费

科普经费是科普事业发展的关键，科普事业的发展离不开有力的资金支持。科普经费是科普场馆等科普设施建设的有力保障，是开展各项科普活动的重要保证。目前，科普经费主要来源包括以下几个方面：各级人民政府的财政支持、国家有关部门和社会团体的资助、国内企事业单位的资助、境内外的社会组织和个人的捐赠等。科普支出主要指用于科普活动的支出、行政性的日常支出、科普场馆的基建支出及其他相关支出。

2017年全社会科普经费筹集额160.05亿元，比2016年增长5.32%。各级政府财政拨款122.96亿元，占总筹集额的76.82%，这一比例相比2016年略有增长。在政府拨款的科普经费中，科普专项经费62.69亿元，与2016年相比有所增长。全国人均科普专项经费4.51元，比2016年增加0.03元。科普经费投入具有区域发展不平衡特征的现状仍在持续，东部地区的科普经费筹集额占全国总额的57.33%，高于中部和西部地区之和。各层级科普筹集经费均有不同程度的增长，其中省级和县级构成了全国科普投入的主体层级。

全国科普经费使用额共计161.36亿元，比2016年增长6.01%，增长比例略高于科普经费筹集额。其中，行政支出24.43亿元，科普活动支出87.59亿元，科普场馆基建支出37.41亿元，其他支出11.85亿元。从科普经费的使用情况可以看出，科普经费使用额中一半以上的支出用于举办各种科普活动。全国科普场馆基建支出费用较2016年增长10.54%。在科普场馆基建支出中，政府拨款支出共计14.31亿元，占基建支出比例为38.24%。基建支出主要用于场馆建设和展品、设施支出，两项支出总计31.97亿元，占基建支出总额的比例为85.45%。

## 3.1 科普经费概况

### 3.1.1 科普经费筹集

**（1）年度科普经费筹集额的构成**

2017年科普经费筹集额有所增长，达到160.05亿元，其中，各级政府财政拨款122.96亿元，占总筹集额的76.82%，这一比例与2016年相比略有增长，说明全国科普投入主要依赖政府作为经费筹集渠道依然是中国科普经费投入的现状。在政府拨款的科普经费中，科普专项经费62.69亿元，相比2016年有所增长。全国人均科普专项经费4.51元，比2016年的4.48元增加0.03元，人均科普投入总体稳定。

科普经费筹集额中，社会捐赠1.87亿元，比2016年增长19.22%，社会捐赠资金总额连续两年保持较大幅度的增长。从占筹集总额比例来看，社会捐赠数额占总筹集额的比例仍较小（1.17%）；自筹资金仅次于政府拨款，达28.81亿元，占总筹集额的18.00%，金额总量略高于2016年，占比则略低；其他收入6.38亿元，占3.99%（图3-1）。

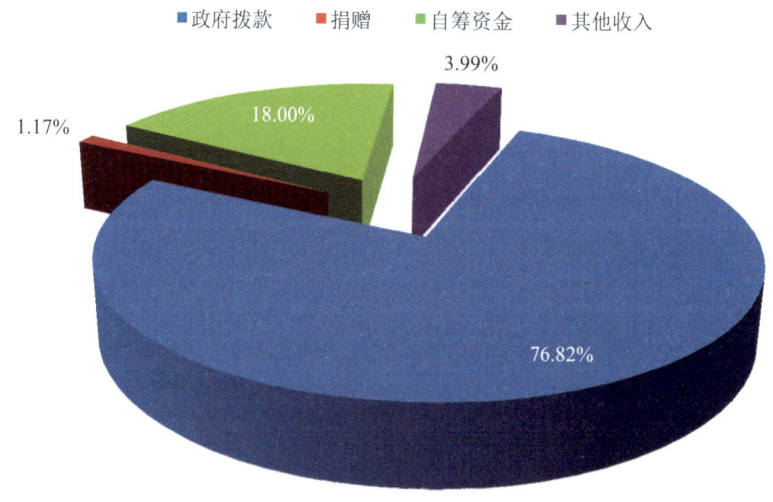

图 3-1　2017年科普经费筹集额的构成

从科普经费筹集额构成的变化看（表3-1），与2016年相比，经费来源中政府拨款、捐赠、自筹资金均有所增长，仅其他收入部分有所下降。增长最快的是捐赠，其次是政府拨款。

表 3-1　2013—2017 年科普经费筹集额构成的变化

| 经费筹集构成 | 科普经费筹集额／亿元 | | | | | 2016—2017 年筹集额变化情况 |
| --- | --- | --- | --- | --- | --- | --- |
| | 2013 年 | 2014 年 | 2015 年 | 2016 年 | 2017 年 | |
| 政府拨款 | 92.25 | 114.04 | 106.66 | 115.75 | 122.96 | 6.23% |
| 捐赠 | 0.97 | 1.60 | 1.11 | 1.57 | 1.87 | 19.22% |
| 自筹资金 | 33.32 | 27.27 | 25.74 | 27.60 | 28.81 | 4.38% |
| 其他收入 | 5.77 | 7.10 | 7.72 | 7.13 | 6.38 | -10.49% |

**（2）年度科普经费筹集额的地区分布**

从东部、中部和西部地区的科普经费筹集额的对比数据看，全国科普经费投入的区域不平衡性仍然十分严峻（图 3-2）。东部地区的科普经费筹集额占全国总额的 57.33%，依然远高于中部和西部地区。将科普经费筹集额平均到区域中的每个省，东部地区各省的平均科普经费筹集额是 8.34 亿元，中部地区是 3.46 亿元，西部地区是 3.39 亿元，东部、中部、西部地区的这一数据相比 2016 年均有所提高。

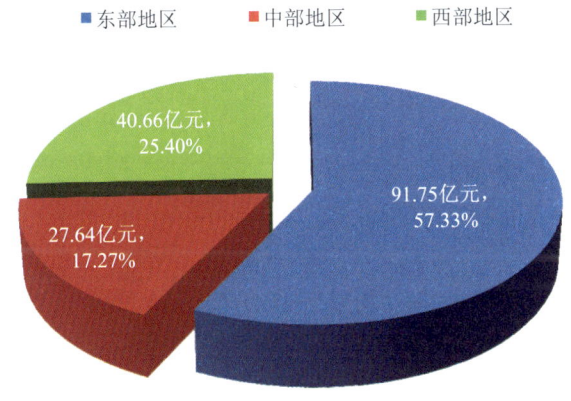

图 3-2　2017 年东部、中部和西部地区的科普经费筹集额及所占比例

从近 5 年来科普经费筹集额的增长趋势来看（表 3-2），2013—2017 年，中部地区增长明显（年均增长 10.24%），东部和西部地区也有一定增长（年均增长分别为 4.45% 和 2.81%）。可以看到，中西部地区科普经费投入的持续快速增长使其与东部地区的差距逐步减小；而东部地区的科普经费投入，由于基数较大，增长相对缓慢；但中部和西部地区整体的科普规模体量仍远小于东部地区。

表 3-2  2013—2017 年东部、中部和西部科普经费筹集额的变化情况

| 地区 | 科普经费筹集额／亿元 | | | | | 2013—2017 年年均增长率 |
|---|---|---|---|---|---|---|
| | 2013 年 | 2014 年 | 2015 年 | 2016 年 | 2017 年 | |
| 东部 | 77.08 | 96.31 | 83.24 | 90.97 | 91.75 | 4.45% |
| 中部 | 18.72 | 20.96 | 20.53 | 23.44 | 27.64 | 10.24% |
| 西部 | 36.39 | 32.76 | 37.43 | 37.57 | 40.66 | 2.81% |

（3）年度科普经费筹集额的层级构成

科普经费筹集额的层级构成与往年相比出现了显著变化。虽然中央部门级和省级所占份额相对 2016 年变化不大（图 3-3），但地市级筹集额所占比例从不到 20%提高到近 30%，而县级所占比例下降了 10 个百分点，省级、地市级和县级的科普经费筹集额各占全国总量的三成左右。从增速上也可以看出这一特征，地市级同比增长率高达 59%，县级下降幅度较大（表 3-3）。

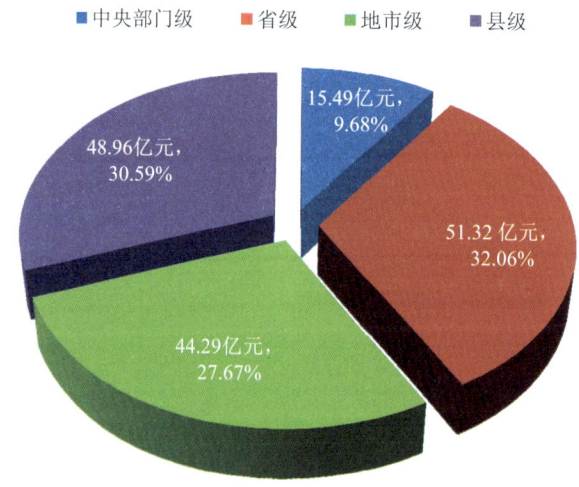

图 3-3  2017 年四级部门科普经费筹集额情况

表 3-3  2013—2017 年各级部门科普经费筹集额的变化情况

| 级别 | 科普经费筹集额／亿元 | | | | | 2016—2017 年筹集额变化情况 |
|---|---|---|---|---|---|---|
| | 2013 年 | 2014 年 | 2015 年 | 2016 年 | 2017 年 | |
| 中央部门级 | 11.70 | 12.83 | 10.54 | 15.26 | 15.49 | 1.50% |
| 省级 | 40.91 | 50.75 | 41.00 | 46.40 | 51.32 | 10.61% |
| 地市级 | 21.52 | 24.94 | 27.73 | 27.85 | 44.29 | 59.02% |
| 县级 | 58.06 | 61.50 | 61.93 | 62.47 | 48.96 | -21.63% |

## 3.1.2 科普经费使用

**(1) 科普经费使用额构成**

2017 年全国科普经费使用额共计 161.36 亿元，比 2016 年增长 6.01%。其中，行政支出 24.43 亿元，科普活动支出 87.59 亿元，科普场馆基建支出 37.41 亿元，其他支出 11.85 亿元。从 2017 年科普经费各项支出的变化情况看，除行政支出略有下降外，其他各项支出较 2016 年均有所增长（表 3-4）。科普经费使用额构成继续保持在一个稳定的水平（图 3-4），科普经费使用额中的近六成支出（54.28%）用于举办各种科普活动。全国科普场馆基建支出占全部科普经费支出的 23.19%，与 2016 年基本持平。在科普场馆基建支出中，来自政府的拨款支出共计 14.31 亿元，占基建总支出的 38.24%。科普场馆基建支出中用于场馆建设支出共计 16.18 亿元，占基建支出总额的 43.24%。

表 3-4　2013—2017 年科普经费使用额构成的变化情况

| 支出类别 | 科普经费使用额/亿元 | | | | | 2016—2017 年使用额变化情况 |
|---|---|---|---|---|---|---|
| | 2013 年 | 2014 年 | 2015 年 | 2016 年 | 2017 年 | |
| 行政支出 | 19.38 | 19.36 | 22.61 | 25.03 | 24.43 | -2.38% |
| 科普活动 | 73.35 | 74.10 | 84.83 | 83.74 | 87.59 | 4.59% |
| 科普场馆基建支出 | 31.91 | 45.69 | 30.89 | 33.84 | 37.41 | 10.54% |
| 其他支出 | 8.19 | 9.84 | 9.15 | 9.60 | 11.85 | 23.39% |

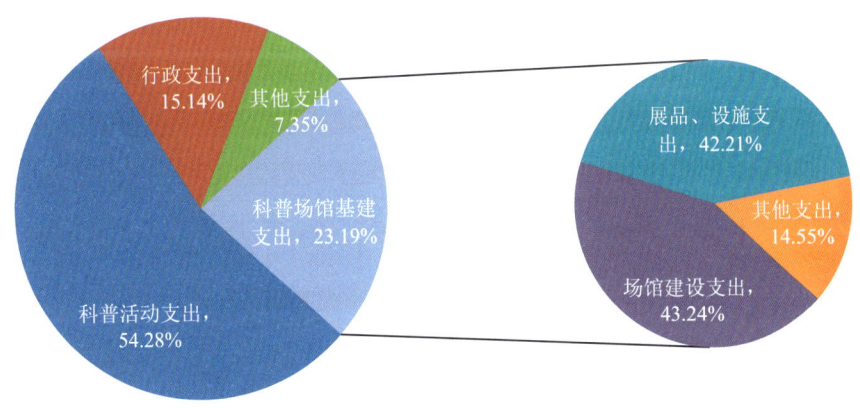

图 3-4　2017 年科普经费使用额的构成比例

**(2) 各层级科普经费使用额构成**

从各个层级的科普经费支出看（图 3-5），县级科普经费使用额最高，为 51.38 亿元，占 4 个层级总支出的 31.84%。其次是省级，为 49.61 亿元，所占比例为

30.74%。这两个层级为主要的科普支出层级，加起来占科普经费总支出的比例超过60%。再次是地市级，总计47.23亿元，所占比例为29.27%，地市级所占比例提高了10个百分点。中央部门级在各层级科普使用额中所占比例在4个层级中最低，为13.15亿元，所占比例仅为8.15%。这表明地方财政支出是基层科普活动正常进行的主要保障力量。

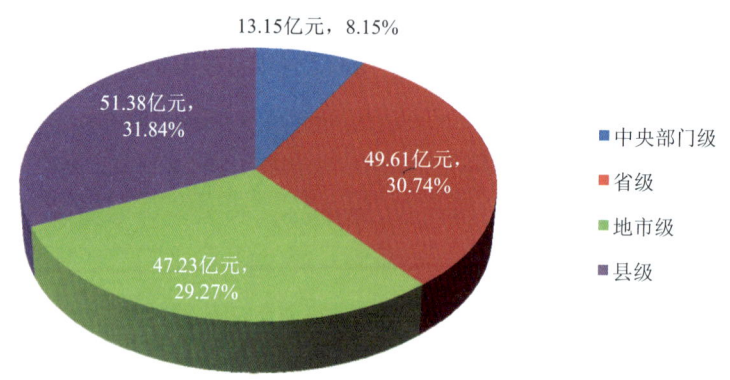

图3-5  2017年四级部门的科普经费使用额及其所占比例

从各层级科普经费使用额的构成情况看，各个层级的支出构成类似，科普活动支出的比例都是最大的，几乎所有层级部门均将超过50%的科普经费支出用于科普活动，其中以中央部门级的比例最大，接近70%（图3-6）。

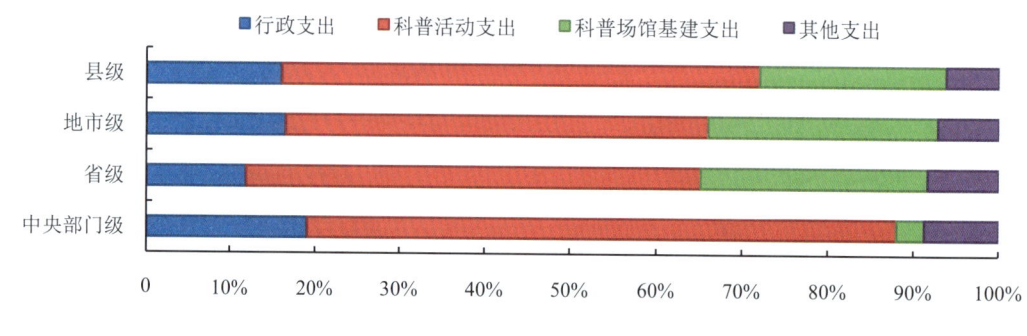

图3-6  2017年各层级科普经费使用额构成

值得一提的是，在各层级单位科普经费支出中，尽管各个层级的行政支出所占比例均远低于科普活动支出，但仍然是不容忽视的重要支出部分。此外，中央部门级的科普场馆基建支出比例最低，说明科普场馆建设主要集中在地方。

## 3.2 各省科普经费筹集及使用

各地区积极加强科普经费投入。杭州市首次将人均科普活动经费纳入市对区县（市）党政领导科技进步工作目标责任制考核和市对区县（市）创新发展专项考评。北京市科委完善科普项目社会征集机制，资助科普产品研发、科普场馆建设、科普图书编撰、科普影视制作、中小学科学探索实验室建设五个类别 124 个项目。天津市科委出台《天津市科委科普项目管理暂行办法》，提高科普项目经费使用绩效。重庆市设立科普发展专项，支持科普项目研发和科普作品创作。广东省实施"基础科普行动计划"，探索农村科普服务新途径。多数地区的科普经费投入呈增长态势，三级人均科普专项经费虽整体略有下降，但从各省来看，也呈现不同程度的增加，科普资源的地区不平衡分布情况依然突出。

### 3.2.1 科普经费筹集

#### （1）年度科普经费筹集额

从年度科普经费筹集额的总数看（图 3-7），科普经费投入仍呈现出不均衡发展的状况。排名前 5 位的是北京、上海、浙江、江苏和广东。这 5 个省的科普经费筹集额之和高达 72.25 亿元，占全国总数的 45.14%，所占比例比 2016 年略有下降。科普经费筹集总额比 2016 年增长 3.55%。北京依然领先全国，达到 26.96 亿元。而科普经费筹集额较少的 5 个省为吉林、西藏、宁夏、青海和海南，5 个较少省的科普经费筹集额合计 4.36 亿元，比 2016 年增长 36.95%，仅占全国科普经费筹集总额的 2.73%，该比例高于 2016 年。说明部分省特别是西部欠发达地区的科普经费投入仍需进一步加强。

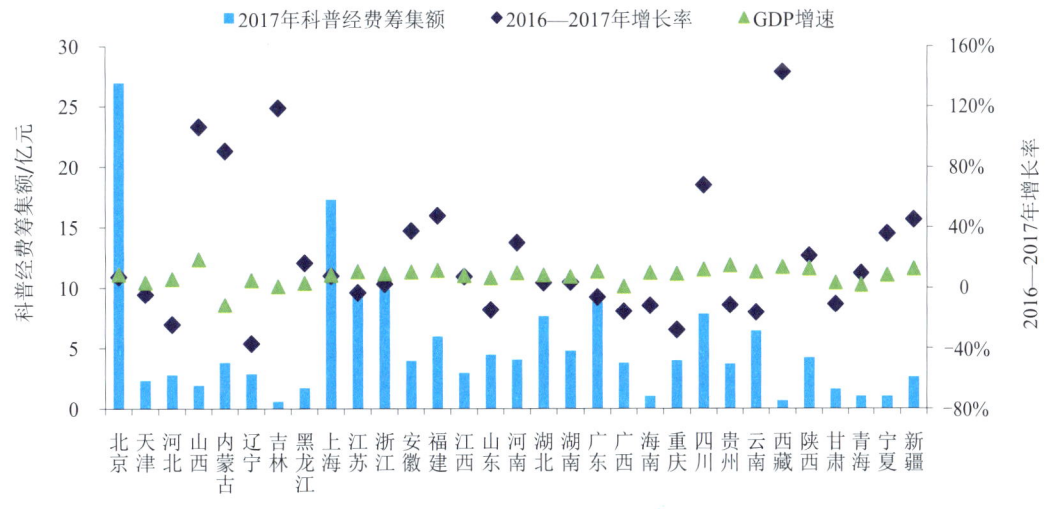

图 3-7  2017 年各省科普经费筹集额及增长率

从科普经费筹集额的变化看，各省的年度波动幅度较大。21 个省的科普经费筹集额出现正增长，如西藏、吉林、山西等省增幅超过 100%，与此前有过大幅下降有关。与此同时，有 12 个省出现负增长。鉴于一些科普经费投入项目如科普场馆的建设经费投入的非持续性，出现波动也属正常。有 12 个省的科普经费筹集额增长率高于其 GDP 的增长速度。

**（2）年度科普经费筹集额构成**

政府财政拨款是科普经费筹集额的主要来源，西藏的政府拨款比例最高，为 97.70%（图 3-8）。自筹资金是科普经费筹集额的另一个重要来源，其中，自筹资金比例较高的是吉林和上海，这一比例分别为 32.21% 和 31.32%。

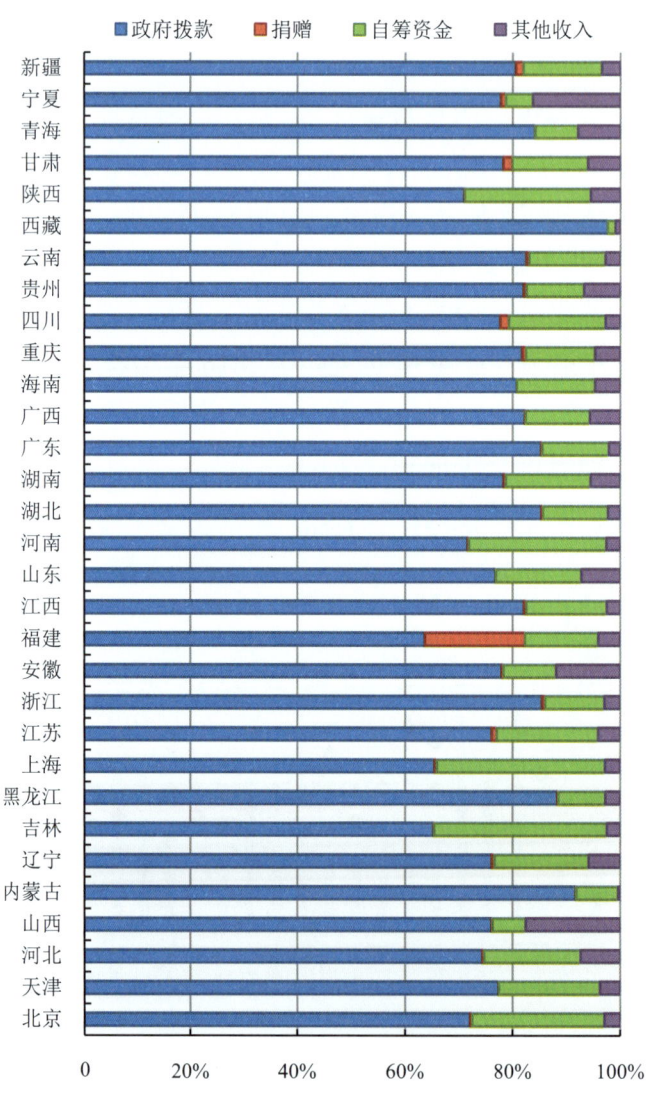

图 3-8　2017 年各省科普经费筹集额构成

捐赠经费在各省年度科普经费筹集额中所占的比例相对都比较小，只有福建、甘肃、四川、新疆这几个省超过了 1%（其中，福建高达 18.71%），其他省均在 1% 以下（图 3-9）。

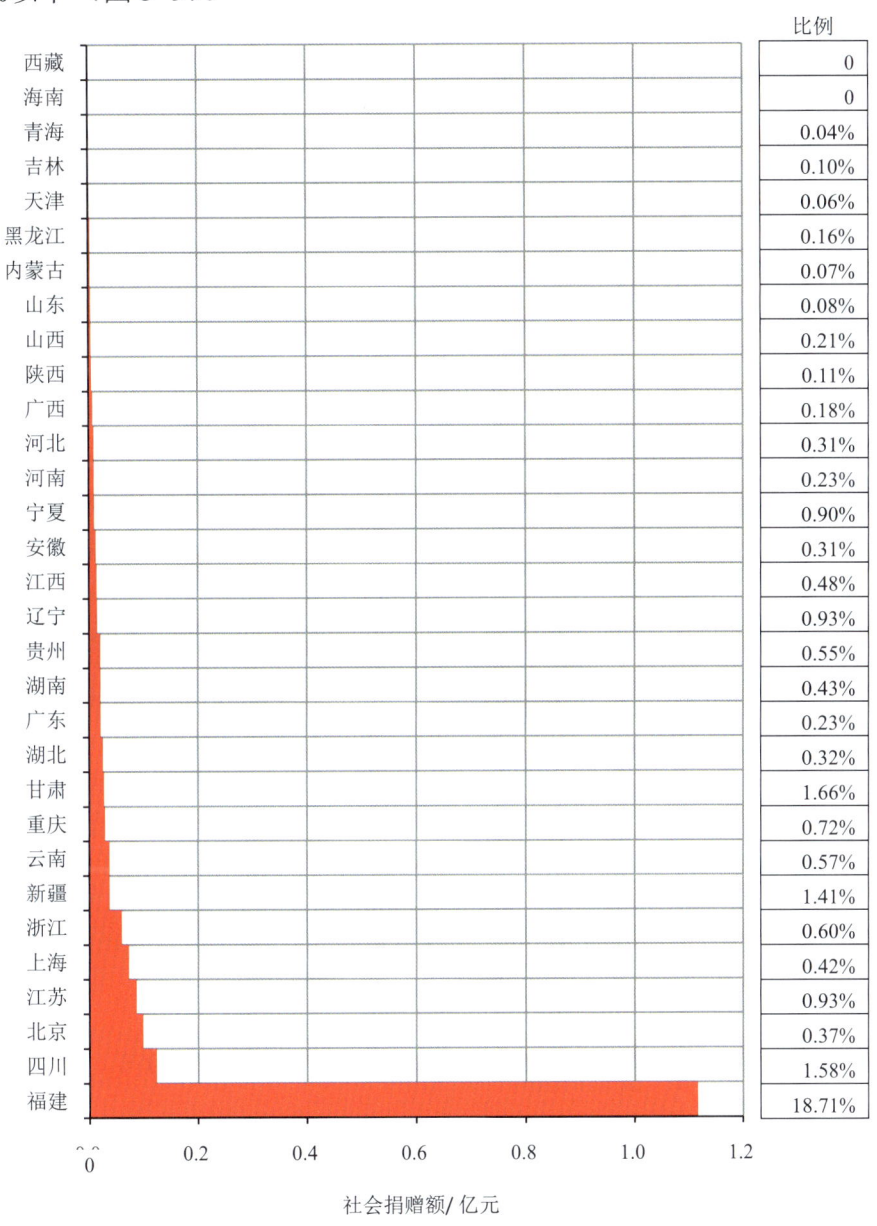

图 3-9　2017 年各省科普经费社会捐赠情况

（3）三级人均科普专项经费

科普专项经费是国家各级政府部门委托的、指定用于某项科普活动的经费。2017 年，全国科普专项经费共计 62.69 亿元，人均科普专项经费 4.51 元。三级科普经费是指除中央部门外,涵盖省级、地市级和县级的科普经费,这一指标能更准确地反映地方科普经费的投入状况。各省的三级人均科普专项经费差异较大(图3-10),10元以上的省有4个,比2016年多2个,北京和上海的三级人均科普专项经费分别以23.78元和22.14元继续领先。三级人均科普专项经费处于5~10元的省有6个,和2016年持平。3~5元的省有9个,比2016年少4个。有11个省位于1~3元,比2016年多2个。仍有1个省的三级人均科普专项经费不足1元。尽管4个直辖市人均三级科普投入较高,但全国大多数省(超过70%)仍然位于1~5元。总体来看,随着各省科普投入的不断提高,各省的人均科普专项经费投入总体水平在持续提升。

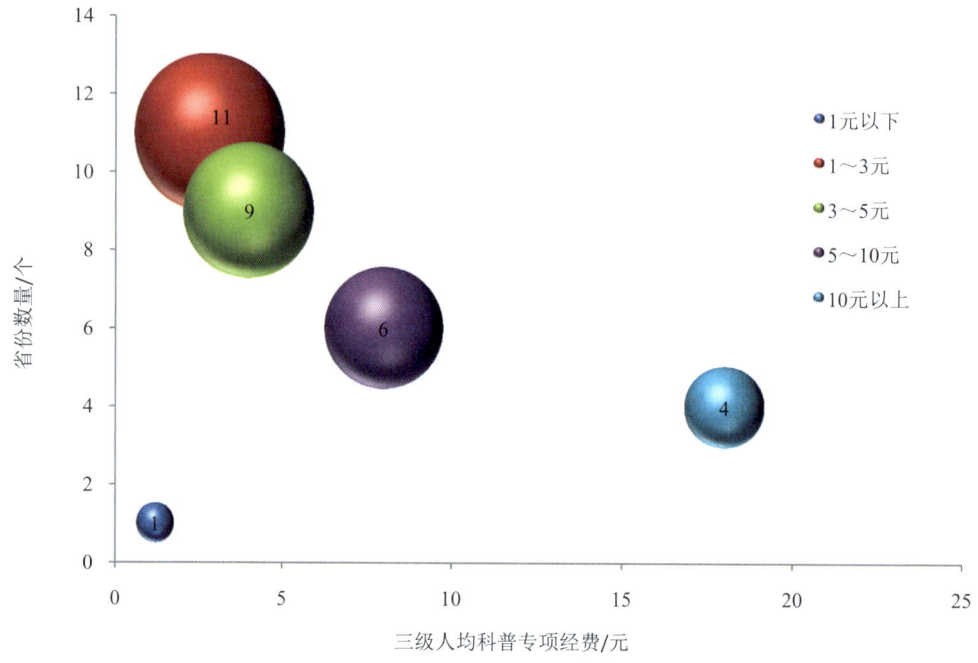

图3-10　2017年三级人均科普专项经费不同区间分布

从东部、中部和西部地区来看(表3-5),三级人均科普专项经费1元以下的省,仅中部地区有1个;有3个东部省位于1~3元,而中部和西部地区分别有6个和2个省位于这一区间;3~5元主要集中在西部地区(6个),东部和中部地区分别有2个和1个省进入这一区间;介于5~10元的省共6个,东部和西部地区数量分别为4个和2个,中部地区依然没有。东部和西部均有2个省进入10元以上区间,除上海和北京2个直辖市外,西部地区的西藏和青海也在这一区间。尽管东部与西部地区科普经费筹集总额有巨大差异,但三级人均科普专项经费的分布却较为接近，均密集在 3~10 元的区间内。这表明这一指标不仅与经济社会发展水平相关，而且与各地区的人口密度密切相关，不同区域的人口数量差距也会在很大程度上影响统计结果。总体来看，中部地区密集于 1~3 元和 1 元以下的区间，进入其他区间的省较少。

表 3-5　2017 年三级人均科普专项经费地区分布情况　　　　单位：个

| 人均科普经费区段范围 | 1 元以下 | 1~3 元 | 3~5 元 | 5~10 元 | 10 元以上 |
|---|---|---|---|---|---|
| 东部省份数 | 0 | 3 | 2 | 4 | 2 |
| 中部省份数 | 1 | 6 | 1 | 0 | 0 |
| 西部省份数 | 0 | 2 | 6 | 2 | 2 |
| 全国 | 1 | 11 | 9 | 6 | 4 |

从三级人均科普专项经费的增长情况看（表 3-6 和图 3-11），与 2016 年相比，大部分省均有上升，部分省有下降，但降低幅度均不大，可见三级人均科普专项经费投入相对稳定。

表 3-6　2016—2017 年各省三级人均科普专项经费　　　　单位：元

| 地区 | 2016 年 | 2017 年 | 地区 | 2016 年 | 2017 年 |
|---|---|---|---|---|---|
| 北京 | 20.94 | 23.78 | 湖北 | 3.91 | 4.22 |
| 天津 | 4.60 | 5.57 | 湖南 | 2.54 | 2.90 |
| 河北 | 1.21 | 1.56 | 广东 | 3.61 | 3.42 |
| 山西 | 1.06 | 1.87 | 广西 | 3.82 | 3.58 |
| 内蒙古 | 4.08 | 2.38 | 海南 | 7.41 | 4.10 |
| 辽宁 | 3.55 | 2.71 | 重庆 | 6.88 | 5.86 |
| 吉林 | 0.10 | 0.69 | 四川 | 2.39 | 3.74 |
| 黑龙江 | 2.02 | 1.74 | 贵州 | 3.97 | 3.07 |
| 上海 | 19.39 | 22.14 | 云南 | 6.43 | 5.00 |
| 江苏 | 5.34 | 5.22 | 西藏 | 4.79 | 13.20 |
| 浙江 | 5.76 | 7.64 | 陕西 | 3.87 | 4.10 |
| 安徽 | 2.46 | 2.56 | 甘肃 | 2.67 | 2.09 |
| 福建 | 3.59 | 5.14 | 青海 | 4.01 | 12.40 |
| 江西 | 1.61 | 2.43 | 宁夏 | 6.63 | 7.74 |
| 山东 | 3.37 | 1.92 | 新疆 | 3.40 | 4.71 |
| 河南 | 1.18 | 1.36 | | | |

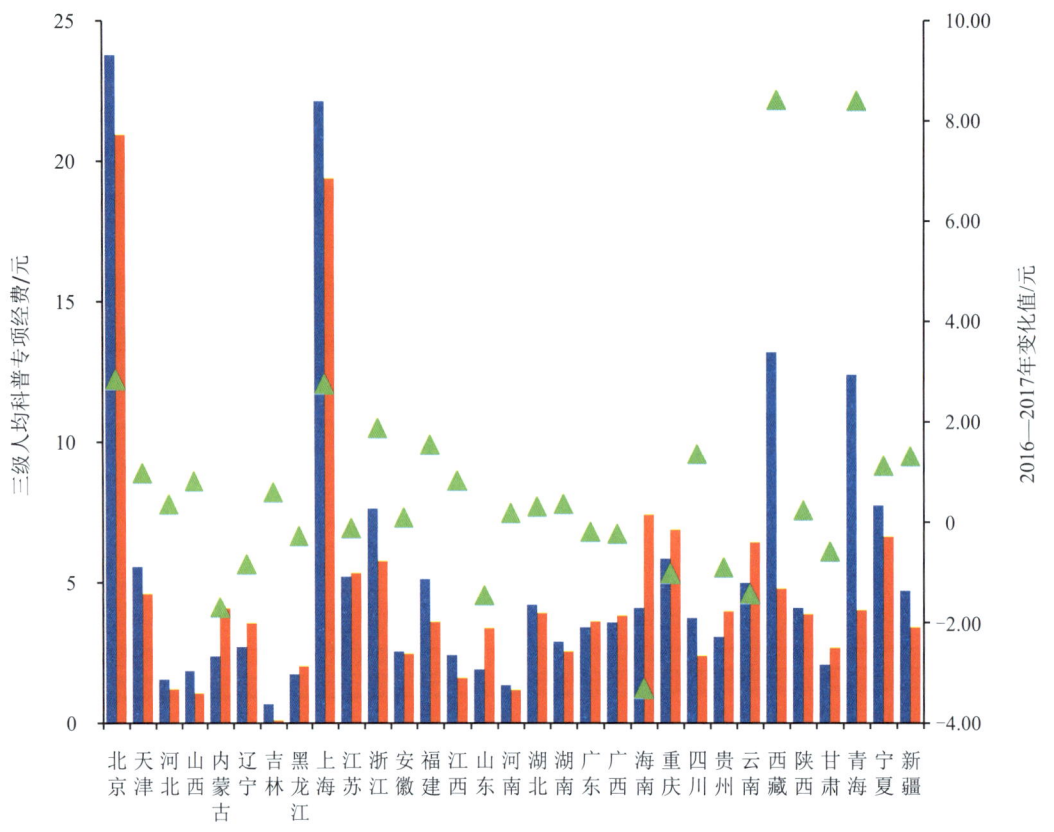

图 3-11 2016—2017 年三级人均科普专项经费地区分布及变化情况

**（4）年度科普经费筹集额占 GDP 的比例**

全社会科普经费筹集额 160.05 亿元，科普经费筹集额占全国 GDP 的比例是 0.0194%，与 2016 年持平。如果计算各省科普经费筹集额占各省 GDP 的比例，可以看出，有 17 个省高于全国水平，与 2016 年相比增加 3 个。北京的这一比例达到 0.0962%，仍领先于其他省。西藏、青海、云南、宁夏等虽然属于西部经济相对欠发达地区，从科普经费筹集额占 GDP 的比例看，还高于一些经济发达地区（图 3-12）。

图 3-12 2017 年各省科普经费筹集额占 GDP 的比例

### 3.2.2 科普经费使用

**（1）年度科普经费使用额**

北京的科普经费筹集额与使用额继续大幅超出其他省，其中科普经费筹集额已经接近 27 亿元。统计数据显示，各省年度科普经费使用额和年度科普经费筹集额是密切相关的，尽管各省年度科普经费使用额差异很大，但绝大多数省科普经费的使用额和筹集额基本持平。由图 3-13 可以看出，2017 年的科普经费筹集额与使用额也呈现出这一特点。

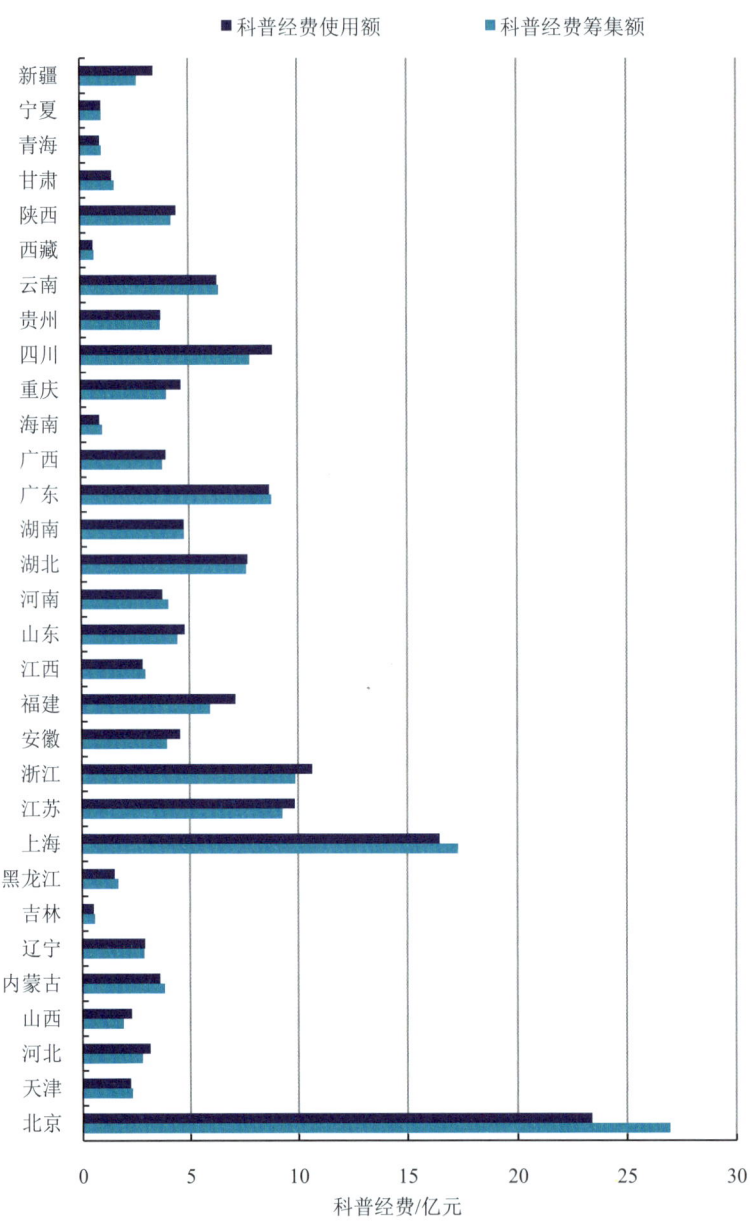

图 3-13  2017 年各省科普经费使用额与筹集额情况

**（2）年度科普经费使用额构成**

从各地科普经费使用额的具体构成看（图 3-14），科普活动支出是大多数省科普经费最主要的使用方向。全国科普活动支出 87.59 亿元，高于 2016 年。但也可以看到，在经费的具体使用途径上，各省又表现出较大的不同，在科普活动支出和科普场馆基建支出方面各有侧重。例如，西藏、宁夏、吉林等省的科普经费用于科普活动支出的比例明显高于科普场馆基建支出，内蒙古、新疆和四川的科普场馆基建支出比例较大，而青海、天津的行政支出比例则相对较高。

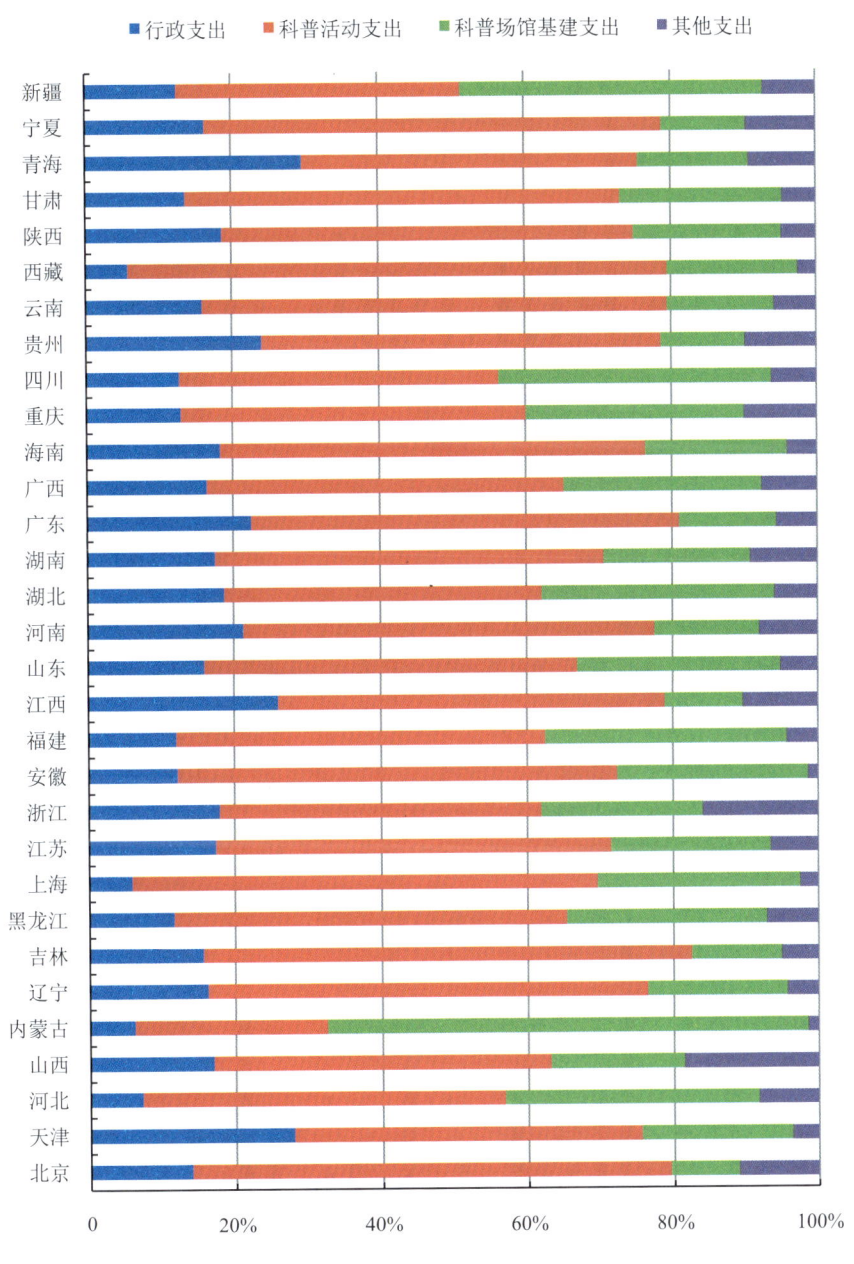

图 3-14　2017 年各省科普经费使用额构成

从各省科普活动支出的情况看，北京、上海、江苏、广东和浙江等东南部发达地区是科普活动经费使用额较高的省。全国各省科普活动支出占科普经费使用额比例普遍较高，平均比例 54.28%，西藏这一比例高于 70%；比例最低的是内蒙古，不足 30%，这与其本年度科普场馆基建支出较高有关（图 3-15）。

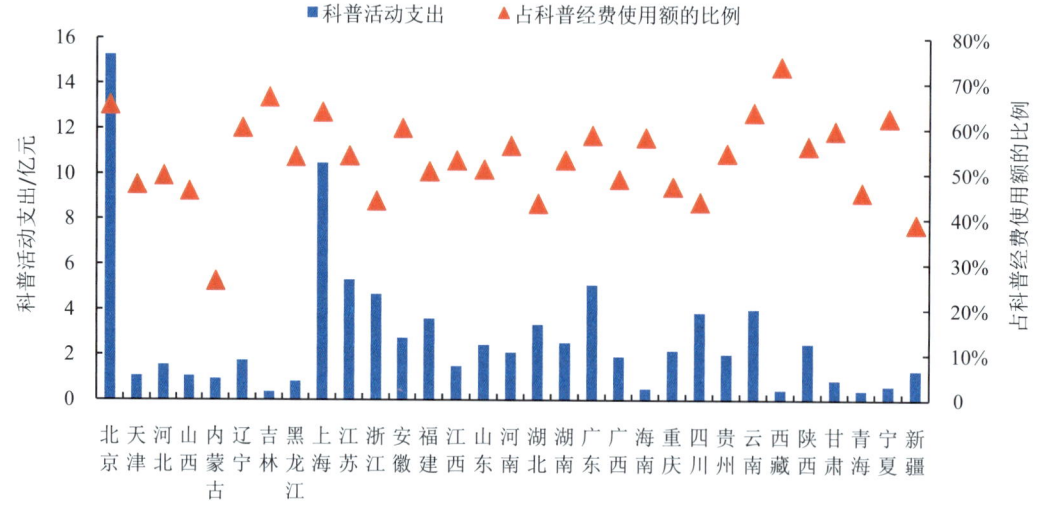

图 3-15　2017 年各省科普活动支出情况

**（3）科普场馆基建支出**

全国用于科普场馆基建支出的经费总额达 37.41 亿元，比 2016 年增长 10.54%。科普场馆资源分布较不平衡，2017 年内蒙古、新疆和四川的科普场馆基建支出比例高于其他省；从绝对数量来看，上海、四川高于其他省。全国科普场馆基建支出额占科普经费使用额的平均比例为 23.19%，高于 2016 年水平（图 3-16）。

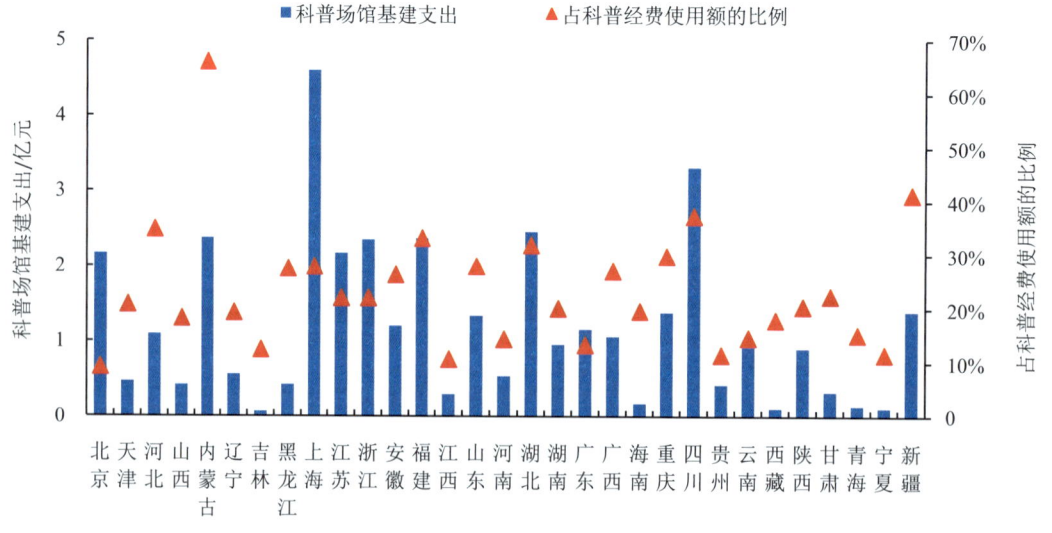

图 3-16　2017 年各省科普场馆基建支出情况

## 3.3 部门科普经费筹集及使用

### 3.3.1 科普经费筹集

从各部门科普经费筹集额看,科协系统仍是各部门中最高的,四级科协系统 2017 年科普经费筹集额达 61.03 亿元,比 2016 年增长 25.71%。科技管理、教育、农业农村和卫生健康等部门的经费筹集额也较高。图 3-17 和图 3-18 为 2017 年各部门科普经费筹集额及构成情况。

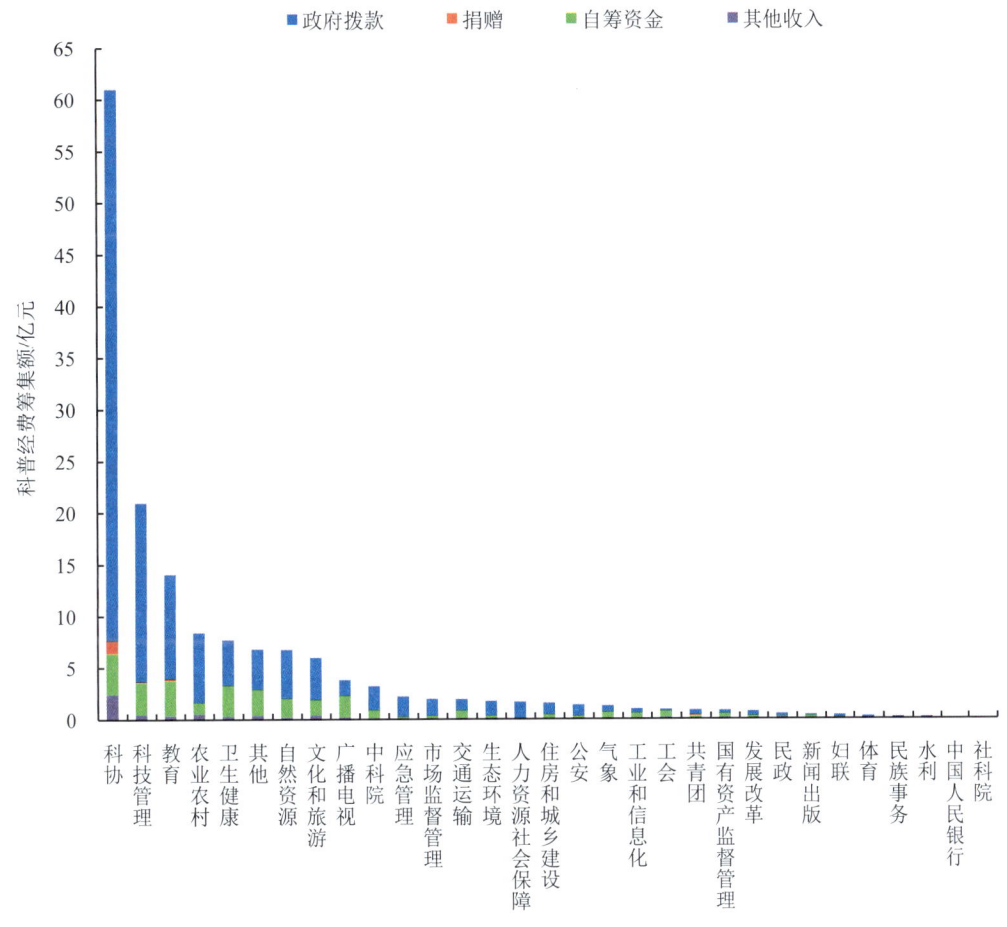

图 3-17 2017 年各部门科普经费筹集额

从构成来看,绝大多数部门的科普经费最主要来源是政府拨款(图 3-18),其中,科协系统的政府拨款额高达 53.32 亿元,占科普经费筹集额的比例为 87.38%。人力资源社会保障和社科院部门的科普经费筹集额中,来自政府拨款的比例均高于 90%,这说明政府在这些部门的科普经费筹集中起着主导作用。

各部门科普经费筹集额平均有 76.82%来自政府拨款。低于 40%的只有中国人民银行、工会和新闻出版部门，其中，中国人民银行的这一比例最低，为 3.22%（图 3-19）。

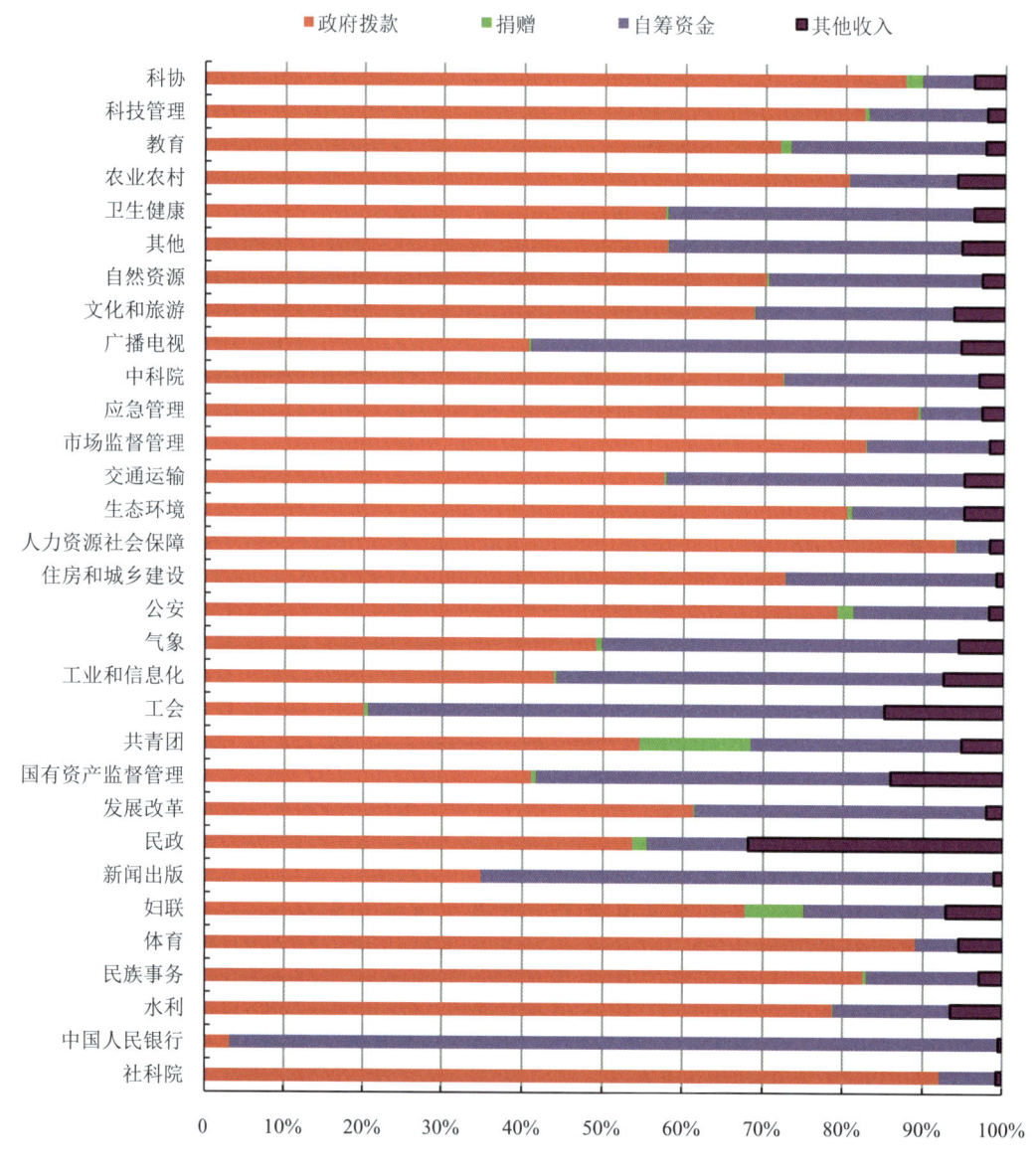

图 3-18　2017 年各部门科普经费筹集额构成情况

各部门的科普经费中自筹资金所占比例仅次于政府拨款，平均值为 28.81%。国人民银行、工会和新闻出版部门的自筹资金比例较高，均超过 60%，其中，中国人民银行超过了 90%；人力资源社会保障、体育、科协、社科院和应急管理部门的自筹资金比例较低，不足 10%（图 3-20）。

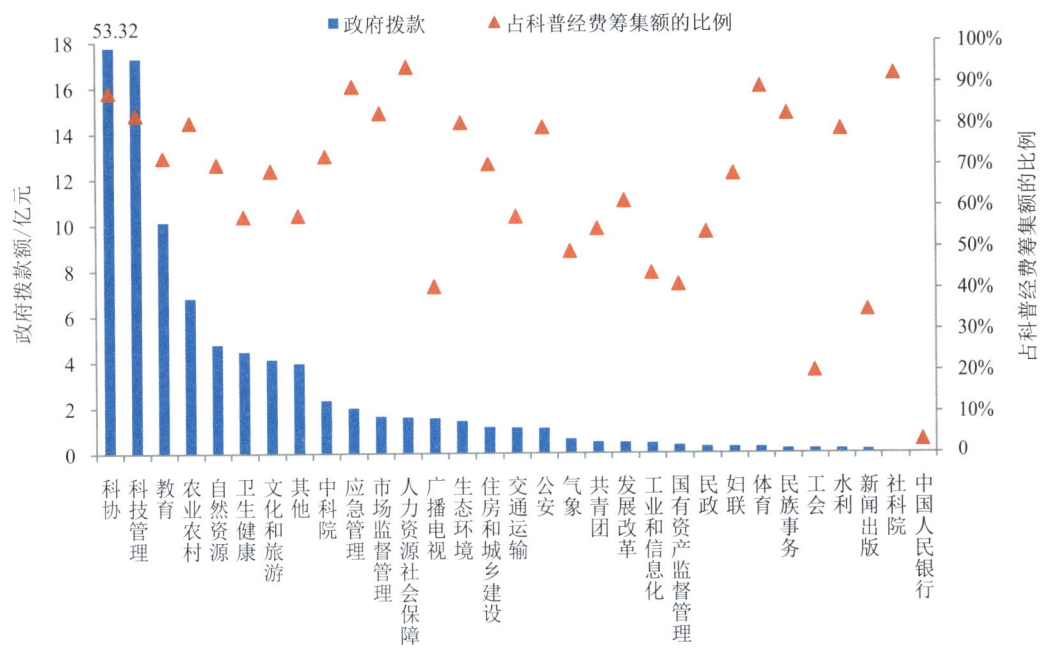

图 3-19　2017 年各部门政府拨款额及占科普经费筹集额的比例

注：科协系统来自政府的筹集额约为图示高度数值的 3 倍。

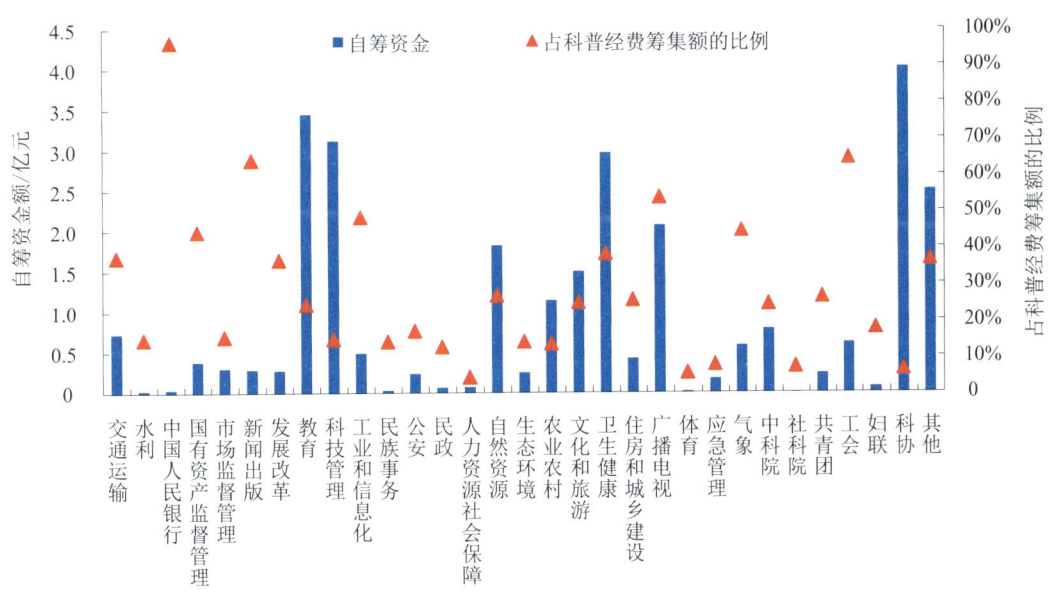

图 3-20　2017 年各部门自筹资金额及占科普经费筹集额的比例

从社会捐赠额看，各部门科普经费中社会参与程度依然较低（图 3-21）。只有科协系统的社会捐赠额超过 1 亿元，达到 1.27 亿元。教育、共青团部门接受的社会捐赠额较多，分别为 1853 万元和 1254 万元。在所统计的 30 个部门的经费筹集额中社会捐赠比例均较小，平均只有 1.17%。其中，共青团部门的社会捐赠占科普经费筹集额比例最高，达到 13.82%；妇联部门其次，为 7.34%；其余大多数部门均低于 1%。

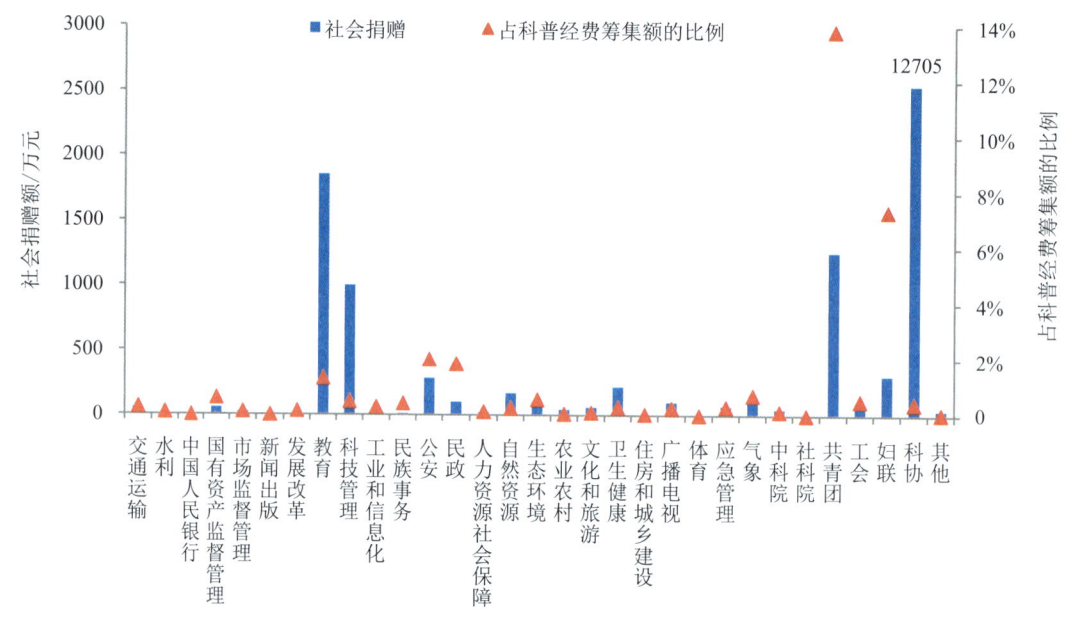

图 3-21　2017 年各部门社会捐赠额及占科普经费筹集额的比例

注：科协系统来自社会捐赠的筹集额约为图示高度数值的 5 倍。

### 3.3.2　科普经费使用

科普活动支出比较多的部门主要是科协、科技管理、卫生健康、教育和农业农村部门（图 3-22），其中，科协系统的科普活动支出为 33.03 亿元。而科普活动支出占科普经费使用额比例较高的部门有中国人民银行、工会系统和人力资源社会保障部门，都在 80% 以上，其中，中国人民银行所占比例最高，达到 91.91%。各部门科普活动支出占科普经费使用额的平均比例为 54.28%。由此可见，科普活动支出是各部门科普经费最主要的支出项目。

各部门在科普经费的具体支出项目上各有侧重（图 3-23）。例如，住房与城乡建设、教育和水利等部门的科普场馆基建支出占科普经费使用额的比例较高，国有资产监督管理、公安和科协等部门的科普经费用于行政支出的比例高于其他部门，民族事务、其他（特指一些没有被明确划归到具体部门）、自然资源、中科院和社科院部门的其他支出比例较高。

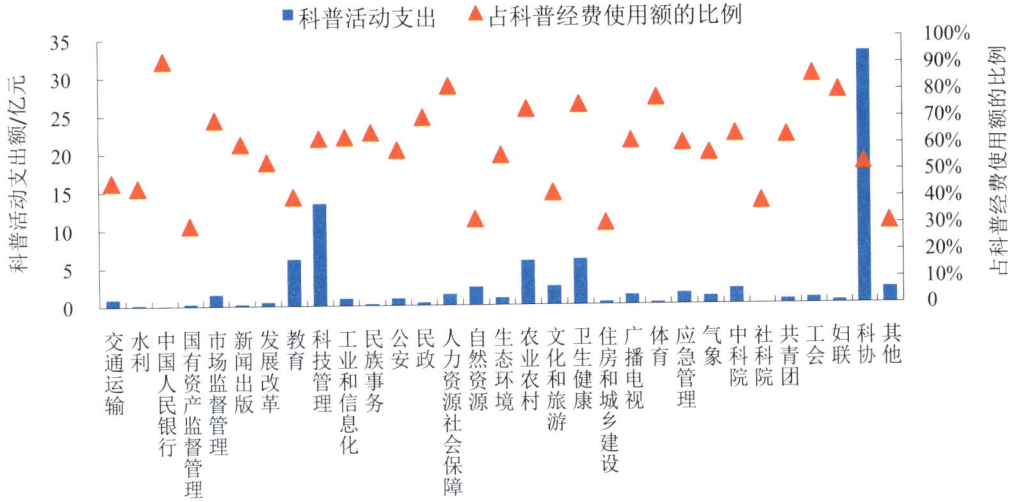

图 3-22　2017 年各部门科普活动支出额及占科普经费使用额的比例

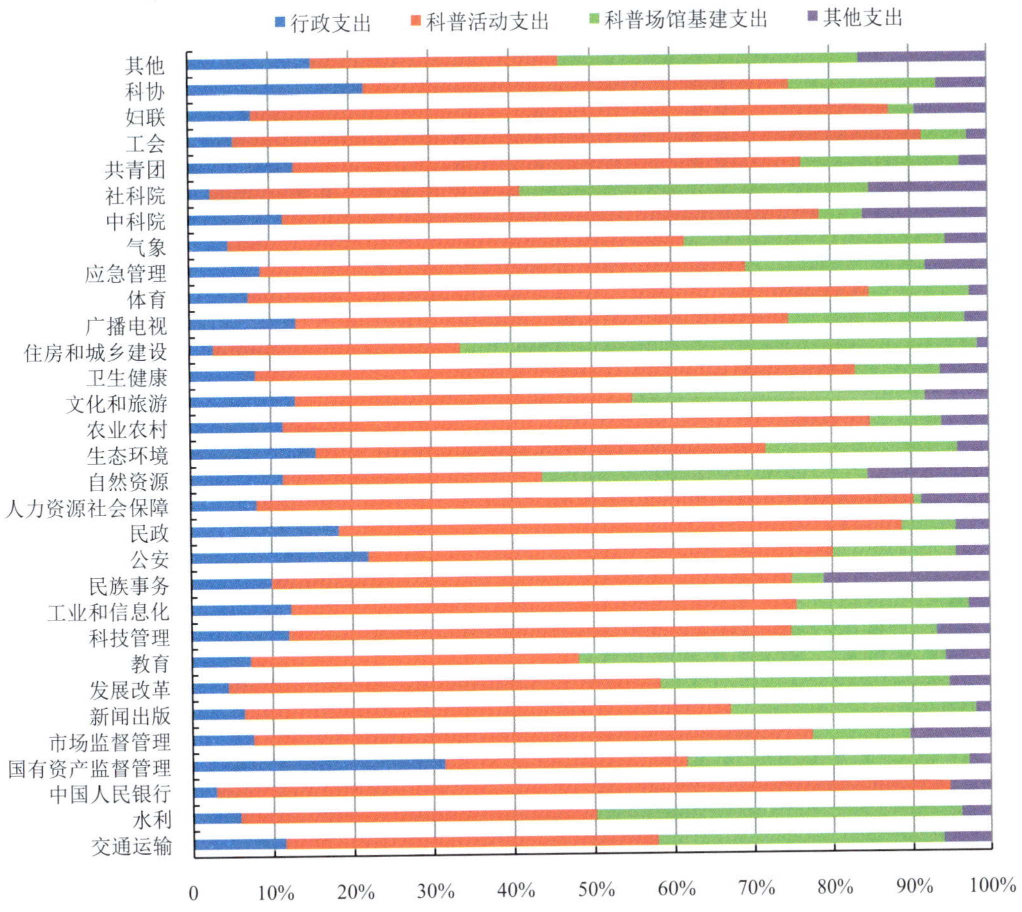

图 3-23　2017 年各部门科普经费支出构成情况

科普场馆基建支出额较多的部门有科协、教育、科技管理、自然资源、文化和旅游部门，这 5 个部门的场馆基建支出均超过 2 亿元，且 5 个部门的场馆基建支出总和占全国科普场馆基建支出总额的比例超过了七成（73.64%）。从科普场馆基建支出所占比例来看，除住房与城乡建设、教育、水利、社科院和自然资源部门高于 40%外，其余部门的科普场馆基建支出占科普经费使用额的比例均在这一比例以下（图 3-24）。

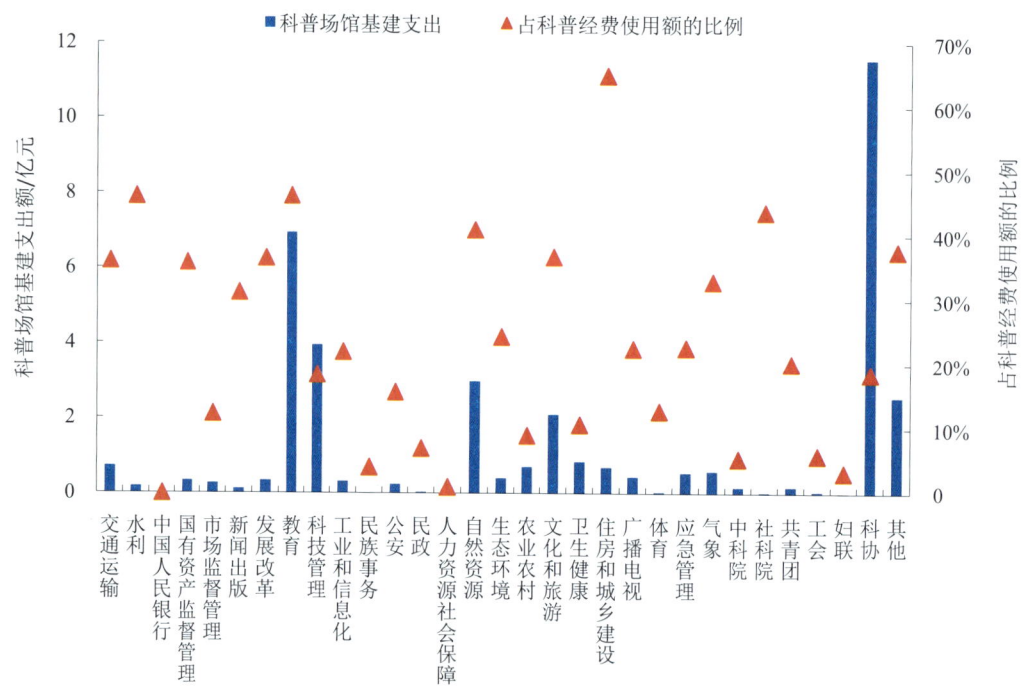

图 3-24　2017 年各部门科普场馆基建支出额及占科普经费使用额的比例

# 4 科普传媒

中共中央宣传部、科技部等印发《关于丰富和完善科普宣传载体进一步加强科普宣传工作的通知》，对科普宣传载体建设进行了系统部署。《"十三五"国家科普和创新文化建设规划》确定，要实施科技传播能力提升工程，加强科技传播体系建设，充分激发传统媒体的科技传播活力，大力推进新媒体、自媒体等基于移动互联的"互联网+科普"新技术、新形式的运用，拓展科学技术普及速度、广度、深度，满足社会、公众对生产、生活中相关知识的迫切需求。由于现阶段我国地区经济发展不平衡，公众文化程度、互联网普及率等社会发展水平差异较大，各地的科普传媒也各具特点。

2017年，全国共出版科普图书14059种，发行量达到1.12亿册，平均每万人拥有科普图书805册；出版各类科普期刊1252种，发行约1.25亿册，平均每万人拥有科普期刊902册；发行科技类报纸4.91亿份，平均每万人每年拥有科普报纸3530份。2017年，全国发行科普（技）音像制品达到4255种，全国播放科普（技）电视节目89741小时，电台播出科普（技）节目73737小时，科普网站共有2570个。

## 4.1 科普图书、期刊和科技类报纸

### 4.1.1 科普图书

在科普统计中，科普图书[1]的"种数"以年度为界线，即一种图书在同一年度内无论印刷多少次，只在第一次印制时计算种数。

2017年，全国共出版科普图书14059种，比2016年增加2122种，占2017

---

[1] 科普图书是普及科学技术的通俗读物，是科普传媒的重要组成部分。科普图书是以非专业人员为阅读对象，以普及科学知识、倡导科学方法、传播科学思想、弘扬科学精神为目的，并在新闻出版机构登记、有正式书号的科技类图书。

年全国出版图书种数的 5.51%[1]；2017 年，全国共出版科普图书 1.12 亿册，比 2016 年减少 230 万册，占 2017 年全国出版图书总印册数的 1.21%。2017 年，科普图书出版中，单品种图书平均出版量为 7958 册，比 2016 年减少 29.57%。

东部地区各类科普传媒的出版情况仍然好于中部和西部地区。从图 4-1 和图 4-2 可以看出，2012—2017 年，东部地区是出版的科普图书无论是册数还是种类，都远超过中部地区和西部地区。

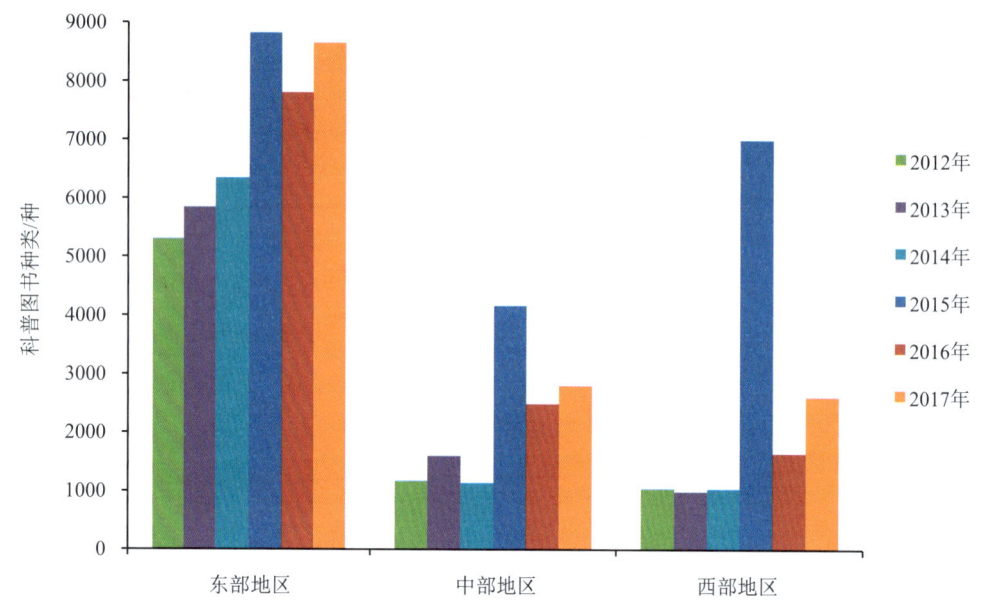

图 4-1　2012—2017 年东部、中部和西部地区科普图书出版种数

2012—2015 年全国科普图书出版迎来了快速增长，从 2016 年开始，东中西部均出现不同程度的下降，2017 年东中西部均有所回升（图 4-1）。其中，东部地区科普图书出版种数波动幅度最小，西部地区科普图书出版种数波动幅度最大。2017 年，东部地区科普图书出版种数为 8655 种，比 2016 年增加 847 种，增长 10.85%。中部地区出版 2797 种科普图书，比 2016 年增加 311 种，增长 12.51%。西部地区科普图书出版种数增长最快，2017 年出版 2607 种，比 2016 年增加 964 种，增长 58.67%。

科普图书出版数量变化各有不同（图 4-2）。其中，东部地区和西部地区出

---

[1] 根据国家新闻出版广电总局 2018 年 8 月 6 日发布的《2017 年全国新闻出版业基本情况》，截至 2017 年年底，全国共有出版社 585 家（包括副牌社 33 家），其中，中央级出版社 219 家（包括副牌社 13 家），地方出版社 366 家（包括副牌社 20 家）；全国共出版图书 255106 种，总印数 22.74 亿册（张）。

现下降，中部地区出现增长。东部地区出版科普图书 7270.46 万册，比 2016 年减少 14.76%；中部地区出版科普图书 2754.70 万册，比 2016 年增长 7.79%；西部地区出版科普图书 1162.40 万册，比 2016 年减少 51.61%。

整体而言，东部地区依然保持相对优势，图书出版种类数和出版总册数仍然占据科普图书的主要份额。与往年相比，2017 年科普图书出版总册数在东部和西部地区均出现不同程度持续下降，而中部地区图书出版总册数却出现持续增长。

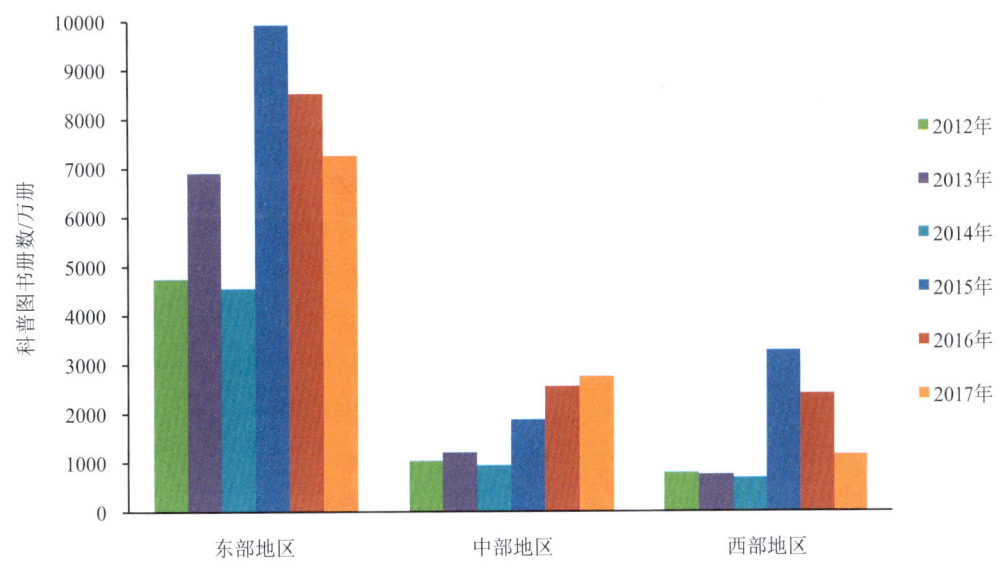

图 4-2　2012—2017 年东部、中部和西部地区科普图书出版册数

单品种科普图书出版册数反映科普图书受欢迎程度。随着 2017 年科普图书单品种出版册数的整体减少，东中西部地区科普图书单品种出版册数均出现下降（图 4-3）。东部地区在 2014 年达到历史最低值，随后 2015 年出现数量增加，中部和西部地区在 2015 年达到最低值，2016 年出现数量增加。

从时间上看，东部地区早于中部和西部地区出现上升或下降趋势，而从单品种科普图书出版数量上反映出我国中部和西部地区对高质量科普图书的需求量还很大。

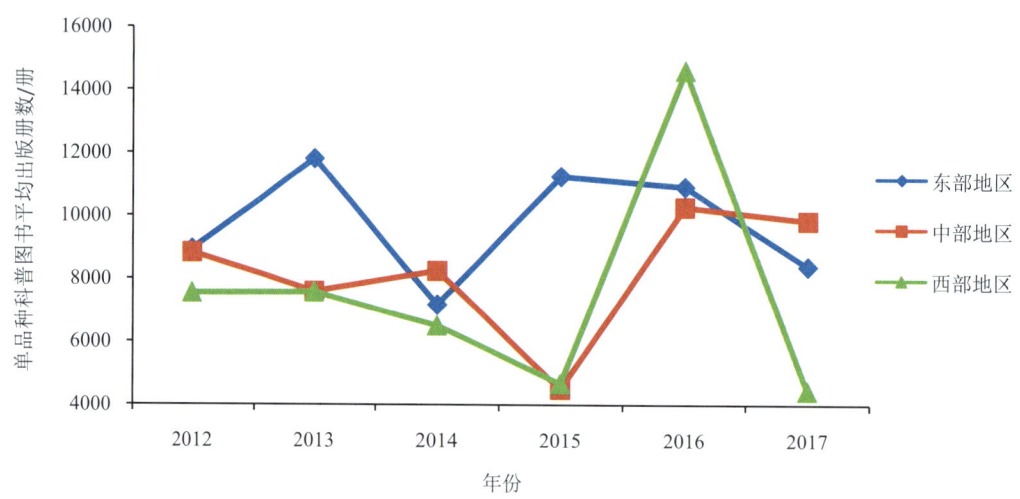

图 4-3 2012—2017 年东部、中部和西部地区单品种科普图书出版册数

北京市出版科普图书品种数依然排在全国首位（图 4-4），数量比 2016 年增加 668 种；出版品种数排名前 5 位的省分别是北京（4240 种）、上海（1023 种）、广东（741 种）、江西（672 种）和江苏（666 种）。科普图书出版总册数排名前 5 位的省分别是北京（4632 万册）、江西（938 万册）、湖南（845 万册）、上海（556 万册）和江苏（549 万册）。

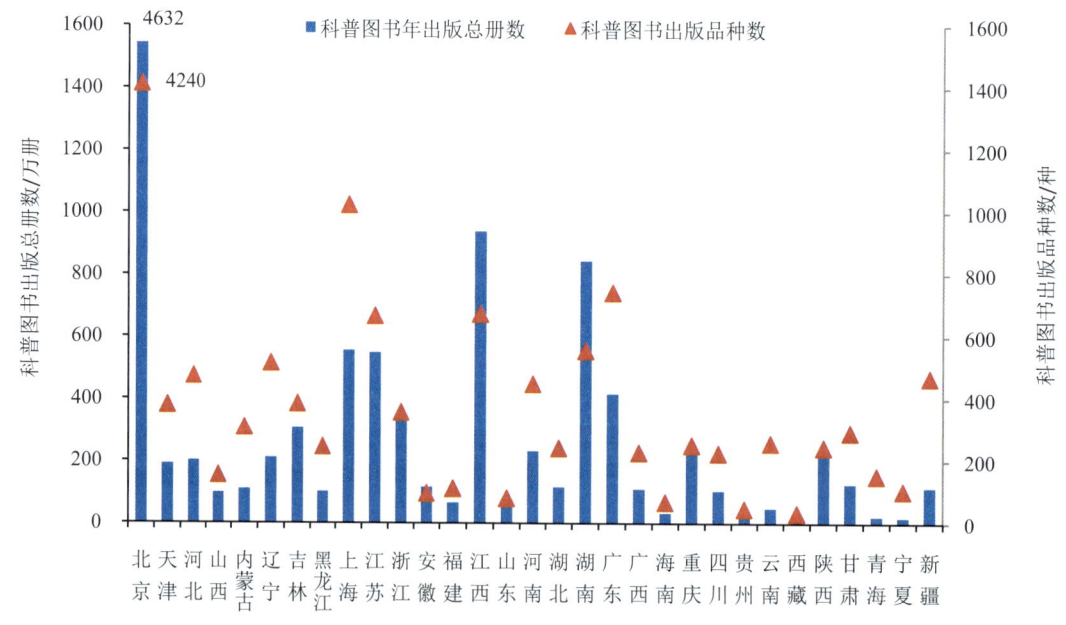

图 4-4 2017 年各省科普图书出版品种数和总册数

注：北京出版科普图书品种数与总册数为图示高度数值的 3 倍。

**获得 2017 年度国家科技进步奖的科普作品**

为推动科普事业的发展和科技创新的繁荣，2004 年科技部将科普项目纳入国家科技进步奖的奖励范围，2005 年国家科技进步奖首次开展了科普著作类项目的受理和评审工作。2017 年度共有 5 部科普作品获得国家科技进步奖二等奖。

1.由中国林科院湿地研究所主编的《湿地北京》，从湿地之美的角度彰显北京历史和文化特色，紧扣当前生态文明的科普工作主题，填补了我国在该领域的科普空白。

2.由杭州阿优文化创意有限公司出品的《阿优学科学》科普动画，兼顾科学与人文艺术的融合，是中国动漫企业第一次摘得国家最高科技奖项。

3.由人民邮电出版社与中国科学探险协会合作的"科学家带你去探险"丛书，涵盖了高山科学探险、极地科学探险、沙漠科学探险和无人区科学探险等，也包括我国科学探险家带领我国青少年走近大自然的科普活动。

4.由著名肾脏病学家刘志红院士牵头、刘章锁教授任执行主编，组织知名院校 20 余位中青年专家撰写的《肾脏病科普丛书》是我国首套肾脏病系列科普丛书，本书内容十分全面，在秉承科学性的同时，还兼顾了可读性和文学性。

5. 由商务印书馆出版的《数学传奇——那些难以企及的人物》，讲述了 20 多位伟大的数学家的生平故事，探讨他们的内心世界、成长经历和成才环境，描绘他们的科学思想、成就和个性。

### 4.1.2 科普期刊

科普期刊是指在新闻出版机构登记、有正式刊号或有内部准印证、并面向社会发行的具有科普性质的刊物。2017 年，全国科普期刊出版种数和出版总册数分别为1252 种和 1.25 亿册，分别占全国出版期刊种数和出版总册数的 12.36%和 5.02%[1]。

一直以来，无论是出版种数，还是出版总册数，我国科普期刊出版业的主要力量仍然集中于东部地区。如表 4-1 所示，2014—2017 年，东部地区科普期

---

[1] 根据国家新闻出版广电总局 2018 年 8 月 6 日发布的《2017 年全国新闻出版业基本情况》，2017 年，全国共出版期刊 10130 种，总印数 24.92 亿册。

刊出版种数明显多于中部和西部地区，东部地区的科普期刊出版总册数多于中部和西部地区出版总册数之和，而经济相对较发达的中部地区在科普期刊出版种数和总册数方面表现一般。在注重科普期刊出版与发行力度的情况下，相比于2016年，西部地区的科普期刊出版种数和出版总册数均呈增长趋势。

表4-1 2014—2017年东部、中部和西部地区科普期刊出版情况

| 地区 | 出版种数/种 | | | |
|---|---|---|---|---|
| | 2014年 | 2015年 | 2016年 | 2017年 |
| 东部 | 527 | 653 | 634 | 651 |
| 中部 | 195 | 183 | 271 | 204 |
| 西部 | 262 | 413 | 360 | 397 |
| 全国 | 984 | 1249 | 1265 | 1252 |
| 地区 | 出版总册数/万册 | | | |
| | 2014年 | 2015年 | 2016年 | 2017年 |
| 东部 | 8266.15 | 13547.58 | 13494.82 | 10088.16 |
| 中部 | 1645.06 | 1147.35 | 1534.15 | 790.61 |
| 西部 | 914.67 | 3155.25 | 940.70 | 1665.03 |
| 全国 | 10825.89 | 17850.17 | 15969.66 | 12543.79 |

东部地区出版科普期刊651种，比2016年增加了17种，增长2.68%；东部地区科普期刊出版总册数10088.16万册，比2016年减少3406.66万册。西部地区出版科普期刊397种，比2016年增加37种，增长10.28%；西部地区科普期刊出版总册数1665.03万册，比2016年增长77.00%。中部地区出版科普期刊204种，比2016年减少67种，减少24.72%；中部地区科普期刊出版总册数790.61万册，比2016年减少48.47%。

科普期刊出版种数排名前5位的分别是上海（119种）、北京（117种）、江苏（86种）、广东（75种）和重庆（73种）。科普期刊出版总册数排首位的是广东（3620.44万册），随后为上海（1943.27万册）和天津（1839.17万册）（图4-5）。

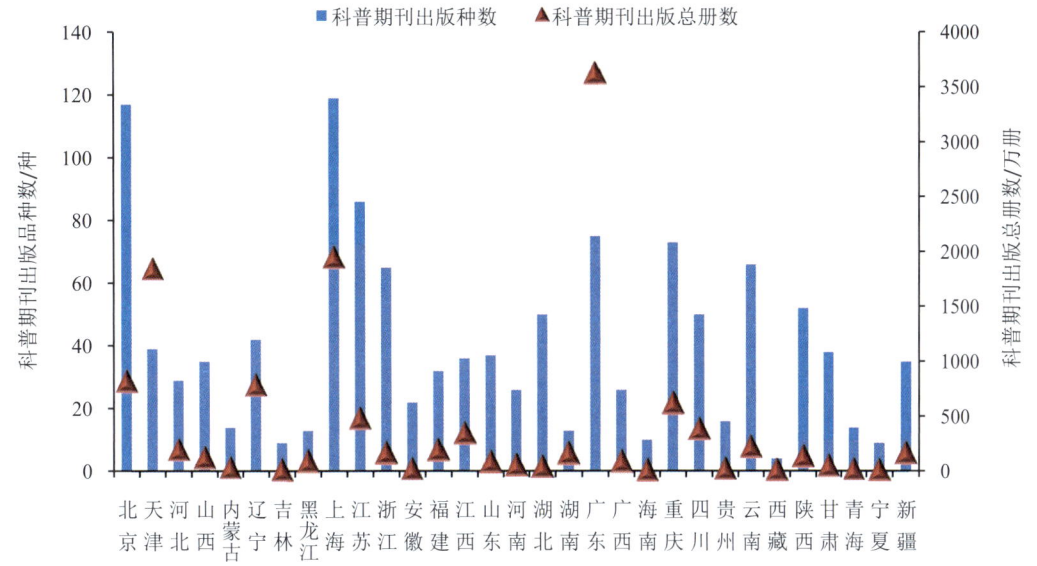

图 4-5　2017 年各省科普期刊出版种数和总册数

### 4.1.3　科技类报纸

全国共出版报纸 1884 种，平均每种期印数 9.91 万份，总印数 362.50 亿份，其中，科技类报纸发行 4.91 亿份，占所有报纸总发行份数的 1.35%。东部、中部和西部地区 2017 年发行的科技类报纸分别占科技类报纸总量的 29.14%、59.87% 和 10.99%。

## 4.2　电台、电视台科普（技）节目

科普（技）节目是指电台、电视台播出的面向社会大众的以普及科学知识、倡导科学方法、传播科学思想、弘扬科学精神为主要目的的节目。科普（技）电视节目和科普（技）广播节目具有传播范围广、传播信息及时和生动等特点，是开展科普宣传重要且不可替代的传播渠道。

一批新的科普（技）节目上线。科技部同北京电视台合作开办的《科学时间》、上海市科委同上海电视台合作开办的《辩者说》，已经成为热播电视节目。另外，各地积极探索丰富多样的科普宣传新渠道、新方式，浙江省开展了旅游与科普结合的宣传方式，安徽省采取新媒体方式同步开展了线上线下科普宣传，海南省科技厅联合海南广播电视总台设立了"科普之声"栏目，甘肃省在省市电视台开设了"科普之窗"栏目，宁夏回族自治区在自治区电视台、电台、《宁夏日报》及相应网站开办了科普栏目，新疆兵团启动了"科普兵团"微信公众平台。

### 4.2.1 电台科普（技）节目

全国广播电台共播出科普（技）节目 7.37 万小时，比 2016 年统计结果减少 41.85%，而且近几年全国的科普（技）节目播出总时长在持续减少。电台科普（技）节目播出时长最多的依旧是东部地区，其次是中部地区，最后是西部地区（表 4-2）。东部和中部地区播出时长总体呈减少趋势，西部地区有所增加。与 2016 年相比，东部和中部地区电台科普（技）节目播出时长分别减少 58.50% 和 12.46%，西部地区电台科普（技）节目播出时长增长 8.75%。

表 4-2　2014—2017 年东部、中部和西部地区电台播出科普（技）节目时长

| 地区 | 电台播出科普（技）节目时长/小时 | | | |
|---|---|---|---|---|
| | 2014 年 | 2015 年 | 2016 年 | 2017 年 |
| 东部 | 80385 | 83191 | 88717 | 36819 |
| 中部 | 31867 | 31050 | 21195 | 18554 |
| 西部 | 39082 | 30812 | 16887 | 18364 |
| 全国 | 151334 | 145053 | 126799 | 73737 |

其中，辽宁的电台科普（技）节目播出时间最长（9196 小时），居全国首位，随后为北京（9109 小时）和湖南（5086 小时）。电台播出科普（技）节目时长低于 1000 小时的有重庆、西藏、海南、宁夏、吉林、天津、青海、内蒙古和黑龙江（图 4-6）。

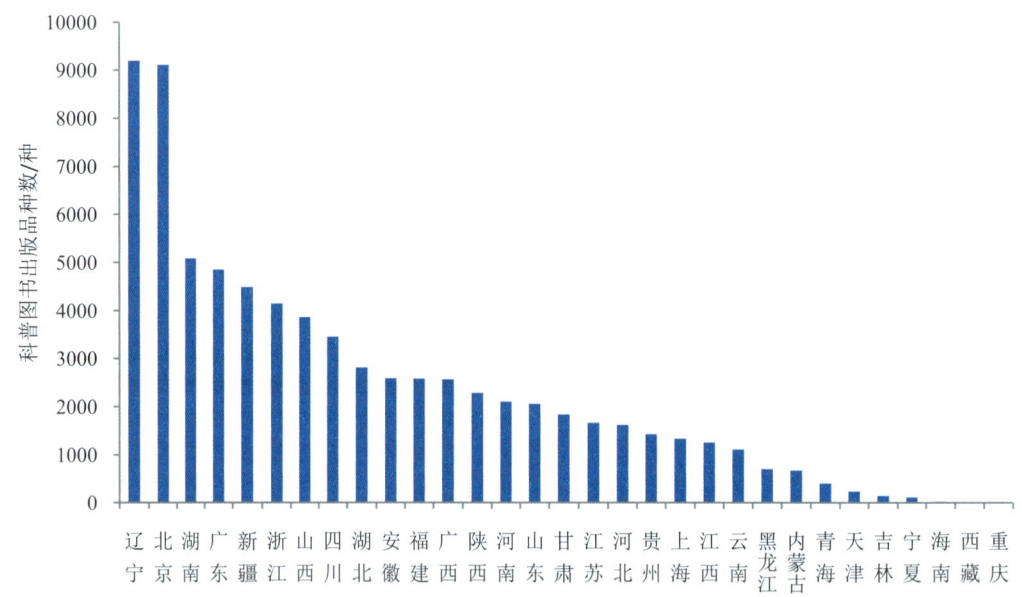

图 4-6　2017 年各省电台播出科普（技）节目时长

## 4.2.2 电视台科普（技）节目

电视是公众获取科技信息的重要渠道。近年来新闻出版广电部门逐步加大对科普事业的支持力度，在有条件的电视台开辟了专门的科普（技）栏目。

全国电视台共播出科普（技）节目时间 8.97 万小时，比 2016 年减少 33.72%，近几年全国电视台的科普（技）节目播出总时长也在持续减少。其中，东部地区电视台播放 44301 小时，比 2016 年减少 51.53%；中部地区电视台播放 21399 小时，比 2016 年略有减少；西部地区电视台播放 24041 小时，比 2016 年增长 6.37%（表 4-3）。

表 4-3 2014—2017 年东部、中部和西部地区电视台播出科普（技）节目时长

| 地区 | 电视台播出科普（技）节目时长/小时 | | | |
| --- | --- | --- | --- | --- |
| | 2014 年 | 2015 年 | 2016 年 | 2017 年 |
| 东部 | 94067 | 104053 | 91390 | 44301 |
| 中部 | 45283 | 36382 | 21401 | 21399 |
| 西部 | 62308 | 56845 | 22601 | 24041 |
| 全国 | 201658 | 197280 | 135392 | 89741 |

辽宁的电视台科普（技）节目播出时长（8180 小时）居全国首位（图 4-7），其他播出时长超过 5000 小时的省有浙江（5675 小时）、山东（5416 小时）和四川（5270 小时）。

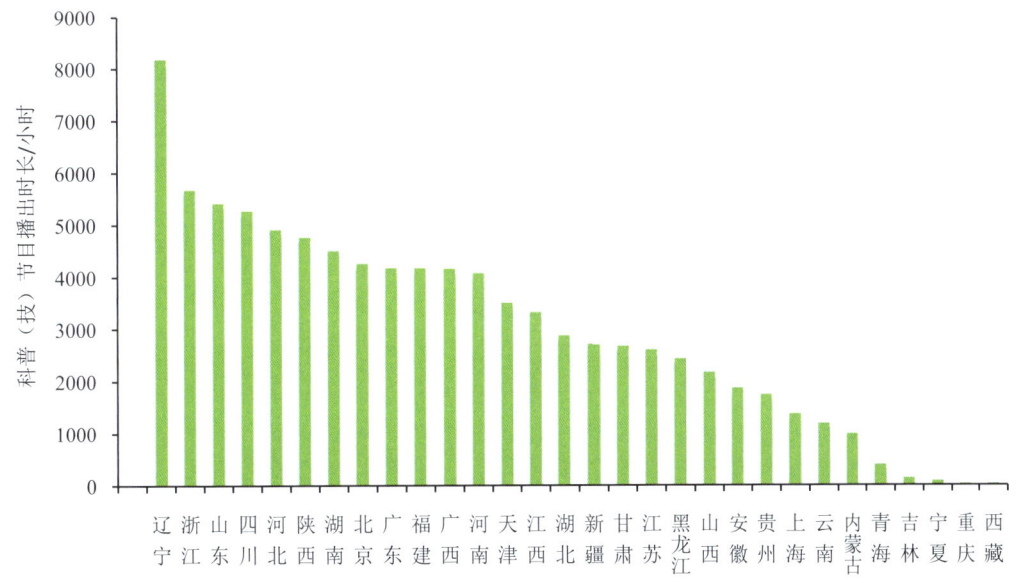

图 4-7 2017 年各省电视台播出科普（技）节目时长

## 4.3 科普(技)音像制品及网站

### 4.3.1 科普(技)音像制品

随着信息化时代的到来,智能电视、电脑、智能手机等智能通信终端在我国城乡的普及,新老科普媒介也大量形成。这些媒介除了具备传统媒介如电视、广播等优点,还弥补了传统媒介的不足,具有资源获取更加便捷、推广效果更好,可反复观看、剪辑、携带方便,不受时间、地域影响等优点。音像制品虽然具有众多优点,但是也存在着诸如高度依赖硬件配套设施、信息更换周期长等一些明显的不足。

科普统计中的科普(技)音像制品是指以普及科学技术知识、倡导科学方法、传播科学思想、弘扬科学精神为目的而正式出版的音像制品,包括光盘、录音带、录像带等形式。

全国共出版各类科普(技)音像制品 4255 种,比 2016 年减少 22.14%。其中,光盘发行总量为 569.70 万张,比 2016 年增长 31.43%;此外,发行录音带、录像带 39.20 万份,比 2016 年增长 9.27%。

中部地区科普(技)音像制品出版种数比 2016 年增长 4.29%,东部和西部地区均有所减少,分别为-14.47%和-44.36%(表 4-4)。科普(技)音像制品光盘发行数量总体有所回升,与 2016 年相比,东部地区增长 71.96%,中部地区减少 17.09%,西部地区增长 14.31%。

表 4-4 2014—2017 年东部、中部和西部地区科普(技)音像制品发行情况

| 地区 | 科普(技)音像制品出版种数/种 | | | | 科普(技)音像制品光盘发行张数/万张 | | | |
| --- | --- | --- | --- | --- | --- | --- | --- | --- |
| | 2014 年 | 2015 年 | 2016 年 | 2017 年 | 2014 年 | 2015 年 | 2016 年 | 2017 年 |
| 东部 | 1452 | 1926 | 1976 | 1690 | 269.00 | 316.78 | 196.81 | 338.43 |
| 中部 | 1566 | 1269 | 1282 | 1337 | 190.81 | 136.36 | 125.06 | 103.69 |
| 西部 | 1455 | 1853 | 2207 | 1228 | 159.58 | 535.42 | 111.60 | 127.57 |
| 全国 | 4473 | 5048 | 5465 | 4255 | 619.38 | 988.56 | 433.47 | 569.70 |

从科普(技)音像制品出版种数来看,东部地区出版种数最多,西部地区出版种数最少(图 4-8)。

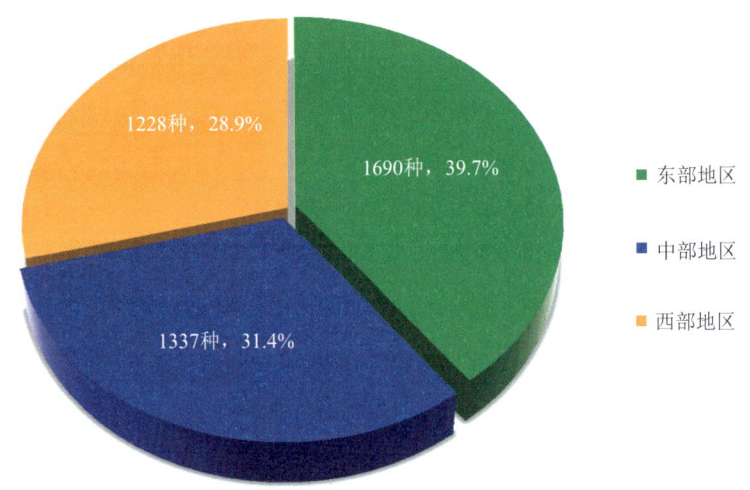

图 4-8 2017 年东部、中部和西部地区科普（技）音像制品出版种数及占比

北京科普（技）音像制品出版种数居全国首位，达到 349 种，占全国总量的 8.20%（图 4-9）；其他出版种数较多的省份分别是湖南（325 种）、辽宁（307 种）、湖北（287 种）和云南（285 种）。

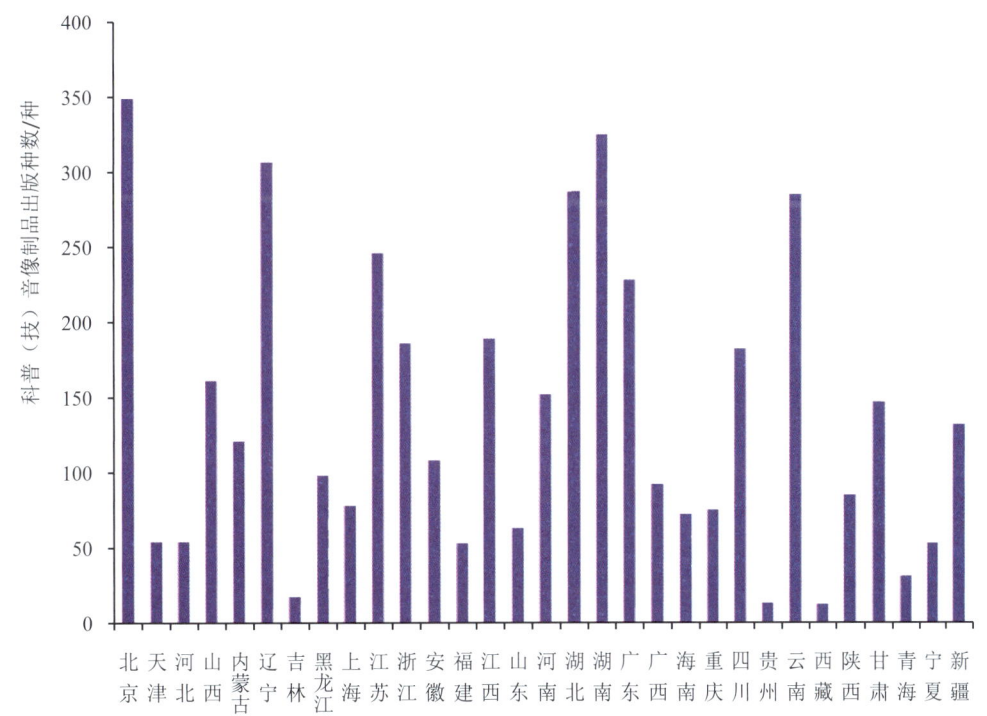

图 4-9 2017 年各省科普（技）音像制品出版种数

### 4.3.2 科普网站

科普网站是指提供科学、权威、准确的科普信息和相关资讯为主要内容的专业科普网站，政府机关的电子政务网站不在统计范围之内。

随着我国经济的快速发展，互联网络在我国得到了飞速发展。中国互联网络信息中心（CNNIC）发布的《第 41 次中国互联网络发展状况统计报告》显示，截至 2017 年 12 月，中国网民规模达 7.72 亿，互联网普及率为 55.8%。我国互联网在整体环境、互联网应用普及和热点行业发展方面取得长足进步。科普传媒的运用方面，我们应时刻清醒地认识到我国拥有大量网民的现实及每年仍不断增加的趋势，充分发挥网络在科普中的重要作用。

截至 2017 年年底，我国共建成科普网站 2570 个，比 2016 年减少 405 个。从图 4-10 可以看出，拥有科普网站数量超过 100 个的省份依次是北京（270 个）、上海（222 个）、广东（151 个）、江苏（132 个）、重庆（120 个）、四川（115 个）、浙江（113 个）、辽宁（110 个）、陕西（102 个）、湖南（100 个）。

从科普网站数量的东部、中部和西部对比可以发现，东部地区拥有全国一半的科普网站，中部和西部地区科普网站拥有量也相差较大（图 4-11）。

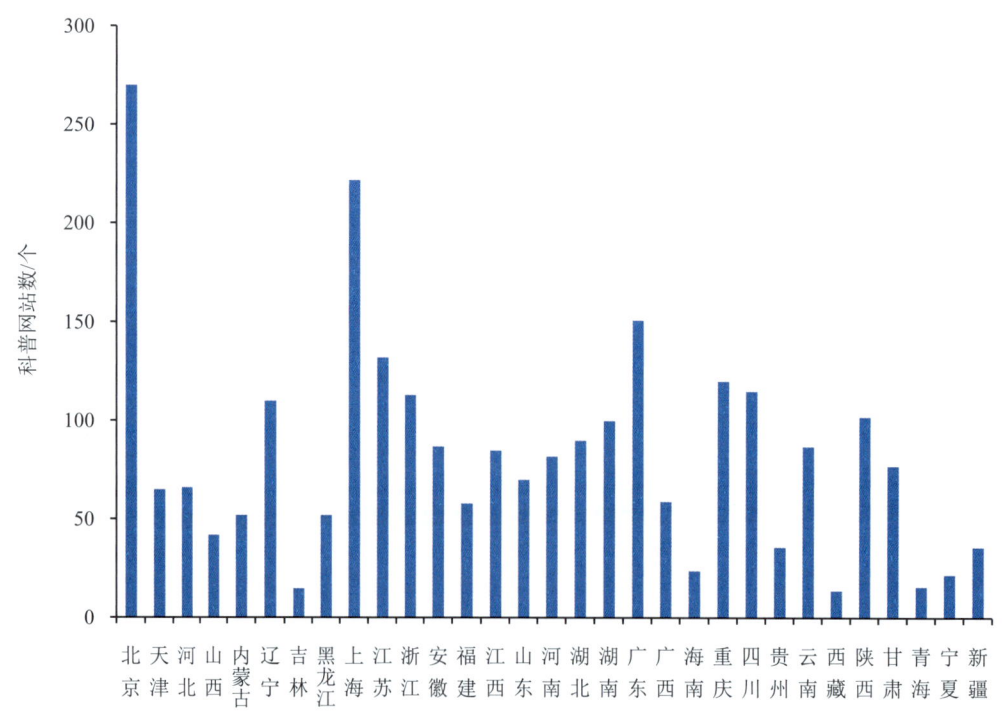

图 4-10　2017 年各省科普网站数

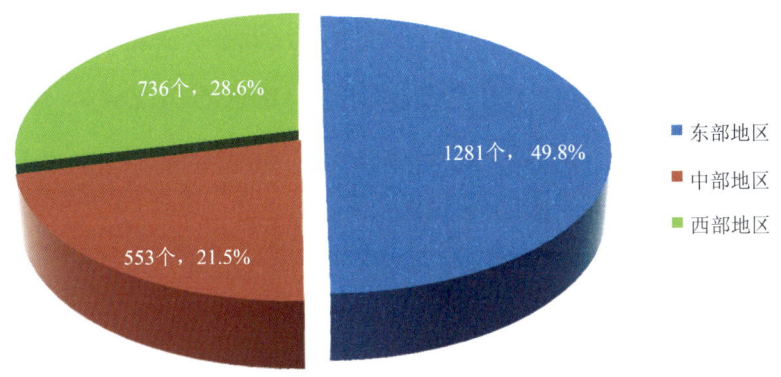

图 4-11  2017 年东部、中部和西部地区科普网站数量及其所占比例

## 4.4 科普读物和资料

科普读物和资料是指在科普活动中发放的科普性图书、手册、音像制品等正式和非正式出版物、资料。全国在各类科普活动中共发放科普读物和资料 7.86 亿份，而当年正式出版的科普图书、期刊、科普（技）音像制品共计 2.43 亿份，可以明显看出，发放的科普读物和资料中，绝大部分为非正式出版物、资料，符合开展科普活动时针对性强、时效性强、方便快捷的特性（图 4-12）。

与 2016 年相比，东部和中部地区发放科普读物和资料数量有所增加，西部地区数量有所减少。东部和中部地区发放数量占全国比例增加，西部地区相对减少。

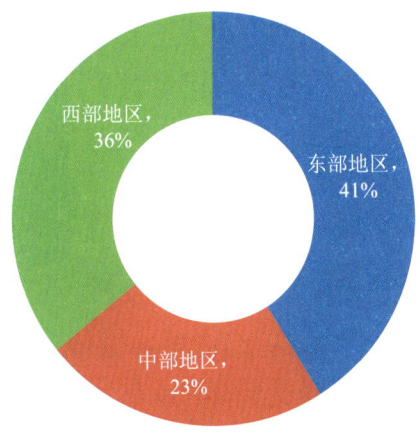

图 4-12  2017 年东部、中部和西部地区发放科普读物与资料数所占比例

全国发放科普读物和资料数排名前5位的省分别为江苏（9286.8万份）、云南（5495.4万份）、北京（4698.5万份）、四川（4469.7万份）和广西（4407.0万份），这5个省发放的科普读物和资料数占全国总量的36.08%（图4-13）。

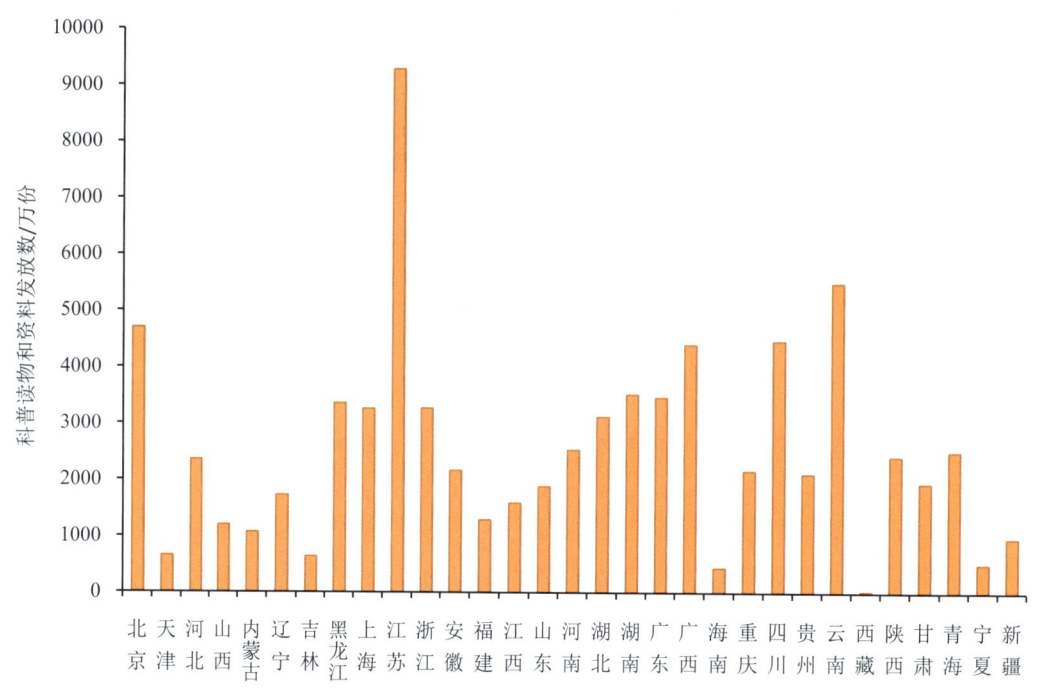

图4-13  2017年各省发放的科普读物和资料数

## 4.5 科普类微博、微信公众号

借助新媒体传播手段，科普工作的内容、渠道和效果明显出现了积极变化。科学普及的内容形式更加创新，渠道方式更趋多元，参与分享的裂变式传播效果让科普信息频频进入大众热搜的名单，微信、微博的科普宣传已成为科普工作不可忽视的重要领域。

2017年，全国科普统计调查工作第一次将科普类微博、微信公众号纳入统计范围，科普类微博、微信公众号是指以普及科学知识、倡导科学方法、传播科学思想、弘扬科学精神为主要目的的微博、微信公众号。2065个科普类微博发布各类文章66.45万篇，阅读量达到44.09亿次。5488个科普类微信公众号发布各类文章87.49万篇，阅读量达到6.94亿次。东部地区的微博、微信公众号数量超过中部和西部地区之和（图4-14）。

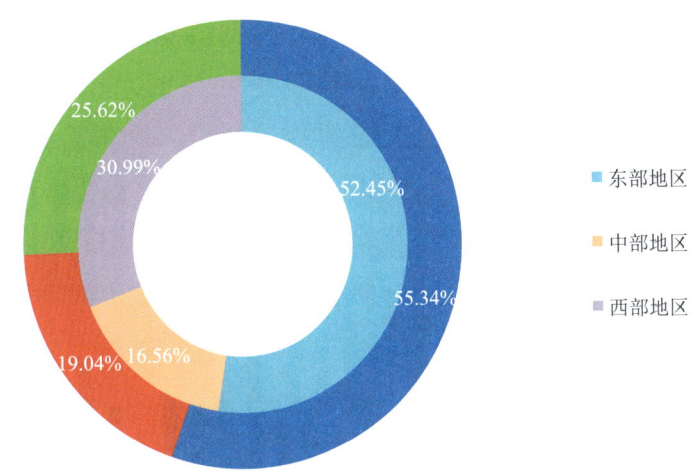

图 4-14　2017 年东部、中部和西部地区的微博、微信公众号数量所占比例

注：内环为微博数量所占比例，外环为微信公众号数量所占比例。

北京以 310 个的科普类微博数量排在全国第 1 位，其他数量较多的地区包括天津（258 个）、广西（148 个）、上海（138 个）和湖北（124 个）（图 4-15）。

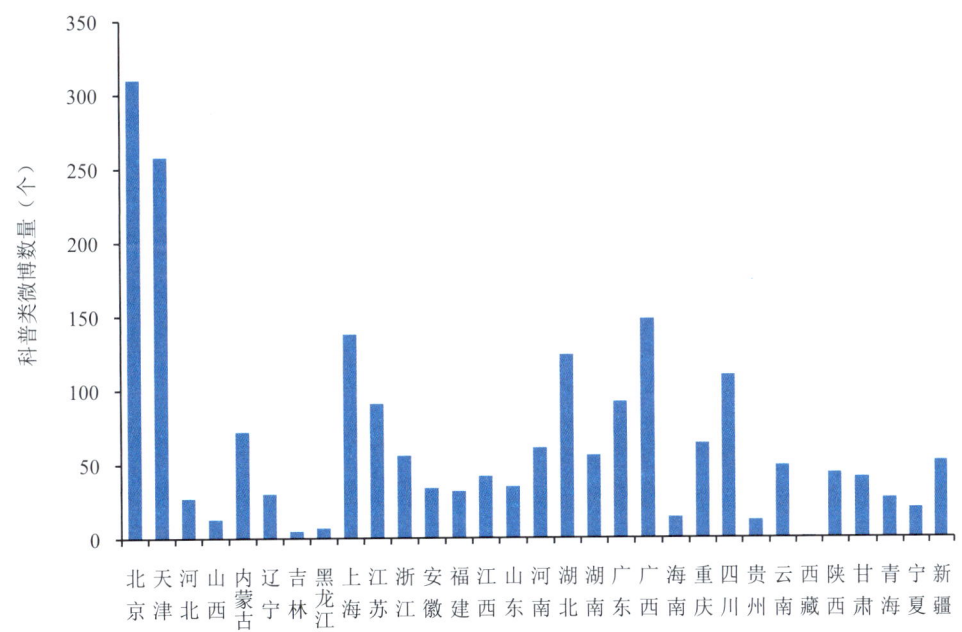

图 4-15　2017 年各省科普类微博数量

北京的科普类微信公众号数量排在全国第一（714 个，图 4-16），其他数量较多的地区包括上海（518 个）、广东（358 个）、浙江（311 个）和江苏（298 个）。

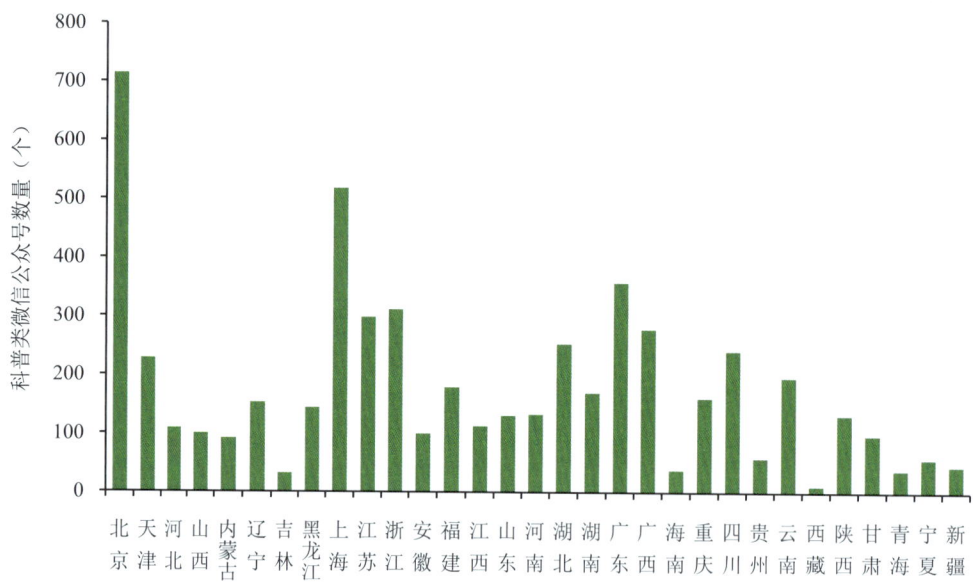

图 4-16　2017 年各省科普类微信公众号数量

# 5 科普活动

科普活动是指普及科学知识、倡导科学方法、传播科学思想、弘扬科学精神的活动。2017年度科普活动统计仍然沿用了之前的指标体系，共包括9类一级指标，分别是：科技活动周，科普（技）讲座，科普（技）展览，科普（技）竞赛，青少年科普活动，科研机构、大学向社会开放情况，科普国际交流，实用技术培训和重大科普活动次数等，设有19个二级指标。

科技活动周是我国规模最大、影响力最大的群众性科普活动。2017年，科技活动周共举办科普专题活动11.60万次，比2016年减少9.76%，但参加人数增加到1.64亿人次，比2016年增长11.48%。

全国举办科普（技）讲座次数为88.01万次，比2016年增长2.71%，听众人数为1.46亿人次，比2016年略增0.21%；举办科普（技）展览11.99万次，比2016年减少27.68%，吸引了2.56亿人次观众参观，比2016年大幅增长20.39%；各类机构共举办科普（技）竞赛4.89万次，比2016年减少24.15%，参赛人数为1.01亿人次，比2016年减少9.84%。

全国的科研机构、大学进一步加大开放力度，开放单位数量增加到8461个，比2016年增长4.72%，参与人次增长1.77%，达到878.65万人次。

科普国际交流2713次，比2016年增长9.35%；参加人数为70.21万人次，比2016年增长13.83%。

各地举办科技夏（冬）令营活动1.56万次，比2016年增长10.81%，但参加人数略减少0.17%，为303.13万人次；青少年科技兴趣小组数量为21.33万个，比2016年减少4.12%，参加人数比2016年增长9.76%，达到1882.51万人次。

全国共举办实用技术培训59.84万次，吸引了7173.85万人次参加，比2016年分别减少7.50%和7.39%。

全国开展 1000 人次以上参加的重大科普活动 2.78 万次，比 2016 年增长 1.00%。

## 5.1 科技活动周

科技活动周是我国政府于 2001 年批准设立的大规模群众性科学技术活动。根据国务院批复，每年 5 月第 3 周为"科技活动周"，由科技部会同党中央、国务院有关部门和单位组成科技活动周组委会，同期在全国范围内组织实施。科技活动周大力"普及科学知识，弘扬科学精神，提高全民科学素养"，已经成为全国公众参与度最高、范围覆盖面最广、社会影响力最大的品牌科普活动，成为推动全国科普工作的标志性活动和重要载体。

自 2001 年科技活动周首次举办以来，到 2017 年已经连续成功举办了 17 届。每届都紧扣国民经济、社会和科技发展的热点展开。2017 年科技活动周以贯彻落实党的十八大和十八届三中、四中、五中、六中全会精神，深入贯彻习近平总书记系列重要讲话精神和治国理政新理念新思想新战略，树立和贯彻创新、协调、绿色、开放、共享的发展理念，深入实施创新驱动发展战略为宗旨。主题设定为"科技强国 创新圆梦"。主要目标是深入实施创新驱动发展战略，全面落实《中华人民共和国科学技术普及法》《中华人民共和国促进科技成果转化法》《国家中长期科学和技术发展规划纲要（2006—2020 年）》《全民科学素质行动计划纲要（2006—2010—2020 年）》和《"十三五"国家科技创新规划》，突出科技精准扶贫脱贫取得的主要成就，突出科技成果转移转化带来的新技术、新产品和新产业，突出科技创新发展的新进展、新成效，着力提高全民科学意识和科学素养，使建设世界科技强国成为全民的自觉行动。活动内容主要包括：①宣传科技扶贫成就。通过展示科技精准扶贫脱贫、科技特派员等工作进展，农业高新技术产业开发区、农业科技园区等建设成效，集中宣传科技支撑精准扶贫脱贫的共同行动和主要成效，在全国形成科技界精准扶贫务实行动的良好氛围。②举办特色科普活动。针对公众科技需求，举办各种体验性强、参与度大的科技活动。面向少数民族、边远贫困地区和革命老区开展针对性强、趣味性高的公益科普活动。结合科技热点问题，组织专家进行通俗化讲解，促进公众理解科学、支持创新、参与创业。③开放优质科技资源。推进国家重大科学工程、大科学装置、国家（重点）实验室、国家工程技术（研究）中心、重大科研试验场所等国家高端科技资源向社会开放,激发公众特别是青少年的科学兴趣。各类科研机构、大学、高新技术企业和科技园区向社会开放,促进科技知识的宣传普及。各类科普场馆、科普基地向社会开放。流动式科普设施重点向少数民族、边远贫困地区和革命老区开展科普服务。④营造创新文化氛围。结合实际,搭建科技服务社会的科普公共服务平台。充分发挥报纸、电视等主流媒体作用,加强科普宣传。积极倡导科学精神,引导广大科技工作者坚持国家至上、民族至上、人民至上,始终胸怀大局、心有大我,始终坚守正道、追求真理,自觉做践行和弘扬社会主义核心价值观的模范。积极培育创新文化,尊重创新创业人才,提升公众科学文化素养,为建设世界科技强国营造良好环境。

2017年全国科技活动周主场启动式于5月20日在北京民族文化宫举行,中共中央政治局委员、国务院副总理刘延东,中共中央政治局委员、中共北京市委书记郭金龙出席全国科技活动周主场启动式,全国政协副主席、科技部部长万钢同期出席了上海分会场启动式。全国科普工作联席会议38个成员单位,中央军委科技委负责同志,首都科技和科普工作者、学生及社会各界代表近500人出席了主场启动式。各地同步举办系列活动。北京市各区举办亲民科普活动,成为周末京城人气最旺的活动之一;上海科技节同期启动,国内外科普达人齐聚申城上演科普秀;内蒙古自治区启动科普小分队进牧区活动,送科技到牧区;湖南推出系列科普套餐,满足公众多样化需求;云南开放各类科普基地,为公众奉献科普大餐;广西突出部门区域联动,各类科技活动集中推出。天津、重庆、河北、黑龙江、浙江、福建、广东、云南和青海等地科技活动周也同步举行,神州大地掀起科技热潮。全国科技活动周参与群众达到1.64亿人次。

### 科技活动周

根据《国务院关于同意设立"科技活动周"的批复》(国函〔2001〕30号),自2001年起,每年5月的第3周为"科技活动周",在全国开展多系列、多层次的群众性科学技术活动。2001—2017年,科技活动周已成功举办了17届,已经成为集中宣传党和国家科技方针政策的重要阵地,集中展示我国最新科技成果的重要平台,以及政府部门与社会各界共同推动科普工作的重要载体。

**全国科技活动周主题**

2001年——"科技在我身边"

```
2002 年——"科技创造未来"
2003 年——"依靠科学，战胜非典"
2004 年——"科技以人为本，全面建设小康"
2005 年——"科技以人为本，全面建设小康"
2006 年——"携手建设创新型国家"
2007 年——"携手建设创新型国家"
2008 年——"携手建设创新型国家"
2009 年——"携手建设创新型国家"
2010 年——"携手建设创新型国家"
2011 年——"携手建设创新型国家"
2012 年——"携手建设创新型国家"
2013 年——"科技创新·美好生活"
2014 年——"科学生活 创新圆梦"
2015 年——"创新创业 科技惠民"
2016 年——"创新引领 共享发展"
2017 年——"科技强国 创新圆梦"
```

## 5.1.1 科普专题活动

2017 年全国科技活动周期间，共举办科普专题活动 11.60 万次，比 2016 年减少 9.76%；参与科技活动周的公众达到 1.64 亿人次，比 2016 年增长 11.48%；全国每万人口参加科技活动周的人数为 1182 人次，比 2016 年增长 10.89%（表 5-1）。

表 5-1 2014—2017 年全国科技活动周主要指标

| 指标 | 2014 年 | 2015 年 | 2016 年 | 2017 年 | 2016—2017 年增长率 |
|---|---|---|---|---|---|
| 科普专题活动举办次数/次 | 117238 | 117506 | 128545 | 115999 | -9.76% |
| 参加人数/万人次 | 15726.10 | 15753.36 | 14740.85 | 16433.61 | 11.48% |
| 每万人口参加人数/人次 | 1150 | 1146 | 1066 | 1182 | 10.89% |

从地区来看，东部是 3 个地区中举办科技活动周科普专题活动次数和参与人数最多的地区。2017 年东部地区举办科普专题活动的次数占全国总数的 41.10%，居 3 个地区之首；西部地区所占比例为 35.74%，中部地区占比为 23.16%（图 5-1）。与 2016 年相比，东部和西部地区举办科普专题活动的次数分别减少

17.95%和6.40%，中部地区增长2.75%。

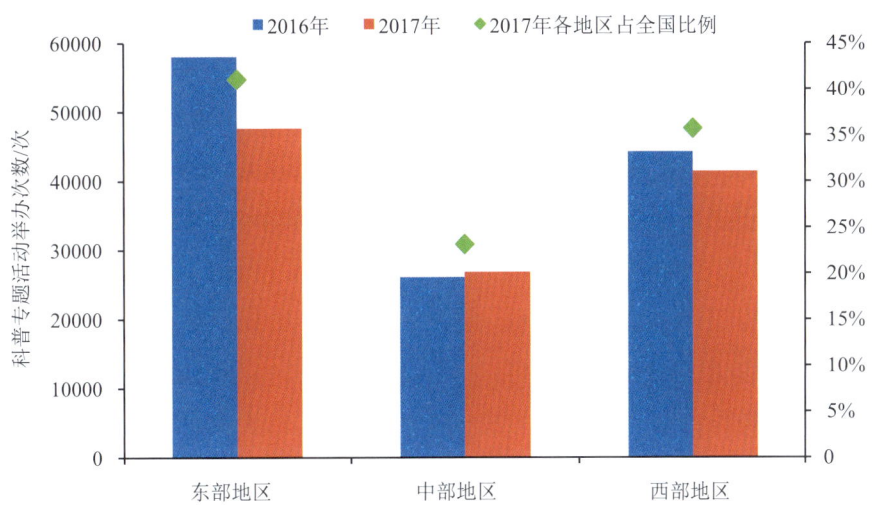

图5-1　2017年东部、中部和西部地区科技活动周科普专题活动举办次数及占比

东部、中部和西部地区科技活动周参与人数分别为10057.16万人次、2230.87万人次和4145.58万人次，分别占全国科技活动周参与人数的61.20%、13.58%和25.23%。东部地区群众参与科技活动周的积极性最高，2014—2017年连续4年突破了1亿人次，占全国参与科技活动周人数的六成；其次是西部地区。但与2016年相比，东部地区参与人数减少3.13%，中部和西部地区分别大幅增长38.43%和50.89%（图5-2）。

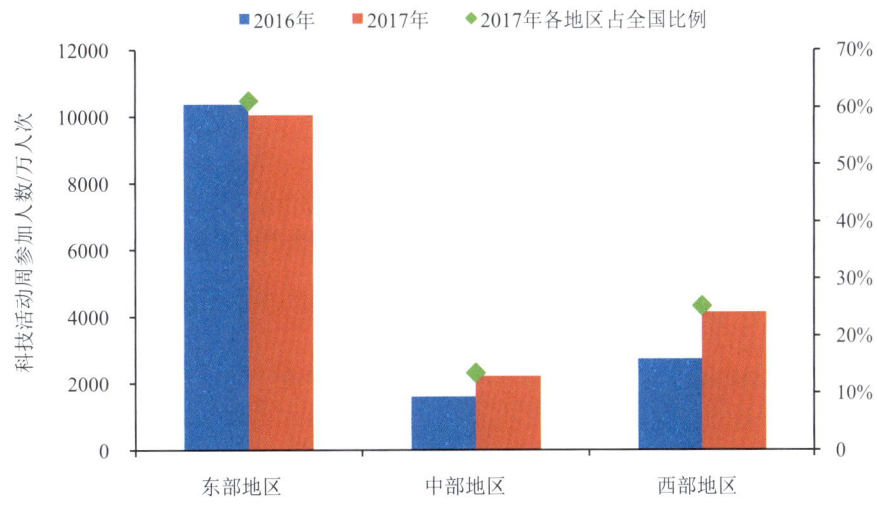

图5-2　2017年东部、中部和西部地区科技活动周参与人数及占比

从部门来看，组织开展科普专题活动居前 4 位的为教育、科技管理、科协和卫生健康部门，举办科普专题活动次数接近/达到 1 万次以上，合计占全国科普专题活动总数的 61.43%。其中，教育部门举办了 2.58 万次科普专题活动，是举办次数最多的部门。科普专题活动参与人数居前 4 位的部门分别是科技管理、教育、科协和应急管理部门，参与人数均在 1200 万人次以上，合计占全国总参与人数的 82.91%。其中，科技管理部门举办科普专题活动共吸引了 8153.58 万人次参加，占全国科普专题活动总参与人数的 49.62%，将近一半，为各部门之首。参加人数较多的部门还有卫生健康、文化和旅游、中国人民银行、工会部门，规模在 200 万~400 万人次（图 5-3）。

从行政级别来看，省级部门科普专题活动的参与人数最多，县级和地市级部门次之，中央部门最少。2017 年省级部门举办科普专题活动的参与人数比 2016 年增长了 3.65 倍，达到 8656.00 万人次，占全国总参与人数的 52.67%；县级单位举办科普专题活动的参与人数为 4944.00 万人次，比 2016 年减少 14.23%，占全国总参与人数的 30.08%；地市级单位举办科普专题活动的参与人数比 2016 年增长 70.02%，占全国总参与人数的 16.36%；中央部门科普专题活动的参与人数比 2016 年大幅减少 97.37%，占全国总参与人数的 0.89%（图 5-4）。

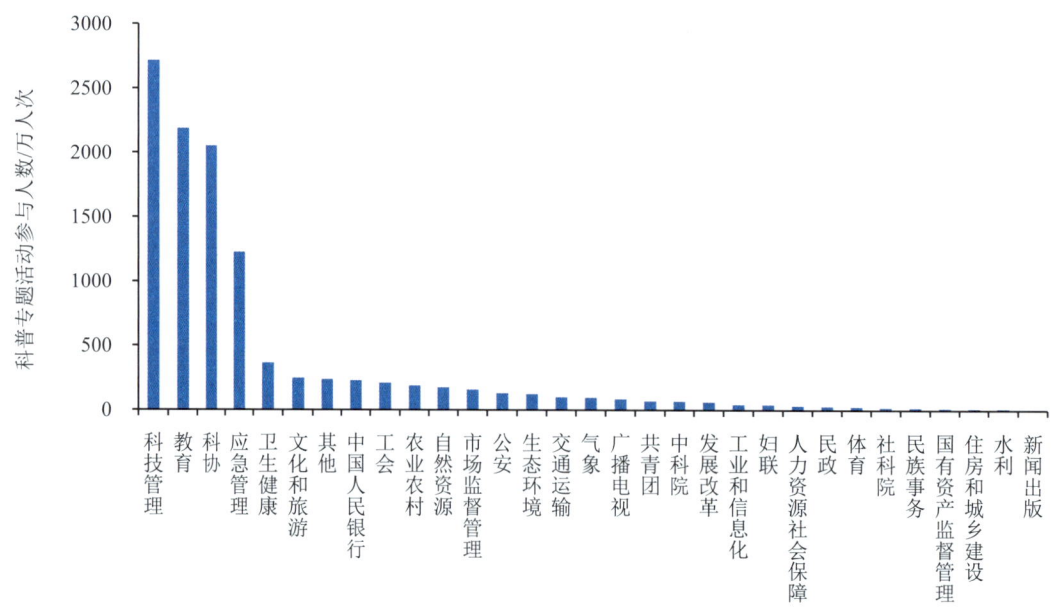

**图 5-3　2017 年各部门科技活动周科普专题活动参与人数**

注：科技活动周期间科技管理部门组织的科普专题活动参与人数为图示高度数值的 3 倍。

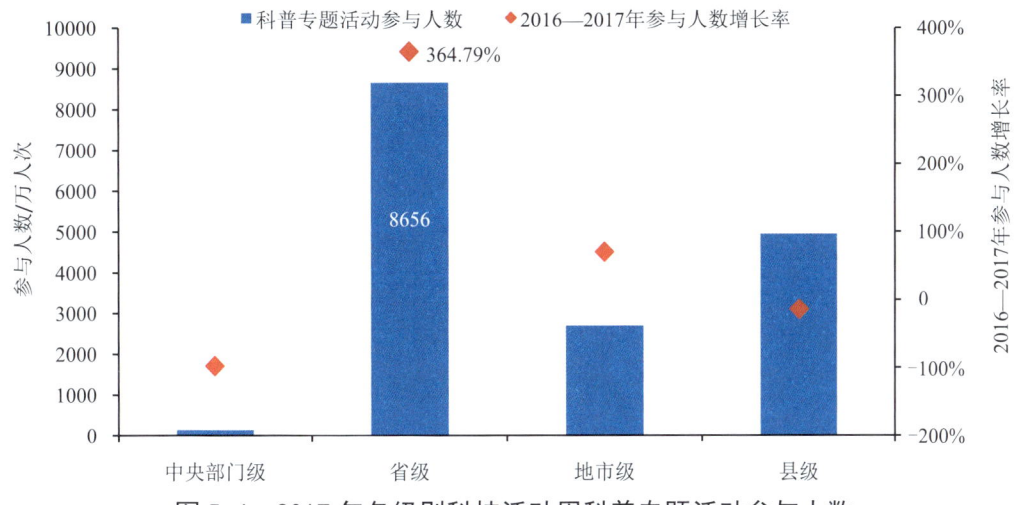

图 5-4  2017 年各级别科技活动周科普专题活动参与人数

从各省情况来看,科技活动周期间,江苏举办科普专题活动 8679 次,比 2016 年减少 3377 次,但仍大幅领先全国其他地区。四川、陕西和上海分别举办科普专题活动 7113 次、6040 次和 6037 次,分别居第 2 位、第 3 位和第 4 位;另外,云南、浙江、新疆、湖北和河南均超过 5000 次。北京、江苏和陕西的科普专题活动参与人数居全国前 3 位,均超过 1000 万人次,其中,北京的参与人数最多,达到 5458.32 万人次(图 5-5),但少于 2016 年的参与人数。

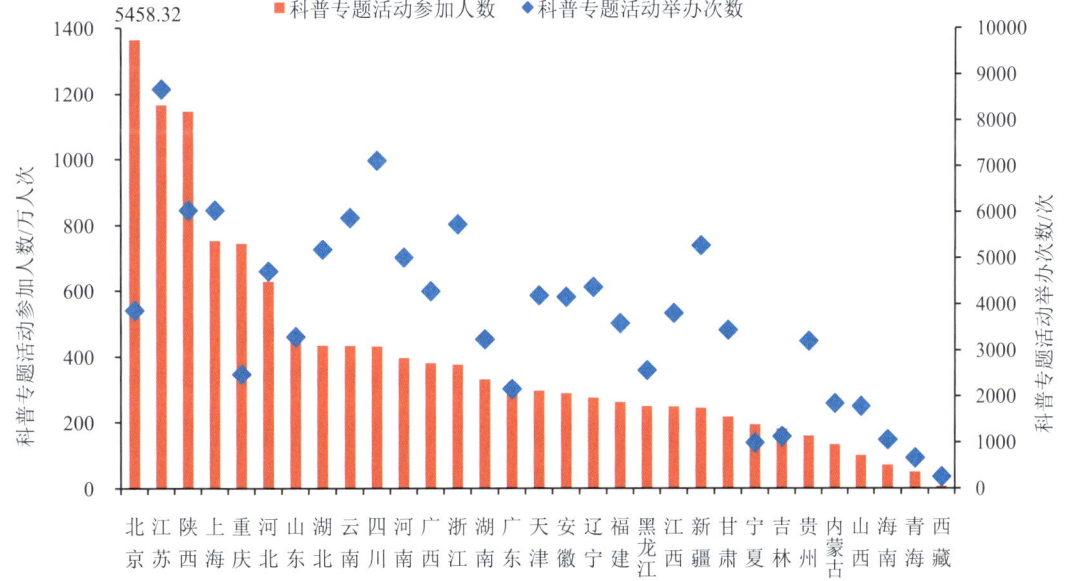

图 5-5  2017 年各省科技活动周科普专题活动举办次数和参加人数

注:北京在科技活动周期间科普专题活动参加人数为图示高度数值的 4 倍。

各省每万人口参与科技活动周人数的两极分化现象仍然比较明显。全国平均每万人口参与科技活动周的人数为1182.21人次，每万人口参与人数超过全国平均水平的省有7个：北京、上海、陕西、宁夏、重庆、天津、江苏（图5-6），其中，东部省份有4个，西部省份有3个；北京每万人口参与科技活动周的人数更是达到25145人次。其余24个省均低于全国平均水平，数值波动较大。

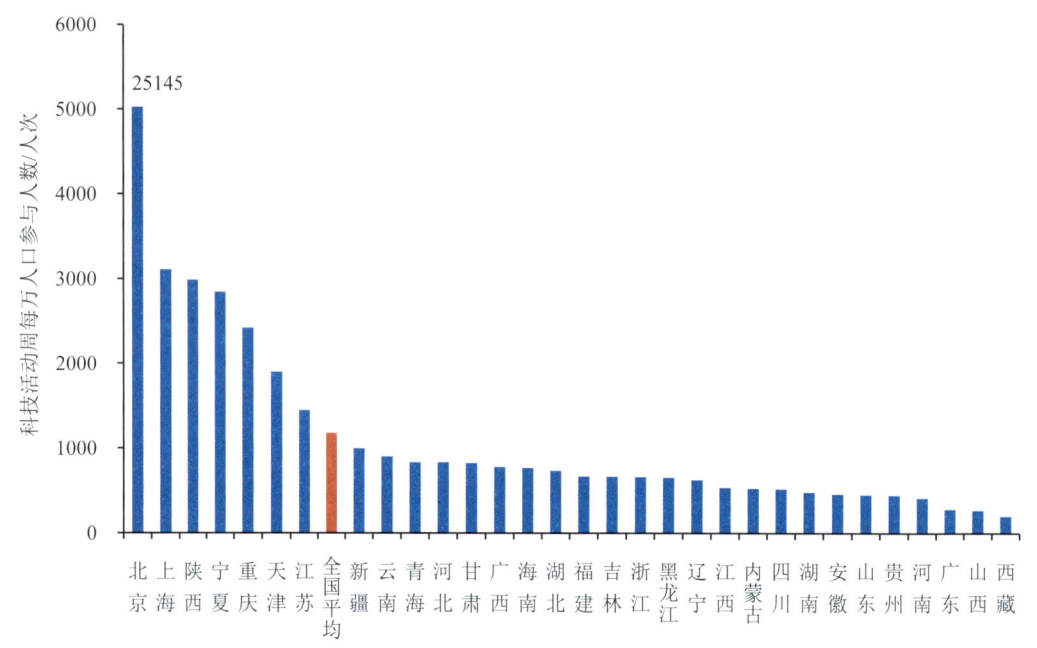

图 5-6　2017 年各省科技活动周每万人口参与人数

注：北京的科技活动周每万人口参与人数为图示高度数值的 5 倍。

### 5.1.2　科技活动周经费

2017 年科技活动周的经费筹集总额达 4.99 亿元，比 2016 年减少 0.87%，占年度科普经费筹集总额 160.05 亿元的 3.11%，其中超过七成来自政府拨款。从来源性质来看，2017 年科技活动周的经费筹集额中，政府拨款 3.76 亿元，比 2016 年略有减少，占科技活动周经费筹集总额的 75.50%；企业赞助 0.37 亿元，比 2016 年增长 7.86%，占科技活动周经费筹集总额的 7.37%；单位自筹等其他来源 0.85 亿元，比 2016 年减少 6.03%，占科技活动周经费筹集总额的 17.12%。

从部门来看，科技活动周经费筹集最多的 3 个部门和 2016 年相同，分别是科技管理、教育和科协部门，共筹集 2.84 亿元，与 2016 年基本持平，占全国科技活动周经费筹集总额的 56.98%。其中,科技管理部门筹集经费达到 1.57 亿元，在各部门中遥遥领先,占全国科技活动周筹集经费总额的 31.55%,教育和科协部门筹集经费均超过了 5000 万元。其他筹集经费比较多的部门还有农业农村和卫生健康部门,均达到 2000 万元以上(图 5-7)。大多数部门的科技活动周经费一半以上来自政府拨款,社科院、体育、科技管理、国有资产监督管理、科协、人力资源社会保障、应急管理、妇联、水利和民政部门,80%以上的经费来自政府拨款。也有部分部门的经费主要来自自筹等其他渠道,工会、卫生健康和新闻出版科技活动周经费中来自其他渠道的分别占 66.56%、49.02%和 48.00%(图 5-8)。

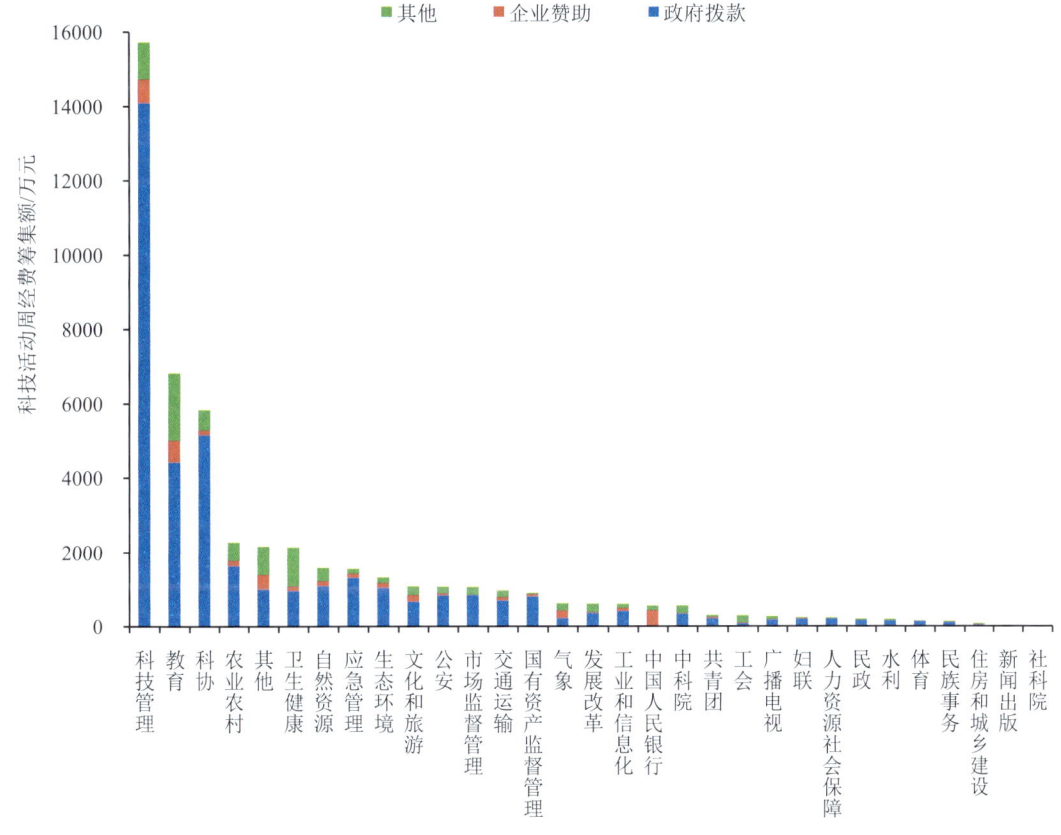

图 5-7　2017 年各部门科技活动周经费筹集额及构成

从各地区来看,东部作为经济和科技最发达的地区,筹集的科技活动周经费稳定增长,继续居三大地区首位,达到 2.62 亿元,占全国科技活动周经费筹集总额的 52.60%,其中,政府拨款占 77.16%。西部地区的筹集额高于中部地区,筹集到科技活动周经费 1.30 亿元,和 2016 年基本持平,政府拨款占 75.39%。

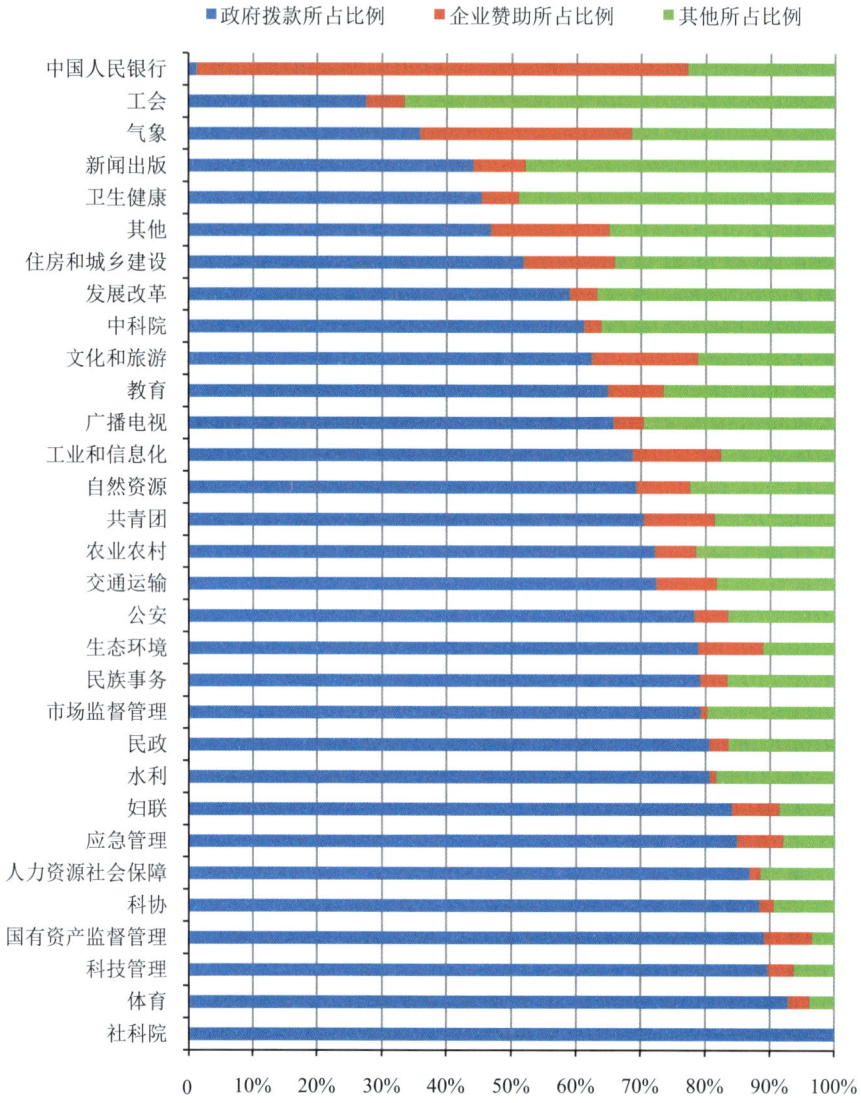

图 5-8　2017 年各部门科技活动周经费筹集额构成比例

中部地区的筹集总额比 2016 年有所减少，仍然是 3 个地区中最少的，为 1.06 亿元，其中，政府拨款占 71.54%（图 5-9）。

从行政级别来看，总体上仍表现出：越基层的统计调查单位，其筹集的科技活动周经费额越高。县级单位科技活动周经费筹集额为 2.25 亿元，占全国科技活动周经费筹集总额的 45.05%；地市级和省级筹集额分别占全国科技活动周经费筹集总额的 29.99% 和 21.96%；中央部门仅占 2.99%，比例进一步降低（图 5-10）。

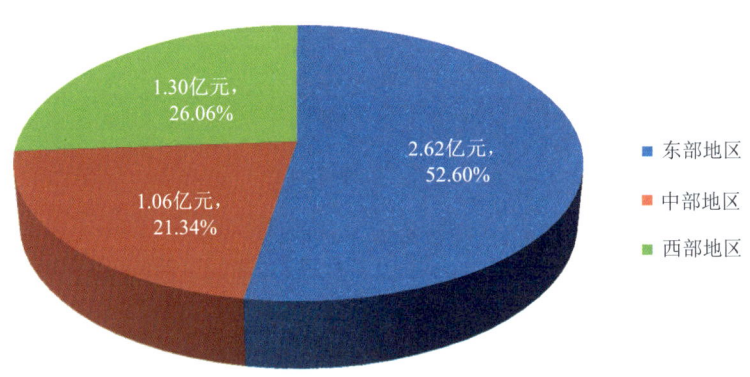

图 5-9　2017 年东部、中部和西部地区科技活动周经费筹集情况

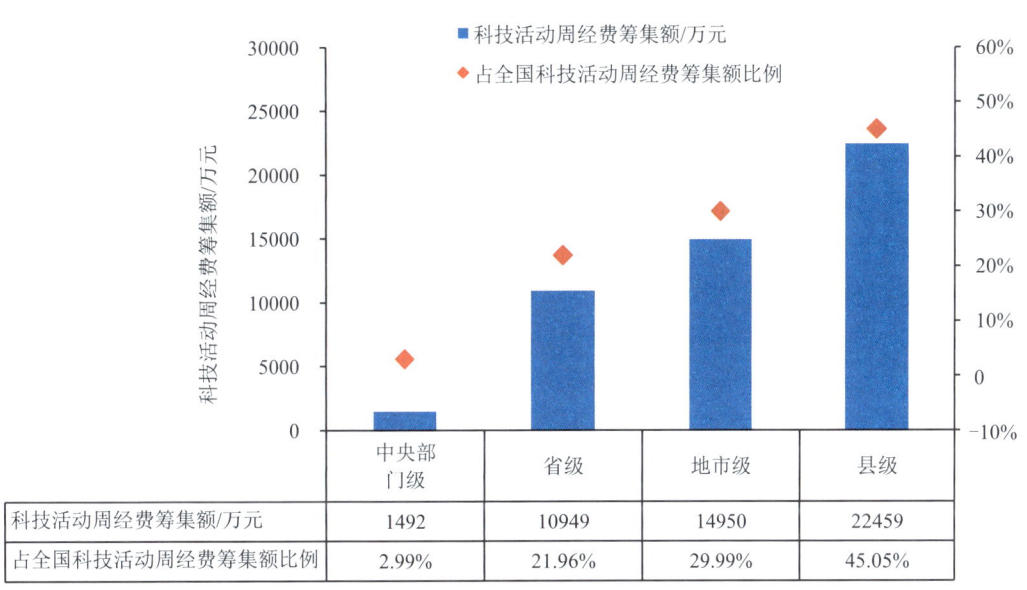

图 5-10　2017 年各层级科技活动周经费筹集额

全国人均科技活动周经费为 0.36 元，与 2016 年持平。在统计的 31 个省中，有 14 个省的人均科技活动周经费高于全国平均值。其中，上海、北京高居第一方阵，人均科技活动周经费超过 1 元，分别达到 2.58 元和 1.89 元，均比 2016 年有所增加。海南、西藏、重庆、湖南、青海、江苏、贵州、浙江、湖北、新疆、广西、天津等 12 个省顺次进入第二方阵，人均科技活动周经费高于全国平均水平。其他省进入第三方阵，低于全国平均水平（图 5-11）。

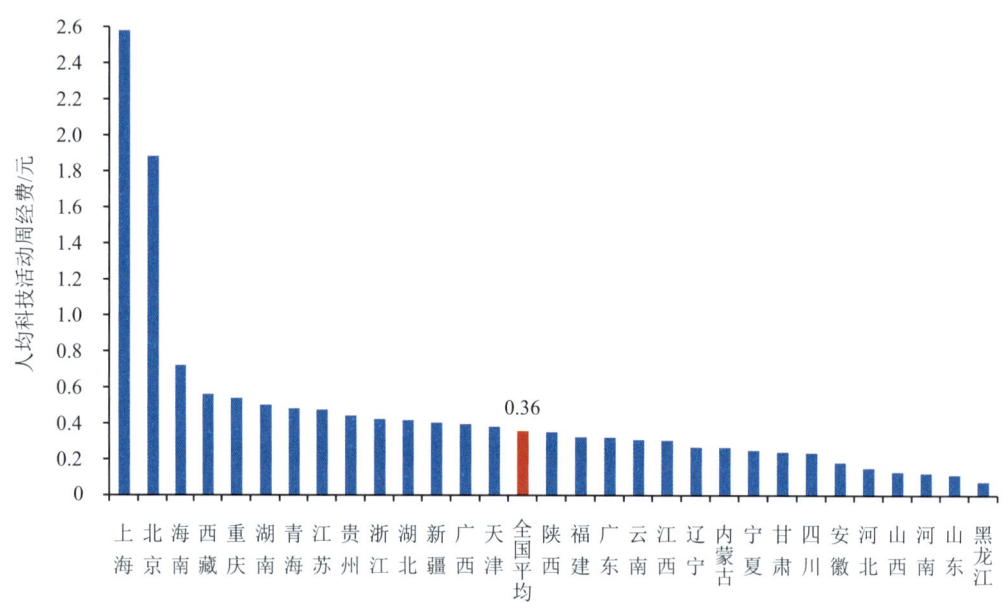

图 5-11  2017 年各省科技活动周人均经费

## 5.2 科普（技）讲座、展览和竞赛

### 5.2.1 整体概况

2017 年，全国共开展科普（技）讲座、展览和竞赛三类科普活动 104.89 万次，比 2016 年减少 3.51%，但参与人数达到 5.04 亿人次，比 2016 年增长 6.92%。其中，科普（技）讲座和展览举办得最多，合计 100.00 万次，占三类科普活动的 95.34%，吸引了 4.02 亿人次参加，占三类科普活动参与人数的 79.86%；全国举办科普（技）竞赛 4.89 万次，比 2016 年减少 24.15%，占三类科普活动举办总数的 4.66%，参与人数达 1.01 亿人次，占三类科普活动参加人数的 20.14%（表 5-2）。

表 5-2  2014—2017 年科普（技）讲座、展览和竞赛开展情况

| 活动类型 | 举办次数/万次 | | | | 参与人数/亿人次 | | | |
|---|---|---|---|---|---|---|---|---|
| | 2014 年 | 2015 年 | 2016 年 | 2017 年 | 2014 年 | 2015 年 | 2016 年 | 2017 年 |
| 科普（技）讲座 | 89.97 | 88.85 | 85.69 | 88.01 | 1.57 | 1.50 | 1.46 | 1.46 |
| 科普（技）展览 | 14.64 | 16.11 | 16.58 | 11.99 | 2.40 | 2.49 | 2.13 | 2.56 |
| 科普（技）竞赛 | 4.88 | 5.54 | 6.45 | 4.89 | 1.20 | 1.57 | 1.13 | 1.01 |

每场科普（技）讲座平均参与人数为166人次，比2016年减少4人次；科普（技）展览平均参与人数为2135人次，比2016年增加852人次；科普（技）竞赛活动的平均参与人数为2074人次，比2016年增加329人次。

### 5.2.2 科普（技）讲座

科普（技）讲座参与人数为1.46亿人次，比2016年增加30.91万人次，微增0.21%。从地区来看，中部和西部地区的参与人数上升，东部地区参与人数同比略有降低。

东部地区的科普（技）讲座参与人数比2016年减少4.19%，但仍居三地区之首，达到6638.79万人次，占全国科普（技）讲座参与人数的45.43%；中部地区的参与人数比2016年增长7.45%，为3063.19万人次，占全国科普（技）讲座参与人数的20.96%；西部地区的参与人数比2016年增长2.26%，为4912.54万人次，占全国科普（技）讲座参与人数的33.61%（图5-12）。

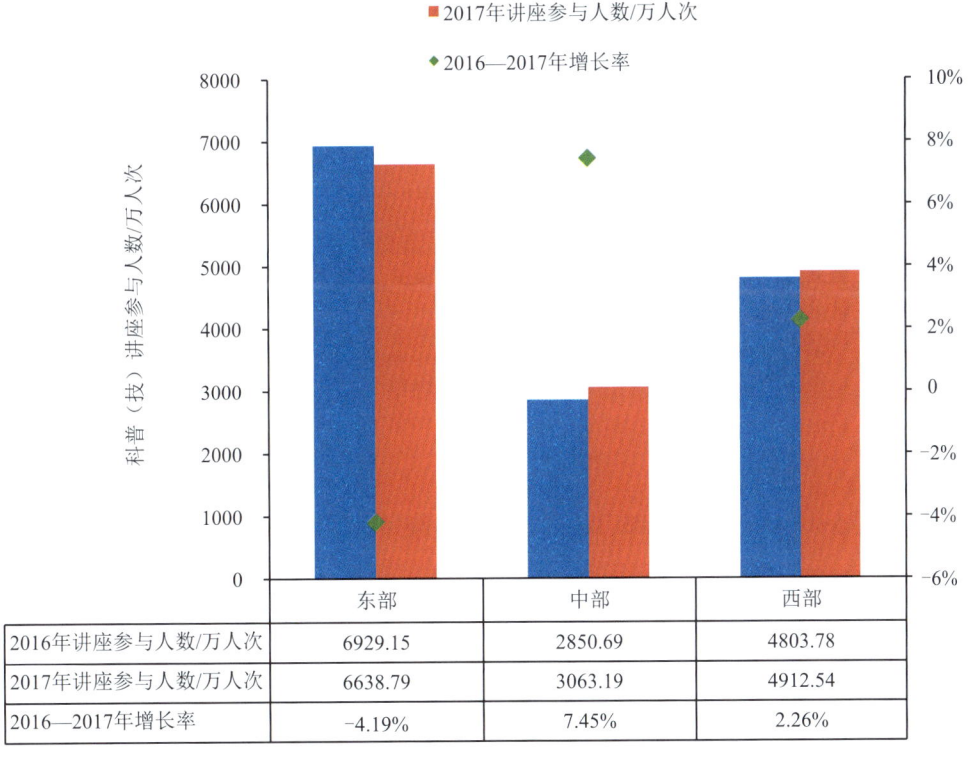

图5-12 2016—2017年东部、中部和西部地区科普（技）讲座参与人数及变化

全国共举办科普（技）讲座 88.01 万次，比 2016 年增加 2.32 万次，增长 2.71%。从部门来看，卫生健康部门举办的科普（技）讲座次数和参与人次最多，其中，举办讲座 32.75 万次，占全国科普（技）讲座次数的 37.21%，参与人数 2897.11 万人次，占全国科普（技）讲座参与人次的 19.82%。科协系统举办科普（技）讲座 10.05 万次，仅次于卫生健康部门，占全国科普（技）讲座次数的 11.42%，吸引 2627.54 万人次参加，在人数上居第 3 位。教育部门举办科普（技）讲座 8.87 万次，在各部门中居第 3 位，参加人数达到 2645.99 万人次，在人数上居第 2 位。农业农村部门举办科普（技）讲座 7.92 万次，有 1041.48 万人次参加，举办次数居第 4 位，参加人数居第 5 位。科技管理部门举办科普（技）讲座 7.14 万次，居第 5 位，吸引 1212.95 万人次参加，参加人数居第 4 位（图 5-13）。

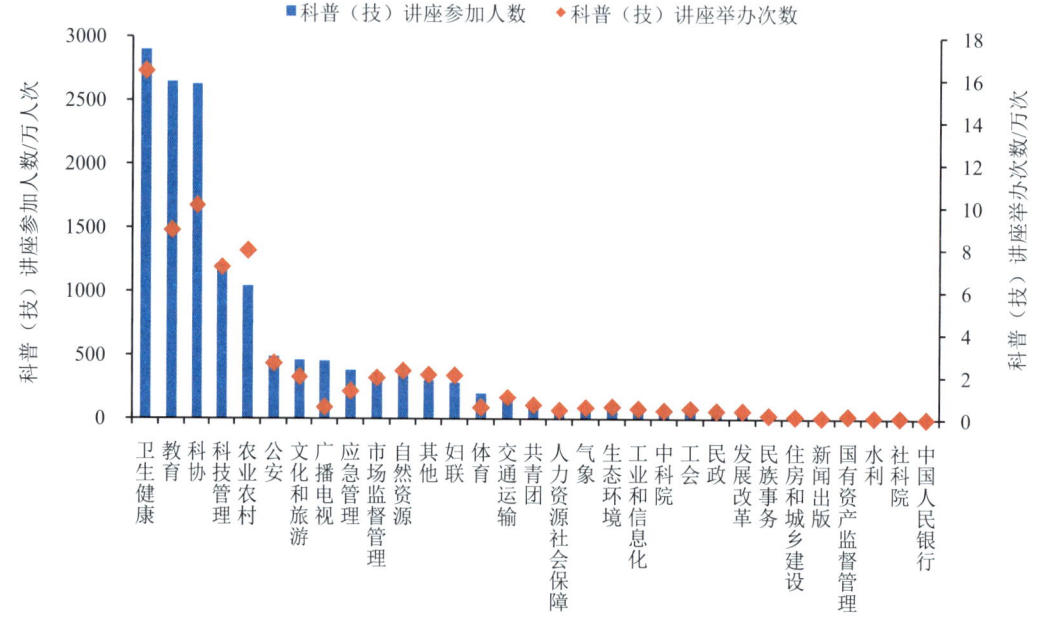

图 5-13 2017 年各部门科普（技）讲座举办次数及参加人数

注：卫生健康部门举办科普（技）讲座次数为图示高度数值的 2 倍。

从各省来看，举办科普（技）讲座次数居前 10 位的省分别是江苏、上海、浙江、北京、湖北、四川、山东、云南、河南和湖南。其中，江苏以 6.63 万次居第 1 位，上海、浙江、北京都超过了 5 万次，分别以 6.62 万次、6.12 万次和 5.28 万次居第 2 至第 4 位（图 5-14）。

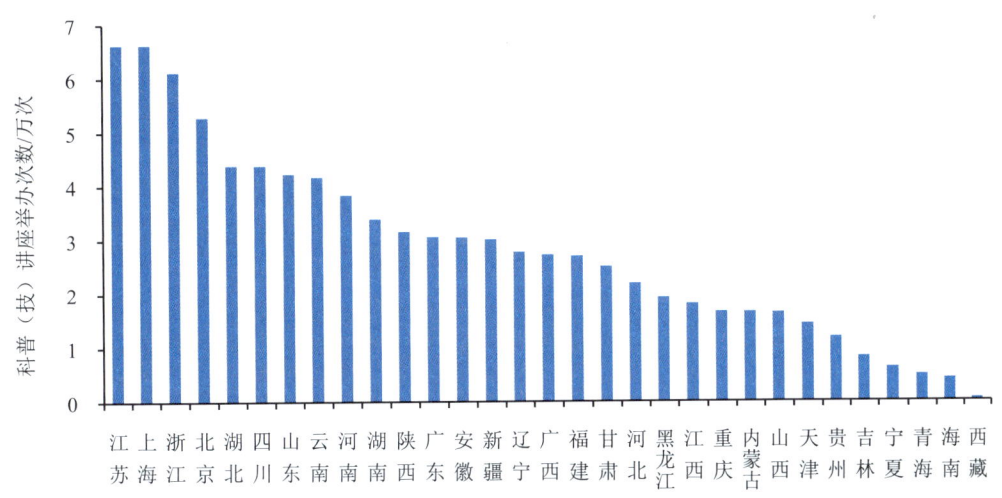

图 5-14 2017 年各省科普（技）讲座举办次数

从各省来看，科普（技）讲座参加人数超过 600 万人次的省有 10 个，从高到低顺次是浙江、北京、上海、四川、湖北、江苏、新疆、重庆、广东和辽宁。其中，浙江达到了 1060.00 万人次的参与规模。全国有 16 个省的科普（技）讲座参加人数同比增加，其中，吉林增长最快，参加人数为 2016 年的 4 倍。其余 15 个省的科普（技）讲座参加人数同比减少，其中，辽宁、天津、内蒙古的降幅较大（图 5-15）。

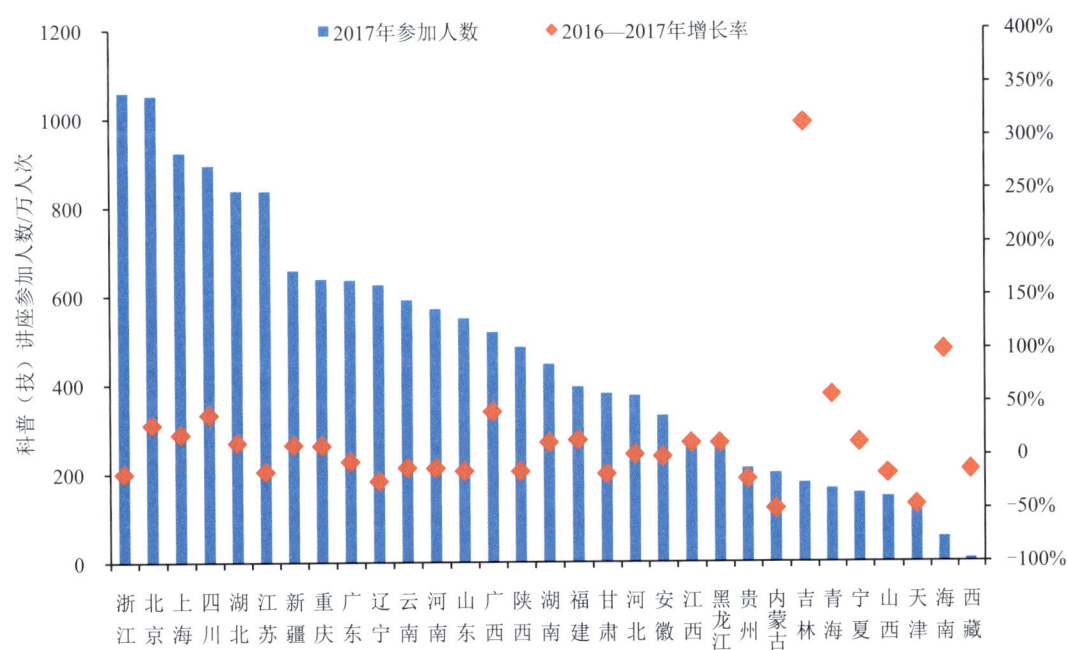

图 5-15 2017 年各省科普（技）讲座参加人数及增长率

科普（技）讲座全国每万人口参加人数为 1051 人次，比 2016 年减少 4 人次。有 14 个省超过了全国平均水平。每万人口参加人数居前 10 位的省是北京、上海、青海、新疆、宁夏、重庆、浙江、甘肃、辽宁和湖北。其中，东部省份占 4 个，西部省份占 5 个，中部省份占 1 个。北京和上海每万人口参加人数分别达到 4852 人次和 3821 人次，分居第 1 位和第 2 位（表 5-3）。

表 5-3　2017 年科普（技）讲座每万人口参加人数排名前 10 位的省

| 地区 | 2017年每万人口参加人数/人次 | 2016年每万人口参加人数/人次 | 地区 | 2017年每万人口参加人数/人次 | 2016年每万人口参加人数/人次 |
| --- | --- | --- | --- | --- | --- |
| 全国平均 | 1051 | 1055 | 重庆 | 2077 | 1910 |
| 北京 | 4852 | 3745 | 浙江 | 1874 | 2266 |
| 上海 | 3821 | 3172 | 甘肃 | 1447 | 1753 |
| 青海 | 2782 | 1785 | 辽宁 | 1432 | 1866 |
| 新疆 | 2691 | 2485 | 湖北 | 1419 | 1265 |
| 宁夏 | 2292 | 2060 | | | |

### 5.2.3　科普（技）展览

举办科普（技）展览次数最多的部门为教育部门，共举办科普（技）展览 2.27 万次，吸引 2013.79 万人次参与，在人数上居第 4 位（图 5-16）。科协部门举办了 2.13 万次科普（技）展览，居第 2 位，其参观人数为 5675.21 万人次，居第 2 位。卫生健康部门举办了 1.18 万次科普（技）展览，居第 3 位；其参观人数为 900.56 万人次，居第 6 位。科技管理部门举办了 1.17 万次，参观人数为 3384.79 万人次，居第 3 位。教育、科协、卫生健康、科技管理、文化和旅游这 5 个部门举办的科普（技）展览数和参观人数总和分别占全国总数的 63.66%和 69.18%，是举办科普（技）展览的主要部门。

全国科普（技）展览每万人口参观人数为 1842 人次，比 2016 年增加 301 人次，每万人口参观人数超过全国平均值的省有 11 个，分别是北京、上海、宁夏、天津、重庆、云南、青海、新疆、甘肃、浙江和海南。每万人口参观人数排名前 10 位的省中，西部省份的群众参与度较高，前 10 位中占 6 席，北京以每万人口参观人数 23676 人次高居榜首；东部省占 4 席；中部省缺席（表 5-4）。

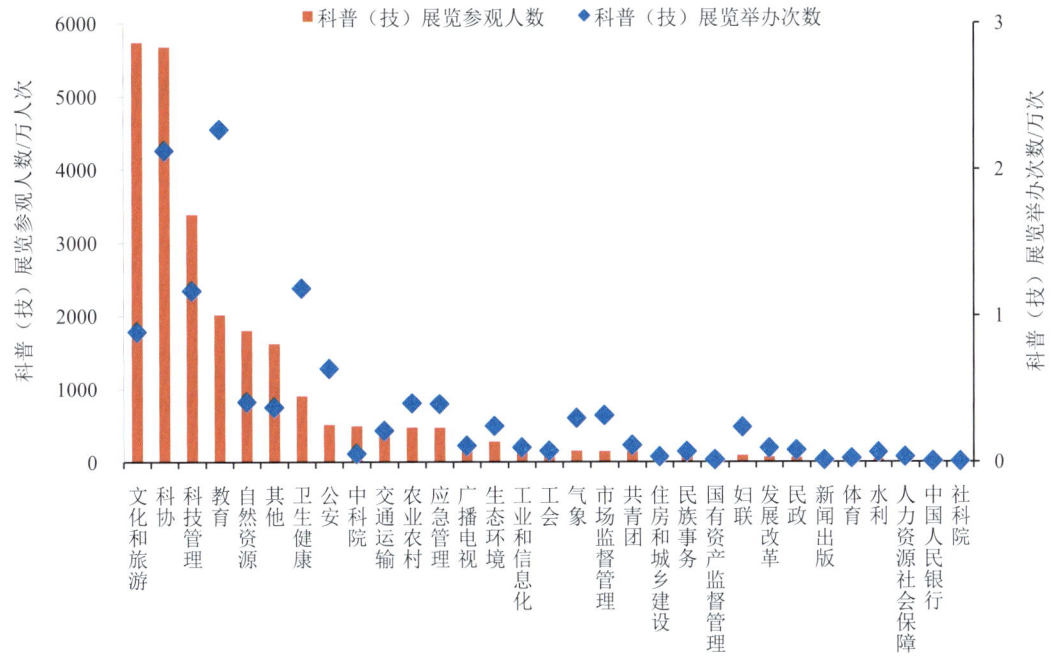

图 5-16 2017 年各部门科普（技）展览举办次数及参观人数

表 5-4 2017 年科普（技）展览每万人口参观人数排名前 10 位的省

| 地区 | 2017年每万人口参观人数/人次 | 2016年每万人口参观人数/人次 | 地区 | 2017年每万人口参观人数/人次 | 2016年每万人口参观人数/人次 |
| --- | --- | --- | --- | --- | --- |
| 全国平均 | 1842 | 1541 | 云南 | 2543 | 3233 |
| 北京 | 23676 | 17715 | 青海 | 2388 | 2811 |
| 上海 | 8926 | 7206 | 新疆 | 2317 | 999 |
| 宁夏 | 2855 | 380 | 甘肃 | 2020 | 1424 |
| 天津 | 2790 | 3153 | 浙江 | 1977 | 2139 |
| 重庆 | 2746 | 2798 | | | |

## 5.2.4 科普（技）竞赛

教育部门举办的科普（技）竞赛次数仍居首位，达到 2.17 万次，占全国科普（技）竞赛活动总数的 44.45%；吸引了 1369.98 万人次参加，在参加人数上排名第 3 位。工会系统虽然在举办科普（技）竞赛次数上排第 2 位，但参加人数只有 377.23 万人次。科协系统在举办科普（技）竞赛次数和参加人数上分列第 3 位和第 2 位，共举办了 0.56 万次科普（技）竞赛，吸引了 1996.87 万人次参加。应急管理部门举办科普（技）竞赛次数列第 8 位，但参与人数达到 5368.84 万人，居第 1 位。教育、工会和科协三部门举办的科普（技）竞赛次数之和与合计参加人数分别占全国的 74.54% 和 36.91%（图 5-17）。

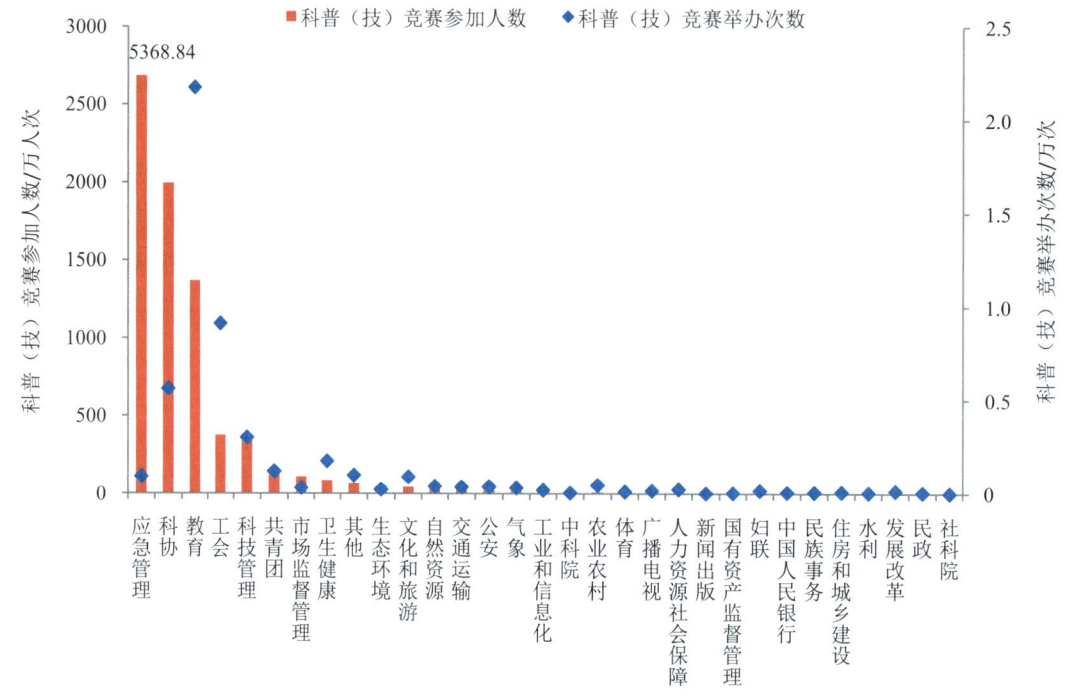

图 5-17　2017 年各部门科普（技）竞赛举办次数及参加人数

注：应急管理部门科普（技）竞赛参加人数为图示高度数值的 2 倍。

从各省来看，科普（技）竞赛参加人数排名前 10 位的省分别是北京、江苏、上海、河南、湖北、重庆、广东、四川、浙江和山东。其中，东部省份占 6 席，中部省份占 2 席，西部有 2 省入选。北京的科普（技）竞赛参加人数位列首位，达到 5548.77 万人次。江苏和上海分别以 620.36 万人次和 400.73 万人次居第 2 位和第 3 位（图 5-18）。

全国科普（技）竞赛每万人口参加人数为 730 人次，比 2016 年减少 85 人次，有 5 个省超过全国平均水平。排名前 10 位的省分别为北京、上海、重庆、天津、江苏、湖北、福建、浙江、宁夏和河南（表 5-5）。

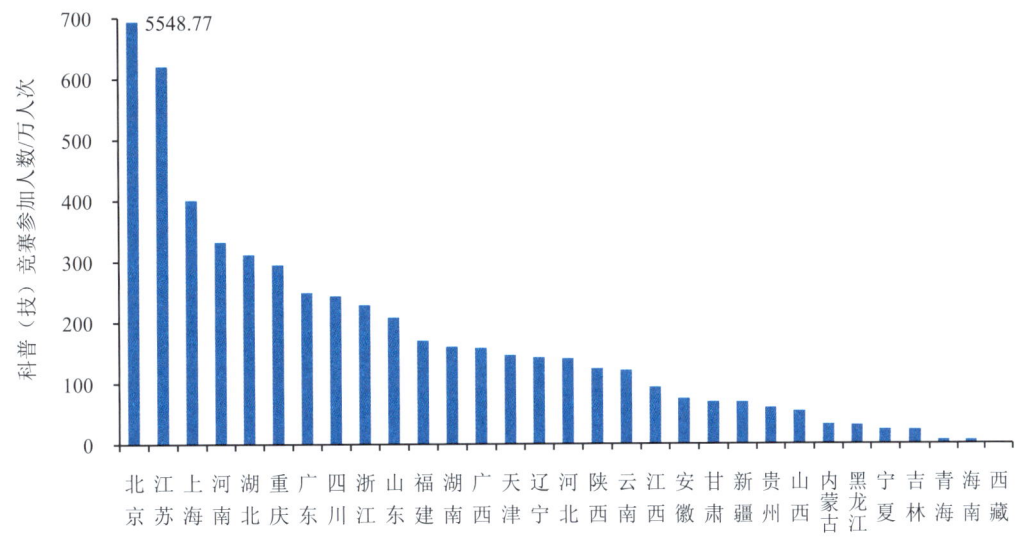

图 5-18 2017 年各省科普（技）竞赛参加人数

注：北京科普（技）竞赛参加人数为图示高度数值的 8 倍。

表 5-5 2017 年科普（技）竞赛每万人口参加人数排名前 10 位的省

| 地区 | 2017年每万人口参加人数/人次 | 2016年每万人口参加人数/人次 | 地区 | 2017年每万人口参加人数/人次 | 2016年每万人口参加人数/人次 |
| --- | --- | --- | --- | --- | --- |
| 全国平均 | 730 | 815 | 湖北 | 528 | 536 |
| 北京 | 25562 | 4675 | 福建 | 435 | 400 |
| 上海 | 1657 | 2177 | 浙江 | 404 | 432 |
| 重庆 | 959 | 1925 | 宁夏 | 351 | 477 |
| 天津 | 939 | 669 | 河南 | 347 | 361 |
| 江苏 | 773 | 1341 | | | |

## 5.3 青少年科普活动

### 5.3.1 青少年科普活动概况

青少年科普活动的统计指标包括青少年科技兴趣小组和科技夏（冬）令营。举办青少年科技兴趣小组 21.33 万个，比 2016 年减少 4.12%；参加人数 1882.52 万人次，比 2016 年增长 9.76%。开展科技夏（冬）令营活动 1.56 万次，比 2016 年增长 10.81%；参加人数为 303.13 万人次，比 2016 年减少 0.17%（表 5-6）。

表 5-6 2016—2017 年青少年科普活动开展情况

| 活动类型 | 活动次（个）数 | | | 参加人数 | | |
|---|---|---|---|---|---|---|
| | 2016 年 | 2017 年 | 2016—2017年增长率 | 2016 年/万人次 | 2017 年/万人次 | 2016—2017年增长率 |
| 青少年科技兴趣小组 | 22.24 万个 | 21.33 万个 | -4.12% | 1715.18 | 1882.52 | 9.76% |
| 科技夏(冬)令营 | 1.41 万次 | 1.56 万次 | 10.81% | 303.64 | 303.13 | -0.17% |

## 5.3.2 青少年科技兴趣小组

东部地区举办青少年科技兴趣小组 9.12 万个，687.94 万人次参加；中部地区举办青少年科技兴趣小组 6.36 万个，527.37 万人次参加；西部地区举办青少年科技兴趣小组 5.85 万个，667.21 万人次参加。东部地区举办青少年科技兴趣小组的个数和参加人数比 2016 年分别减少 12.78% 和 1.94%，中部地区这两个指标比 2016 年分别增长 4.53% 和 23.19%，西部地区举办青少年科技兴趣小组个数比 2016 年增长 2.54%，参加人数增长 13.94%（图 5-19）。

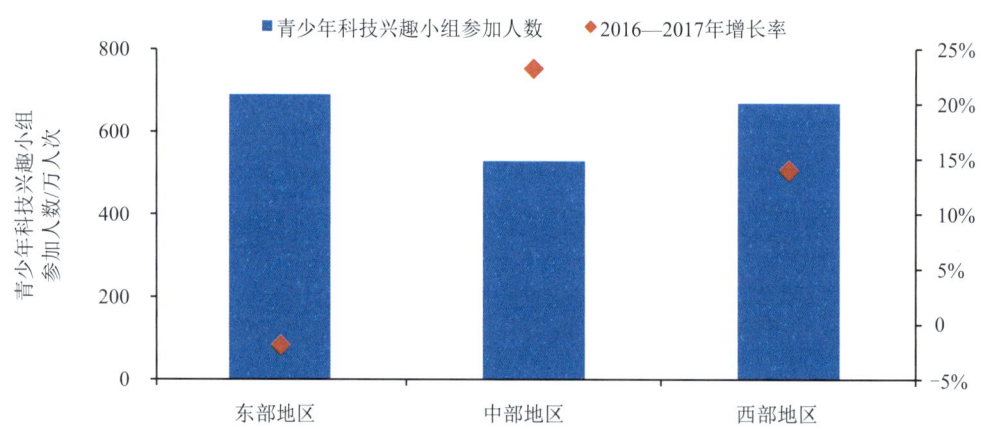

图 5-19 2017 年东部、中部和西部地区青少年科技兴趣小组参加人数及增长率

举办青少年科技兴趣小组数量排名前 5 位的省是河南、江苏、湖北、广东、四川、浙江，均在 1.17 万个以上。其中，河南举办 1.78 万个青少年科技兴趣小组，位列第 1 位，比 2016 年增长 29.34%，参与人数也列全国首位，达到 148.39 万人次，比 2016 年大幅增长 93.53%。除了河南，青少年科技兴趣小组参与人数排名前 5 位的省还有四川、新疆、广西、浙江，参加人数均在 110 万人次以上（图 5-20）。

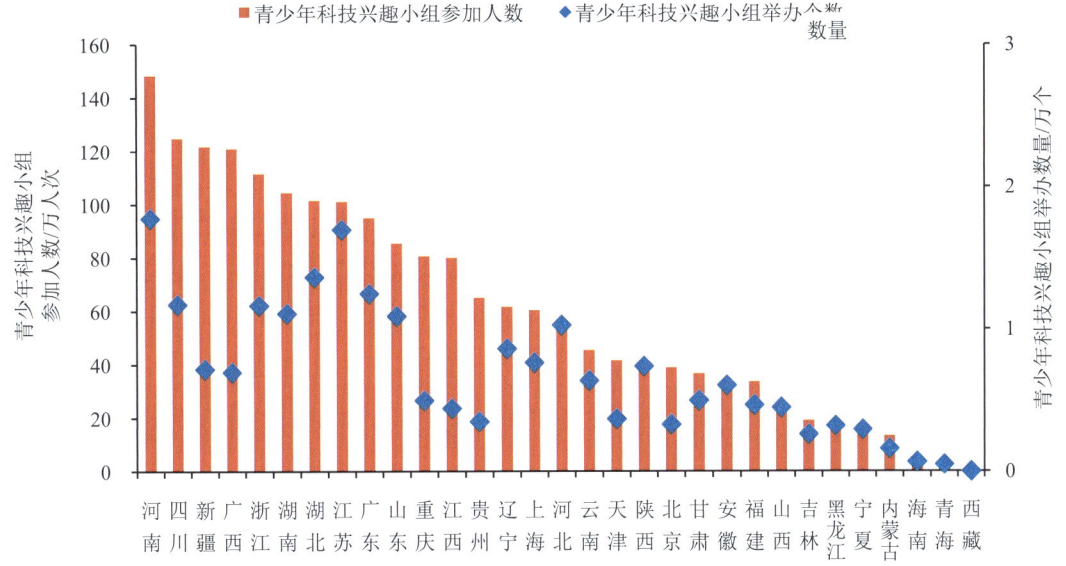

图 5-20　2017 年各省青少年科技兴趣小组举办数量及参加人数

## 5.3.3　科技夏（冬）令营

东部地区科技夏（冬）令营参加人数为 184.54 万人次，比 2016 年减少 7.71%，但占全国参加总人数的六成（60.88%）。中部地区的科技夏（冬）令营参加人数为 48.53 万人次，比 2016 年增长 20.32%。西部地区参加人数 70.05 万人次，比 2016 年增长 10.58%。中部地区和西部地区参加全国科技夏（冬）令营的人数明显较少，分别占全国科技夏（冬）令营参加人数的 16.01% 和 23.11%（图 5-21）。

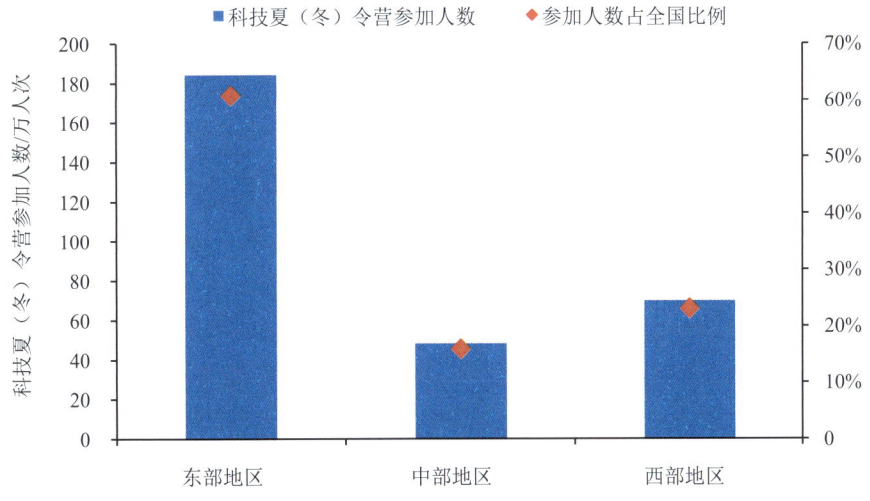

图 5-21　2017 年东部、中部和西部地区科技夏（冬）令营参加人数及所占比例

113

从部门来看，教育、科技管理和科协部门仍然是开展科技夏（冬）令营活动次数最多的三大部门，教育和科技管理两大部门还在参与人数上分别居第 1 位和第 3 位，科协系统参与人数居第 4 位，文化和旅游部门的参与人数仍保持第 2 位。教育、科技管理和科协这三大部门开展科技夏（冬）令营活动次数之和占全国开展科技夏（冬）令营活动总数的 49.82%，约占一半。其中，教育部门开展科技夏（冬）令营活动 3608 次，比 2016 年减少 15.44%，参加人数 86.18 万人次，比 2016 年减少 23.74%。科技管理和科协部门科技夏（冬）令营活动的参加人数分别为 39.29 万人次和 31.02 万人次。民政和民族事务部门开展的科技夏（冬）令营活动分别只有 10 次和 8 次，中国人民银行系统和社科院系统没有开展科技夏（冬）令营活动（图 5-22）。

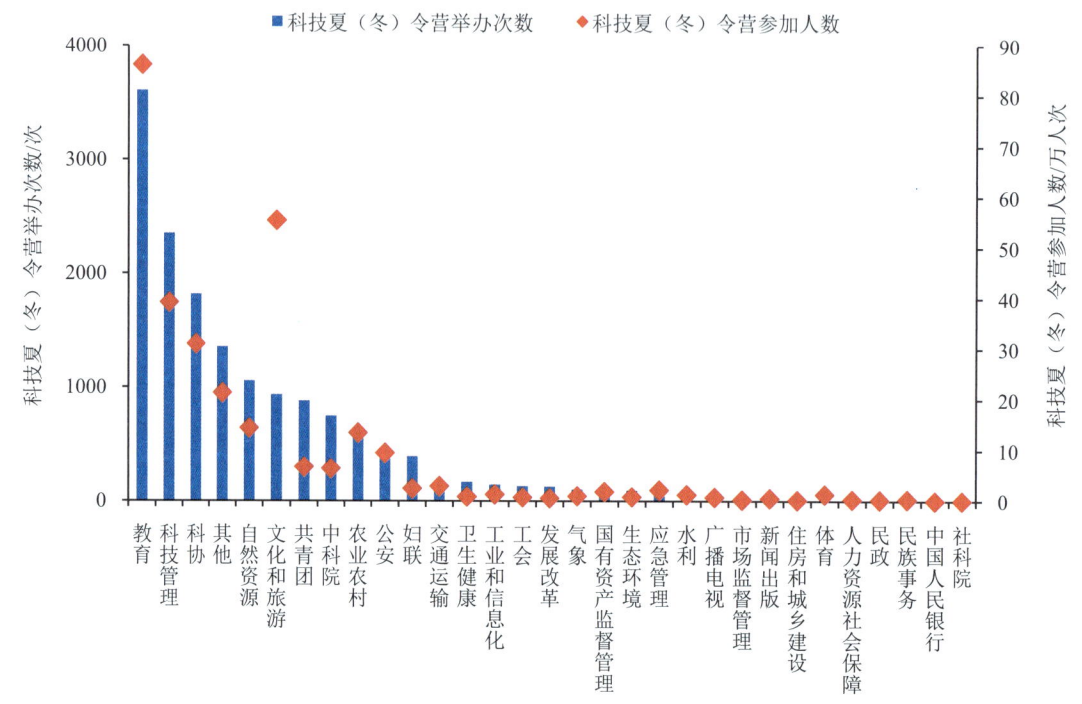

图 5-22　2017 年部门科技夏（冬）令营举办次数及参加人数

## 5.4　科研机构、大学向社会开放情况

科研机构和大学通过科研设施、场所等科技资源向社会开放开展科普活动，让科技进步惠及广大公众，是其重要的社会责任和义务，对提高公众科学素养、营造良好的创新氛围、培养科技后备人才和增强我国自主创新能力都具有十分

重要的意义。自 2006 年科技部等部门联合发布《关于科研机构和大学向社会开放开展科普活动的若干意见》以来，经过 11 年的大力推动，越来越多的科研机构、大学已经将向社会开放作为一项工作制度，确保开放工作的人员队伍稳定、开放时间相对固定、开放场地满足需求。广大公众特别是青少年，通过参观科研过程、参与科研实践和探讨科技问题等体验活动，逐步增进了对科学技术的兴趣和理解，提升了公众运用科技手段分析和解决问题的能力。

2017 年，国家（重点）实验室、工程技术研究中心等国家科研基地进一步扩大开放，面向公众开展科普活动。全国共有 8461 个科研机构、大学向社会开放，比 2016 年增长 4.72%；吸引了 878.65 万人次参观，比 2016 年增长 1.77%，平均每个开放单位接待参观人数为 1037 人次，比 2016 年减少 32 人次。中国科学院 12 个分院、117 个科研机构举行"公众科学日"，向公众开放大批天文台站、植物园、博物馆、野外台站、大科学装置等，策划开展数百场多种形式的主题科普活动，数百万青少年、数十万家庭走近科研机构和大学，参与丰富多彩的科学交流和体验。

从部门来看，教育、科技管理和科协在开放单位数量上名列前 3 位。三大部门开放单位合计数占全国总数的 56.52%。其中，教育部门的开放单位最多，达到 3035 个，比 2016 年减少 95 个，降幅为 3.04%，共吸引了 261.94 万人次参观，在参观人数上排第 1 位。科技管理部门开放了 1070 个单位，有 106.31 万人次参观，在开放单位数和参观人数上分别居第 2 位和第 4 位。科协系统开放了 677 个单位，排名第 3 位，比 2016 年增加了 161 个，增长 31.20%，参加人数 130.20 万人次。市场监督管理部门开放单位数为 503 个，排第 4 位，参观人数 6.18 万人次，排第 14 位。气象部门开放单位 487 个，比 2016 年减少 34 个，降幅 6.53%，吸引 30.61 万人次参加，其开放单位数和参观人数分别居第 5 位和第 7 位（图 5-23）。

从各省来看，开放活动参观人数排名前 5 位的省是北京、江苏、湖北、广东和浙江，人数均在 50 万人次以上，其中，北京的开放活动参观人数和开放单位数均居首位，分别达到 95.03 万人次和 797 个单位。除了北京，向社会开放单位数排名前 5 位的省还有江苏、辽宁、浙江、湖北，开放单位数均在 450 个以上（图 5-24）。

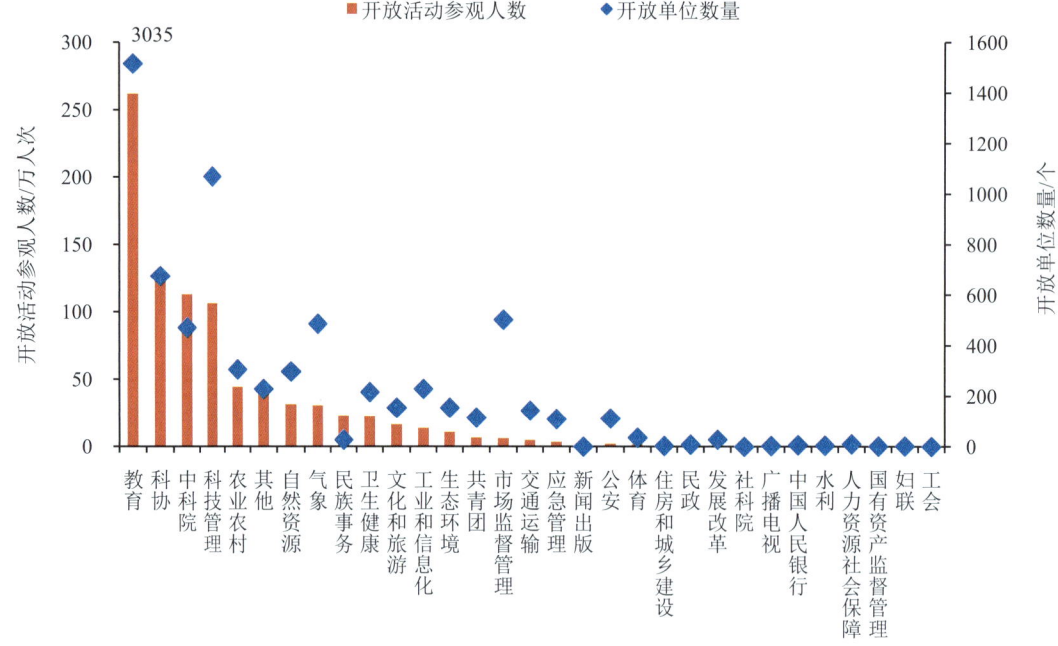

图 5-23　2017 年各部门开放单位数量及开放活动参观人数

注：教育部门开放单位数为图示高度数值的 2 倍。

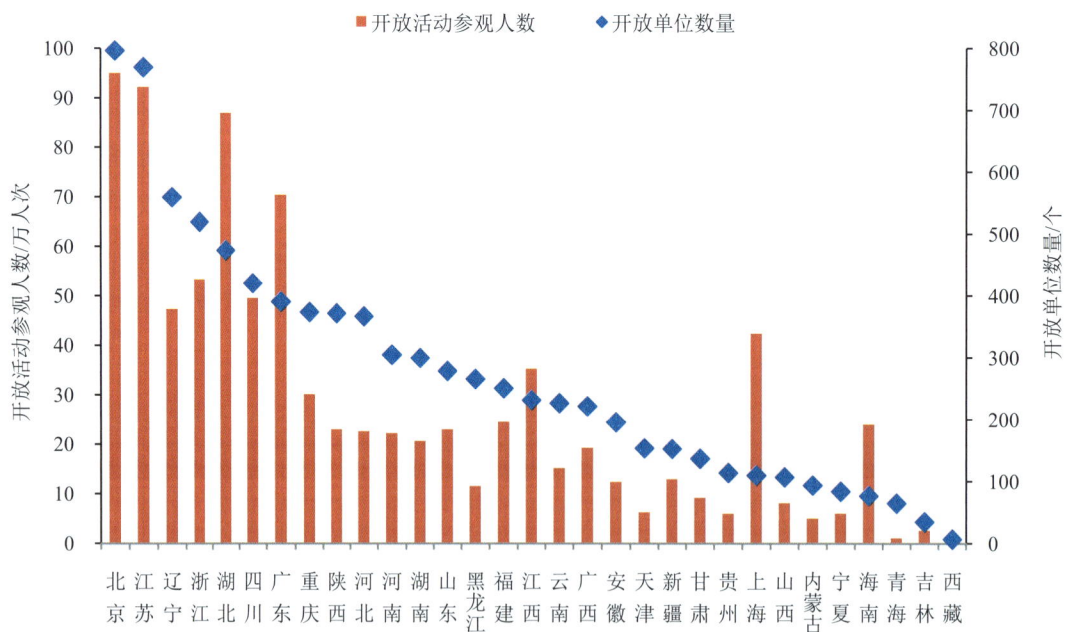

图 5-24　2017 年各省科研机构、大学开放单位数量与参观人数

## 5.5 科普国际交流

科普国际交流有利于促进科普资源在全球的共建共享，推动优秀科普工作经验在各国间的交流借鉴，拓展科普活动的国际化参与空间，有助于我国提升科普软实力。

全国共开展科普国际交流 2713 次，比 2016 年增长 9.35%；参加人数为 70.21 万人次，比 2016 年增长 13.83%。从地区来看，东部地区开展科普国际交流活动次数和参加人数最多，2017 年共举办 1611 次，比 2016 年减少 2.78%，有 44.77 万人次参加，比 2016 年增长 34.58%；西部地区科普国际交流活动参与人数居第 2 位，达到 17.06 万人次，但比 2016 年减少 30.09%，共开展了 701 次活动；中部地区开展科普国际交流活动 401 次，吸引 8.38 万人次参加，开展活动次数和参加人数均为 3 个地区中最少的（图 5-25）。

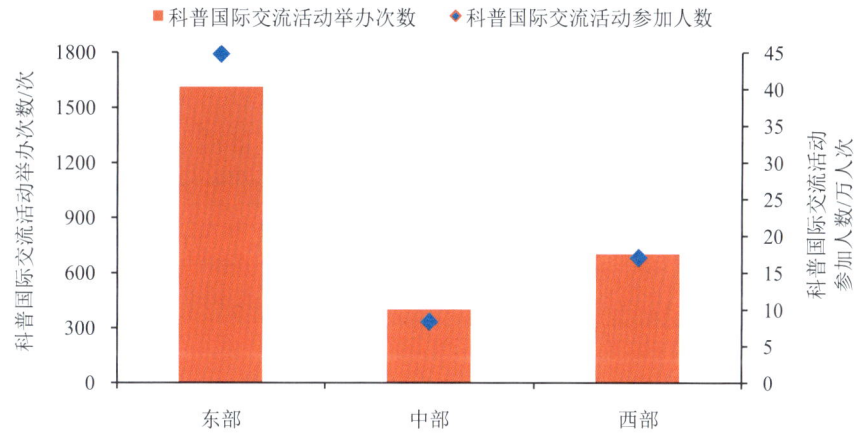

图 5-25　2017 年东部、中部和西部地区开展科普国际交流活动次数与参加人数

## 5.6 实用技术培训

全国共举办实用技术培训 59.84 万次，有 0.72 亿人次参加，分别比 2016 年减少 7.50% 和 7.39%。实用技术培训活动主要集中在农业农村、科协、科技管理、人力资源社会保障、自然资源和教育部门，这六大部门的举办次数之和占全国总数的 80.98%，参加培训的人数均超过了 330 万人次（图 5-26）。其中，农业部门举办实用技术培训 24.65 万次，参加人数 2986.75 万人次，举办次数和参加人数均居第 1 位。

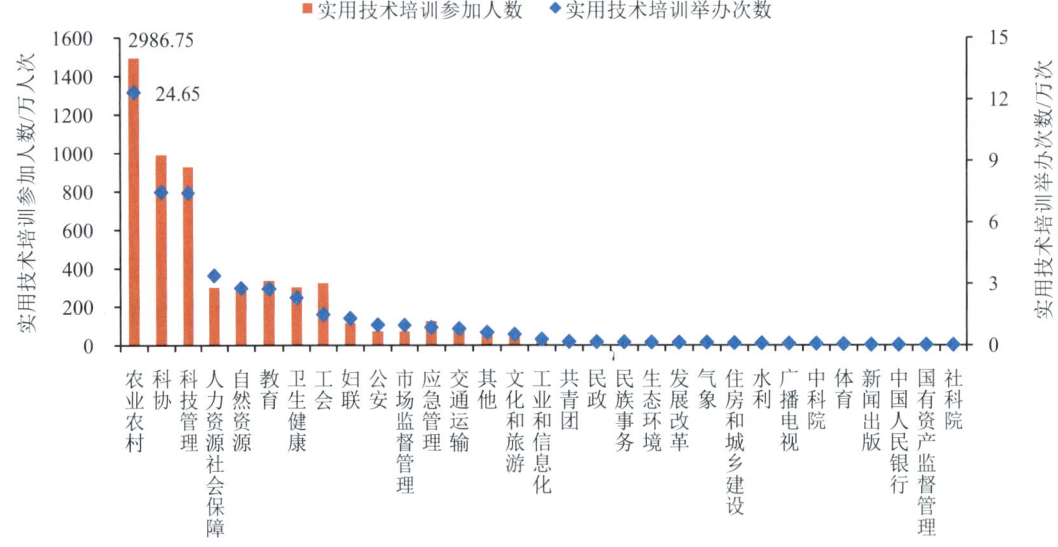

**图 5-26　2017 年各部门实用技术培训举办次数与参加人数**

注：农业农村部门的实用技术培训参加人数和培训次数均为图示高度数值的 2 倍。

## 5.7　重大科普活动

全国共举办参加人次在 1000 人次以上的重大科普活动 27802 次，比 2016 年增长 1.00%。从各省来看，举办重大科普活动次数居多的前 5 个省为四川、江苏、湖南、陕西、河南（图 5-27）。这 5 个省一共举办了 7719 次重大科普活动，占全国总数的 27.76%。其中，四川举办了 1881 次重大科普活动，在全国各省中领先。

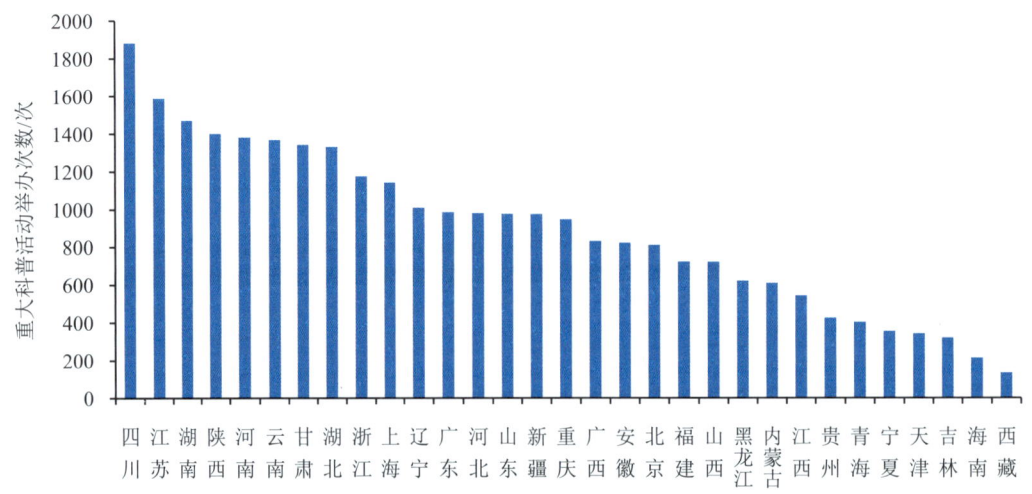

**图 5-27　2017 年各省重大科普活动举办次数**

# 6 创新创业中的科普

当前中国经济发展正处于新旧动力转换的关键时期,要保持经济运行在合理区间,使新的增长点破茧而出,必须持续为"大众创业、万众创新"清障搭台,释放中国经济的无限活力。《2017 年政府工作报告》指出,创新驱动发展战略深入实施,"大众创业、万众创新"广泛开展,新动能正在撑起发展新天地。作为促进"双创"的孵化器,近年来,科普活动在科技资源开放共享、先进技术成果转化、项目融资有效结合、创业服务提升改进等方面发挥的独特作用日益凸显,逐渐成为激发民族的创业精神和创新基因的重要推动力量。

"大众创业、万众创新"过程中,科普活动主要有两大类:一类是创新创业培训活动。随着各省、各地区创新创业政策的落地,创新创业类培训活动数量增加。另一类是创新创业赛事。通过组织创新创业比赛,挖掘有价值的创新创业项目,引导资本投资。政府通过上述两种类型的科普活动,助力创新创业的发展。

## 6.1 创新创业科普活动的载体

"众创空间"是顺应网络时代创新创业特点和需求,通过市场化机制、专业化服务和资本化途径构建的低成本、便利化、全要素、开放式的各类新型创业服务平台,是创新与创业相结合、线上与线下相结合、基础服务与增值服务相结合、满足不同创业者需求的工作空间、网络空间、社交空间和资源共享空间。

2017 年,全国共有众创空间 8236 个,比 2016 年增加 1525 个,增长 22.72%。服务创业人员数量 139.77 万人,比 2016 年增加 76.64 万人,增长 121.42%。众创空间孵化科技类项目 16.63 万个,比 2016 年增加 8.55 万个,增长 105.84%。

全国各地"众创空间"数量差异较大。东部沿海地区经济结构调整转型升级需求强烈、转型步伐较快，创新型经济成为其实现突破的重要抓手，"众创空间"数量和服务能力都具有相对优势。尤其是京津冀、长三角和珠三角等经济圈，迸发出创新活力，"众创空间"成为科技型项目孵化的主要载体。其中，上海（1306个）、江苏（705个）、福建（487个）、河北（451个）、北京（411个）等"众创空间"数量较多（图 6-1）。

"众创空间"孵化效率差异较大（图 6-1），其中，孵化科技项目数量前10位的省份，分别是北京（75693个）、上海（22957个）、陕西（13417个）、江苏（6242个）、天津（4449个）、广东（4315个）、湖南（4017个）、山西（3916个）、安徽（3668个）、山东（3088个）。

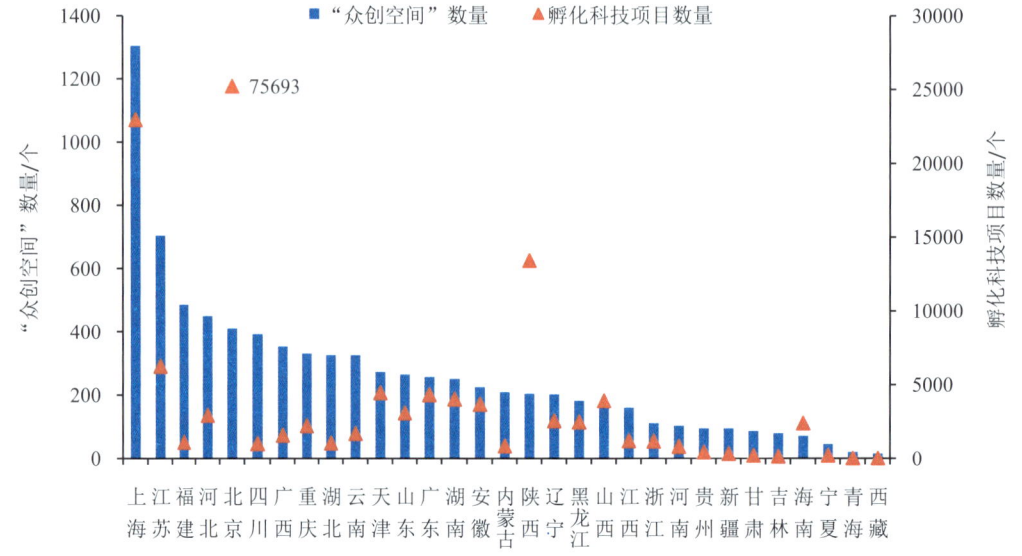

图 6-1 2017 年全国各地区"众创空间"数量和孵化科技项目数量

注：北京的孵化科技项目数为图示高度数值的 3 倍。

东部地区依然是创新型经济的主要阵地，2017年拥有"众创空间"4546个，比中西部地区"众创空间"总数相加还要多。西部地区拥有"众创空间"2187个，中部地区拥有"众创空间"1503个。"众创空间"孵化能力差异较大，东部地区"众创空间"拥有服务创业人员91.79万人，孵化科技类项目12.69万个。中部地区"众创空间"拥有服务创业人员26.97万人，孵化科技类项目1.73万个。西部地区"众创空间"拥有服务创业人员21.01万人，孵化科技类项目2.21万个。

## 6.2 科普活动助推创新创业

创新创业培训是指各类单位举办的创业训练营、创业培训等创新创业的培训活动。2017年，全国共组织创新创业类培训7.95万次，比2016年减少0.65万次，减少7.51%，共有438.78万人次参加创新创业培训活动，比2016年减少20.14万人次，减少4.39%。

培训次数排名前10位的省依次为上海（11206次）、江苏（5557次）、湖南（5200次）、河南（4249次）、天津（4013次）、四川（3642次）、安徽（3610次）、云南（2981次）、山东（2904次）、重庆（2787次）（图6-2）。

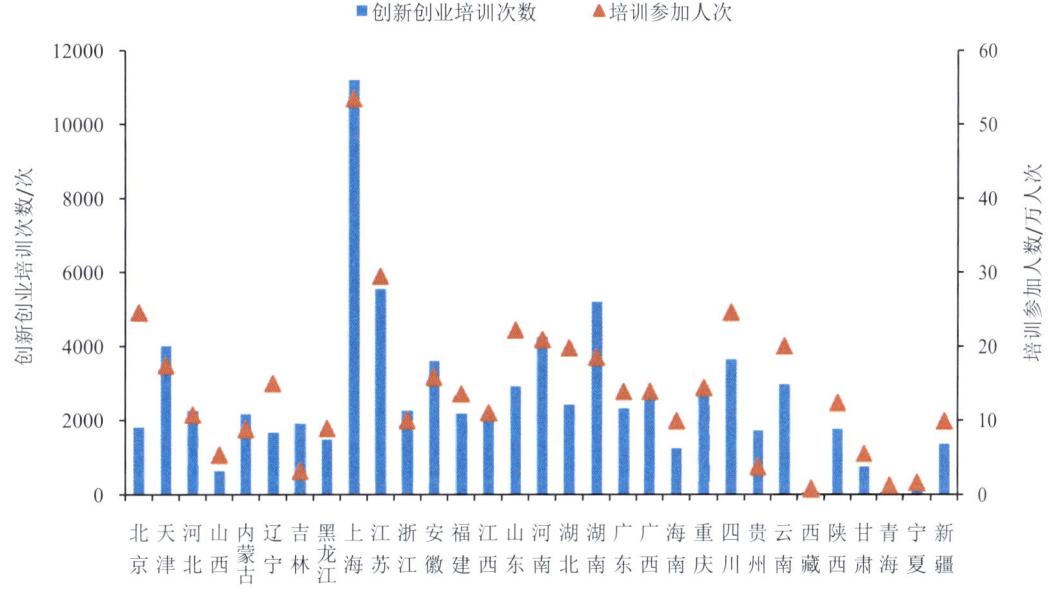

图6-2 2017年创新创业培训组织次数和参加人数

创新创业大赛是挖掘项目、培育创新文化的高效方式。2017年，全国共举办创新创业类赛事7209次，比2016年增加591次，共有274.89万人次参加创新创业大赛，比2016年增加31.97万人次，增长13.16%。举办创新创业大赛次数前10位的省分别是上海（900次）、辽宁（597次）、江苏（561次）、安徽（345次）、山东（301次）、云南（298次）、福建（288次）、重庆（278次）、湖北（273次）、北京（263次）。参加创新创业大赛人数较多的省分别是天津（49.03万人次）、上海（39.02万人次）、陕西（37.97万人次）和湖北（16.18万人次）（图6-3）。

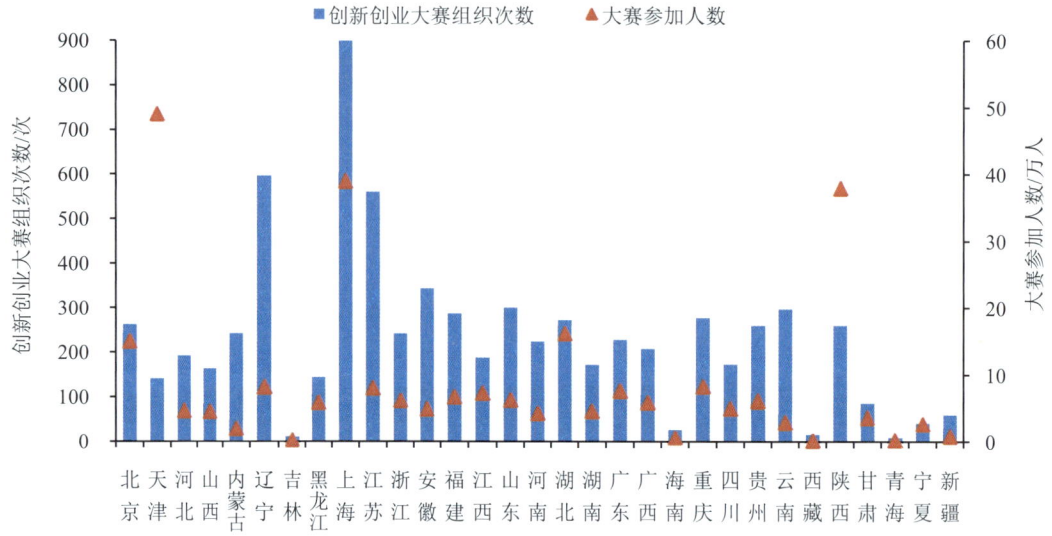

**图 6-3 2017 年创新创业大赛组织次数和参加人数**

投资路演和宣传推介是科技项目获得融资孵化的重要途径，同时也是创新项目获得市场认可的有效方式和高效形式之一。2017 年，全国共组织投资路演和宣传推介活动 4.99 万次，比 2016 年增加 2.49 万次，增长 99.48%。全国共有 166.02 万人次参加投资路演和宣传推介活动，比 2016 年减少 26.81 万人次，减少 13.90%。活动参加人数排名靠前的省分别是上海（305824 人次）、北京（226748 人次）、云南（96654 人次）、浙江（81955 人次）、重庆（79455 人次）（图 6-4）。

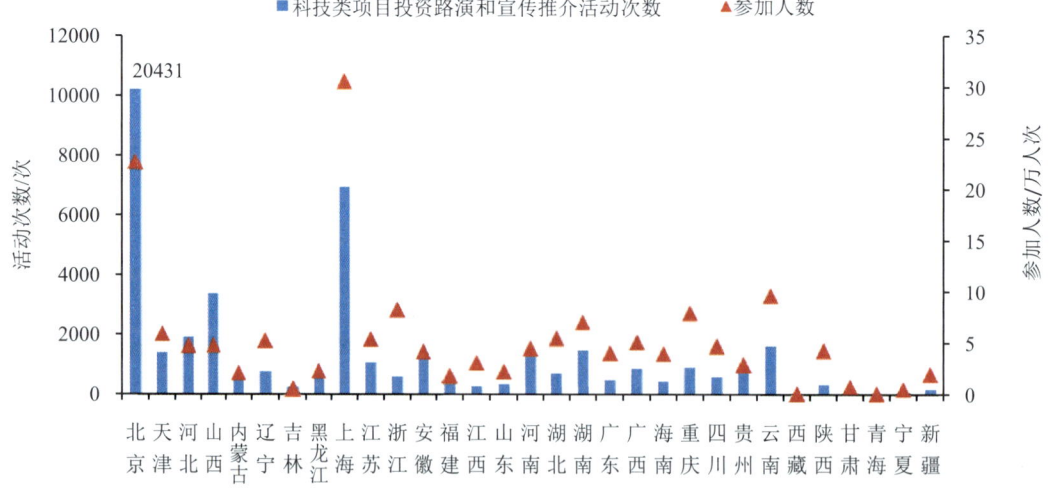

**图 6-4 2017 年科技类项目投资路演与宣传推介活动次数和参加人数**

注：北京开展的科技类项目投资路演与宣传推介活动次数为图示高度数值的 2 倍。

# 附录 1　2017 年度全国科普统计调查方案

## 一、科普统计的内容和任务

科普统计是国家科技统计的重要组成部分。通过开展全国科普统计调查，可以使政府管理部门及时掌握国家科普资源概况，更好地监测国家科普工作质量，为政府制定科普政策提供依据。因此，全国科普统计的内容包括三个方面：

1. 调查国家科普资源投入状况，具体包括科普人员、科普场地、科普经费、科普传媒、科普活动及创新创业中的科普等。

2. 每个科普场馆除填报上述数据之外，还需提交科普场馆的介绍、运营情况说明。

3. 监测国家科普工作运行状况，了解国家科普活动开展的总体情况。

## 二、科普统计的范围

本次统计的范围包括中央、国务院各有关部门及其直属单位，省（自治区、直辖市，以下简称省）、市（地区、州、盟，以下简称市）、县（市、区、旗，以下简称县）人民政府有关部门及其直属单位、社会团体等机构和组织。

统计填报单位主要包括：

1. 中央、国务院各有关部门和单位：国家发展改革委（含粮食和物资储备局）、教育部、科技部（含自然科学基金会）、工业和信息化部（含国防科工局）、国家民委、公安部、民政部、人力资源社会保障部、自然资源部（含林业和草原局）、生态环境部、住房城乡建设部、交通运输部（含民用航空局、铁路局）、水利部、农业农村部、文化和旅游部、卫生健康委、应急部（含地震局、煤矿安全监察局)、人民银行、国资委、市场监督管理总局（含药品监督管理局、知识产权局)、广电总局、体育总局、中科院、社科院、气象局、新闻出版署、共青团中央、全国总工会、全国妇联、中国科协等。

2. 省级单位（机构改革未完成的省按照原部门填报）：发展改革委（含粮食和物资储备局）、教育厅、科技厅（含自然科学基金会）、工业和信息化厅（委）、民族事务委员会、公安厅、民政厅、人力资源社会保障厅、自然资源厅（含林业和草原局）、生态环境厅、住房城乡建设厅、交通运输厅、水利厅、农业农村厅、文化和旅游厅、卫生健康委、应急厅（含地震局、煤矿安全监察局）、国资委、市场监督管理局（含药品监督管理局、知识产权局）、广电局、体育局、科学院（科学技术院）、社科院、气象局、新闻出版局、共青团、工会、妇联、科协等。

3. 市级单位（机构改革未完成的市按照原部门填报）：发展改革委、教育局、科技局、工业和信息化局（委）、民委、公安局、民政局、人力资源社会保障局、自然资源局（含林业和草原局）、生态环境局、住房城乡建设局、交通运输局、水利局、农业农村局、文化和旅游局、卫生健康委、应急局（含地震局、煤矿安全监察局）、国资委、市场监督管理局（含药品监督管理局、知识产权局）、广电局、体育局、科学院、社科院、气象局、新闻出版局、共青团、工会、妇联、科协等。

4. 县级单位（机构改革未完成的县按照原部门填报）：发展改革委、教育局、科技局、工业和信息化局（委）、民委、公安局、民政局、人力资源社会保障局、自然资源局（含林业和草原局）、生态环境局、住房城乡建设局、交通运输局、水利局、农业农村局、文化和旅游局、卫生健康委、应急局（含地震局、煤矿安全监察局）、国资委、市场监督管理局（含药品监督管理局、知识产权局）、广电局、体育局、气象局、新闻出版局、共青团、工会、妇联、科协等。

### 三、科普统计的组织

科普统计由科技部牵头，会同有关部门共同组织实施。科技部负责制定统计方案，提出工作要求，指导和协调中央、国务院有关部门和省科技行政管理部门的统计工作。中国科学技术信息研究所负责具体统计实施工作。

各省、市、县科技行政管理部门牵头组织本行政区域内各单位的科普统计。

## 四、科普统计的操作步骤

全国科普统计按中央、国务院部门及省、市、县分级实施，采取条块结合的方式。

1. 科技部负责全国科普统计。包括：向中央、国务院各有关部门科技主管单位以及省科技行政管理部门布置科普统计任务，开展统计人员在线填报培训，审核数据，汇总全国科普统计数据，形成国家科普统计年度报告。

2. 中央、国务院各有关部门负责自身及其直属机构的科普统计。包括：向直属机构布置科普统计任务，对统计人员在线填报培训，审核数据；将本部门所有调查表报科技部。

3. 各省科技厅负责本省科普统计。包括：向本省同级有关部门、所属各市科技局布置科普统计任务，对统计人员在线填报培训，审核数据；把本省所有调查表录入全国科普统计数据库，建立本省科普统计数据库；将本省所有调查表报科技部。

4. 市科技局负责本市科普统计。包括：向本市同级有关部门、所属县科技局布置科普统计任务，对统计人员进行培训，审核数据；将本市所有调查表报省科技厅。

5. 县科技局负责本县科普统计。包括：向本县同级有关部门布置科普统计任务，对统计人员进行培训，审核数据；将本县所有调查表报市科技局。

## 五、调查表下载

2017年度全国科普统计工作实行数据在线填报，各填报单位可以在中国科技情报网（http://kptj.chinainfo.org.cn）登录填报、审核、提交数据。

科普统计在线填报系统及培训教材由中国科学技术信息研究所提供，可在中国科技情报网下载，地址同上。

## 六、报送时间

请各省科技行政管理部门务必于2018年8月24日前将本地的所有在线填报的《2017年度科普统计调查表》及纸质版的科普统计数据上报科技部。

请中央、国务院各有关部门科技主管单位务必于2018年8月24日前将本部门数据在线完成填报的《2017年度科普统计调查表》及纸质版的科普统计数据上报科技部。

科普场馆说明文件务必于 2018 年 7 月 31 日之前提交 kptj@istic.ac.cn。

## 七、数据的修正和反馈

科技部在汇总各省、各有关部门科普统计数据后，将组织专家对填报数据进行联合会审，就上报数据质量进行评估。对数据质量存在问题的，将要求核实和修正。

调查数据的质量是统计工作的灵魂。没有严格的数据质量控制，难以保障数据填报的真实。因此，各级科技行政管理部门和填报单位要有高度的责任心，对填报的数据进行层层把关。为明确责任，严控数据质量，对有关部门责任划分如下：

1. 科技部对中央、国务院各有关部门科技主管单位，各省科技行政部门上报的数据进行审核，对有疑义或明显错误的数据，将要求其进行核实和修正；中央、国务院各有关部门科技主管单位对本部门及直属单位填报的数据负责，配合科技部做好数据质量控制工作。

2. 省科技厅对本省同级部门和所属各市填报的数据进行审核，对有疑义或明显错误的数据，应要求其进行核实和修正；其他省级相关部门对本部门报送省科技厅的数据负责，协助省科技厅做好数据质量控制工作。

3. 市科技局对本市同级部门和所属各县的数据进行审核，对有疑义或明显错误的数据，应要求其进行核实和修正；其他市级相关部门对本部门报送市科技局的数据负责，协助市科技局做好数据质量控制工作。

4. 县科技局对本县同级部门的数据进行审核，对有疑义或明显错误的数据，应要求其进行核实和修正；其他县级相关部门对本部门填报的数据负责，协助县科技局做好数据质量控制工作。

## 八、注意事项

1. 对于"科普场馆"部分的填报要求。凡在"科普场地"报表中填写"科普场馆"数据的单位，均需把每个"科普场馆"单独填报一份报表，同时将本单位的其他相关数据填报在另一份报表，与"科普场馆"的报表同时上报，不需汇总。

2. 每个科普场馆除填报上述数据之外，还需提交科普场馆的介绍、运营情况说明，主要包括以下几个方面内容：

（1）场馆类型（科技馆、科学技术类博物馆、青少年科技馆）；

（2）场馆建设背景、发展历程及规划；

（3）场馆建设现状（规模、面积、设施、功能）；

（4）经费支持及人才队伍；

（5）合作与交流；

（6）主要活动及影响（近三年）。

附件

制表机关：科学技术部
批准机关：国家统计局
批准文号：国统制〔2017〕4号
有效期截止时间：2019年1月

## 2017年度科普统计调查表

单位名称（盖章）：

机构属性：□政府部门 □人民团体 □事业单位 □企业

组织机构代码：

社会统一信用代码：□□

机构主管部门类别代码（见填报说明七）：□□

单位级别：□中央级 □省级 □市级 □区县级（在相应的□内打√）

单位所在地：_____省（直辖市、自治区）_____市（自治州、盟）_____县（区、旗）□□□□□□ 邮政编码：□□□□□□

单位负责人（签章）：_____ 填表人（签章）：_____ 电子信箱：_____

联系电话：_____ 传真：_____

填表时间：_____年_____月_____日

中华人民共和国科学技术部
二〇一八年五月

# 填报说明

（一）调查目的：调查国家科普资源基本状况，了解国家科普工作运行质量。

（二）统计对象和范围：国家机关、人民团体和事业单位等机构和组织。

（三）主要指标：科普人员、科普场地、科普经费、科普传媒、科普活动、创新创业中的科普。

（四）报告期：2017年1月1日—2017年12月31日。

（五）本调查为全面调查，填报单位需严格按照报表所规定的指标含义、指标解释进行填报。

（六）凡在表"KP-002 科普场地"的第一部分"科普场馆"填报数据的单位，均需把每个"科普场馆"单独填报一份报表，并将本单位其他相关数据填报为另一份报表，与"科普场馆"的报表同时上报，不需汇总。

（七）机构主管部门类别代码

发展改革部门［含粮食和物资储备系统（23）］（25）、教育部门（01）、工业和信息化部门（含国防科工系统）（19）、民族事务部门（21）、公安部门（20）、民政部门（26）、人力资源和社会保障部门（27）、自然资源部门［含林业和草原系统（11）］（04）、生态环境部门（35）、住房和城乡建设部门（09）、交通运输部门（34）、民用航空部门、铁路系统（33）、水利部门（05）、农业农村部门（06）［旅游部门（12）合并到文化部门（06）］［计生部门（07）［卫生健康部门（08）合并到卫生部门（07）］应急管理部门［含地震系统（14）、煤矿"安全监察系统（22）、中国人民银行（36）、国有资产监督管理部门（32）、市场监督管理部门［含药品监督管理系统（29）、知识产权系统（37）］（24）、广播电视部门（10）、体育部门（28）、中科院所属部门（31）、气象部门（15）、新闻出版部门（38）、共青团组织（16）、工会组织（18）、妇联组织（17）、科协组织（02）、其他部门（30）

根据《中华人民共和国统计法》的有关规定制定本报表

《中华人民共和国统计法》第三条规定：国家机关、社会团体、企业事业组织和个体工商户等统计调查对象，必须依照本法和国家规定，如实提供统计资料，不得虚报、瞒报、拒报、迟报，不得伪造、篡改。

基层群众性自治组织和公民有义务如实提供国家统计调查所需要的情况。

《中华人民共和国统计法》第十五条规定：统计机构、统计人员对在统计调查中知悉的统计调查对象的商业秘密，负有保密义务。

# 报表目录

| 序号 | 表名 | 指标个数 |
|---|---|---|
| 附表 1-1 | 科普人员 | 14 |
| 附表 1-2 | 科普场地 | 33 |
| 附表 1-3 | 科普经费 | 17 |
| 附表 1-4 | 科普传媒 | 22 |
| 附表 1-5 | 科普活动 | 19 |
| 附表 1-6 | 创新创业中的科普 | 19 |

表号：KP-001
制表机关：科学技术部
批准机关：国家统计局
批准文号：国统制（2017）4号
有效期截止时间：2019年1月

## 附表1-1 科普人员

| 指标名称 | 编码 | 数量 | 指标名称 | 编码 | 数量 |
|---|---|---|---|---|---|
| 一、科普专职人员 | KR100 | | 二、科普兼职人员 | KR200 | |
| 其中：中级职称及以上或本科及以上学历人员 | KR110 | | 其中：中级职称及以上或本科及以上学历人员 | KR210 | |
| 女性 | KR120 | | 女性 | KR220 | |
| 农村科普人员 | KR130 | | 农村科普人员 | KR230 | |
| 管理人员 | KR140 | | 科普讲解人员 | KR240 | |
| 科普创作人员 | KR150 | | 年度实际投入工作量 | KR250 | |
| 科普讲解人员 | KR160 | | 三、注册科普志愿者 | KR300 | |

**科普专职人员（KR100）**：指在统计年度中，从事科普工作时间占其全部工作时间60%及以上的人员。包括各级国家机关和社会团体的科普工作者、科研院所和大中专院校中从事科普研究和创作的人员、专职科普作家、中小学专职科技辅导员、各类科普场馆（附表1-2中第一、第二项）的相关工作人员、科普类图书、期刊、报刊科技（普）专栏版面的编辑，电台、电视台科普频道、栏目的编导，科普网站信息加工人员等。以上人员数由其所在单位填写。

**农村科普人员（KR130）**：指在统计年度中，面向农村进行科学普及工作时间占本人全部工作时间60%及以上的人员。包括农业管理部门的专职科普人员、农技咨询协会工作人员、农函大教员等。

**管理人员（KR140）**：指各级国家机关中从事科普行政管理工作的人员。

**科普创作人员（KR150）**：指专职从事科普作品创作的人员。包括科普文学作品创作人员、科普影视作品创作人员、科普展品创作人员及科普理论研究人员等，这些人以科普作品的创作为其主要工作内容。

**科普讲解人员（KR160、KR240）**：指科普场馆、事业单位、企业中专门负责科普知识讲解工作的人员，包括专职科普讲解人员和兼职科普讲解人员。

**科普兼职人员（KR200）**：指在非职业范围内从事科普工作，仅在某些科普活动中从事宣传、辅导、演讲等科普工作的人员及科普讲解员、科技馆、科技馆（站）的志愿者等。

**年度实际投入工作量（KR250）**：包括进行科普讲座等科普活动的科技人员、中小学兼职科技辅导员、科普兼职人员有3人，其投入科普工作的时间分别为2个月、3个月和1个月，则投入工作量合计为2+3+1=6（人月）。

**注册科普志愿者（KR300）**：指按照一定程序在共青团、科协等组织或科普志愿者注册机构注册登记、自愿参加科普服务活动的志愿者。

附表1-2　　科普场地

表号：KP-002
制表机关：科学技术部
批准机关：国家统计局
批准文号：国统制（2017）4号
有效期截止时间：2019年1月

| 指标名称 | 编码 | 数量 |
|---|---|---|
| 一、科普场地 | | |
| 1. 科技馆 | KC110 | 个 |
| 建筑面积 | KC111 | 平方米 |
| 展厅面积 | KC112 | 平方米 |
| 参观人次 | KC113 | 人次 |
| 常设展品 | KC114 | 件 |
| 年累计免费开放天数 | KC115 | 天 |
| 门票收入 | KC116 | 万元 |
| 2. 科学技术类博物馆 | KC120 | 个 |
| 建筑面积 | KC121 | 平方米 |
| 展厅面积 | KC122 | 平方米 |
| 参观人次 | KC123 | 人次 |
| 常设展品 | KC124 | 件 |
| 年累计免费开放天数 | KC125 | 天 |
| 门票收入 | KC126 | 万元 |
| 3. 青少年科技馆站 | KC130 | 个 |
| 建筑面积 | KC131 | 平方米 |
| 常设展品 | KC134 | 件 |
| 年累计免费开放天数 | KC135 | 天 |
| 二、非场馆类科普基地 | | |
| 1. 个数 | KC210 | 个 |
| 2. 科普展厅面积 | KC220 | 平方米 |
| 3. 当年参观人次 | KC230 | 人次 |
| 三、公共场所科普宣传设施 | | |
| 1. 城市社区科普（技）专用活动室 | KC310 | 个 |
| 2. 农村科普（技）活动场地 | KC320 | 个 |
| 3. 科普宣传专用车 | KC330 | 辆 |
| 4. 科普画廊 | KC340 | 个 |
| 四、科普基地 | | |
| 1. 国家级科普基地 | KC410 | 个 |
| 其中：享受过税收优惠的基地 | KC411 | 个 |
| 参观人次 | KC412 | 人次 |
| 2. 省级科普基地 | KC420 | 个 |
| 其中：享受过税收优惠的基地 | KC421 | 个 |

| 展厅面积 | KC132 | 平方米 | 参观人次 | KC422 | 人次 |
|---|---|---|---|---|---|
| 参观人次 | KC133 | 人次 | | | |

科普场馆：包括科技馆（以科技馆、科学宫等命名的以展示教育为主，传播、普及科学的科普场馆）；科学技术类博物馆（包括科技类博物馆、天文馆、水族馆、标本馆及设有自然科学部的综合博物馆等）；青少年科技馆站、国家地质公园及科技类农场馆、中心等。以上只填报建筑面积在500平方米以上的馆（站）。

非场馆类科普基地：包括动物园、植物园、青少年夏（冬）令营基地、青少年科技活动中心（站）和农村科技活动室等。

城市社区科普（技）专用活动室（KC310）：指在城市社区建立的，专门用于开展社区科普（技）活动的场所。

农村科普（技）活动场地（KC320）：包括科普大篷车及其他专门用于农村科普（技）活动的车辆。

科普宣传专用车（KC330）：指各类专门及其他用于向社会公众宣传科普知识的，长10米以上的车辆。

科普画廊（KC340）：指本单位建立的、固定用于向社会公众宣传科普知识的，长10米以上的橱窗。

国家级科普基地（KC410）：指由国家科技行政管理部门或者国务院有关行政管理部门会同国家科技行政管理部门命名的国家科普基地，或者国家科技行政管理部门会同国家有关行政管理部门命名的国家特色科普基地。如果某单位同时获得了两块牌子，只计1次。

省级科普基地（KC420）：指由省级科技行政管理部门或者省级有关行政管理部门会同省级科技行政管理部门命名的科普基地，如果某单位同时获得了两块牌子，只计1次。

享受过税收优惠（KC422）：指遵循《关于鼓励科普事业发展税收政策问题的通知》的精神，按照《科普税收优惠政策实施办法》，经科技行政管理部门认定后，享受了税收优惠政策的科普基地。

表号：KP-003
制表机关：科学技术部
批准机关：国家统计局
批准文号：国统制〔2017〕4号
有效期截止时间：2019年1月

# 附表1-3  科普经费

| 指标名称 | 编码 | 金额 |
|---|---|---|
| 一、年度科普经费筹集额 | KJ100 | 万元 |
| 1. 政府拨款 | KJ110 | 万元 |
| 其中：科普专项经费 | KJ111 | 万元 |
| 2. 捐赠 | KJ120 | 万元 |
| 3. 自筹资金 | KJ130 | 万元 |
| 4. 其他收入 | KJ140 | 万元 |
| 二、年度科普经费使用额 | KJ200 | 万元 |
| 1. 行政支出 | KJ210 | 万元 |
| 2. 科普活动支出 | KJ220 | 万元 |
| 3. 科普场馆基建支出 | KJ230 | 万元 |
| 其中：政府拨款支出 | KJ231 | 万元 |
| 其中：场馆建设支出 | KJ232 | 万元 |
| 其中：展品、设施支出 | KJ233 | 万元 |
| 4. 其他支出 | KJ240 | 万元 |
| 三、科技活动周经费专项统计 | | |
| 科技活动周经费筹集额 | KJ300 | 万元 |
| 其中：政府拨款 | KJ310 | 万元 |
| 企业赞助 | KJ320 | 万元 |

年度科普经费筹集额（KJ100）：指本单位内可专门用于科普工作管理、研究及开展科普活动等科普事业的各项收入之和。
政府拨款（KJ110）：指填表单位从各级政府部门获得的用于本单位科普工作实施的经费。
科普专项经费（KJ111）：指国家各级政府财政部门拨款或资助的，指定用于科普活动的经费。
捐赠（KJ120）：指从国内外各类团体和个人获得的专门用于开展科普活动的经费（捐物不在统计范围内）。
自筹资金（KJ130）：指本单位自行筹集的，专门用于开展科普性收入。
经营收入（KJ131）：指本单位通过门票等渠道获得的经营性收入。
其他收入（KJ140）：指本单位科普经费筹集额中除上述经费外的收入。
年度科普经费使用额（KJ200）：指本单位内实际用于科普工作管理、研究及开展科普活动的全部实际支出。
科普活动支出（KJ220）：指直接用于组织和开展科普活动的支出。
科普场馆基建支出（KJ230）：指本年度内实际用于科普场馆（指附表1-2中第一项：科普场馆）的基本建设资金。包括实际用于科普场馆的土建费（场馆修缮和新馆建设）及添加科普展品和设施所产生的费用两部分。
其他支出（KJ240）：指本单位科普经费使用额中除上述支出外，用于科普工作的相关支出。
科技活动周经费筹集额（KJ300）：指本年度科技活动周期间，本单位筹集的准备用于科技活动周的经费总额。

表号：KP-004
制表机关：科学技术部
批准机关：国家统计局
批准文号：国统制（2017）4号
有效期截止时间：2019年1月

## 附表1-4 科普传媒

| 指标名称 | 编码 | 数量 | 指标名称 | 编码 | 数量 |
|---|---|---|---|---|---|
| 一、科普图书 | | | 建设数量 | KM700 | 个 |
| 1.出版种数 | KM110 | 种 | 网站访问量 | KM710 | 次 |
| 2.年出版总册数 | KM120 | 册 | 发文量 | KM720 | 篇 |
| 二、科普期刊 | | | 发布科普视频数量 | KM730 | 个 |
| 1.出版种数 | KM210 | 种 | 八、发放科普读物和资料 | KM800 | 份 |
| 2.年出版总册数 | KM220 | 册 | 九、电子科普屏数量 | KM900 | 块 |
| 三、科普（技）音像制品 | | | 十、科普类微博 | | |
| 1.出版种数 | KM310 | 种 | 创办数量 | KM010 | 个 |
| 2.光盘发行总量 | KM320 | 张 | 发文量 | KM011 | 篇 |
| 3.录音、录像带发行总量 | KM330 | 盒 | 阅读量 | KM012 | 次 |
| 四、科技类报纸年发行总份数 | KM400 | 份 | 十一、科普类微信公众号 | | |
| 五、电视台播出科普（技）节目时间 | KM500 | 小时 | 创办数量 | KM020 | 个 |
| 六、电台播出科普（技）节目时间 | KM600 | 小时 | 发文量 | KM021 | 篇 |
| 七、科普网站 | KM700 | 个 | 阅读量 | KM022 | 次 |

科普图书：指以非专业人员为阅读对象，以普及科学知识、倡导科学方法、传播科学思想、弘扬科学精神为目的，在新闻出版机构登记、有正式刊号的科技类图书。
出版种数（KM110）：图书的"种数"以年度为界线。一种图书在同一年度内无论印制多少次，只在第一次印制时计算种数。
年出版总册数（KM120）：指本年内每种图书印刷册数之和。
科普期刊：指面向社会发行并在新闻出版机构登记，有正式刊号或有内部准印证的科普性刊物。
年出版总册数（KM220）：指本年内每种期刊年度印刷册数之和。
科普（技）音像制品：指以普及科学知识、倡导科学方法、传播科学思想、弘扬科学精神为目的，正式出版的音像制品。
科技类报纸年发行总份数（KM400）：指报纸的每期发行份数×年发行期数所得数量。
科普（技）节目：指电台、电视台播出的面向社会大众的以普及科学知识、倡导科学方法、传播科学思想、弘扬科学精神为主要目的的节目。

科普网站建设数量（KM700）：指统计由政府财政投资建设的专业科普网站数量，网站访问量，网站发文量及网站发布科普视频数量。政府部门电子政务网站不在统计范围。

科普读物和资料：指在科普活动中发放的科普性图书、手册、音像制品等正式和非正式出版物、资料。

电子科普屏：指用于播放科普视频内容的电子屏幕。

科普类微博：以普及科学知识、传播科学方法、传播科学思想、弘扬科学精神为主要目的微博，发表科普文章数量和阅读量。

科普类微信公众号：以普及科学知识、倡导科学方法、倡导科学思想、弘扬科学精神为主要目的微信公众号，包括创办数量、发表科普文章数量和阅读量。

137

表号：KP-005
制表机关：科学技术部
批准机关：国家统计局
批准文号：国统制（2017）4号
有效期截止时间：2019年1月

## 附表1-5　科普活动

| 指标名称 | 编码 | 数量 | 指标名称 | 编码 | 数量 |
|---|---|---|---|---|---|
| 一、科普（技）讲座 | | | 个数 | KH511 | 个 |
| 举办次数 | KH110 | 次 | 参加人次 | KH512 | 人次 |
| 参加人次 | KH120 | 人次 | 2. 科技夏（冬）令营 | | |
| 二、科普（技）展览 | | | 举办次数 | KH521 | 次 |
| 专题展览次数 | KH210 | 次 | 参加人次 | KH522 | 人次 |
| 参观人次 | KH220 | 人次 | 六、科技活动周 | | |
| 三、科普（技）竞赛 | | | 科普专题活动次数 | KH610 | 次 |
| 举办次数 | KH310 | 次 | 参加人次 | KH620 | 人次 |
| 参加人次 | KH320 | 人次 | 七、大学、科研机构向社会开放 | | |
| 四、科普国际交流 | | | 开放单位个数 | KH710 | 个 |
| 举办次数 | KH410 | 次 | 参观人次 | KH720 | 人次 |
| 参加人次 | KH420 | 人次 | 八、举办实用技术培训 | KH810 | 次 |
| 五、青少年科普 | | | 参加人次 | KH820 | 人次 |
| 1. 成立青少年科技兴趣小组 | | | 九、重大科普活动次数 | KH900 | 次 |

科普（技）讲座：指各种面向社会的以普及科学知识、倡导科学方法、传播科学思想、弘扬科学精神为主要内容的科技讲座。如由几个单位联合举办，组织单位名单中排名第一的为第一组织单位，其他几个组织单位不再统计本次活动，下同。由讲座的第一组织单位填写。
科普（技）专题展览：指围绕某个主题所进行的具有科普性质的展教活动，包括常设展览、临时展览和巡回展览。参观人次只统计参观专题展览的人次，而不是场馆的年度总参观人次。
科普（技）竞赛：指面向社会、社会团体及其他国家及境外地区进行的有关科技知识普及性竞赛。由竞赛的第一组织单位填写。
科普国际交流：指填表单位与其他国家机关、社会团体、科研机构向社会开放，科研机构向社会开放期间举办的科普专题活动次数。
大学、科研机构开放（KH610）：指填表单位所属的大学、科研机构向社会开放，科研机构向社会开放期间举办的科普专题活动次数。参观人次为所有下属单位组织的开放活动参观的总人次。
科普专题活动次数：指在科技活动周期间举办的科普专题活动次数。
1. 成立青少年科技兴趣小组：指参加活动的人次在1000人次以上的科普活动。
例如三个开放单位，参观人次分别为500、300、700，则总参观人次为1500人次。
重大科普活动：指参加活动的人次在1000人次以上的科普活动。该项由活动的第一组织单位填写。

表号：KP-006  
制表机关：科学技术部  
批准机关：国家统计局  
批准文号：国统制（2017）4号  
有效期截止时间：2019年1月

# 附表1-6　创新创业中的科普

| 指标名称 | 编码 | 数量 |
| --- | --- | --- |
| 一、众创空间 | | |
| 1. 数量 | KY110 | 个 |
| 2. 办公场所建筑面积 | KY120 | 平方米 |
| 3. 工作人员数量 | KY130 | 人 |
| 4. 创业导师数量 | KY140 | 人 |
| 5. 服务创业人员数量 | KY150 | 人 |
| 6. 政府扶持经费金额 | KY160 | 万元 |
| 7. 孵化科技类项目数量 | KY170 | 个 |
| 二、科普类活动 | | |
| 1. 创新创业培训次数 | KY210 | 次 |
| 2. 创新创业培训参加人数 | KY211 | 人次 |
| 3. 科技类项目投资路演和宣传推介活动次数 | KY220 | 次 |
| 4. 科技类项目投资路演和宣传推介活动参加人数 | KY221 | 人次 |
| 5. 举办科技类创新创业赛事次数 | KY230 | 次 |
| 6. 科技类创新创业赛事参加人数 | KY231 | 人次 |
| 三、科普产业 | | |
| 1. 科普产品收入 | KY310 | 万元 |
| 2. 科普出版收入 | KY320 | 万元 |
| 3. 科普影视收入 | KY330 | 万元 |
| 4. 科普游戏收入 | KY340 | 万元 |
| 5. 科普旅游收入 | KY350 | 万元 |
| 6. 其他科普收入 | KY360 | 万元 |

众创空间：指顺应新科技革命和产业变革新趋势，有效满足网络时代大众创新创业需求的新型创业服务平台。  
办公场所建筑面积（KY120）：指众创空间办公场地的实际建筑面积。  
工作人员数量（KY130）：指在众创空间提供专业服务的人员数量。  
创业导师数量（KY140）：指众创空间的专兼职导师人员数量。  
服务创业人员数量（KY150）：指在众创空间获得各类服务的创业者数量。  
政府扶持经费金额（KY160）：指众创空间在房租、宽带接入、公共软硬件、教育培训、导师服务、创业活动等方面所获得的政府财政补贴、扶持经费金额。  
孵化科技类项目数量（KY170）：指通过众创空间孵化出的科技类项目数量。  
创新创业培训：指各类单位举办的创业培训活动，创业培训和创业公益讲堂等创新、创业培训活动。  
科普产品收入（KY310）：指向社会大众销售具有呈现科学技术知识功能的产品，如科普教具、科普玩具等产生的收入。  
科普出版收入（KY320）：指出版科普图书、期刊、音像制品等形式内容产生的收入。  
科普影视收入（KY330）：指制作销售科普影视剧产生的收入。  
科普游戏收入（KY340）：销售科普游戏产生的收入。  
科普旅游收入（KY350）：以科普游学等多种旅游形式开展的科普活动产生的收入。  
其他科普收入（KY360）：其他形式销售科普产品、提供科普服务产生的收入。

# 附录 2　2017 年全国科普统计分类数据统计表

各项统计数据均未包括香港特别行政区、澳门特别行政区和台湾地区的数据。

科普宣传专用车、科普图书、科普期刊、科普网站、科普国际交流情况和创新创业中的科普情况均由市级以上（含市级）填报单位的数据统计得出。

非场馆类科普基地，因为理解差异，此次暂未列入。

东部、中部和西部地区的划分：东部地区包括北京、天津、河北、辽宁、上海、江苏、浙江、福建、山东、广东和海南 11 个省和直辖市；中部地区包括山西、吉林、黑龙江、安徽、江西、河南、湖北和湖南 8 个省；西部地区包括内蒙古、广西、重庆、四川、贵州、云南、西藏、陕西、甘肃、青海、宁夏和新疆 12 个省、自治区和直辖市。

附表 2-1　2017 年各省科普人员　　　　　　　　　　　　　　　　　　　单位：人
Appendix table 2-1: S&T popularization personnel by region in 2017　　Unit: person

| 地区 Region | 科普专职人员 Full time S&T popularization personnel | 中级职称及以上或大学本科及以上学历人员 With title of medium-rank or above /with college graduate or above | 女性 Female |
|---|---|---|---|
| 全国 Total | 227008 | 139497 | 87980 |
| 东部 Eastern | 83922 | 55652 | 35464 |
| 中部 Middle | 67192 | 40268 | 23984 |
| 西部 Western | 75894 | 43577 | 28532 |
| 北京 Beijing | 8077 | 6103 | 4377 |
| 天津 Tianjin | 1780 | 1475 | 946 |
| 河北 Hebei | 10896 | 6765 | 4364 |
| 山西 Shanxi | 3353 | 1908 | 1719 |
| 内蒙古 Inner Mongolia | 5025 | 3066 | 1909 |
| 辽宁 Liaoning | 7414 | 4963 | 2922 |
| 吉林 Jilin | 3606 | 2552 | 1428 |
| 黑龙江 Heilongjiang | 4289 | 2730 | 1741 |
| 上海 Shanghai | 8779 | 6294 | 4369 |
| 江苏 Jiangsu | 11058 | 7836 | 4521 |
| 浙江 Zhejiang | 7857 | 5838 | 3443 |
| 安徽 Anhui | 8975 | 5600 | 2556 |
| 福建 Fujian | 4567 | 2926 | 1588 |
| 江西 Jiangxi | 6661 | 4309 | 2339 |
| 山东 Shandong | 14036 | 8156 | 5274 |
| 河南 Henan | 12569 | 7070 | 4737 |
| 湖北 Hubei | 13284 | 8776 | 4566 |
| 湖南 Hunan | 14455 | 7323 | 4898 |
| 广东 Guangdong | 7910 | 4651 | 2988 |
| 广西 Guangxi | 9046 | 4552 | 2918 |
| 海南 Hainan | 1548 | 645 | 672 |
| 重庆 Chongqing | 5232 | 3230 | 1765 |
| 四川 Sichuan | 12083 | 7160 | 4651 |
| 贵州 Guizhou | 3673 | 2375 | 1398 |
| 云南 Yunnan | 13580 | 8387 | 5710 |
| 西藏 Tibet | 394 | 208 | 181 |
| 陕西 Shaanxi | 9790 | 5504 | 3557 |
| 甘肃 Gansu | 8945 | 4618 | 2738 |
| 青海 Qinghai | 876 | 499 | 382 |
| 宁夏 Ningxia | 1729 | 816 | 747 |
| 新疆 Xinjiang | 5521 | 3162 | 2576 |

附表2-1 续表 Continued

| 地区 | Region | 科普专职人员 Full time S&T popularization personnel ||| 
|---|---|---|---|---|
| | | 农村科普人员<br>Rural S&T popularization personnel | 管理人员<br>S&T popularization administrators | 科普创作人员<br>S&T popularization creators |
| 全 国 | Total | 72839 | 49110 | 14907 |
| 东 部 | Eastern | 21504 | 18590 | 7099 |
| 中 部 | Middle | 26374 | 14819 | 3589 |
| 西 部 | Western | 24961 | 15701 | 4219 |
| 北 京 | Beijing | 817 | 1924 | 1269 |
| 天 津 | Tianjin | 166 | 466 | 308 |
| 河 北 | Hebei | 3952 | 1934 | 492 |
| 山 西 | Shanxi | 597 | 873 | 188 |
| 内蒙古 | Inner Mongolia | 1255 | 1288 | 310 |
| 辽 宁 | Liaoning | 1837 | 2112 | 553 |
| 吉 林 | Jilin | 1468 | 1188 | 170 |
| 黑龙江 | Heilongjiang | 1555 | 943 | 265 |
| 上 海 | Shanghai | 1016 | 2193 | 1341 |
| 江 苏 | Jiangsu | 2980 | 2569 | 815 |
| 浙 江 | Zhejiang | 2332 | 1599 | 586 |
| 安 徽 | Anhui | 4609 | 1896 | 405 |
| 福 建 | Fujian | 1442 | 1081 | 248 |
| 江 西 | Jiangxi | 2239 | 1719 | 337 |
| 山 东 | Shandong | 4664 | 2424 | 875 |
| 河 南 | Henan | 4516 | 2926 | 661 |
| 湖 北 | Hubei | 6022 | 2451 | 804 |
| 湖 南 | Hunan | 5368 | 2823 | 759 |
| 广 东 | Guangdong | 1793 | 1987 | 531 |
| 广 西 | Guangxi | 4143 | 1428 | 416 |
| 海 南 | Hainan | 505 | 301 | 81 |
| 重 庆 | Chongqing | 1782 | 1020 | 599 |
| 四 川 | Sichuan | 4783 | 3281 | 765 |
| 贵 州 | Guizhou | 1012 | 1069 | 128 |
| 云 南 | Yunnan | 3747 | 1848 | 431 |
| 西 藏 | Tibet | 106 | 102 | 36 |
| 陕 西 | Shaanxi | 3433 | 2070 | 684 |
| 甘 肃 | Gansu | 1805 | 1615 | 309 |
| 青 海 | Qinghai | 54 | 195 | 79 |
| 宁 夏 | Ningxia | 591 | 475 | 127 |
| 新 疆 | Xinjiang | 2250 | 1310 | 335 |

附表 2-1 续表　　　　　　Continued

| 地区 Region | 科普兼职人员<br>Part time S&T popularization personnel | 中级职称及以上或大学本科及以上学历人员<br>With title of medium-rank or above /with college graduate or above | 女性<br>Female |
|---|---|---|---|
| 全国 Total | 1567453 | 857287 | 633280 |
| 东部 Eastern | 682640 | 389339 | 288197 |
| 中部 Middle | 392958 | 210134 | 146799 |
| 西部 Western | 491855 | 257814 | 198284 |
| 北京 Beijing | 42958 | 27564 | 24228 |
| 天津 Tianjin | 15393 | 11049 | 8110 |
| 河北 Hebei | 78909 | 39362 | 35034 |
| 山西 Shanxi | 15963 | 9704 | 6997 |
| 内蒙古 Inner Mongolia | 32586 | 17171 | 13674 |
| 辽宁 Liaoning | 49974 | 28340 | 23830 |
| 吉林 Jilin | 12764 | 6166 | 5997 |
| 黑龙江 Heilongjiang | 25214 | 16344 | 11399 |
| 上海 Shanghai | 47980 | 29192 | 26343 |
| 江苏 Jiangsu | 110622 | 66584 | 40659 |
| 浙江 Zhejiang | 129620 | 75924 | 52573 |
| 安徽 Anhui | 47084 | 24782 | 17234 |
| 福建 Fujian | 58510 | 31966 | 20289 |
| 江西 Jiangxi | 43891 | 24093 | 16036 |
| 山东 Shandong | 77236 | 38929 | 30778 |
| 河南 Henan | 90610 | 47611 | 35990 |
| 湖北 Hubei | 78924 | 44560 | 28128 |
| 湖南 Hunan | 78508 | 36874 | 25018 |
| 广东 Guangdong | 62827 | 36724 | 22797 |
| 广西 Guangxi | 56026 | 26519 | 25077 |
| 海南 Hainan | 8611 | 3705 | 3556 |
| 重庆 Chongqing | 37857 | 19341 | 15854 |
| 四川 Sichuan | 93704 | 50302 | 38792 |
| 贵州 Guizhou | 38895 | 21751 | 13113 |
| 云南 Yunnan | 77081 | 41257 | 31595 |
| 西藏 Tibet | 1515 | 638 | 528 |
| 陕西 Shaanxi | 61810 | 33228 | 24878 |
| 甘肃 Gansu | 38486 | 17462 | 11191 |
| 青海 Qinghai | 7129 | 4029 | 2741 |
| 宁夏 Ningxia | 11993 | 7215 | 5467 |
| 新疆 Xinjiang | 34773 | 18901 | 15374 |

附表2-1 续表  Continued

| 地区 | Region | 科普兼职人员 Part time S&T popularization personnel | | |
|---|---|---|---|---|
| | | 农村科普人员 Rural S&T popularization personnel | 注册科普志愿者 Registered S&T popularization volunteers | 年度实际投入工作量/人月 Annual actual workload (person-month) |
| 全 国 | Total | 499269 | 2256036 | 1897764 |
| 东 部 | Eastern | 193630 | 1357608 | 774860 |
| 中 部 | Middle | 140923 | 527018 | 514093 |
| 西 部 | Western | 164716 | 371410 | 608811 |
| 北 京 | Beijing | 6233 | 23709 | 48756 |
| 天 津 | Tianjin | 2978 | 11736 | 17437 |
| 河 北 | Hebei | 31419 | 51037 | 97856 |
| 山 西 | Shanxi | 3903 | 12642 | 13070 |
| 内蒙古 | Inner Mongolia | 9752 | 28241 | 30765 |
| 辽 宁 | Liaoning | 12129 | 54350 | 28761 |
| 吉 林 | Jilin | 5134 | 19302 | 14908 |
| 黑龙江 | Heilongjiang | 6515 | 27478 | 32847 |
| 上 海 | Shanghai | 4493 | 101716 | 80209 |
| 江 苏 | Jiangsu | 32816 | 721130 | 150594 |
| 浙 江 | Zhejiang | 36102 | 123148 | 151798 |
| 安 徽 | Anhui | 18588 | 45547 | 66034 |
| 福 建 | Fujian | 17129 | 34876 | 65953 |
| 江 西 | Jiangxi | 13844 | 35934 | 67939 |
| 山 东 | Shandong | 32280 | 56673 | 111356 |
| 河 南 | Henan | 32280 | 188785 | 118331 |
| 湖 北 | Hubei | 26898 | 105229 | 87368 |
| 湖 南 | Hunan | 33761 | 92101 | 113596 |
| 广 东 | Guangdong | 14446 | 174905 | 12523 |
| 广 西 | Guangxi | 16364 | 25576 | 81354 |
| 海 南 | Hainan | 3605 | 4328 | 9617 |
| 重 庆 | Chongqing | 12650 | 46730 | 54588 |
| 四 川 | Sichuan | 38485 | 45217 | 112804 |
| 贵 州 | Guizhou | 11834 | 43392 | 58113 |
| 云 南 | Yunnan | 29456 | 99661 | 105823 |
| 西 藏 | Tibet | 634 | 31 | 1432 |
| 陕 西 | Shaanxi | 17647 | 27734 | 77805 |
| 甘 肃 | Gansu | 9874 | 23602 | 35355 |
| 青 海 | Qinghai | 505 | 1842 | 4487 |
| 宁 夏 | Ningxia | 3584 | 18637 | 10058 |
| 新 疆 | Xinjiang | 13931 | 10747 | 36227 |

## 附表 2-2 2017年各省科普场地
Appendix table 2-2: S&T popularization venues and facilities by region in 2017

| 地区 Region | 科技馆/个 S&T museums | 建筑面积/米² Construction area (m²) | 展厅面积/米² Exhibition area (m²) | 当年参观人数/人次 Visitors |
|---|---|---|---|---|
| 全 国 Total | 488 | 3710704 | 1800353 | 63017452 |
| 东 部 Eastern | 259 | 2023316 | 967877 | 34395395 |
| 中 部 Middle | 113 | 747858 | 363891 | 14219882 |
| 西 部 Western | 116 | 939530 | 468585 | 14402175 |
| 北 京 Beijing | 29 | 248542 | 119358 | 4698814 |
| 天 津 Tianjin | 1 | 18000 | 10000 | 487034 |
| 河 北 Hebei | 11 | 66732 | 34316 | 1075780 |
| 山 西 Shanxi | 4 | 35400 | 16059 | 1307000 |
| 内蒙古 Inner Mongolia | 17 | 118806 | 45075 | 2089308 |
| 辽 宁 Liaoning | 17 | 207117 | 82893 | 1991700 |
| 吉 林 Jilin | 8 | 16903 | 8250 | 88600 |
| 黑龙江 Heilongjiang | 8 | 102954 | 60606 | 2677000 |
| 上 海 Shanghai | 31 | 196485 | 118564 | 5440382 |
| 江 苏 Jiangsu | 18 | 173026 | 86693 | 3038965 |
| 浙 江 Zhejiang | 24 | 280660 | 120762 | 4556878 |
| 安 徽 Anhui | 13 | 131520 | 56571 | 3057304 |
| 福 建 Fujian | 36 | 133415 | 72972 | 2829809 |
| 江 西 Jiangxi | 5 | 61623 | 32942 | 702528 |
| 山 东 Shandong | 30 | 201547 | 109205 | 3457635 |
| 河 南 Henan | 14 | 103127 | 61334 | 2180200 |
| 湖 北 Hubei | 50 | 220340 | 96148 | 3071825 |
| 湖 南 Hunan | 11 | 75991 | 31981 | 1135425 |
| 广 东 Guangdong | 43 | 393899 | 168161 | 5545032 |
| 广 西 Guangxi | 6 | 107318 | 50637 | 1617610 |
| 海 南 Hainan | 19 | 103893 | 44953 | 1273366 |
| 重 庆 Chongqing | 10 | 81868 | 42770 | 2991300 |
| 四 川 Sichuan | 17 | 92724 | 57376 | 1106470 |
| 贵 州 Guizhou | 9 | 61344 | 31659 | 625800 |
| 云 南 Yunnan | 13 | 53458 | 26800 | 1180642 |
| 西 藏 Tibet | 1 | 33000 | 12000 | 100000 |
| 陕 西 Shaanxi | 13 | 96361 | 48890 | 1154177 |
| 甘 肃 Gansu | 8 | 68623 | 41230 | 247596 |
| 青 海 Qinghai | 3 | 41213 | 17753 | 732672 |
| 宁 夏 Ningxia | 6 | 52905 | 29963 | 1316108 |
| 新 疆 Xinjiang | 13 | 131910 | 64432 | 1240492 |

附表 2-2　续表　　Continued

| 地　区 Region | 科学技术类博物馆/个 S&T relatedmuseums | 建筑面积/米² Construction area (m²) | 展厅面积/米² Exhibition area (m²) | 当年参观人数/人次 Visitors | 青少年科技馆站/个 Teenage S&T museums |
|---|---|---|---|---|---|
| 全　国 Total | 951 | 6585799 | 3199889 | 141934662 | 549 |
| 东　部 Eastern | 521 | 3943086 | 1957681 | 87822474 | 183 |
| 中　部 Middle | 132 | 956088 | 457606 | 15543418 | 152 |
| 西　部 Western | 298 | 1686625 | 784602 | 38568770 | 214 |
| 北　京 Beijing | 82 | 1039394 | 406354 | 24385834 | 12 |
| 天　津 Tianjin | 8 | 155315 | 77913 | 2451806 | 5 |
| 河　北 Hebei | 36 | 199050 | 90190 | 3482407 | 23 |
| 山　西 Shanxi | 4 | 35929 | 19640 | 607000 | 3 |
| 内蒙古 Inner Mongolia | 20 | 159807 | 86770 | 1305146 | 16 |
| 辽　宁 Liaoning | 54 | 441892 | 168720 | 5617266 | 17 |
| 吉　林 Jilin | 9 | 63872 | 33924 | 638272 | 16 |
| 黑龙江 Heilongjiang | 24 | 151728 | 80490 | 2673354 | 19 |
| 上　海 Shanghai | 137 | 827507 | 451902 | 19168083 | 24 |
| 江　苏 Jiangsu | 46 | 342424 | 144203 | 11101145 | 27 |
| 浙　江 Zhejiang | 49 | 361007 | 187278 | 8181739 | 37 |
| 安　徽 Anhui | 21 | 124820 | 58350 | 1804822 | 26 |
| 福　建 Fujian | 22 | 122234 | 206188 | 1713588 | 3 |
| 江　西 Jiangxi | 10 | 17450 | 9900 | 1060187 | 23 |
| 山　东 Shandong | 35 | 184038 | 101230 | 4507203 | 19 |
| 河　南 Henan | 12 | 83217 | 21890 | 1061548 | 12 |
| 湖　北 Hubei | 31 | 296943 | 158569 | 3556830 | 35 |
| 湖　南 Hunan | 21 | 182129 | 74843 | 4141405 | 18 |
| 广　东 Guangdong | 46 | 262061 | 117620 | 6977620 | 13 |
| 广　西 Guangxi | 21 | 92185 | 55997 | 1675436 | 24 |
| 海　南 Hainan | 6 | 8164 | 6083 | 235783 | 3 |
| 重　庆 Chongqing | 39 | 325649 | 130303 | 7555347 | 16 |
| 四　川 Sichuan | 56 | 273245 | 133602 | 6784172 | 49 |
| 贵　州 Guizhou | 12 | 132007 | 34823 | 506242 | 9 |
| 云　南 Yunnan | 49 | 234821 | 121453 | 5406005 | 27 |
| 西　藏 Tibet | 0 | 0 | 0 | 0 | 1 |
| 陕　西 Shaanxi | 31 | 160250 | 89411 | 9315362 | 26 |
| 甘　肃 Gansu | 32 | 115666 | 50021 | 2210621 | 18 |
| 青　海 Qinghai | 5 | 31430 | 11826 | 1152800 | 4 |
| 宁　夏 Ningxia | 11 | 50450 | 27690 | 1825490 | 1 |
| 新　疆 Xinjiang | 22 | 111115 | 42706 | 832149 | 23 |

附表 2-2 续表 Continued

| 地区 Region | 城市社区科普（技）专用活动室/个 Urban community S&T popularization rooms | 农村科普（技）活动场地/个 Rural S&T popularization sites | 科普宣传专用车/辆 S&T popularization vehicles | 科普画廊/个 S&T popularization galleries |
|---|---|---|---|---|
| 全国 Total | 71445 | 342258 | 1694 | 175397 |
| 东部 Eastern | 36336 | 123806 | 634 | 103346 |
| 中部 Middle | 18519 | 137470 | 524 | 35699 |
| 西部 Western | 16590 | 80982 | 536 | 36352 |
| 北京 Beijing | 1582 | 1870 | 84 | 3414 |
| 天津 Tianjin | 1497 | 6420 | 66 | 1782 |
| 河北 Hebei | 1292 | 11993 | 40 | 4516 |
| 山西 Shanxi | 762 | 12897 | 147 | 2740 |
| 内蒙古 Inner Mongolia | 1268 | 3636 | 99 | 2018 |
| 辽宁 Liaoning | 4687 | 8883 | 87 | 7349 |
| 吉林 Jilin | 617 | 4147 | 14 | 1254 |
| 黑龙江 Heilongjiang | 1119 | 4813 | 40 | 2025 |
| 上海 Shanghai | 3531 | 1751 | 53 | 7599 |
| 江苏 Jiangsu | 6086 | 14753 | 45 | 19487 |
| 浙江 Zhejiang | 8153 | 22319 | 154 | 18976 |
| 安徽 Anhui | 2246 | 7894 | 29 | 5384 |
| 福建 Fujian | 2398 | 8933 | 14 | 8794 |
| 江西 Jiangxi | 1827 | 8152 | 48 | 5145 |
| 山东 Shandong | 3921 | 36120 | 28 | 23424 |
| 河南 Henan | 2102 | 17347 | 79 | 5189 |
| 湖北 Hubei | 6159 | 20043 | 136 | 7817 |
| 湖南 Hunan | 3687 | 62177 | 31 | 6145 |
| 广东 Guangdong | 2875 | 9143 | 49 | 7249 |
| 广西 Guangxi | 1109 | 7896 | 25 | 4162 |
| 海南 Hainan | 314 | 1621 | 14 | 756 |
| 重庆 Chongqing | 1527 | 4074 | 102 | 4078 |
| 四川 Sichuan | 3569 | 22246 | 68 | 5776 |
| 贵州 Guizhou | 585 | 3800 | 17 | 1375 |
| 云南 Yunnan | 1834 | 14217 | 34 | 8106 |
| 西藏 Tibet | 98 | 493 | 11 | 199 |
| 陕西 Shaanxi | 2527 | 10728 | 45 | 4500 |
| 甘肃 Gansu | 1025 | 5614 | 39 | 1916 |
| 青海 Qinghai | 105 | 501 | 19 | 453 |
| 宁夏 Ningxia | 552 | 1911 | 14 | 1114 |
| 新疆 Xinjiang | 2391 | 5866 | 63 | 2655 |

附表 2-3  2017年各省科普经费　　　　　　　　　　　　　　　　　单位：万元
Appendix table 2-3: S&T popularization funds by region in 2017　Unit: 10000yuan

| 地区 | Region | 年度科普经费筹集额 Annual funding for S&T popularization | 政府拨款 Government funds | 科普专项经费 Special funds | 捐赠 Donates | 自筹资金 Self-raised funds | 其他收入 Others |
|---|---|---|---|---|---|---|---|
| 全 国 | Total | 1600541 | 1229580 | 626945 | 18684 | 288071 | 63842 |
| 东 部 | Eastern | 917512 | 679823 | 368398 | 14830 | 191092 | 31879 |
| 中 部 | Middle | 276413 | 220753 | 100717 | 884 | 40007 | 14794 |
| 西 部 | Western | 406616 | 329004 | 157830 | 2970 | 56972 | 17169 |
| 北 京 | Beijing | 269586 | 194379 | 113276 | 988 | 66363 | 7867 |
| 天 津 | Tianjin | 23422 | 18141 | 8722 | 13 | 4398 | 875 |
| 河 北 | Hebei | 28019 | 20850 | 11790 | 88 | 5037 | 2047 |
| 山 西 | Shanxi | 19387 | 14758 | 6916 | 41 | 1182 | 3408 |
| 内蒙古 | Inner Mongolia | 38227 | 35096 | 6024 | 28 | 2942 | 156 |
| 辽 宁 | Liaoning | 28877 | 21990 | 12144 | 146 | 5066 | 1677 |
| 吉 林 | Jilin | 6104 | 3985 | 2002 | 6 | 1966 | 149 |
| 黑龙江 | Heilongjiang | 17227 | 15227 | 6606 | 28 | 1508 | 466 |
| 上 海 | Shanghai | 173064 | 113300 | 54812 | 724 | 54211 | 4835 |
| 江 苏 | Jiangsu | 92924 | 70746 | 42047 | 866 | 17540 | 3773 |
| 浙 江 | Zhejiang | 98799 | 84485 | 43206 | 593 | 10853 | 2883 |
| 安 徽 | Anhui | 39583 | 30887 | 15985 | 124 | 3888 | 4685 |
| 福 建 | Fujian | 59696 | 38028 | 20100 | 11168 | 8143 | 2414 |
| 江 西 | Jiangxi | 29589 | 24304 | 11222 | 141 | 4417 | 731 |
| 山 东 | Shandong | 44630 | 34320 | 19330 | 37 | 7090 | 3184 |
| 河 南 | Henan | 40457 | 28994 | 12971 | 92 | 10345 | 1028 |
| 湖 北 | Hubei | 76339 | 65197 | 25106 | 247 | 9173 | 1725 |
| 湖 南 | Hunan | 47727 | 37401 | 19909 | 205 | 7528 | 2602 |
| 广 东 | Guangdong | 88147 | 75222 | 38694 | 207 | 10886 | 1843 |
| 广 西 | Guangxi | 37716 | 31036 | 17510 | 68 | 4509 | 2112 |
| 海 南 | Hainan | 10348 | 8362 | 4277 | 0 | 1505 | 481 |
| 重 庆 | Chongqing | 39622 | 32395 | 18110 | 285 | 5100 | 1846 |
| 四 川 | Sichuan | 78125 | 60710 | 31145 | 1236 | 14052 | 2133 |
| 贵 州 | Guizhou | 36961 | 30325 | 10996 | 203 | 3956 | 2474 |
| 云 南 | Yunnan | 64108 | 52466 | 24024 | 367 | 9003 | 1733 |
| 西 藏 | Tibet | 6645 | 6492 | 4447 | 0 | 92 | 61 |
| 陕 西 | Shaanxi | 42108 | 29897 | 15828 | 48 | 9860 | 2308 |
| 甘 肃 | Gansu | 16202 | 12700 | 5501 | 269 | 2283 | 969 |
| 青 海 | Qinghai | 10330 | 8697 | 7427 | 4 | 826 | 805 |
| 宁 夏 | Ningxia | 10323 | 8034 | 5282 | 93 | 520 | 1675 |
| 新 疆 | Xinjiang | 26249 | 21156 | 11536 | 369 | 3829 | 897 |

附表 2-3 续表　　　　　　　　Continued

| 地区 | Region | 科技活动周经费筹集额 Funding for S&T week | 政府拨款 Government funds | 企业赞助 Corporate donates | 年度科普经费使用额 Annual expenditure | 行政支出 Administrative expenditure | 科普活动支出 Activities expenditure |
|---|---|---|---|---|---|---|---|
| 全国 | Total | 49850 | 37638 | 3676 | 1613614 | 244299 | 875876 |
| 东部 | Eastern | 26222 | 20234 | 2129 | 902599 | 129458 | 518263 |
| 中部 | Middle | 10636 | 7609 | 858 | 280622 | 50378 | 145164 |
| 西部 | Western | 12992 | 9795 | 689 | 430393 | 64463 | 212449 |
| 北京 | Beijing | 4093 | 3112 | 367 | 234019 | 32527 | 152638 |
| 天津 | Tianjin | 598 | 366 | 57 | 22583 | 6310 | 10756 |
| 河北 | Hebei | 1155 | 876 | 89 | 31494 | 2276 | 15627 |
| 山西 | Shanxi | 491 | 303 | 109 | 23193 | 3947 | 10714 |
| 内蒙古 | Inner Mongolia | 679 | 533 | 43 | 35990 | 2244 | 9472 |
| 辽宁 | Liaoning | 1176 | 835 | 219 | 29111 | 4732 | 17519 |
| 吉林 | Jilin | 143 | 104 | 0 | 5518 | 863 | 3691 |
| 黑龙江 | Heilongjiang | 294 | 239 | 28 | 15507 | 1803 | 8343 |
| 上海 | Shanghai | 6241 | 4898 | 569 | 164773 | 9806 | 104822 |
| 江苏 | Jiangsu | 3835 | 2848 | 191 | 98506 | 17173 | 53192 |
| 浙江 | Zhejiang | 2412 | 2054 | 92 | 106569 | 19153 | 46883 |
| 安徽 | Anhui | 1148 | 935 | 112 | 45700 | 5572 | 27471 |
| 福建 | Fujian | 1270 | 935 | 127 | 71424 | 8589 | 36098 |
| 江西 | Jiangxi | 1419 | 922 | 89 | 28358 | 7372 | 15026 |
| 山东 | Shandong | 1160 | 641 | 77 | 47969 | 7642 | 24472 |
| 河南 | Henan | 1200 | 852 | 40 | 37564 | 8007 | 21122 |
| 湖北 | Hubei | 2480 | 1669 | 291 | 77023 | 14445 | 33430 |
| 湖南 | Hunan | 3461 | 2585 | 189 | 47759 | 8369 | 25367 |
| 广东 | Guangdong | 3612 | 3104 | 292 | 87149 | 19603 | 51026 |
| 广西 | Guangxi | 1947 | 1566 | 119 | 39403 | 6472 | 19242 |
| 海南 | Hainan | 670 | 565 | 49 | 9002 | 1647 | 5230 |
| 重庆 | Chongqing | 1664 | 1068 | 190 | 46469 | 6004 | 21933 |
| 四川 | Sichuan | 1978 | 1368 | 79 | 88721 | 11271 | 38815 |
| 贵州 | Guizhou | 1593 | 1439 | 44 | 37244 | 8955 | 20335 |
| 云南 | Yunnan | 1494 | 1020 | 77 | 63281 | 10074 | 40250 |
| 西藏 | Tibet | 190 | 166 | 0 | 6268 | 366 | 4621 |
| 陕西 | Shaanxi | 1353 | 988 | 72 | 44393 | 8291 | 24933 |
| 甘肃 | Gansu | 638 | 495 | 8 | 14966 | 2048 | 8914 |
| 青海 | Qinghai | 290 | 200 | 11 | 9528 | 2823 | 4371 |
| 宁夏 | Ningxia | 172 | 126 | 1 | 10184 | 1664 | 6360 |
| 新疆 | Xinjiang | 994 | 826 | 45 | 33946 | 4251 | 13203 |

附表2-3 续表 Continued

| 地区 | Region | 科普场馆基建支出 Infrastructure expenditures | 年度科普经费使用额 Annual expenditure ||| 其他支出 Others |
|---|---|---|---|---|---|---|
| | | | 政府拨款支出 Government expenditures | 场馆建设支出 Venue construction expenditures | 展品、设施支出 Exhibits&facilities expenditures | |
| 全国 | Total | 374126 | 143062 | 161783 | 157925 | 118522 |
| 东部 | Eastern | 184874 | 80569 | 78521 | 77787 | 68786 |
| 中部 | Middle | 63936 | 25513 | 31130 | 23862 | 21329 |
| 西部 | Western | 125316 | 36980 | 52132 | 56276 | 28407 |
| 北京 | Beijing | 21709 | 10620 | 7026 | 8983 | 25754 |
| 天津 | Tianjin | 4714 | 1996 | 2034 | 2627 | 815 |
| 河北 | Hebei | 10986 | 8682 | 8149 | 2581 | 2608 |
| 山西 | Shanxi | 4240 | 3833 | 201 | 4051 | 4312 |
| 内蒙古 | Inner Mongolia | 23754 | 5761 | 13971 | 5676 | 517 |
| 辽宁 | Liaoning | 5632 | 2918 | 2164 | 2657 | 1236 |
| 吉林 | Jilin | 688 | 257 | 238 | 327 | 277 |
| 黑龙江 | Heilongjiang | 4270 | 1689 | 1442 | 2123 | 1104 |
| 上海 | Shanghai | 46027 | 22104 | 17513 | 25421 | 4150 |
| 江苏 | Jiangsu | 21744 | 7803 | 7800 | 11058 | 6433 |
| 浙江 | Zhejiang | 23528 | 6631 | 8709 | 5117 | 17033 |
| 安徽 | Anhui | 12059 | 6095 | 7930 | 3562 | 628 |
| 福建 | Fujian | 23708 | 7527 | 12898 | 7288 | 3047 |
| 江西 | Jiangxi | 3032 | 1485 | 1148 | 1073 | 2950 |
| 山东 | Shandong | 13416 | 6828 | 6453 | 5282 | 2446 |
| 河南 | Henan | 5418 | 542 | 2406 | 2325 | 3044 |
| 湖北 | Hubei | 24618 | 8804 | 13660 | 6652 | 4558 |
| 湖南 | Hunan | 9611 | 2808 | 4105 | 3749 | 4456 |
| 广东 | Guangdong | 11643 | 4789 | 4884 | 6058 | 4899 |
| 广西 | Guangxi | 10681 | 7856 | 4190 | 4739 | 3031 |
| 海南 | Hainan | 1767 | 671 | 891 | 715 | 365 |
| 重庆 | Chongqing | 13872 | 4965 | 5230 | 4771 | 4675 |
| 四川 | Sichuan | 33155 | 5094 | 14070 | 16968 | 5522 |
| 贵州 | Guizhou | 4298 | 2330 | 1783 | 1315 | 3689 |
| 云南 | Yunnan | 9307 | 5239 | 6003 | 9618 | 3677 |
| 西藏 | Tibet | 1128 | 1048 | 676 | 89 | 156 |
| 陕西 | Shaanxi | 9096 | 535 | 2802 | 5038 | 2101 |
| 甘肃 | Gansu | 3360 | 1422 | 1370 | 1402 | 690 |
| 青海 | Qinghai | 1456 | 92 | 148 | 1205 | 886 |
| 宁夏 | Ningxia | 1182 | 351 | 446 | 790 | 985 |
| 新疆 | Xinjiang | 14027 | 2287 | 1443 | 4665 | 2478 |

## 附表 2-4 2017年各省科普传媒
Appendix table 2-4: S&T popularization media by region in 2017

| 地区 Region | 科普图书 Popular science books | | 科普期刊 Popular science journals | |
|---|---|---|---|---|
| | 出版种数/种 Types of publications | 出版总册数/册 Total copies | 出版种数/种 Types of publications | 出版总册数/册 Total copies |
| 全国 Total | 14059 | 111875518 | 1252 | 125437946 |
| 东部 Eastern | 8655 | 72704552 | 651 | 100881597 |
| 中部 Middle | 2797 | 27547001 | 204 | 7906093 |
| 西部 Western | 2607 | 11623965 | 397 | 16650256 |
| 北京 Beijing | 4240 | 46316898 | 117 | 8121976 |
| 天津 Tianjin | 380 | 1908430 | 39 | 18391718 |
| 河北 Hebei | 474 | 2016031 | 29 | 1878860 |
| 山西 Shanxi | 155 | 982850 | 35 | 1154950 |
| 内蒙古 Inner Mongolia | 308 | 1099014 | 14 | 226500 |
| 辽宁 Liaoning | 515 | 2110418 | 42 | 7795281 |
| 吉林 Jilin | 384 | 3060090 | 9 | 42750 |
| 黑龙江 Heilongjiang | 246 | 1018910 | 13 | 821200 |
| 上海 Shanghai | 1023 | 5559696 | 119 | 19432700 |
| 江苏 Jiangsu | 666 | 5488648 | 86 | 4764111 |
| 浙江 Zhejiang | 357 | 3372279 | 65 | 1612820 |
| 安徽 Anhui | 96 | 1166700 | 22 | 106820 |
| 福建 Fujian | 111 | 662830 | 32 | 1867966 |
| 江西 Jiangxi | 672 | 9384610 | 36 | 3410460 |
| 山东 Shandong | 80 | 765800 | 37 | 787200 |
| 河南 Henan | 448 | 2318048 | 26 | 497300 |
| 湖北 Hubei | 241 | 1169043 | 50 | 324943 |
| 湖南 Hunan | 555 | 8446750 | 13 | 1547670 |
| 广东 Guangdong | 741 | 4167622 | 75 | 36204365 |
| 广西 Guangxi | 227 | 1103138 | 26 | 824485 |
| 海南 Hainan | 68 | 335900 | 10 | 24600 |
| 重庆 Chongqing | 251 | 2280800 | 73 | 6149450 |
| 四川 Sichuan | 225 | 1047427 | 50 | 3779942 |
| 贵州 Guizhou | 47 | 375200 | 16 | 133200 |
| 云南 Yunnan | 257 | 495324 | 66 | 2156244 |
| 西藏 Tibet | 33 | 104380 | 4 | 34000 |
| 陕西 Shaanxi | 244 | 2285760 | 52 | 1275230 |
| 甘肃 Gansu | 291 | 1262926 | 38 | 398273 |
| 青海 Qinghai | 152 | 226268 | 14 | 64400 |
| 宁夏 Ningxia | 104 | 188700 | 9 | 22800 |
| 新疆 Xinjiang | 468 | 1155028 | 35 | 1585732 |

附表 2-4 续表 Continued

| 地区 | Region | 科普（技）音像制品 Popularization audio and video products | | | 科技类报纸年发行总份数/份 S&T newspaper printed copies |
|---|---|---|---|---|---|
| | | 出版种数/种 Types of publications | 光盘发行总量/张 Total CD copies released | 录音、录像带发行总量/盒 Total copies of audio and video publications | |
| 全 国 | Total | 4255 | 5696954 | 391964 | 490629330 |
| 东 部 | Eastern | 1690 | 3384325 | 165524 | 142969647 |
| 中 部 | Middle | 1337 | 1036930 | 132950 | 293724296 |
| 西 部 | Western | 1228 | 1275699 | 93490 | 53935387 |
| 北 京 | Beijing | 349 | 1627431 | 105508 | 27222075 |
| 天 津 | Tianjin | 54 | 83750 | 100 | 3594510 |
| 河 北 | Hebei | 54 | 126046 | 12732 | 27429249 |
| 山 西 | Shanxi | 161 | 77189 | 70239 | 18741758 |
| 内蒙古 | Inner Mongolia | 121 | 63736 | 11237 | 238069 |
| 辽 宁 | Liaoning | 307 | 519369 | 21374 | 8772120 |
| 吉 林 | Jilin | 17 | 12819 | 150 | 282152 |
| 黑龙江 | Heilongjiang | 98 | 114830 | 2570 | 772032 |
| 上 海 | Shanghai | 78 | 486405 | 1500 | 14851913 |
| 江 苏 | Jiangsu | 246 | 134242 | 1344 | 17653253 |
| 浙 江 | Zhejiang | 186 | 68624 | 1335 | 9920793 |
| 安 徽 | Anhui | 108 | 20792 | 2168 | 119312 |
| 福 建 | Fujian | 53 | 104748 | 11927 | 1897210 |
| 江 西 | Jiangxi | 189 | 105372 | 1961 | 10187009 |
| 山 东 | Shandong | 63 | 24717 | 3042 | 2649721 |
| 河 南 | Henan | 152 | 162869 | 32421 | 6589094 |
| 湖 北 | Hubei | 287 | 58979 | 6782 | 12046130 |
| 湖 南 | Hunan | 325 | 484080 | 16659 | 244986809 |
| 广 东 | Guangdong | 228 | 182383 | 6062 | 28978792 |
| 广 西 | Guangxi | 92 | 15254 | 2326 | 18635505 |
| 海 南 | Hainan | 72 | 26610 | 600 | 11 |
| 重 庆 | Chongqing | 75 | 70592 | 33803 | 302223 |
| 四 川 | Sichuan | 182 | 301682 | 10723 | 2942436 |
| 贵 州 | Guizhou | 13 | 2540 | 40 | 71768 |
| 云 南 | Yunnan | 285 | 220089 | 19936 | 1898228 |
| 西 藏 | Tibet | 12 | 12102 | 1450 | 2105500 |
| 陕 西 | Shaanxi | 85 | 49672 | 2050 | 23718702 |
| 甘 肃 | Gansu | 147 | 99579 | 9345 | 1151913 |
| 青 海 | Qinghai | 31 | 35358 | 0 | 1716203 |
| 宁 夏 | Ningxia | 53 | 52073 | 52 | 351801 |
| 新 疆 | Xinjiang | 132 | 353022 | 2528 | 803039 |

附表 2-4 续表　　　　Continued

| 地区 Region | 电视台播出科普（技）节目时间/小时 Broadcasting time of popular science programs on TV (h) | 电台播出科普（技）节目时间/小时 Broadcasting time of popular science programs on radio (h) | 科普网站数/个 S&T popularization websites (unit) | 发放科普读物和资料/份 Number of S&T popularization books and materials |
|---|---|---|---|---|
| 全国 Total | 89741 | 73737 | 2570 | 785942063 |
| 东部 Eastern | 44301 | 36819 | 1281 | 323563724 |
| 中部 Middle | 21399 | 18554 | 553 | 181355894 |
| 西部 Western | 24041 | 18364 | 736 | 281022445 |
| 北京 Beijing | 4261 | 9109 | 270 | 46985150 |
| 天津 Tianjin | 3508 | 235 | 65 | 6593808 |
| 河北 Hebei | 4912 | 1620 | 66 | 23570473 |
| 山西 Shanxi | 2174 | 3863 | 42 | 11986115 |
| 内蒙古 Inner Mongolia | 990 | 675 | 52 | 10734105 |
| 辽宁 Liaoning | 8180 | 9196 | 110 | 17268532 |
| 吉林 Jilin | 143 | 144 | 15 | 6419675 |
| 黑龙江 Heilongjiang | 2438 | 706 | 52 | 33641382 |
| 上海 Shanghai | 1375 | 1336 | 222 | 32664910 |
| 江苏 Jiangsu | 2612 | 1666 | 132 | 92868468 |
| 浙江 Zhejiang | 5675 | 4146 | 113 | 32737201 |
| 安徽 Anhui | 1870 | 2587 | 87 | 21659902 |
| 福建 Fujian | 4178 | 2579 | 58 | 12894910 |
| 江西 Jiangxi | 3319 | 1254 | 85 | 15917334 |
| 山东 Shandong | 5416 | 2056 | 70 | 18849217 |
| 河南 Henan | 4074 | 2103 | 82 | 25329459 |
| 湖北 Hubei | 2874 | 2811 | 90 | 31170401 |
| 湖南 Hunan | 4507 | 5086 | 100 | 35231626 |
| 广东 Guangdong | 4182 | 4853 | 151 | 34709126 |
| 广西 Guangxi | 4161 | 2562 | 59 | 44070328 |
| 海南 Hainan | 2 | 23 | 24 | 4421929 |
| 重庆 Chongqing | 21 | 1 | 120 | 21643259 |
| 四川 Sichuan | 5270 | 3448 | 115 | 44696773 |
| 贵州 Guizhou | 1746 | 1429 | 36 | 21114204 |
| 云南 Yunnan | 1193 | 1111 | 87 | 54954466 |
| 西藏 Tibet | 18 | 15 | 14 | 280222 |
| 陕西 Shaanxi | 4771 | 2282 | 102 | 24200655 |
| 甘肃 Gansu | 2683 | 1837 | 77 | 19455348 |
| 青海 Qinghai | 392 | 400 | 16 | 25075010 |
| 宁夏 Ningxia | 83 | 114 | 22 | 5079832 |
| 新疆 Xinjiang | 2713 | 4490 | 36 | 9718243 |

附表 2-5　2017 年各省科普活动
Appendix table 2-5: S&T popularization activities by region in 2017

| 地　区 Region | | 科普（技）讲座 S&T popularization lectures | | 科普（技）展览 S&T popularization exhibitions | |
|---|---|---|---|---|---|
| | | 举办次数/次 Number of lectures held | 参加人数/人次 Number of participants | 专题展览次数/次 Number of exhibitions held | 参观人数/人次 Number of participants |
| 全　国 | Total | 880097 | 146145255 | 119943 | 256028849 |
| 东　部 | Eastern | 414750 | 66387948 | 50653 | 148195590 |
| 中　部 | Middle | 208919 | 30631907 | 33232 | 44906897 |
| 西　部 | Western | 256428 | 49125400 | 36058 | 62926362 |
| 北　京 | Beijing | 52839 | 10532446 | 4425 | 51392598 |
| 天　津 | Tianjin | 14373 | 1267984 | 4563 | 4344345 |
| 河　北 | Hebei | 21941 | 3748105 | 3502 | 7560221 |
| 山　西 | Shanxi | 16453 | 1483972 | 1549 | 1928222 |
| 内蒙古 | Inner Mongolia | 16602 | 2015166 | 2077 | 3425779 |
| 辽　宁 | Liaoning | 27806 | 6256051 | 3790 | 7372055 |
| 吉　林 | Jilin | 8278 | 1797047 | 2466 | 1601547 |
| 黑龙江 | Heilongjiang | 19331 | 2700469 | 2254 | 3850343 |
| 上　海 | Shanghai | 66246 | 9238708 | 5800 | 21584206 |
| 江　苏 | Jiangsu | 66253 | 8367391 | 7819 | 14309875 |
| 浙　江 | Zhejiang | 61193 | 10599946 | 7042 | 11184813 |
| 安　徽 | Anhui | 30495 | 3301736 | 4896 | 5278492 |
| 福　建 | Fujian | 27028 | 3950861 | 3437 | 4603425 |
| 江　西 | Jiangxi | 18200 | 2790716 | 4969 | 5208680 |
| 山　东 | Shandong | 42283 | 5500752 | 4160 | 8913171 |
| 河　南 | Henan | 38382 | 5709491 | 5212 | 7372940 |
| 湖　北 | Hubei | 43847 | 8377607 | 7688 | 9715545 |
| 湖　南 | Hunan | 33933 | 4470869 | 4198 | 9951128 |
| 广　东 | Guangdong | 30596 | 6361761 | 4531 | 15103864 |
| 广　西 | Guangxi | 27261 | 5187749 | 3171 | 4493213 |
| 海　南 | Hainan | 4192 | 563943 | 1584 | 1827017 |
| 重　庆 | Chongqing | 16606 | 6388010 | 2484 | 8445213 |
| 四　川 | Sichuan | 43827 | 8950305 | 6392 | 10631257 |
| 贵　州 | Guizhou | 11906 | 2128138 | 2237 | 2750310 |
| 云　南 | Yunnan | 41700 | 5910703 | 4922 | 12207050 |
| 西　藏 | Tibet | 514 | 83230 | 155 | 313814 |
| 陕　西 | Shaanxi | 31571 | 4855140 | 5349 | 6314552 |
| 甘　肃 | Gansu | 25103 | 3799350 | 3749 | 5304328 |
| 青　海 | Qinghai | 4925 | 1663918 | 972 | 1428075 |
| 宁　夏 | Ningxia | 6288 | 1563087 | 1090 | 1946975 |
| 新　疆 | Xinjiang | 30125 | 6580604 | 3460 | 5665796 |

附表 2-5 续表 Continued

| 地区 | Region | 科普（技）竞赛 S&T popularization competitions | | 科普国际交流 International S&T popularization exchanges | |
|---|---|---|---|---|---|
| | | 举办次数/次 Number of competitions held | 参加人数/人次 Number of participants | 举办次数/次 Number of exchanges held | 参加人数/人次 Number of participants |
| 全 国 | Total | 48900 | 101428543 | 2713 | 702133 |
| 东 部 | Eastern | 31606 | 78602217 | 1611 | 447720 |
| 中 部 | Middle | 8624 | 10806229 | 401 | 83772 |
| 西 部 | Western | 8670 | 12020097 | 701 | 170641 |
| 北 京 | Beijing | 2116 | 55487749 | 415 | 224110 |
| 天 津 | Tianjin | 701 | 1461699 | 77 | 24919 |
| 河 北 | Hebei | 1535 | 1403715 | 40 | 4764 |
| 山 西 | Shanxi | 431 | 541723 | 23 | 3371 |
| 内蒙古 | Inner Mongolia | 441 | 322873 | 14 | 3268 |
| 辽 宁 | Liaoning | 1910 | 1423269 | 118 | 7051 |
| 吉 林 | Jilin | 281 | 233992 | 4 | 50 |
| 黑龙江 | Heilongjiang | 716 | 309760 | 29 | 887 |
| 上 海 | Shanghai | 3586 | 4007298 | 351 | 74363 |
| 江 苏 | Jiangsu | 9684 | 6203648 | 216 | 60171 |
| 浙 江 | Zhejiang | 3089 | 2286270 | 101 | 21492 |
| 安 徽 | Anhui | 1168 | 747319 | 1 | 1 |
| 福 建 | Fujian | 6313 | 1701797 | 91 | 21064 |
| 江 西 | Jiangxi | 846 | 932752 | 26 | 3649 |
| 山 东 | Shandong | 1140 | 2081222 | 68 | 6441 |
| 河 南 | Henan | 1623 | 3320912 | 35 | 5610 |
| 湖 北 | Hubei | 2480 | 3118925 | 82 | 41757 |
| 湖 南 | Hunan | 1079 | 1600846 | 201 | 28447 |
| 广 东 | Guangdong | 1363 | 2490234 | 76 | 1764 |
| 广 西 | Guangxi | 845 | 1581321 | 143 | 25258 |
| 海 南 | Hainan | 169 | 55316 | 58 | 1581 |
| 重 庆 | Chongqing | 726 | 2949741 | 131 | 87871 |
| 四 川 | Sichuan | 1216 | 2434634 | 60 | 4882 |
| 贵 州 | Guizhou | 698 | 595472 | 23 | 895 |
| 云 南 | Yunnan | 1031 | 1209825 | 138 | 28734 |
| 西 藏 | Tibet | 32 | 6928 | 7 | 44 |
| 陕 西 | Shaanxi | 1364 | 1236513 | 110 | 12825 |
| 甘 肃 | Gansu | 840 | 692110 | 22 | 1035 |
| 青 海 | Qinghai | 118 | 60960 | 22 | 5169 |
| 宁 夏 | Ningxia | 206 | 239411 | 5 | 100 |
| 新 疆 | Xinjiang | 1153 | 690309 | 26 | 560 |

附表 2-5 续表　　　　Continued

| 地区 | Region | 成立青少年科技兴趣小组<br>Teenage S&T interest groups | | 科技夏（冬）令营<br>Summer /winter science camps | |
|---|---|---|---|---|---|
| | | 兴趣小组数/个<br>Number of groups | 参加人数/人次<br>Number of participants | 举办次数/次<br>Number of camps held | 参加人数/人次<br>Number of participants |
| 全　国 | Total | 213280 | 18825157 | 15617 | 3031271 |
| 东　部 | Eastern | 91229 | 6879388 | 9331 | 1845421 |
| 中　部 | Middle | 63573 | 5273705 | 2600 | 485317 |
| 西　部 | Western | 58478 | 6672064 | 3686 | 700533 |
| 北　京 | Beijing | 3334 | 388933 | 1574 | 199108 |
| 天　津 | Tianjin | 3723 | 415783 | 466 | 208975 |
| 河　北 | Hebei | 10299 | 541994 | 210 | 34538 |
| 山　西 | Shanxi | 4523 | 217898 | 100 | 10850 |
| 内蒙古 | Inner Mongolia | 1620 | 133055 | 225 | 51004 |
| 辽　宁 | Liaoning | 8651 | 616347 | 381 | 130670 |
| 吉　林 | Jilin | 2625 | 191840 | 372 | 27568 |
| 黑龙江 | Heilongjiang | 3247 | 177855 | 177 | 31043 |
| 上　海 | Shanghai | 7675 | 603973 | 1769 | 247819 |
| 江　苏 | Jiangsu | 17028 | 1011570 | 1634 | 652868 |
| 浙　江 | Zhejiang | 11687 | 1115841 | 856 | 101616 |
| 安　徽 | Anhui | 6087 | 339982 | 429 | 55906 |
| 福　建 | Fujian | 4702 | 336550 | 734 | 65600 |
| 江　西 | Jiangxi | 4469 | 801491 | 293 | 71018 |
| 山　东 | Shandong | 10927 | 855362 | 788 | 103844 |
| 河　南 | Henan | 17803 | 1483860 | 350 | 51986 |
| 湖　北 | Hubei | 13693 | 1015641 | 472 | 98423 |
| 湖　南 | Hunan | 11126 | 1045138 | 407 | 138523 |
| 广　东 | Guangdong | 12517 | 950543 | 872 | 95025 |
| 广　西 | Guangxi | 7000 | 1210527 | 165 | 53343 |
| 海　南 | Hainan | 686 | 42492 | 47 | 5358 |
| 重　庆 | Chongqing | 5019 | 807199 | 224 | 34977 |
| 四　川 | Sichuan | 11746 | 1249073 | 680 | 135712 |
| 贵　州 | Guizhou | 3530 | 650638 | 92 | 9606 |
| 云　南 | Yunnan | 6409 | 453990 | 473 | 92792 |
| 西　藏 | Tibet | 20 | 1836 | 17 | 878 |
| 陕　西 | Shaanxi | 7423 | 409080 | 374 | 60604 |
| 甘　肃 | Gansu | 5011 | 366755 | 195 | 13061 |
| 青　海 | Qinghai | 511 | 26583 | 75 | 8201 |
| 宁　夏 | Ningxia | 2974 | 144877 | 53 | 8508 |
| 新　疆 | Xinjiang | 7215 | 1218451 | 1113 | 231847 |

附表2-5 续表 Continued

| 地区 | Region | 科技活动周 Science & technology week | | 科研机构、大学向社会开放 Scientific institutions and universities open to public | |
|---|---|---|---|---|---|
| | | 科普专题活动次数/次 Number of S&T week held | 参加人数/人次 Number of participants | 开放单位数/个 Number of open units | 参观人数/人次 Number of participants |
| 全 国 | Total | 115999 | 164336096 | 8461 | 8786514 |
| 东 部 | Eastern | 47671 | 100571566 | 4276 | 5010617 |
| 中 部 | Middle | 26871 | 22308724 | 1915 | 1997483 |
| 西 部 | Western | 41457 | 41455806 | 2270 | 1778414 |
| 北 京 | Beijing | 3867 | 54583160 | 797 | 950277 |
| 天 津 | Tianjin | 4184 | 2961968 | 154 | 62904 |
| 河 北 | Hebei | 4714 | 6286806 | 367 | 225958 |
| 山 西 | Shanxi | 1779 | 1002811 | 107 | 81288 |
| 内蒙古 | Inner Mongolia | 1844 | 1334845 | 94 | 50342 |
| 辽 宁 | Liaoning | 4368 | 2750343 | 560 | 473108 |
| 吉 林 | Jilin | 1128 | 1813544 | 35 | 26115 |
| 黑龙江 | Heilongjiang | 2569 | 2489669 | 266 | 115427 |
| 上 海 | Shanghai | 6037 | 7524734 | 110 | 423670 |
| 江 苏 | Jiangsu | 8679 | 11660951 | 770 | 922166 |
| 浙 江 | Zhejiang | 5735 | 3762834 | 520 | 533070 |
| 安 徽 | Anhui | 4154 | 2884335 | 196 | 123985 |
| 福 建 | Fujian | 3584 | 2618489 | 251 | 245235 |
| 江 西 | Jiangxi | 3805 | 2483205 | 232 | 352523 |
| 山 东 | Shandong | 3293 | 4538877 | 279 | 229791 |
| 河 南 | Henan | 5011 | 3967697 | 305 | 221972 |
| 湖 北 | Hubei | 5186 | 4350055 | 474 | 869807 |
| 湖 南 | Hunan | 3239 | 3317408 | 300 | 206366 |
| 广 东 | Guangdong | 2154 | 3170771 | 391 | 704150 |
| 广 西 | Guangxi | 4278 | 3815899 | 222 | 192759 |
| 海 南 | Hainan | 1056 | 712633 | 77 | 240288 |
| 重 庆 | Chongqing | 2482 | 7445485 | 374 | 301175 |
| 四 川 | Sichuan | 7113 | 4324891 | 421 | 495325 |
| 贵 州 | Guizhou | 3201 | 1599445 | 114 | 60055 |
| 云 南 | Yunnan | 5874 | 4342588 | 227 | 151806 |
| 西 藏 | Tibet | 256 | 68371 | 7 | 4900 |
| 陕 西 | Shaanxi | 6040 | 11465031 | 372 | 229724 |
| 甘 肃 | Gansu | 3440 | 2169899 | 137 | 91947 |
| 青 海 | Qinghai | 662 | 500170 | 65 | 10681 |
| 宁 夏 | Ningxia | 993 | 1943331 | 84 | 60161 |
| 新 疆 | Xinjiang | 5274 | 2445851 | 153 | 129539 |

附表2-5 续表 Continued

| 地区 | Region | 举办实用技术培训 Practical skill trainings | | 重大科普活动次数/次 Numberof grandpopularization activities |
|---|---|---|---|---|
| | | 举办次数/次 Number of trainings held | 参加人数/人次 Number of participants | |
| 全 国 | Total | 598385 | 71738529 | 27802 |
| 东 部 | Eastern | 161709 | 21142902 | 9936 |
| 中 部 | Middle | 120456 | 17591242 | 7204 |
| 西 部 | Western | 316220 | 33004385 | 10662 |
| 北 京 | Beijing | 14906 | 1432111 | 809 |
| 天 津 | Tianjin | 8094 | 572921 | 341 |
| 河 北 | Hebei | 21839 | 2912230 | 980 |
| 山 西 | Shanxi | 10866 | 1169627 | 720 |
| 内蒙古 | Inner Mongolia | 17964 | 2301508 | 608 |
| 辽 宁 | Liaoning | 10647 | 1588869 | 1009 |
| 吉 林 | Jilin | 7893 | 825168 | 319 |
| 黑龙江 | Heilongjiang | 16078 | 2742094 | 620 |
| 上 海 | Shanghai | 15462 | 3382343 | 1142 |
| 江 苏 | Jiangsu | 23694 | 2342903 | 1587 |
| 浙 江 | Zhejiang | 26973 | 3105686 | 1175 |
| 安 徽 | Anhui | 15344 | 2042755 | 821 |
| 福 建 | Fujian | 13147 | 2252292 | 721 |
| 江 西 | Jiangxi | 11660 | 1026251 | 542 |
| 山 东 | Shandong | 12798 | 2220205 | 976 |
| 河 南 | Henan | 20046 | 4413842 | 1381 |
| 湖 北 | Hubei | 23809 | 3358567 | 1331 |
| 湖 南 | Hunan | 14760 | 2012938 | 1470 |
| 广 东 | Guangdong | 11514 | 1092918 | 985 |
| 广 西 | Guangxi | 30130 | 2275687 | 830 |
| 海 南 | Hainan | 2635 | 240424 | 211 |
| 重 庆 | Chongqing | 7901 | 1108784 | 947 |
| 四 川 | Sichuan | 53231 | 5468552 | 1881 |
| 贵 州 | Guizhou | 18554 | 1832942 | 424 |
| 云 南 | Yunnan | 67010 | 6540185 | 1367 |
| 西 藏 | Tibet | 377 | 35009 | 132 |
| 陕 西 | Shaanxi | 37935 | 3959249 | 1400 |
| 甘 肃 | Gansu | 29354 | 2950162 | 1342 |
| 青 海 | Qinghai | 2391 | 186220 | 402 |
| 宁 夏 | Ningxia | 5204 | 482769 | 354 |
| 新 疆 | Xinjiang | 46169 | 5863318 | 975 |

附表2-6 2017年创新创业中的科普

Appendix table 2-6: S&T popularization activities in innovation and entrepreneurship in 2017

| 地区 Region | 众创空间 Maker space | | 孵化科技项目数量/个 Number of incubating S&T projects |
|---|---|---|---|
| | 数量/个 Number of maker spaces | 服务各类人员数量/人 Number of serving for people | |
| 全国 Total | 8236 | 1397672 | 166301 |
| 东部 Eastern | 4546 | 917855 | 126932 |
| 中部 Middle | 1503 | 269678 | 17314 |
| 西部 Western | 2187 | 210139 | 22055 |
| 北京 Beijing | 411 | 617501 | 75693 |
| 天津 Tianjin | 274 | 19841 | 4449 |
| 河北 Hebei | 451 | 36889 | 2922 |
| 山西 Shanxi | 169 | 18686 | 3916 |
| 内蒙古 Inner Mongolia | 210 | 14636 | 858 |
| 辽宁 Liaoning | 203 | 32717 | 2557 |
| 吉林 Jilin | 81 | 10580 | 152 |
| 黑龙江 Heilongjiang | 183 | 18061 | 2474 |
| 上海 Shanghai | 1306 | 80908 | 22957 |
| 江苏 Jiangsu | 705 | 29990 | 6242 |
| 浙江 Zhejiang | 112 | 10553 | 1185 |
| 安徽 Anhui | 226 | 54037 | 3668 |
| 福建 Fujian | 487 | 19389 | 1109 |
| 江西 Jiangxi | 161 | 42069 | 1208 |
| 山东 Shandong | 266 | 24401 | 3088 |
| 河南 Henan | 104 | 17123 | 828 |
| 湖北 Hubei | 327 | 19236 | 1051 |
| 湖南 Hunan | 252 | 89886 | 4017 |
| 广东 Guangdong | 258 | 20518 | 4315 |
| 广西 Guangxi | 354 | 23127 | 1586 |
| 海南 Hainan | 73 | 25148 | 2415 |
| 重庆 Chongqing | 332 | 28562 | 2215 |
| 四川 Sichuan | 393 | 21436 | 1002 |
| 贵州 Guizhou | 96 | 4578 | 438 |
| 云南 Yunnan | 327 | 40435 | 1702 |
| 西藏 Tibet | 17 | 3236 | 43 |
| 陕西 Shaanxi | 205 | 16744 | 13417 |
| 甘肃 Gansu | 88 | 3921 | 211 |
| 青海 Qinghai | 22 | 3816 | 44 |
| 宁夏 Ningxia | 47 | 44944 | 218 |
| 新疆 Xinjiang | 96 | 4704 | 321 |

附表2-6 续表　　　　Continued

| 地区 | Region | 创新创业培训 Innovation and entrepreneurship trainings | | 创新创业赛事 Innovation and entrepreneurship competitions | |
|---|---|---|---|---|---|
| | | 培训次数/次 Number of trainings | 参加人数/人次 Number of participants | 赛事次数/次 Number of competitions | 参加人数/人次 Number of participants |
| 全国 | Total | 79470 | 4387842 | 7209 | 2748910 |
| 东部 | Eastern | 37429 | 2195735 | 3744 | 1513672 |
| 中部 | Middle | 21691 | 1030498 | 1526 | 478343 |
| 西部 | Western | 20350 | 1161609 | 1939 | 756895 |
| 北京 | Beijing | 1822 | 245896 | 263 | 149847 |
| 天津 | Tianjin | 4013 | 173657 | 142 | 490287 |
| 河北 | Hebei | 2255 | 106770 | 193 | 46832 |
| 山西 | Shanxi | 633 | 53112 | 164 | 45099 |
| 内蒙古 | Inner Mongolia | 2164 | 87621 | 243 | 19809 |
| 辽宁 | Liaoning | 1664 | 149167 | 597 | 82174 |
| 吉林 | Jilin | 1912 | 30839 | 12 | 2575 |
| 黑龙江 | Heilongjiang | 1486 | 88304 | 145 | 58756 |
| 上海 | Shanghai | 11206 | 534056 | 900 | 390230 |
| 江苏 | Jiangsu | 5557 | 293885 | 561 | 80499 |
| 浙江 | Zhejiang | 2267 | 98693 | 243 | 61928 |
| 安徽 | Anhui | 3610 | 157377 | 345 | 49082 |
| 福建 | Fujian | 2185 | 134736 | 288 | 67254 |
| 江西 | Jiangxi | 2172 | 109351 | 189 | 72829 |
| 山东 | Shandong | 2904 | 222119 | 301 | 62461 |
| 河南 | Henan | 4249 | 208836 | 225 | 42454 |
| 湖北 | Hubei | 2429 | 197664 | 273 | 161839 |
| 湖南 | Hunan | 5200 | 185015 | 173 | 45709 |
| 广东 | Guangdong | 2318 | 138090 | 229 | 76038 |
| 广西 | Guangxi | 2666 | 138331 | 209 | 58797 |
| 海南 | Hainan | 1238 | 98666 | 27 | 6122 |
| 重庆 | Chongqing | 2787 | 143185 | 278 | 82812 |
| 四川 | Sichuan | 3642 | 245733 | 174 | 49891 |
| 贵州 | Guizhou | 1718 | 36548 | 261 | 61250 |
| 云南 | Yunnan | 2981 | 200193 | 298 | 29587 |
| 西藏 | Tibet | 93 | 7297 | 16 | 1300 |
| 陕西 | Shaanxi | 1764 | 123195 | 261 | 379666 |
| 甘肃 | Gansu | 750 | 54149 | 87 | 36181 |
| 青海 | Qinghai | 200 | 11447 | 9 | 2440 |
| 宁夏 | Ningxia | 218 | 15040 | 42 | 26610 |
| 新疆 | Xinjiang | 1367 | 98870 | 61 | 8552 |

# 附录3  2016年全国科普统计分类数据统计表

各项统计数据均未包括香港特别行政区、澳门特别行政区和台湾地区的数据。

科普宣传专用车、科普图书、科普期刊、科普网站、科普国际交流情况和创新创业中的科普情况均由市级以上（含市级）填报单位的数据统计得出。

非场馆类科普基地，因为理解差异，此次暂未列入。

东部、中部和西部地区的划分：东部地区包括北京、天津、河北、辽宁、上海、江苏、浙江、福建、山东、广东和海南11个省和直辖市；中部地区包括山西、吉林、黑龙江、安徽、江西、河南、湖北和湖南8个省；西部地区包括内蒙古、广西、重庆、四川、贵州、云南、西藏、陕西、甘肃、青海、宁夏和新疆12个省、自治区和直辖市。

附表 3-1　2016 年各省科普人员　　　　　　　　　　　　　　　　　单位：人
Appendix table 3-1: S&T popularization personnel by region in 2016　　Unit: person

| 地　区 Region | 科普专职人员 Full time S&T popularization personnel | 中级职称及以上或大学本科及以上学历人员 With title of medium-rank or above /with college graduate or above | 女性 Female |
|---|---|---|---|
| 全　国 National Total | 223544 | 133371 | 82120 |
| 东　部 Eastern | 82349 | 52526 | 32943 |
| 中　部 Middle | 70793 | 41730 | 23835 |
| 西　部 Western | 70402 | 39115 | 25342 |
| 北　京 Beijing | 9291 | 6586 | 4291 |
| 天　津 Tianjin | 2404 | 1803 | 1266 |
| 河　北 Hebei | 8094 | 4421 | 3150 |
| 山　西 Shanxi | 7171 | 3890 | 3053 |
| 内蒙古 Inner Mongolia | 6842 | 4090 | 2681 |
| 辽　宁 Liaoning | 9047 | 6094 | 3642 |
| 吉　林 Jilin | 822 | 577 | 341 |
| 黑龙江 Heilongjiang | 3728 | 2554 | 1501 |
| 上　海 Shanghai | 8544 | 6130 | 4156 |
| 江　苏 Jiangsu | 13064 | 7906 | 4508 |
| 浙　江 Zhejiang | 7563 | 5590 | 2951 |
| 安　徽 Anhui | 11755 | 6691 | 2787 |
| 福　建 Fujian | 4399 | 2441 | 1449 |
| 江　西 Jiangxi | 6409 | 3803 | 2053 |
| 山　东 Shandong | 10302 | 6197 | 4023 |
| 河　南 Henan | 14499 | 8027 | 5438 |
| 湖　北 Hubei | 12827 | 8190 | 4227 |
| 湖　南 Hunan | 13582 | 7998 | 4435 |
| 广　东 Guangdong | 8976 | 5004 | 3334 |
| 广　西 Guangxi | 5810 | 3157 | 2019 |
| 海　南 Hainan | 665 | 354 | 173 |
| 重　庆 Chongqing | 4248 | 2596 | 1661 |
| 四　川 Sichuan | 8962 | 4658 | 2974 |
| 贵　州 Guizhou | 2779 | 1623 | 955 |
| 云　南 Yunnan | 14214 | 8249 | 4967 |
| 西　藏 Tibet | 673 | 294 | 153 |
| 陕　西 Shaanxi | 11393 | 5794 | 4252 |
| 甘　肃 Gansu | 8287 | 4514 | 2479 |
| 青　海 Qinghai | 1041 | 737 | 490 |
| 宁　夏 Ningxia | 1531 | 838 | 688 |
| 新　疆 Xinjiang | 4622 | 2565 | 2023 |

附表 3-1 续表　　　　　Continued

| 地区 | Region | 科普专职人员 Full time S&T popularization personnel | | |
|---|---|---|---|---|
| | | 农村科普人员 Rural S&T popularization personnel | 管理人员 S&T popularization administrators | 科普创作人员 S&T popularization creators |
| 全　国 | Total | 68403 | 47004 | 14148 |
| 东　部 | Eastern | 19744 | 18331 | 6778 |
| 中　部 | Middle | 25743 | 14065 | 3822 |
| 西　部 | Western | 22916 | 14608 | 3548 |
| 北　京 | Beijing | 1880 | 1852 | 1323 |
| 天　津 | Tianjin | 257 | 787 | 231 |
| 河　北 | Hebei | 2395 | 1746 | 388 |
| 山　西 | Shanxi | 2296 | 1773 | 420 |
| 内蒙古 | Inner Mongolia | 2746 | 2097 | 274 |
| 辽　宁 | Liaoning | 2024 | 2370 | 627 |
| 吉　林 | Jilin | 176 | 188 | 83 |
| 黑龙江 | Heilongjiang | 1007 | 831 | 251 |
| 上　海 | Shanghai | 953 | 2046 | 1315 |
| 江　苏 | Jiangsu | 2647 | 2532 | 791 |
| 浙　江 | Zhejiang | 2204 | 1501 | 410 |
| 安　徽 | Anhui | 5824 | 2091 | 467 |
| 福　建 | Fujian | 1205 | 1034 | 312 |
| 江　西 | Jiangxi | 1825 | 1243 | 365 |
| 山　东 | Shandong | 3904 | 2103 | 670 |
| 河　南 | Henan | 4637 | 2655 | 651 |
| 湖　北 | Hubei | 5256 | 2620 | 773 |
| 湖　南 | Hunan | 4722 | 2664 | 812 |
| 广　东 | Guangdong | 1985 | 2212 | 697 |
| 广　西 | Guangxi | 2325 | 1252 | 384 |
| 海　南 | Hainan | 290 | 148 | 14 |
| 重　庆 | Chongqing | 1186 | 1270 | 448 |
| 四　川 | Sichuan | 3193 | 1945 | 390 |
| 贵　州 | Guizhou | 865 | 660 | 174 |
| 云　南 | Yunnan | 3845 | 2219 | 261 |
| 西　藏 | Tibet | 232 | 236 | 79 |
| 陕　西 | Shaanxi | 4277 | 2050 | 756 |
| 甘　肃 | Gansu | 2134 | 1249 | 409 |
| 青　海 | Qinghai | 128 | 204 | 47 |
| 宁　夏 | Ningxia | 510 | 346 | 75 |
| 新　疆 | Xinjiang | 1475 | 1080 | 251 |

附表 3-1 续表　　　　　　　　Continued

| 地 区 | Region | 科普兼职人员 Part time S&T popularization personnel | 中级职称及以上或大学本科及以上学历人员 With title of medium-rank or above /with college graduate or above | 女性 Female |
|---|---|---|---|---|
| 全 国 | Total | 1628842 | 866219 | 632834 |
| 东 部 | Eastern | 718763 | 407741 | 301035 |
| 中 部 | Middle | 427139 | 216925 | 154195 |
| 西 部 | Western | 482940 | 241553 | 177604 |
| 北 京 | Beijing | 45669 | 30026 | 26932 |
| 天 津 | Tianjin | 32238 | 16610 | 19008 |
| 河 北 | Hebei | 56913 | 26894 | 26217 |
| 山 西 | Shanxi | 33583 | 13292 | 13650 |
| 内蒙古 | Inner Mongolia | 29217 | 15539 | 11797 |
| 辽 宁 | Liaoning | 79519 | 43051 | 34090 |
| 吉 林 | Jilin | 5610 | 2637 | 2324 |
| 黑龙江 | Heilongjiang | 24703 | 16249 | 10345 |
| 上 海 | Shanghai | 51476 | 32600 | 26880 |
| 江 苏 | Jiangsu | 97032 | 60315 | 39950 |
| 浙 江 | Zhejiang | 137823 | 83959 | 48555 |
| 安 徽 | Anhui | 66816 | 35142 | 21298 |
| 福 建 | Fujian | 72525 | 42428 | 26282 |
| 江 西 | Jiangxi | 41933 | 19245 | 13223 |
| 山 东 | Shandong | 71430 | 31510 | 27046 |
| 河 南 | Henan | 93917 | 47794 | 39325 |
| 湖 北 | Hubei | 75542 | 41112 | 27562 |
| 湖 南 | Hunan | 85035 | 41454 | 26468 |
| 广 东 | Guangdong | 67912 | 38405 | 24235 |
| 广 西 | Guangxi | 48026 | 23693 | 16120 |
| 海 南 | Hainan | 6226 | 1943 | 1840 |
| 重 庆 | Chongqing | 48723 | 24767 | 17702 |
| 四 川 | Sichuan | 81765 | 38336 | 28304 |
| 贵 州 | Guizhou | 37929 | 20969 | 13243 |
| 云 南 | Yunnan | 73756 | 38096 | 27823 |
| 西 藏 | Tibet | 1460 | 512 | 260 |
| 陕 西 | Shaanxi | 68972 | 32467 | 26154 |
| 甘 肃 | Gansu | 49381 | 23324 | 17781 |
| 青 海 | Qinghai | 7201 | 4513 | 2857 |
| 宁 夏 | Ningxia | 10569 | 6697 | 4386 |
| 新 疆 | Xinjiang | 25941 | 12640 | 11177 |

附表3-1 续表 Continued

| 地区 | Region | 科普兼职人员 Part time S&T popularization personnel | | |
|---|---|---|---|---|
| | | 农村科普人员 Rural S&T popularization personnel | 注册科普志愿者 Registered S&T popularization volunteers | 年度实际投入工作量/人月 Annual actual workload (person-month) |
| 全　国 | Total | 502852 | 2315363 | 1854613 |
| 东　部 | Eastern | 187422 | 1255822 | 782565 |
| 中　部 | Middle | 164592 | 554666 | 499087 |
| 西　部 | Western | 150838 | 504875 | 572961 |
| 北　京 | Beijing | 5619 | 18174 | 56414 |
| 天　津 | Tianjin | 3002 | 30239 | 31640 |
| 河　北 | Hebei | 21822 | 46597 | 10017 |
| 山　西 | Shanxi | 13669 | 19167 | 32512 |
| 内蒙古 | Inner Mongolia | 9715 | 25042 | 32630 |
| 辽　宁 | Liaoning | 17661 | 66192 | 93253 |
| 吉　林 | Jilin | 1926 | 4200 | 6695 |
| 黑龙江 | Heilongjiang | 6927 | 30776 | 35176 |
| 上　海 | Shanghai | 4397 | 101197 | 77450 |
| 江　苏 | Jiangsu | 27861 | 630648 | 135419 |
| 浙　江 | Zhejiang | 35138 | 116340 | 120840 |
| 安　徽 | Anhui | 27983 | 42518 | 96856 |
| 福　建 | Fujian | 19955 | 36697 | 65366 |
| 江　西 | Jiangxi | 16061 | 21813 | 60834 |
| 山　东 | Shandong | 31187 | 54149 | 99685 |
| 河　南 | Henan | 40862 | 193671 | 143539 |
| 湖　北 | Hubei | 27789 | 89579 | 15827 |
| 湖　南 | Hunan | 29375 | 152942 | 107648 |
| 广　东 | Guangdong | 17754 | 146992 | 86028 |
| 广　西 | Guangxi | 12619 | 17223 | 62815 |
| 海　南 | Hainan | 3026 | 8597 | 6453 |
| 重　庆 | Chongqing | 15273 | 65783 | 9605 |
| 四　川 | Sichuan | 29892 | 54499 | 127847 |
| 贵　州 | Guizhou | 9771 | 45572 | 52705 |
| 云　南 | Yunnan | 24601 | 154040 | 90179 |
| 西　藏 | Tibet | 558 | 21 | 844 |
| 陕　西 | Shaanxi | 21886 | 23993 | 86986 |
| 甘　肃 | Gansu | 13072 | 37643 | 52667 |
| 青　海 | Qinghai | 1009 | 41743 | 9248 |
| 宁　夏 | Ningxia | 3944 | 28772 | 13455 |
| 新　疆 | Xinjiang | 8498 | 10544 | 33980 |

## 附表 3-2 2016年各省科普场地

Appendix table 3-2: S&T popularization venues and facilities by region in 2016

| 地区 Region | 科技馆/个 S&T museums | 建筑面积/米$^2$ Construction area (m$^2$) | 展厅面积/米$^2$ Exhibition area (m$^2$) | 当年参观人数/人次 Visitors |
|---|---|---|---|---|
| 全国 Total | 473 | 3206091 | 1572154 | 56464136 |
| 东部 Eastern | 241 | 1889998 | 929438 | 37526085 |
| 中部 Middle | 120 | 608439 | 280491 | 7733786 |
| 西部 Western | 112 | 707654 | 362225 | 11204265 |
| 北京 Beijing | 30 | 266907 | 149481 | 4799433 |
| 天津 Tianjin | 1 | 18000 | 10000 | 472200 |
| 河北 Hebei | 9 | 53392 | 25941 | 1720400 |
| 山西 Shanxi | 5 | 6800 | 3700 | 98000 |
| 内蒙古 Inner Mongolia | 17 | 128015 | 47600 | 1220406 |
| 辽宁 Liaoning | 19 | 224846 | 90737 | 2275306 |
| 吉林 Jilin | 8 | 31862 | 15860 | 150312 |
| 黑龙江 Heilongjiang | 8 | 103025 | 61009 | 2190320 |
| 上海 Shanghai | 32 | 230359 | 135394 | 7344529 |
| 江苏 Jiangsu | 19 | 157246 | 88982 | 2298347 |
| 浙江 Zhejiang | 23 | 236901 | 88333 | 3183198 |
| 安徽 Anhui | 10 | 119656 | 32144 | 257042 |
| 福建 Fujian | 38 | 225213 | 103103 | 3255551 |
| 江西 Jiangxi | 5 | 61223 | 32542 | 785032 |
| 山东 Shandong | 24 | 112323 | 67238 | 1737285 |
| 河南 Henan | 13 | 73978 | 46884 | 1803239 |
| 湖北 Hubei | 56 | 142082 | 51529 | 1840841 |
| 湖南 Hunan | 15 | 69813 | 36823 | 609000 |
| 广东 Guangdong | 42 | 361011 | 168127 | 4434100 |
| 广西 Guangxi | 4 | 80977 | 40357 | 1658391 |
| 海南 Hainan | 4 | 3800 | 2102 | 6005736 |
| 重庆 Chongqing | 10 | 70288 | 42935 | 2529100 |
| 四川 Sichuan | 17 | 54530 | 35102 | 1655584 |
| 贵州 Guizhou | 9 | 38315 | 17339 | 147200 |
| 云南 Yunnan | 12 | 25389 | 16602 | 529149 |
| 西藏 Tibet | 1 | 50000 | 34000 | 120000 |
| 陕西 Shaanxi | 11 | 81430 | 42944 | 511275 |
| 甘肃 Gansu | 7 | 19116 | 6551 | 112093 |
| 青海 Qinghai | 3 | 35179 | 14950 | 696262 |
| 宁夏 Ningxia | 6 | 52183 | 30051 | 764855 |
| 新疆 Xinjiang | 15 | 72232 | 33794 | 1259950 |

附表 3-2 续表 Continued

| 地 区 Region | 科学技术类博物馆/个 S&T related museums | 建筑面积/米² Construction area (m²) | 展厅面积/米² Exhibition area (m²) | 当年参观人数/人次 Visitors | 青少年科技馆站/个 Teenage S&T museums |
|---|---|---|---|---|---|
| 全 国 Total | 920 | 6090804 | 2824908 | 110158720 | 596 |
| 东 部 Eastern | 522 | 3752280 | 1798395 | 66406551 | 202 |
| 中 部 Middle | 158 | 870134 | 416668 | 15369934 | 183 |
| 西 部 Western | 240 | 1468390 | 609845 | 28382235 | 211 |
| 北 京 Beijing | 74 | 889500 | 325406 | 15006733 | 17 |
| 天 津 Tianjin | 10 | 244665 | 134113 | 3832071 | 8 |
| 河 北 Hebei | 31 | 109295 | 51547 | 2003203 | 22 |
| 山 西 Shanxi | 14 | 60319 | 25772 | 1083258 | 34 |
| 内蒙古 Inner Mongolia | 15 | 76381 | 34447 | 2031580 | 19 |
| 辽 宁 Liaoning | 81 | 651099 | 271357 | 7518700 | 25 |
| 吉 林 Jilin | 5 | 24565 | 13000 | 334500 | 1 |
| 黑龙江 Heilongjiang | 30 | 150398 | 89703 | 1384655 | 21 |
| 上 海 Shanghai | 143 | 746285 | 457001 | 15193596 | 25 |
| 江 苏 Jiangsu | 41 | 217415 | 119428 | 5811514 | 19 |
| 浙 江 Zhejiang | 36 | 286844 | 119588 | 6537842 | 31 |
| 安 徽 Anhui | 17 | 62621 | 38860 | 1216177 | 26 |
| 福 建 Fujian | 38 | 173147 | 82863 | 1816690 | 12 |
| 江 西 Jiangxi | 13 | 93053 | 23256 | 3120130 | 19 |
| 山 东 Shandong | 22 | 168194 | 110401 | 2002916 | 16 |
| 河 南 Henan | 13 | 64755 | 17850 | 1441118 | 15 |
| 湖 北 Hubei | 41 | 288320 | 152241 | 3816273 | 35 |
| 湖 南 Hunan | 25 | 126103 | 55986 | 2973823 | 32 |
| 广 东 Guangdong | 44 | 256012 | 124071 | 6575269 | 25 |
| 广 西 Guangxi | 10 | 51945 | 21132 | 430503 | 22 |
| 海 南 Hainan | 2 | 9824 | 2620 | 108017 | 2 |
| 重 庆 Chongqing | 27 | 223544 | 88561 | 4944213 | 22 |
| 四 川 Sichuan | 42 | 332886 | 123213 | 6870259 | 39 |
| 贵 州 Guizhou | 11 | 178665 | 35091 | 2695200 | 8 |
| 云 南 Yunnan | 45 | 215304 | 115290 | 6976381 | 30 |
| 西 藏 Tibet | 2 | 6020 | 3850 | 121000 | 5 |
| 陕 西 Shaanxi | 29 | 134245 | 72419 | 1300056 | 23 |
| 甘 肃 Gansu | 21 | 98481 | 51751 | 1889868 | 6 |
| 青 海 Qinghai | 5 | 39977 | 12500 | 18208 | 2 |
| 宁 夏 Ningxia | 6 | 28154 | 17685 | 138136 | 4 |
| 新 疆 Xinjiang | 27 | 82788 | 33906 | 966831 | 31 |

附表 3-2 续表　　　　Continued

| 地　区　Region | 城市社区科普（技）专用活动室/个 Urban community S&T popularization rooms | 农村科普（技）活动场地/个 Rural S&T popularization sites | 科普宣传专用车/辆 S&T popularization vehicles | 科普画廊/个 S&T popularization galleries |
|---|---|---|---|---|
| 全　国　Total | 84824 | 346570 | 1898 | 210167 |
| 东　部　Eastern | 42166 | 141381 | 539 | 117995 |
| 中　部　Middle | 24679 | 108135 | 402 | 48802 |
| 西　部　Western | 17979 | 97054 | 957 | 43370 |
| 北　京　Beijing | 1297 | 2065 | 53 | 5335 |
| 天　津　Tianjin | 3242 | 6561 | 93 | 3089 |
| 河　北　Hebei | 1458 | 12240 | 86 | 4661 |
| 山　西　Shanxi | 2610 | 8471 | 26 | 5315 |
| 内蒙古　Inner Mongolia | 1456 | 4031 | 34 | 2252 |
| 辽　宁　Liaoning | 6997 | 14069 | 56 | 10883 |
| 吉　林　Jilin | 167 | 1179 | 1 | 364 |
| 黑龙江　Heilongjiang | 2209 | 5401 | 35 | 1879 |
| 上　海　Shanghai | 3536 | 1692 | 71 | 7161 |
| 江　苏　Jiangsu | 8418 | 23303 | 31 | 24804 |
| 浙　江　Zhejiang | 4122 | 18699 | 21 | 16367 |
| 安　徽　Anhui | 3772 | 12965 | 31 | 10773 |
| 福　建　Fujian | 2159 | 6513 | 17 | 7273 |
| 江　西　Jiangxi | 2219 | 9604 | 36 | 6158 |
| 山　东　Shandong | 6704 | 45076 | 32 | 29425 |
| 河　南　Henan | 2845 | 21502 | 143 | 6920 |
| 湖　北　Hubei | 5804 | 26342 | 57 | 9544 |
| 湖　南　Hunan | 5053 | 22671 | 73 | 7849 |
| 广　东　Guangdong | 3961 | 9589 | 65 | 8320 |
| 广　西　Guangxi | 1345 | 11711 | 36 | 4545 |
| 海　南　Hainan | 272 | 1574 | 14 | 677 |
| 重　庆　Chongqing | 2400 | 4899 | 220 | 5294 |
| 四　川　Sichuan | 3996 | 28538 | 51 | 9043 |
| 贵　州　Guizhou | 298 | 1342 | 30 | 716 |
| 云　南　Yunnan | 1977 | 13986 | 37 | 9362 |
| 西　藏　Tibet | 91 | 1307 | 97 | 158 |
| 陕　西　Shaanxi | 2369 | 13016 | 134 | 4450 |
| 甘　肃　Gansu | 1399 | 7012 | 124 | 3151 |
| 青　海　Qinghai | 237 | 1306 | 57 | 1418 |
| 宁　夏　Ningxia | 551 | 3399 | 7 | 721 |
| 新　疆　Xinjiang | 1860 | 6507 | 130 | 2260 |

附表 3-3　2016年各省科普经费　　　　　　　　　　　　　　　　　　　　　　单位：万元

Appendix table3-3: S&T popularization funds by region in 2016　Unit: 10000yuan

| 地　区 | Region | 年度科普经费筹集额 Annual funding for S&T popularization | 政府拨款 Government funds | 科普专项经费 Special funds | 捐赠 Donates | 自筹资金 Self-raised funds | 其他收入 Others |
|---|---|---|---|---|---|---|---|
| 全　国 | Total | 1519763 | 1157509 | 620062 | 15672 | 275990 | 71325 |
| 东　部 | Eastern | 909685 | 678928 | 380632 | 12319 | 179664 | 39447 |
| 中　部 | Middle | 234401 | 180685 | 86452 | 1820 | 42873 | 8990 |
| 西　部 | Western | 375677 | 297896 | 152979 | 1533 | 53453 | 22887 |
| 北　京 | Beijing | 251204 | 180408 | 126305 | 4053 | 54807 | 12003 |
| 天　津 | Tianjin | 24504 | 19181 | 7274 | 306 | 4637 | 379 |
| 河　北 | Hebei | 37062 | 23019 | 14200 | 5028 | 4518 | 4677 |
| 山　西 | Shanxi | 9387 | 7658 | 3888 | 0 | 1264 | 465 |
| 内蒙古 | Inner Mongolia | 20051 | 17873 | 10276 | 20 | 1477 | 730 |
| 辽　宁 | Liaoning | 45855 | 31055 | 15622 | 173 | 11967 | 2665 |
| 吉　林 | Jilin | 2789 | 1885 | 478 | 2 | 615 | 286 |
| 黑龙江 | Heilongjiang | 14796 | 13084 | 7678 | 62 | 1272 | 379 |
| 上　海 | Shanghai | 160277 | 108770 | 47774 | 926 | 46001 | 4579 |
| 江　苏 | Jiangsu | 95932 | 74939 | 42980 | 1014 | 16385 | 3593 |
| 浙　江 | Zhejiang | 96335 | 72356 | 32225 | 456 | 18680 | 5375 |
| 安　徽 | Anhui | 28784 | 23736 | 15267 | 336 | 3705 | 1007 |
| 福　建 | Fujian | 40442 | 31197 | 13925 | 100 | 7378 | 1766 |
| 江　西 | Jiangxi | 27548 | 19574 | 7375 | 469 | 6702 | 807 |
| 山　东 | Shandong | 52351 | 45824 | 33596 | 93 | 3748 | 2567 |
| 河　南 | Henan | 31178 | 25710 | 11241 | 120 | 4487 | 825 |
| 湖　北 | Hubei | 73899 | 58534 | 23140 | 648 | 12555 | 2163 |
| 湖　南 | Hunan | 46019 | 30504 | 17386 | 183 | 12273 | 3058 |
| 广　东 | Guangdong | 93979 | 80876 | 39911 | 152 | 11220 | 1742 |
| 广　西 | Guangxi | 44768 | 33590 | 18490 | 86 | 4439 | 6654 |
| 海　南 | Hainan | 11745 | 11302 | 6820 | 19 | 323 | 102 |
| 重　庆 | Chongqing | 55036 | 41390 | 21059 | 154 | 10003 | 3615 |
| 四　川 | Sichuan | 46569 | 36514 | 19756 | 90 | 8878 | 1085 |
| 贵　州 | Guizhou | 41775 | 33437 | 14145 | 307 | 5692 | 2339 |
| 云　南 | Yunnan | 76658 | 63879 | 30711 | 434 | 10125 | 2221 |
| 西　藏 | Tibet | 2737 | 2604 | 1584 | 0 | 107 | 26 |
| 陕　西 | Shaanxi | 34775 | 25460 | 14901 | 114 | 5938 | 3258 |
| 甘　肃 | Gansu | 18180 | 13455 | 7001 | 104 | 3450 | 1171 |
| 青　海 | Qinghai | 9427 | 7818 | 2377 | 103 | 782 | 725 |
| 宁　夏 | Ningxia | 7606 | 6801 | 4473 | 42 | 553 | 210 |
| 新　疆 | Xinjiang | 18095 | 15076 | 8206 | 80 | 2010 | 854 |

附表 3-3 续表 Continued

| 地区 | Region | 科技活动周经费筹集额 Funding for S&T week | 政府拨款 Government funds | 企业赞助 Corporate donates | 年度科普经费使用额 Annual expenditure | 行政支出 Administrative expenditure | 科普活动支出 Activities expenditure |
|---|---|---|---|---|---|---|---|
| 全 国 | Total | 50289 | 37797 | 3408 | 1522149 | 250267 | 837407 |
| 东 部 | Eastern | 25810 | 20339 | 1607 | 880389 | 133412 | 505785 |
| 中 部 | Middle | 11504 | 7322 | 1111 | 261282 | 35350 | 125435 |
| 西 部 | Western | 12975 | 10136 | 690 | 380478 | 81505 | 206187 |
| 北 京 | Beijing | 3937 | 3454 | 128 | 233118 | 30424 | 144325 |
| 天 津 | Tianjin | 687 | 385 | 83 | 22296 | 4390 | 16053 |
| 河 北 | Hebei | 1070 | 827 | 60 | 35095 | 6861 | 22984 |
| 山 西 | Shanxi | 694 | 465 | 136 | 10216 | 2204 | 4819 |
| 内蒙古 | Inner Mongolia | 583 | 487 | 20 | 20974 | 2667 | 9622 |
| 辽 宁 | Liaoning | 1355 | 1025 | 119 | 46460 | 7207 | 30359 |
| 吉 林 | Jilin | 61 | 47 | 0 | 2859 | 1301 | 909 |
| 黑龙江 | Heilongjiang | 321 | 222 | 58 | 13389 | 2470 | 9106 |
| 上 海 | Shanghai | 5447 | 4374 | 512 | 157707 | 9283 | 99412 |
| 江 苏 | Jiangsu | 4586 | 3502 | 284 | 90960 | 14500 | 52137 |
| 浙 江 | Zhejiang | 2640 | 2182 | 31 | 95151 | 25856 | 45487 |
| 安 徽 | Anhui | 994 | 716 | 57 | 35199 | 4197 | 17971 |
| 福 建 | Fujian | 1198 | 805 | 169 | 45025 | 7479 | 18911 |
| 江 西 | Jiangxi | 1605 | 850 | 293 | 27053 | 5914 | 14042 |
| 山 东 | Shandong | 955 | 487 | 97 | 50167 | 5580 | 21438 |
| 河 南 | Henan | 1740 | 672 | 42 | 35627 | 3803 | 15360 |
| 湖 北 | Hubei | 2637 | 1729 | 251 | 82242 | 8661 | 34904 |
| 湖 南 | Hunan | 3452 | 2622 | 274 | 54697 | 6801 | 28324 |
| 广 东 | Guangdong | 3453 | 2854 | 98 | 92450 | 18579 | 51544 |
| 广 西 | Guangxi | 1641 | 1402 | 35 | 46009 | 14658 | 19081 |
| 海 南 | Hainan | 483 | 444 | 26 | 11959 | 3252 | 3135 |
| 重 庆 | Chongqing | 1620 | 1219 | 145 | 49454 | 5004 | 29393 |
| 四 川 | Sichuan | 2240 | 1638 | 140 | 52950 | 8203 | 31398 |
| 贵 州 | Guizhou | 1884 | 1600 | 130 | 40063 | 11639 | 22890 |
| 云 南 | Yunnan | 1714 | 1251 | 89 | 75094 | 22186 | 41783 |
| 西 藏 | Tibet | 40 | 25 | 0 | 2698 | 85 | 2179 |
| 陕 西 | Shaanxi | 1563 | 1229 | 65 | 35534 | 7045 | 22348 |
| 甘 肃 | Gansu | 534 | 390 | 25 | 18086 | 2433 | 10010 |
| 青 海 | Qinghai | 162 | 120 | 2 | 12118 | 3290 | 3877 |
| 宁 夏 | Ningxia | 168 | 140 | 9 | 5592 | 462 | 4323 |
| 新 疆 | Xinjiang | 826 | 635 | 30 | 21906 | 3834 | 9281 |

附表 3-3  续表    Continued

| 地 区 | Region | 科普场馆基建支出 Infrastructure xpenditures | 年度科普经费使用额 Annual expenditure | | | 其他支出 Others |
|---|---|---|---|---|---|---|
| | | | 政府拨款支出 Government expenditures | 场馆建设支出 Venue construction expenditures | 展品、设施支出 Exhibits&facilities expenditures | |
| 全 国 | Total | 338443 | 141661 | 169842 | 135796 | 96039 |
| 东 部 | Eastern | 178516 | 81755 | 87185 | 72660 | 62661 |
| 中 部 | Middle | 83064 | 36967 | 44962 | 23277 | 17216 |
| 西 部 | Western | 76864 | 22940 | 37695 | 39860 | 16163 |
| 北 京 | Beijing | 31883 | 13475 | 12838 | 13836 | 26599 |
| 天 津 | Tianjin | 1110 | 220 | 517 | 471 | 742 |
| 河 北 | Hebei | 2950 | 1047 | 1594 | 1062 | 2100 |
| 山 西 | Shanxi | 2816 | 808 | 847 | 1798 | 379 |
| 内蒙古 | Inner Mongolia | 8393 | 1918 | 3069 | 4932 | 465 |
| 辽 宁 | Liaoning | 7218 | 3054 | 2388 | 3772 | 1686 |
| 吉 林 | Jilin | 455 | 18 | 385 | 93 | 195 |
| 黑龙江 | Heilongjiang | 1596 | 709 | 180 | 678 | 217 |
| 上 海 | Shanghai | 45054 | 23378 | 18792 | 19245 | 3958 |
| 江 苏 | Jiangsu | 15768 | 4857 | 6218 | 10200 | 8555 |
| 浙 江 | Zhejiang | 19299 | 5973 | 9425 | 8582 | 4558 |
| 安 徽 | Anhui | 11084 | 3794 | 5388 | 4291 | 1947 |
| 福 建 | Fujian | 15058 | 2761 | 9294 | 3947 | 3560 |
| 江 西 | Jiangxi | 6513 | 4290 | 3166 | 1894 | 326 |
| 山 东 | Shandong | 22556 | 19741 | 16753 | 4755 | 621 |
| 河 南 | Henan | 14790 | 7425 | 8968 | 3376 | 1675 |
| 湖 北 | Hubei | 30101 | 17153 | 17429 | 6077 | 8576 |
| 湖 南 | Hunan | 15710 | 2768 | 8599 | 5069 | 3900 |
| 广 东 | Guangdong | 16884 | 6968 | 8803 | 6684 | 5445 |
| 广 西 | Guangxi | 10065 | 7240 | 4215 | 4887 | 2252 |
| 海 南 | Hainan | 735 | 281 | 563 | 105 | 4837 |
| 重 庆 | Chongqing | 12723 | 1736 | 2279 | 9777 | 2335 |
| 四 川 | Sichuan | 11675 | 2833 | 7800 | 1709 | 1701 |
| 贵 州 | Guizhou | 2725 | 1430 | 1781 | 933 | 2809 |
| 云 南 | Yunnan | 7925 | 4558 | 4544 | 1922 | 3193 |
| 西 藏 | Tibet | 433 | 0 | 0 | 0 | 1 |
| 陕 西 | Shaanxi | 4828 | 973 | 7500 | 6720 | 1314 |
| 甘 肃 | Gansu | 5192 | 695 | 1720 | 2615 | 451 |
| 青 海 | Qinghai | 4454 | 73 | 2864 | 1486 | 498 |
| 宁 夏 | Ningxia | 595 | 50 | 188 | 374 | 209 |
| 新 疆 | Xinjiang | 7857 | 1435 | 1737 | 4504 | 935 |

附表 3-4 2016年各省科普传媒
Appendix table 3-4: S&T popularization media by region in 2016

| 地 区 Region | 科普图书 Popular science books | | 科普期刊 Popular sciencejournals | |
|---|---|---|---|---|
| | 出版种数/种 Types of publications | 出版总册数/册 Total copies | 出版种数/种 Types of publications | 出版总册数/册 Total copies |
| 全 国 Total | 11937 | 134873318 | 1265 | 159696620 |
| 东 部 Eastern | 7808 | 85294711 | 634 | 134948214 |
| 中 部 Middle | 2486 | 25555505 | 271 | 15341452 |
| 西 部 Western | 1643 | 24023102 | 360 | 9406954 |
| 北 京 Beijing | 3572 | 28695217 | 130 | 37026395 |
| 天 津 Tianjin | 551 | 3640051 | 21 | 1533100 |
| 河 北 Hebei | 72 | 3270895 | 26 | 3886700 |
| 山 西 Shanxi | 334 | 1904102 | 42 | 1865110 |
| 内蒙古 Inner Mongolia | 95 | 10296800 | 13 | 164500 |
| 辽 宁 Liaoning | 80 | 855380 | 24 | 791218 |
| 吉 林 Jilin | 66 | 120900 | 5 | 18602 |
| 黑龙江 Heilongjiang | 150 | 463372 | 14 | 193000 |
| 上 海 Shanghai | 972 | 13145565 | 133 | 19238459 |
| 江 苏 Jiangsu | 266 | 781654 | 48 | 4032612 |
| 浙 江 Zhejiang | 1719 | 32724947 | 85 | 26208046 |
| 安 徽 Anhui | 253 | 2158208 | 10 | 3372012 |
| 福 建 Fujian | 86 | 214631 | 50 | 202758 |
| 江 西 Jiangxi | 558 | 6086501 | 42 | 3594132 |
| 山 东 Shandong | 45 | 195800 | 13 | 466700 |
| 河 南 Henan | 436 | 9524930 | 74 | 4586172 |
| 湖 北 Hubei | 261 | 1073240 | 55 | 1068800 |
| 湖 南 Hunan | 428 | 4224252 | 29 | 643624 |
| 广 东 Guangdong | 377 | 1452831 | 75 | 40505226 |
| 广 西 Guangxi | 100 | 772260 | 25 | 2491724 |
| 海 南 Hainan | 68 | 317740 | 29 | 1057000 |
| 重 庆 Chongqing | 301 | 2463276 | 53 | 896103 |
| 四 川 Sichuan | 145 | 1103820 | 43 | 1872360 |
| 贵 州 Guizhou | 26 | 3120000 | 19 | 202600 |
| 云 南 Yunnan | 236 | 751234 | 66 | 1052112 |
| 西 藏 Tibet | 19 | 92600 | 5 | 29200 |
| 陕 西 Shaanxi | 242 | 1067571 | 45 | 1273726 |
| 甘 肃 Gansu | 214 | 988576 | 41 | 171024 |
| 青 海 Qinghai | 96 | 317159 | 24 | 70900 |
| 宁 夏 Ningxia | 31 | 514630 | 2 | 26000 |
| 新 疆 Xinjiang | 138 | 2535176 | 24 | 1156705 |

附表 3-4 续表　　　　　Continued

| 地　区 | Region | 科普（技）音像制品 Popularization audio and video products ||| 科技类报纸年发行总份数/份 S&T newspaper printed copies |
|---|---|---|---|---|---|
| | | 出版种数/种 Types of publications | 光盘发行总量/张 Total CD copies released | 录音、录像带发行总量/盒 Total copies of audio and video publications | |
| 全　国 | Total | 5465 | 4334693 | 358717 | 267407129 |
| 东　部 | Eastern | 1976 | 1968100 | 81405 | 185287300 |
| 中　部 | Middle | 1282 | 1250578 | 151292 | 62088310 |
| 西　部 | Western | 2207 | 1116015 | 126020 | 20031519 |
| 北　京 | Beijing | 531 | 457194 | 170 | 78221765 |
| 天　津 | Tianjin | 52 | 94708 | 100 | 3659112 |
| 河　北 | Hebei | 66 | 120484 | 11465 | 11042323 |
| 山　西 | Shanxi | 71 | 116738 | 72250 | 12111185 |
| 内蒙古 | Inner Mongolia | 149 | 56323 | 11866 | 2112768 |
| 辽　宁 | Liaoning | 370 | 435489 | 38814 | 10198548 |
| 吉　林 | Jilin | 25 | 3890 | 630 | 4110 |
| 黑龙江 | Heilongjiang | 112 | 134311 | 3774 | 8339022 |
| 上　海 | Shanghai | 95 | 188640 | 5632 | 17750843 |
| 江　苏 | Jiangsu | 102 | 110511 | 1350 | 11030280 |
| 浙　江 | Zhejiang | 247 | 169649 | 849 | 18180291 |
| 安　徽 | Anhui | 143 | 188154 | 9245 | 1430872 |
| 福　建 | Fujian | 54 | 224225 | 5187 | 845087 |
| 江　西 | Jiangxi | 141 | 217679 | 4364 | 9389038 |
| 山　东 | Shandong | 123 | 88035 | 5922 | 23632036 |
| 河　南 | Henan | 117 | 246006 | 6788 | 16623882 |
| 湖　北 | Hubei | 512 | 196290 | 12916 | 12218304 |
| 湖　南 | Hunan | 161 | 147510 | 41325 | 1971897 |
| 广　东 | Guangdong | 282 | 67668 | 6810 | 10723215 |
| 广　西 | Guangxi | 213 | 36908 | 7912 | 10483408 |
| 海　南 | Hainan | 54 | 11497 | 5106 | 3800 |
| 重　庆 | Chongqing | 89 | 133229 | 36821 | 315192 |
| 四　川 | Sichuan | 548 | 133668 | 26577 | 1228762 |
| 贵　州 | Guizhou | 23 | 17188 | 4246 | 192301 |
| 云　南 | Yunnan | 365 | 289534 | 983 | 721551 |
| 西　藏 | Tibet | 21 | 12981 | 2771 | 2244650 |
| 陕　西 | Shaanxi | 428 | 112777 | 2193 | 465136 |
| 甘　肃 | Gansu | 271 | 205822 | 14540 | 362720 |
| 青　海 | Qinghai | 38 | 24023 | 7000 | 1347554 |
| 宁　夏 | Ningxia | 12 | 17870 | 0 | 253310 |
| 新　疆 | Xinjiang | 50 | 75692 | 11111 | 304167 |

附表 3-4 续表  Continued

| 地区 Region | 电视台播出科普（技）节目时间/小时 Broadcasting time of popular science programs on TV (h) | 电台播出科普（技）节目时间/小时 Broadcasting time of popular science programs on radio (h) | 科普网站数/个 S&T popularization websites (unit) | 发放科普读物和资料/份 Number of S&T popularization books and materials |
|---|---|---|---|---|
| 全国 Total | 135392 | 126799 | 2975 | 823071593 |
| 东部 Eastern | 91390 | 88717 | 1534 | 315755467 |
| 中部 Middle | 21401 | 21195 | 588 | 179387027 |
| 西部 Western | 22601 | 16887 | 853 | 327929099 |
| 北京 Beijing | 3560 | 7853 | 359 | 42405224 |
| 天津 Tianjin | 6897 | 429 | 114 | 11088998 |
| 河北 Hebei | 5964 | 4364 | 69 | 25209723 |
| 山西 Shanxi | 1843 | 731 | 35 | 14223460 |
| 内蒙古 Inner Mongolia | 2718 | 2054 | 52 | 10101191 |
| 辽宁 Liaoning | 24311 | 24543 | 114 | 23050398 |
| 吉林 Jilin | 249 | 213 | 16 | 2234195 |
| 黑龙江 Heilongjiang | 1013 | 1024 | 79 | 12308665 |
| 上海 Shanghai | 6591 | 2032 | 263 | 36090411 |
| 江苏 Jiangsu | 2203 | 2012 | 119 | 59202731 |
| 浙江 Zhejiang | 13152 | 10791 | 145 | 34677217 |
| 安徽 Anhui | 2520 | 6084 | 84 | 30537872 |
| 福建 Fujian | 1324 | 2100 | 72 | 12220167 |
| 江西 Jiangxi | 8837 | 8065 | 92 | 14815553 |
| 山东 Shandong | 14202 | 1804 | 84 | 24289675 |
| 河南 Henan | 1315 | 1159 | 104 | 30166346 |
| 湖北 Hubei | 4613 | 3191 | 117 | 41084165 |
| 湖南 Hunan | 1011 | 728 | 61 | 34016771 |
| 广东 Guangdong | 13129 | 32734 | 178 | 45088144 |
| 广西 Guangxi | 2669 | 630 | 68 | 32992782 |
| 海南 Hainan | 57 | 55 | 17 | 2432779 |
| 重庆 Chongqing | 0 | 0 | 175 | 30053805 |
| 四川 Sichuan | 3242 | 1951 | 87 | 65784381 |
| 贵州 Guizhou | 1506 | 1172 | 41 | 35769236 |
| 云南 Yunnan | 4462 | 2667 | 99 | 67613986 |
| 西藏 Tibet | 29 | 1622 | 11 | 324612 |
| 陕西 Shaanxi | 943 | 804 | 105 | 36220207 |
| 甘肃 Gansu | 4277 | 3545 | 120 | 21490569 |
| 青海 Qinghai | 137 | 101 | 28 | 6048340 |
| 宁夏 Ningxia | 595 | 82 | 20 | 6514303 |
| 新疆 Xinjiang | 2023 | 2259 | 47 | 15015687 |

## 附表 3-5 2016年各省科普活动
### Appendix table 3-5: S&T popularization activities by region in 2016

| 地区 | Region | 科普（技）讲座 S&T popularization lectures | | 科普（技）展览 S&T popularization exhibitions | |
|---|---|---|---|---|---|
| | | 举办次数/次 Number of lectures held | 参加人数/人次 Number of participants | 专题展览次数/次 Number of exhibitions held | 参观人数/人次 Number of participants |
| 全 国 | Total | 856884 | 145836168 | 165754 | 212666177 |
| 东 部 | Eastern | 451894 | 69291510 | 76767 | 119940854 |
| 中 部 | Middle | 175388 | 28506854 | 32396 | 36431941 |
| 西 部 | Western | 229602 | 48037804 | 56591 | 56293382 |
| 北 京 | Beijing | 66506 | 8136999 | 4286 | 38495531 |
| 天 津 | Tianjin | 42118 | 2342158 | 28061 | 4924576 |
| 河 北 | Hebei | 22122 | 3702597 | 3205 | 2900197 |
| 山 西 | Shanxi | 17058 | 1778838 | 2986 | 1308187 |
| 内蒙古 | Inner Mongolia | 12247 | 3990557 | 2052 | 1709318 |
| 辽 宁 | Liaoning | 38701 | 8170197 | 4612 | 8624351 |
| 吉 林 | Jilin | 4638 | 435522 | 232 | 628317 |
| 黑龙江 | Heilongjiang | 14842 | 2409700 | 2429 | 2305445 |
| 上 海 | Shanghai | 75859 | 7675114 | 5505 | 17438687 |
| 江 苏 | Jiangsu | 58700 | 9765740 | 9993 | 12431600 |
| 浙 江 | Zhejiang | 58494 | 12666004 | 7356 | 11958734 |
| 安 徽 | Anhui | 18323 | 3534178 | 3765 | 2831742 |
| 福 建 | Fujian | 20983 | 3443486 | 4258 | 3333891 |
| 江 西 | Jiangxi | 13881 | 2486942 | 3967 | 3516566 |
| 山 东 | Shandong | 30769 | 6403160 | 3822 | 3671388 |
| 河 南 | Henan | 45087 | 6448044 | 6663 | 11780128 |
| 湖 北 | Hubei | 38237 | 7442777 | 7902 | 8930084 |
| 湖 南 | Hunan | 23322 | 3970853 | 4452 | 5131472 |
| 广 东 | Guangdong | 36346 | 6703066 | 4951 | 15875410 |
| 广 西 | Guangxi | 17800 | 3669056 | 3099 | 3714397 |
| 海 南 | Hainan | 1296 | 282989 | 718 | 286489 |
| 重 庆 | Chongqing | 14545 | 5822294 | 2448 | 8526950 |
| 四 川 | Sichuan | 34330 | 6444072 | 16966 | 10624280 |
| 贵 州 | Guizhou | 11866 | 2717506 | 2746 | 3019759 |
| 云 南 | Yunnan | 42520 | 6634700 | 9972 | 15422795 |
| 西 藏 | Tibet | 745 | 96033 | 184 | 102114 |
| 陕 西 | Shaanxi | 27589 | 5680517 | 4893 | 5138838 |
| 甘 肃 | Gansu | 20891 | 4576091 | 4409 | 3716681 |
| 青 海 | Qinghai | 6185 | 1058397 | 961 | 1666644 |
| 宁 夏 | Ningxia | 4192 | 1390490 | 819 | 256537 |
| 新 疆 | Xinjiang | 36692 | 5958091 | 8042 | 2395069 |

附表 3-5 续表  Continued

| 地区 | Region | 科普（技）竞赛 S&T popularization competitions | | 科普国际交流 International S&T popularization exchanges | |
|---|---|---|---|---|---|
| | | 举办次数/次 Number of competitions held | 参加人数/人次 Number of participants | 举办次数/次 Number of exchanges held | 参加人数/人次 Number of participants |
| 全国 | Total | 64468 | 112503131 | 2481 | 616849 |
| 东部 | Eastern | 41843 | 82678909 | 1657 | 332686 |
| 中部 | Middle | 11791 | 12436958 | 250 | 40065 |
| 西部 | Western | 10834 | 17387264 | 574 | 244098 |
| 北京 | Beijing | 2367 | 10158427 | 466 | 110272 |
| 天津 | Tianjin | 10769 | 1045206 | 54 | 35233 |
| 河北 | Hebei | 1077 | 39590140 | 33 | 198 |
| 山西 | Shanxi | 727 | 575311 | 25 | 458 |
| 内蒙古 | Inner Mongolia | 537 | 242817 | 88 | 24119 |
| 辽宁 | Liaoning | 2741 | 3717909 | 139 | 64543 |
| 吉林 | Jilin | 96 | 66617 | 6 | 594 |
| 黑龙江 | Heilongjiang | 1465 | 377551 | 25 | 22623 |
| 上海 | Shanghai | 4432 | 5267631 | 371 | 66747 |
| 江苏 | Jiangsu | 11117 | 10724618 | 242 | 27508 |
| 浙江 | Zhejiang | 3315 | 2412143 | 112 | 10035 |
| 安徽 | Anhui | 1221 | 1509436 | 19 | 3639 |
| 福建 | Fujian | 1740 | 1549957 | 27 | 5150 |
| 江西 | Jiangxi | 923 | 1170330 | 14 | 2133 |
| 山东 | Shandong | 1724 | 2399759 | 85 | 5827 |
| 河南 | Henan | 2443 | 3438015 | 25 | 1562 |
| 湖北 | Hubei | 3374 | 3153125 | 72 | 2803 |
| 湖南 | Hunan | 1542 | 2146573 | 64 | 6253 |
| 广东 | Guangdong | 2423 | 5780994 | 112 | 3323 |
| 广西 | Guangxi | 915 | 1595435 | 50 | 2958 |
| 海南 | Hainan | 138 | 32125 | 16 | 3850 |
| 重庆 | Chongqing | 765 | 5866273 | 70 | 55299 |
| 四川 | Sichuan | 1866 | 3484110 | 112 | 121528 |
| 贵州 | Guizhou | 637 | 991020 | 15 | 2151 |
| 云南 | Yunnan | 1356 | 1327991 | 53 | 20746 |
| 西藏 | Tibet | 65 | 7721 | 0 | 0 |
| 陕西 | Shaanxi | 1323 | 2063631 | 111 | 13666 |
| 甘肃 | Gansu | 1194 | 906847 | 22 | 1971 |
| 青海 | Qinghai | 644 | 158291 | 23 | 660 |
| 宁夏 | Ningxia | 244 | 321874 | 13 | 341 |
| 新疆 | Xinjiang | 1288 | 421254 | 17 | 659 |

附表 3-5 续表 Continued

| 地区 | Region | 成立青少年科技兴趣小组 Teenage S&T interest groups | | 科技夏（冬）令营 Summer /winter science camps | |
|---|---|---|---|---|---|
| | | 兴趣小组数/个 Number of groups | 参加人数/人次 Number of participants | 举办次数/次 Number of camps held | 参加人数/人次 Number of participants |
| 全 国 | Total | 222446 | 17151843 | 14094 | 3036360 |
| 东 部 | Eastern | 104602 | 7015158 | 8616 | 1999518 |
| 中 部 | Middle | 60817 | 4280925 | 1579 | 403343 |
| 西 部 | Western | 57027 | 5855760 | 3899 | 633499 |
| 北 京 | Beijing | 4140 | 330162 | 1371 | 249884 |
| 天 津 | Tianjin | 6490 | 391117 | 208 | 72462 |
| 河 北 | Hebei | 10707 | 547833 | 322 | 90568 |
| 山 西 | Shanxi | 5295 | 266873 | 72 | 20419 |
| 内蒙古 | Inner Mongolia | 2240 | 153985 | 90 | 24200 |
| 辽 宁 | Liaoning | 15025 | 990153 | 828 | 396274 |
| 吉 林 | Jilin | 339 | 60863 | 38 | 4573 |
| 黑龙江 | Heilongjiang | 4030 | 230568 | 167 | 55013 |
| 上 海 | Shanghai | 7822 | 558105 | 1691 | 408624 |
| 江 苏 | Jiangsu | 20558 | 1113279 | 1528 | 359498 |
| 浙 江 | Zhejiang | 14189 | 873304 | 981 | 172717 |
| 安 徽 | Anhui | 5247 | 399625 | 251 | 31091 |
| 福 建 | Fujian | 4471 | 436398 | 771 | 66556 |
| 江 西 | Jiangxi | 4005 | 463447 | 169 | 63295 |
| 山 东 | Shandong | 10651 | 891644 | 310 | 140521 |
| 河 南 | Henan | 13764 | 766717 | 209 | 60066 |
| 湖 北 | Hubei | 16336 | 1141335 | 398 | 81801 |
| 湖 南 | Hunan | 11801 | 951497 | 275 | 87085 |
| 广 东 | Guangdong | 9728 | 855850 | 533 | 38431 |
| 广 西 | Guangxi | 5518 | 802348 | 73 | 12510 |
| 海 南 | Hainan | 821 | 27313 | 73 | 3983 |
| 重 庆 | Chongqing | 4695 | 534717 | 127 | 16347 |
| 四 川 | Sichuan | 13599 | 1763131 | 415 | 142445 |
| 贵 州 | Guizhou | 3097 | 662014 | 111 | 62064 |
| 云 南 | Yunnan | 6122 | 455556 | 1090 | 146398 |
| 西 藏 | Tibet | 46 | 5456 | 26 | 1222 |
| 陕 西 | Shaanxi | 8175 | 517881 | 304 | 46508 |
| 甘 肃 | Gansu | 9127 | 541200 | 914 | 79115 |
| 青 海 | Qinghai | 340 | 14931 | 37 | 4054 |
| 宁 夏 | Ningxia | 1148 | 87218 | 31 | 7275 |
| 新 疆 | Xinjiang | 2920 | 317323 | 681 | 91361 |

附表3-5 续表 Continued

| 地区 | Region | 科技活动周 Science & technology week | | 科研机构、大学向社会开放 Scientific institutions and universities open to public | |
|---|---|---|---|---|---|
| | | 科普专题活动次数/次 Number of S&T week held | 参加人数/人次 Number of participants | 开放单位数/个 Number of open units | 参观人数/人次 Number of participants |
| 全 国 | Total | 128545 | 147408455 | 8080 | 8633658 |
| 东 部 | Eastern | 58102 | 103819733 | 4344 | 4854264 |
| 中 部 | Middle | 26153 | 16115430 | 1609 | 1917431 |
| 西 部 | Western | 44290 | 27473292 | 2127 | 1861963 |
| 北 京 | Beijing | 6774 | 58536108 | 807 | 750011 |
| 天 津 | Tianjin | 7311 | 2535511 | 216 | 130162 |
| 河 北 | Hebei | 4832 | 3243954 | 261 | 152793 |
| 山 西 | Shanxi | 1510 | 725426 | 135 | 94820 |
| 内蒙古 | Inner Mongolia | 1694 | 1410713 | 64 | 103066 |
| 辽 宁 | Liaoning | 4315 | 3831087 | 718 | 582141 |
| 吉 林 | Jilin | 293 | 197863 | 32 | 15730 |
| 黑龙江 | Heilongjiang | 2886 | 1233294 | 223 | 167336 |
| 上 海 | Shanghai | 5845 | 6956778 | 100 | 250150 |
| 江 苏 | Jiangsu | 12056 | 11205250 | 357 | 973779 |
| 浙 江 | Zhejiang | 7009 | 4270392 | 584 | 330909 |
| 安 徽 | Anhui | 4311 | 1544932 | 111 | 107104 |
| 福 建 | Fujian | 3603 | 1661544 | 246 | 153183 |
| 江 西 | Jiangxi | 3099 | 1849809 | 168 | 145755 |
| 山 东 | Shandong | 2855 | 7774854 | 242 | 240292 |
| 河 南 | Henan | 5261 | 3415207 | 328 | 147623 |
| 湖 北 | Hubei | 5079 | 4265057 | 434 | 888505 |
| 湖 南 | Hunan | 3714 | 2883842 | 178 | 350558 |
| 广 东 | Guangdong | 2404 | 3148548 | 769 | 1219344 |
| 广 西 | Guangxi | 4228 | 3108435 | 89 | 106926 |
| 海 南 | Hainan | 1098 | 655707 | 44 | 71500 |
| 重 庆 | Chongqing | 2230 | 2408520 | 456 | 233310 |
| 四 川 | Sichuan | 5062 | 4199266 | 209 | 382229 |
| 贵 州 | Guizhou | 3822 | 2239744 | 148 | 48927 |
| 云 南 | Yunnan | 6156 | 3188092 | 248 | 122729 |
| 西 藏 | Tibet | 217 | 25933 | 12 | 9710 |
| 陕 西 | Shaanxi | 9093 | 4334477 | 359 | 415844 |
| 甘 肃 | Gansu | 5031 | 2365620 | 183 | 363010 |
| 青 海 | Qinghai | 950 | 712512 | 76 | 16390 |
| 宁 夏 | Ningxia | 1214 | 1465785 | 61 | 7209 |
| 新 疆 | Xinjiang | 4593 | 2014195 | 222 | 52613 |

附表3-5 续表 Continued

| 地区 | Region | 举办实用技术培训 Practical skill trainings | | 重大科普活动次数/次 Number of grand popularization activities |
|---|---|---|---|---|
| | | 举办次数/次 Number of trainings held | 参加人数/人次 Number of participants | |
| 全国 | Total | 646933 | 77466929 | 27528 |
| 东部 | Eastern | 189512 | 24749545 | 9868 |
| 中部 | Middle | 122897 | 15161678 | 6482 |
| 西部 | Western | 334524 | 37555706 | 11178 |
| 北京 | Beijing | 15412 | 932430 | 633 |
| 天津 | Tianjin | 12552 | 1515396 | 301 |
| 河北 | Hebei | 22020 | 3466851 | 826 |
| 山西 | Shanxi | 13903 | 1511405 | 636 |
| 内蒙古 | Inner Mongolia | 24212 | 2337038 | 756 |
| 辽宁 | Liaoning | 20229 | 2758395 | 1456 |
| 吉林 | Jilin | 3532 | 349358 | 100 |
| 黑龙江 | Heilongjiang | 19171 | 2787703 | 654 |
| 上海 | Shanghai | 15415 | 3293215 | 1112 |
| 江苏 | Jiangsu | 28584 | 3273989 | 1579 |
| 浙江 | Zhejiang | 28922 | 3557396 | 1120 |
| 安徽 | Anhui | 24710 | 2322834 | 789 |
| 福建 | Fujian | 12222 | 1685595 | 687 |
| 江西 | Jiangxi | 11812 | 927985 | 528 |
| 山东 | Shandong | 15958 | 2459490 | 798 |
| 河南 | Henan | 28915 | 4881785 | 1138 |
| 湖北 | Hubei | 743 | 61074 | 1434 |
| 湖南 | Hunan | 20111 | 2319534 | 1203 |
| 广东 | Guangdong | 16060 | 1611914 | 1217 |
| 广西 | Guangxi | 29233 | 2887759 | 904 |
| 海南 | Hainan | 2138 | 194874 | 139 |
| 重庆 | Chongqing | 8920 | 1259538 | 1067 |
| 四川 | Sichuan | 51016 | 6730171 | 1816 |
| 贵州 | Guizhou | 15004 | 2345581 | 391 |
| 云南 | Yunnan | 72530 | 6825087 | 1417 |
| 西藏 | Tibet | 652 | 99352 | 56 |
| 陕西 | Shaanxi | 27926 | 3722244 | 1631 |
| 甘肃 | Gansu | 37780 | 4175349 | 1307 |
| 青海 | Qinghai | 8334 | 622277 | 700 |
| 宁夏 | Ningxia | 8562 | 1033246 | 295 |
| 新疆 | Xinjiang | 50355 | 5518064 | 838 |

附表 3-6　2016 年创新创业中的科普
Appendix table 3-6: S&T popularization activities in innovation and entrepreneurship in 2016

| 地区 | Region | 众创空间 Maker space | | | |
| --- | --- | --- | --- | --- | --- |
| | | 数量/个 Number of maker spaces | 服务各类人员数量/人 Number of serving for people | 获得政府经费支持/万元 Funds from government (10000 yuan) | 孵化科技项目数量/个 Number of incubating S&T projects |
| 全国 | Total | 6711 | 631235 | 338728 | 80792 |
| 东部 | Eastern | 3697 | 323523 | 168246 | 55801 |
| 中部 | Middle | 1286 | 97139 | 62860 | 15818 |
| 西部 | Western | 1728 | 210573 | 107622 | 9173 |
| 北京 | Beijing | 333 | 47509 | 30865 | 6879 |
| 天津 | Tianjin | 254 | 27471 | 19420 | 4212 |
| 河北 | Hebei | 332 | 28517 | 5840 | 7415 |
| 山西 | Shanxi | 105 | 9946 | 3352 | 264 |
| 内蒙古 | Inner Mongolia | 160 | 31678 | 8215 | 502 |
| 辽宁 | Liaoning | 180 | 22027 | 10239 | 1661 |
| 吉林 | Jilin | 70 | 2291 | 2338 | 130 |
| 黑龙江 | Heilongjiang | 183 | 9763 | 21528 | 1358 |
| 上海 | Shanghai | 1245 | 77557 | 39057 | 18852 |
| 江苏 | Jiangsu | 492 | 17421 | 11917 | 9541 |
| 浙江 | Zhejiang | 205 | 41246 | 12114 | 2042 |
| 安徽 | Anhui | 141 | 16978 | 4330 | 560 |
| 福建 | Fujian | 246 | 24918 | 11543 | 1920 |
| 江西 | Jiangxi | 125 | 6974 | 14624 | 2257 |
| 山东 | Shandong | 198 | 14518 | 2876 | 544 |
| 河南 | Henan | 260 | 11765 | 7611 | 8197 |
| 湖北 | Hubei | 260 | 19897 | 5453 | 1649 |
| 湖南 | Hunan | 142 | 19525 | 3624 | 1403 |
| 广东 | Guangdong | 204 | 21844 | 23775 | 2707 |
| 广西 | Guangxi | 49 | 8232 | 3502 | 285 |
| 海南 | Hainan | 8 | 495 | 600 | 28 |
| 重庆 | Chongqing | 180 | 28430 | 16014 | 1388 |
| 四川 | Sichuan | 257 | 33442 | 26865 | 2701 |
| 贵州 | Guizhou | 60 | 13213 | 2043 | 240 |
| 云南 | Yunnan | 394 | 27150 | 37449 | 1587 |
| 西藏 | Tibet | 1 | 20 | 675 | 100 |
| 陕西 | Shaanxi | 316 | 31382 | 7342 | 1043 |
| 甘肃 | Gansu | 65 | 26507 | 3719 | 196 |
| 青海 | Qinghai | 8 | 1463 | 457 | 88 |
| 宁夏 | Ningxia | 33 | 3091 | 663 | 227 |
| 新疆 | Xinjiang | 205 | 5965 | 678 | 816 |

附表 3-6 续表　　　　Continued

| 地区 | Region | 创新创业培训 Innovation and entrepreneurship trainings | | 创新创业赛事 Innovation and entrepreneurship competitions | |
|---|---|---|---|---|---|
| | | 培训次数/次 Number of trainings | 参加人数/人次 Number of participants | 赛事次数/次 Number of competitions | 参加人数/人次 Number of participants |
| 全国 | | 85925 | 4589271 | 6618 | 2429230 |
| 东部 | Eastern | 51884 | 2471446 | 4100 | 1282043 |
| 中部 | Middle | 14125 | 805361 | 988 | 859700 |
| 西部 | Western | 19916 | 1312464 | 1530 | 287487 |
| 北京 | Beijing | 2784 | 373646 | 452 | 143809 |
| 天津 | Tianjin | 7344 | 194016 | 208 | 364092 |
| 河北 | Hebei | 6371 | 171102 | 295 | 25903 |
| 山西 | Shanxi | 1123 | 73915 | 44 | 376404 |
| 内蒙古 | Inner Mongolia | 1633 | 53466 | 143 | 12540 |
| 辽宁 | Liaoning | 2194 | 155414 | 597 | 63484 |
| 吉林 | Jilin | 192 | 8960 | 5 | 350 |
| 黑龙江 | Heilongjiang | 1670 | 91481 | 93 | 25407 |
| 上海 | Shanghai | 13352 | 510979 | 773 | 78216 |
| 江苏 | Jiangsu | 8102 | 429368 | 415 | 54873 |
| 浙江 | Zhejiang | 1418 | 93820 | 255 | 32289 |
| 安徽 | Anhui | 2229 | 67211 | 166 | 23569 |
| 福建 | Fujian | 3106 | 144845 | 599 | 123977 |
| 江西 | Jiangxi | 1364 | 89561 | 149 | 22915 |
| 山东 | Shandong | 4511 | 175333 | 326 | 152538 |
| 河南 | Henan | 3539 | 237107 | 151 | 27201 |
| 湖北 | Hubei | 1935 | 150813 | 296 | 158431 |
| 湖南 | Hunan | 2073 | 86313 | 84 | 225423 |
| 广东 | Guangdong | 2633 | 215222 | 173 | 241725 |
| 广西 | Guangxi | 1643 | 118527 | 58 | 15539 |
| 海南 | Hainan | 69 | 7701 | 7 | 1137 |
| 重庆 | Chongqing | 2429 | 171343 | 258 | 26417 |
| 四川 | Sichuan | 3219 | 238216 | 409 | 52296 |
| 贵州 | Guizhou | 995 | 53519 | 29 | 7645 |
| 云南 | Yunnan | 3340 | 233228 | 138 | 17268 |
| 西藏 | Tibet | 104 | 4546 | 2 | 123 |
| 陕西 | Shaanxi | 2567 | 151054 | 224 | 121286 |
| 甘肃 | Gansu | 923 | 78018 | 113 | 26671 |
| 青海 | Qinghai | 242 | 9215 | 15 | 894 |
| 宁夏 | Ningxia | 214 | 25502 | 31 | 4866 |
| 新疆 | Xinjiang | 2607 | 175830 | 110 | 1942 |

# 附录4  2015年全国科普统计分类数据统计表

各项统计数据均未包括香港特别行政区、澳门特别行政区和台湾地区的数据。

科普宣传专用车、科普图书、科普期刊、科普网站、科普国际交流情况和创新创业中的科普情况均由市级以上（含市级）填报单位的数据统计得出。

非场馆类科普基地，因为理解差异，此次暂未列入。

东部、中部和西部地区的划分：东部地区包括北京、天津、河北、辽宁、上海、江苏、浙江、福建、山东、广东和海南11个省和直辖市；中部地区包括山西、吉林、黑龙江、安徽、江西、河南、湖北和湖南 8 个省；西部地区包括内蒙古、广西、重庆、四川、贵州、云南、西藏、陕西、甘肃、青海、宁夏和新疆12个省、自治区和直辖市。

附表 4-1　2015 年各省科普人员　　　　　　　　　　　　　　　　　　　　单位：人
Appendix table 4-1: S&T popularization personnel by region in 2015　　　Unit: person

| 地区 Region | 科普专职人员 Full time S&T popularization personnel | 中级职称及以上或大学本科及以上学历人员 With title of medium-rank or above /with college graduate or above | 女性 Female |
|---|---|---|---|
| 全国 National Total | 221511 | 130944 | 81552 |
| 东部 Eastern | 83206 | 54001 | 33219 |
| 中部 Middle | 65282 | 37424 | 22279 |
| 西部 Western | 73023 | 39519 | 26054 |
| 北京 Beijing | 7324 | 5070 | 3593 |
| 天津 Tianjin | 3039 | 2005 | 1325 |
| 河北 Hebei | 6771 | 4006 | 2875 |
| 山西 Shanxi | 4941 | 2522 | 1866 |
| 内蒙古 Inner Mongolia | 5671 | 3716 | 2165 |
| 辽宁 Liaoning | 7425 | 5185 | 3063 |
| 吉林 Jilin | 1501 | 930 | 664 |
| 黑龙江 Heilongjiang | 3499 | 2328 | 1568 |
| 上海 Shanghai | 8090 | 5721 | 3806 |
| 江苏 Jiangsu | 13516 | 9398 | 5055 |
| 浙江 Zhejiang | 7523 | 5265 | 2997 |
| 安徽 Anhui | 11589 | 6294 | 2822 |
| 福建 Fujian | 5074 | 2788 | 1479 |
| 江西 Jiangxi | 6113 | 3656 | 1924 |
| 山东 Shandong | 14286 | 9022 | 5062 |
| 河南 Henan | 11630 | 6667 | 4529 |
| 湖北 Hubei | 12564 | 7836 | 3929 |
| 湖南 Hunan | 13445 | 7191 | 4977 |
| 广东 Guangdong | 8410 | 4601 | 3158 |
| 广西 Guangxi | 5506 | 3138 | 1941 |
| 海南 Hainan | 1748 | 940 | 806 |
| 重庆 Chongqing | 4252 | 2600 | 1667 |
| 四川 Sichuan | 9391 | 6105 | 3803 |
| 贵州 Guizhou | 3041 | 1929 | 1024 |
| 云南 Yunnan | 14877 | 8470 | 4988 |
| 西藏 Tibet | 609 | 333 | 179 |
| 陕西 Shaanxi | 11527 | 4889 | 3556 |
| 甘肃 Gansu | 9751 | 4157 | 3279 |
| 青海 Qinghai | 1531 | 817 | 596 |
| 宁夏 Ningxia | 1348 | 613 | 634 |
| 新疆 Xinjiang | 5519 | 2752 | 2222 |

附表 4-1 续表　　　　　　Continued

| 地区 | Region | 科普专职人员 Full time S&T popularization personnel | | |
|---|---|---|---|---|
| | | 农村科普人员<br>Rural S&T popularization personnel | 管理人员<br>S&T popularization administrators | 科普创作人员<br>S&T popularization creators |
| 全　国 | Total | 72752 | 46579 | 13337 |
| 东　部 | Eastern | 20817 | 19077 | 6770 |
| 中　部 | Middle | 25475 | 13787 | 3480 |
| 西　部 | Western | 26460 | 13715 | 3087 |
| 北　京 | Beijing | 956 | 1536 | 1084 |
| 天　津 | Tianjin | 561 | 1057 | 231 |
| 河　北 | Hebei | 1978 | 1597 | 422 |
| 山　西 | Shanxi | 1599 | 1240 | 376 |
| 内蒙古 | Inner Mongolia | 1844 | 1381 | 231 |
| 辽　宁 | Liaoning | 1377 | 2081 | 411 |
| 吉　林 | Jilin | 466 | 390 | 54 |
| 黑龙江 | Heilongjiang | 947 | 857 | 239 |
| 上　海 | Shanghai | 948 | 1984 | 1299 |
| 江　苏 | Jiangsu | 3590 | 2868 | 879 |
| 浙　江 | Zhejiang | 2084 | 1409 | 469 |
| 安　徽 | Anhui | 6356 | 2047 | 392 |
| 福　建 | Fujian | 1569 | 1084 | 393 |
| 江　西 | Jiangxi | 1910 | 1497 | 330 |
| 山　东 | Shandong | 5472 | 3032 | 878 |
| 河　南 | Henan | 4281 | 2625 | 657 |
| 湖　北 | Hubei | 5216 | 2519 | 748 |
| 湖　南 | Hunan | 4700 | 2612 | 684 |
| 广　东 | Guangdong | 2101 | 2151 | 661 |
| 广　西 | Guangxi | 2539 | 1126 | 225 |
| 海　南 | Hainan | 181 | 278 | 43 |
| 重　庆 | Chongqing | 1184 | 1269 | 442 |
| 四　川 | Sichuan | 2408 | 1916 | 526 |
| 贵　州 | Guizhou | 1193 | 712 | 164 |
| 云　南 | Yunnan | 7257 | 2103 | 271 |
| 西　藏 | Tibet | 177 | 177 | 105 |
| 陕　西 | Shaanxi | 4206 | 2189 | 448 |
| 甘　肃 | Gansu | 3046 | 1265 | 269 |
| 青　海 | Qinghai | 219 | 277 | 69 |
| 宁　夏 | Ningxia | 295 | 311 | 70 |
| 新　疆 | Xinjiang | 2092 | 989 | 267 |

附表 4-1 续表　　　　　　Continued

| 地区 | Region | 科普兼职人员<br>Part time S&T popularization personnel | 中级职称及以上或大学本科及以上学历人员<br>With title of medium-rank or above /with college graduate or above | 女性<br>Female |
|---|---|---|---|---|
| 全国 | Total | 1832309 | 884802 | 651670 |
| 东部 | Eastern | 801864 | 430436 | 315639 |
| 中部 | Middle | 401206 | 192925 | 138794 |
| 西部 | Western | 629239 | 261441 | 197237 |
| 北京 | Beijing | 40939 | 26690 | 22256 |
| 天津 | Tianjin | 34902 | 16216 | 19938 |
| 河北 | Hebei | 55983 | 32028 | 22792 |
| 山西 | Shanxi | 38012 | 11271 | 10651 |
| 内蒙古 | Inner Mongolia | 39460 | 21646 | 17724 |
| 辽宁 | Liaoning | 70734 | 40799 | 31823 |
| 吉林 | Jilin | 14680 | 5858 | 5796 |
| 黑龙江 | Heilongjiang | 22173 | 14579 | 9659 |
| 上海 | Shanghai | 43151 | 25256 | 20865 |
| 江苏 | Jiangsu | 150179 | 86827 | 57805 |
| 浙江 | Zhejiang | 110913 | 61731 | 42221 |
| 安徽 | Anhui | 59997 | 25345 | 18251 |
| 福建 | Fujian | 114819 | 58826 | 35206 |
| 江西 | Jiangxi | 46816 | 24071 | 16381 |
| 山东 | Shandong | 105943 | 45039 | 38946 |
| 河南 | Henan | 76622 | 39410 | 30916 |
| 湖北 | Hubei | 69294 | 38562 | 25063 |
| 湖南 | Hunan | 73612 | 33829 | 22077 |
| 广东 | Guangdong | 64147 | 34901 | 21793 |
| 广西 | Guangxi | 42246 | 19135 | 14108 |
| 海南 | Hainan | 10154 | 2123 | 1994 |
| 重庆 | Chongqing | 46952 | 23124 | 17361 |
| 四川 | Sichuan | 206771 | 59391 | 44035 |
| 贵州 | Guizhou | 40103 | 21700 | 14471 |
| 云南 | Yunnan | 80603 | 39150 | 31247 |
| 西藏 | Tibet | 3908 | 701 | 455 |
| 陕西 | Shaanxi | 68366 | 29591 | 22983 |
| 甘肃 | Gansu | 51404 | 22446 | 13888 |
| 青海 | Qinghai | 7164 | 4410 | 2445 |
| 宁夏 | Ningxia | 12163 | 5841 | 5118 |
| 新疆 | Xinjiang | 30099 | 14306 | 13402 |

附表4-1 续表 Continued

| 地区 | Region | 科普兼职人员 Part time S&T popularization personnel | | |
|---|---|---|---|---|
| | | 农村科普人员 Rural S&T popularization personnel | 注册科普志愿者 Registered S&T popularization volunteers | 年度实际投入工作量/人月 Annual actual workload (person-month) |
| 全 国 | Total | 676836 | 2756225 | 1782937 |
| 东 部 | Eastern | 256045 | 1565922 | 815010 |
| 中 部 | Middle | 166569 | 596538 | 436762 |
| 西 部 | Western | 254222 | 593765 | 531165 |
| 北 京 | Beijing | 4503 | 24083 | 46936 |
| 天 津 | Tianjin | 4494 | 44363 | 27134 |
| 河 北 | Hebei | 23308 | 50210 | 91817 |
| 山 西 | Shanxi | 21171 | 17147 | 26887 |
| 内蒙古 | Inner Mongolia | 11417 | 34806 | 38471 |
| 辽 宁 | Liaoning | 17535 | 63692 | 91655 |
| 吉 林 | Jilin | 7080 | 9702 | 17911 |
| 黑龙江 | Heilongjiang | 6048 | 40697 | 28228 |
| 上 海 | Shanghai | 4372 | 96841 | 73948 |
| 江 苏 | Jiangsu | 55893 | 844195 | 146791 |
| 浙 江 | Zhejiang | 37999 | 99427 | 116399 |
| 安 徽 | Anhui | 25837 | 42877 | 92026 |
| 福 建 | Fujian | 23477 | 52928 | 68465 |
| 江 西 | Jiangxi | 19612 | 29989 | 63523 |
| 山 东 | Shandong | 62223 | 147011 | 129737 |
| 河 南 | Henan | 30848 | 177155 | 101957 |
| 湖 北 | Hubei | 24871 | 119160 | 9363 |
| 湖 南 | Hunan | 31102 | 159811 | 96867 |
| 广 东 | Guangdong | 18504 | 138743 | 9743 |
| 广 西 | Guangxi | 15466 | 13837 | 52242 |
| 海 南 | Hainan | 3737 | 4429 | 12385 |
| 重 庆 | Chongqing | 15271 | 65844 | 8112 |
| 四 川 | Sichuan | 116168 | 60153 | 136089 |
| 贵 州 | Guizhou | 11644 | 117072 | 64899 |
| 云 南 | Yunnan | 29671 | 190742 | 106335 |
| 西 藏 | Tibet | 801 | 318 | 1158 |
| 陕 西 | Shaanxi | 20829 | 45710 | 64048 |
| 甘 肃 | Gansu | 16811 | 19616 | 9055 |
| 青 海 | Qinghai | 1037 | 2529 | 9852 |
| 宁 夏 | Ningxia | 4565 | 34826 | 10249 |
| 新 疆 | Xinjiang | 10542 | 8312 | 30655 |

附表 4-2 2015年各省科普场地
Appendix table 4-2: S&T popularization venues and facilities by region in 2015

| 地 区 Region | 科技馆/个 S&T museums | 建筑面积/米$^2$ Construction area (m$^2$) | 展厅面积/米$^2$ Exhibition area (m$^2$) | 当年参观人数/人次 Visitors |
|---|---|---|---|---|
| 全 国 Total | 444 | 3138406 | 1542017 | 46950919 |
| 东 部 Eastern | 221 | 1862553 | 919617 | 28699904 |
| 中 部 Middle | 123 | 622663 | 306071 | 7646400 |
| 西 部 Western | 100 | 653190 | 316329 | 10604615 |
| 北 京 Beijing | 25 | 215659 | 125166 | 4561714 |
| 天 津 Tianjin | 1 | 18000 | 10000 | 465700 |
| 河 北 Hebei | 10 | 61212 | 27858 | 625300 |
| 山 西 Shanxi | 5 | 11350 | 4570 | 54300 |
| 内蒙古 Inner Mongolia | 18 | 147607 | 41392 | 743627 |
| 辽 宁 Liaoning | 16 | 215988 | 83587 | 2455717 |
| 吉 林 Jilin | 9 | 13300 | 8090 | 81800 |
| 黑龙江 Heilongjiang | 8 | 79616 | 50278 | 1095197 |
| 上 海 Shanghai | 32 | 232444 | 132412 | 6999446 |
| 江 苏 Jiangsu | 13 | 119429 | 66687 | 1536855 |
| 浙 江 Zhejiang | 26 | 250851 | 106020 | 2727302 |
| 安 徽 Anhui | 14 | 131702 | 62118 | 1787406 |
| 福 建 Fujian | 35 | 193344 | 112663 | 2885122 |
| 江 西 Jiangxi | 7 | 36981 | 19242 | 535479 |
| 山 东 Shandong | 24 | 211460 | 110156 | 2205968 |
| 河 南 Henan | 12 | 90915 | 44934 | 1422000 |
| 湖 北 Hubei | 60 | 201749 | 88068 | 2051100 |
| 湖 南 Hunan | 8 | 57050 | 28771 | 619118 |
| 广 东 Guangdong | 34 | 322720 | 138823 | 3239393 |
| 广 西 Guangxi | 3 | 51877 | 29472 | 1434900 |
| 海 南 Hainan | 5 | 21446 | 6245 | 997387 |
| 重 庆 Chongqing | 10 | 70288 | 42935 | 2529100 |
| 四 川 Sichuan | 8 | 57063 | 33675 | 1514633 |
| 贵 州 Guizhou | 7 | 29252 | 16200 | 535020 |
| 云 南 Yunnan | 8 | 38801 | 24400 | 372758 |
| 西 藏 Tibet | 0 | 0 | 0 | 0 |
| 陕 西 Shaanxi | 12 | 84770 | 39575 | 626443 |
| 甘 肃 Gansu | 7 | 18150 | 9148 | 21643 |
| 青 海 Qinghai | 4 | 37101 | 15710 | 690547 |
| 宁 夏 Ningxia | 4 | 48503 | 26181 | 872564 |
| 新 疆 Xinjiang | 19 | 69778 | 37641 | 1263380 |

附表 4-2 续表    Continued

| 地  区 Region | 科学技术类博物馆/个 S&T related museums | 建筑面积/米² Construction area (m²) | 展厅面积/米² Exhibition area (m²) | 当年参观人数/人次 Visitors | 青少年科技馆站/个 Teenage S&T museums |
|---|---|---|---|---|---|
| 全  国 Total | 814 | 5746300 | 2697349 | 105111221 | 592 |
| 东  部 Eastern | 475 | 3807848 | 1779126 | 69362450 | 250 |
| 中  部 Middle | 147 | 641123 | 351159 | 12057174 | 165 |
| 西  部 Western | 192 | 1297329 | 567064 | 23691597 | 177 |
| 北  京 Beijing | 46 | 543889 | 208683 | 10152367 | 20 |
| 天  津 Tianjin | 13 | 270802 | 164380 | 4930906 | 13 |
| 河  北 Hebei | 24 | 165723 | 79654 | 3399394 | 31 |
| 山  西 Shanxi | 12 | 61729 | 26802 | 1014498 | 26 |
| 内蒙古 Inner Mongolia | 20 | 133355 | 55954 | 1232775 | 14 |
| 辽  宁 Liaoning | 77 | 873419 | 335534 | 8390056 | 31 |
| 吉  林 Jilin | 6 | 12430 | 4810 | 227035 | 6 |
| 黑龙江 Heilongjiang | 25 | 139936 | 96046 | 1217363 | 14 |
| 上  海 Shanghai | 141 | 684847 | 422494 | 13478571 | 26 |
| 江  苏 Jiangsu | 34 | 314936 | 132618 | 13856344 | 33 |
| 浙  江 Zhejiang | 34 | 343099 | 109274 | 4369945 | 24 |
| 安  徽 Anhui | 20 | 62874 | 35797 | 419065 | 40 |
| 福  建 Fujian | 36 | 116679 | 69255 | 2792852 | 29 |
| 江  西 Jiangxi | 13 | 42423 | 25057 | 1905730 | 4 |
| 山  东 Shandong | 26 | 187049 | 93061 | 1952963 | 16 |
| 河  南 Henan | 15 | 58928 | 25841 | 2928600 | 15 |
| 湖  北 Hubei | 37 | 175701 | 110969 | 2800608 | 26 |
| 湖  南 Hunan | 19 | 87102 | 25837 | 1544275 | 34 |
| 广  东 Guangdong | 38 | 224505 | 95093 | 4953789 | 23 |
| 广  西 Guangxi | 7 | 39440 | 31050 | 581935 | 12 |
| 海  南 Hainan | 6 | 82900 | 69080 | 1085263 | 4 |
| 重  庆 Chongqing | 29 | 227044 | 89561 | 4964213 | 23 |
| 四  川 Sichuan | 20 | 160881 | 61907 | 4934859 | 23 |
| 贵  州 Guizhou | 6 | 68729 | 29210 | 755300 | 6 |
| 云  南 Yunnan | 37 | 257754 | 111825 | 7336125 | 20 |
| 西  藏 Tibet | 4 | 101870 | 66450 | 221600 | 6 |
| 陕  西 Shaanxi | 18 | 94182 | 37845 | 1950324 | 18 |
| 甘  肃 Gansu | 14 | 48654 | 24040 | 610113 | 14 |
| 青  海 Qinghai | 5 | 43400 | 17000 | 80645 | 6 |
| 宁  夏 Ningxia | 7 | 56718 | 17061 | 661447 | 5 |
| 新  疆 Xinjiang | 25 | 65302 | 25161 | 362261 | 30 |

附表 4-2 续表 Continued

| 地 区 Region | 城市社区科普（技）专用活动室/个 Urban community S&T popularization rooms | 农村科普（技）活动场地/个 Rural S&T popularization sites | 科普宣传专用车/辆 S&T popularization vehicles | 科普画廊/个 S&T popularization galleries |
|---|---|---|---|---|
| 全 国 Total | 81975 | 386769 | 1875 | 222671 |
| 东 部 Eastern | 43279 | 187598 | 697 | 137254 |
| 中 部 Middle | 19674 | 98284 | 425 | 40137 |
| 西 部 Western | 19022 | 100887 | 753 | 45280 |
| 北 京 Beijing | 1112 | 12011 | 62 | 4268 |
| 天 津 Tianjin | 4380 | 6766 | 150 | 4137 |
| 河 北 Hebei | 2951 | 21905 | 78 | 6665 |
| 山 西 Shanxi | 661 | 8306 | 126 | 3436 |
| 内蒙古 Inner Mongolia | 1281 | 4785 | 33 | 2263 |
| 辽 宁 Liaoning | 6080 | 12821 | 55 | 10165 |
| 吉 林 Jilin | 478 | 3705 | 6 | 1625 |
| 黑龙江 Heilongjiang | 1767 | 4696 | 32 | 2286 |
| 上 海 Shanghai | 3510 | 1646 | 72 | 6969 |
| 江 苏 Jiangsu | 6878 | 26590 | 53 | 24301 |
| 浙 江 Zhejiang | 6866 | 20798 | 36 | 19657 |
| 安 徽 Anhui | 1902 | 10342 | 23 | 5955 |
| 福 建 Fujian | 2434 | 9340 | 38 | 11404 |
| 江 西 Jiangxi | 2014 | 9267 | 43 | 6060 |
| 山 东 Shandong | 5899 | 61965 | 79 | 39403 |
| 河 南 Henan | 1317 | 3827 | 29 | 1376 |
| 湖 北 Hubei | 5051 | 26695 | 68 | 9669 |
| 湖 南 Hunan | 6484 | 31446 | 98 | 9730 |
| 广 东 Guangdong | 2821 | 12492 | 56 | 9395 |
| 广 西 Guangxi | 1388 | 10310 | 33 | 3766 |
| 海 南 Hainan | 348 | 1264 | 18 | 890 |
| 重 庆 Chongqing | 2404 | 4899 | 220 | 5295 |
| 四 川 Sichuan | 4316 | 24043 | 58 | 8557 |
| 贵 州 Guizhou | 413 | 1772 | 13 | 1050 |
| 云 南 Yunnan | 1986 | 15331 | 45 | 8741 |
| 西 藏 Tibet | 114 | 1159 | 51 | 177 |
| 陕 西 Shaanxi | 2369 | 16614 | 90 | 4449 |
| 甘 肃 Gansu | 1310 | 8800 | 132 | 3017 |
| 青 海 Qinghai | 128 | 1142 | 16 | 1325 |
| 宁 夏 Ningxia | 898 | 1623 | 26 | 1527 |
| 新 疆 Xinjiang | 2415 | 10409 | 36 | 5113 |

附表 4-3  2015年各省科普经费    单位：万元
Appendix table 4-3: S&T popularization funds by region in 2015    Unit: 10000yuan

| 地 区 | Region | 年度科普经费筹集额 Annual funding for S&T popularization | 政府拨款 Government funds | 科普专项经费 Special funds | 捐赠 Donates | 自筹资金 Self-raised funds | 其他收入 Others |
|---|---|---|---|---|---|---|---|
| 全 国 | Total | 1412010 | 1066601 | 635868 | 11076 | 257380 | 77173 |
| 东 部 | Eastern | 832378 | 605867 | 383170 | 5757 | 172952 | 47988 |
| 中 部 | Middle | 205300 | 154191 | 79493 | 2141 | 36702 | 12287 |
| 西 部 | Western | 374332 | 306543 | 173204 | 3177 | 47726 | 16898 |
| 北 京 | Beijing | 212622 | 163029 | 119852 | 1297 | 33878 | 14434 |
| 天 津 | Tianjin | 21284 | 17281 | 6975 | 98 | 3472 | 437 |
| 河 北 | Hebei | 28212 | 20711 | 9754 | 524 | 5987 | 990 |
| 山 西 | Shanxi | 7382 | 6395 | 3743 | 3 | 804 | 180 |
| 内蒙古 | Inner Mongolia | 18136 | 15988 | 12152 | 23 | 1520 | 605 |
| 辽 宁 | Liaoning | 41038 | 28210 | 17222 | 153 | 9940 | 2742 |
| 吉 林 | Jilin | 4575 | 3706 | 1241 | 6 | 820 | 44 |
| 黑龙江 | Heilongjiang | 8904 | 6849 | 2956 | 74 | 1776 | 204 |
| 上 海 | Shanghai | 136441 | 82095 | 60766 | 881 | 48924 | 4541 |
| 江 苏 | Jiangsu | 104307 | 80747 | 48011 | 933 | 19456 | 3171 |
| 浙 江 | Zhejiang | 85674 | 68834 | 36287 | 426 | 11996 | 4537 |
| 安 徽 | Anhui | 26360 | 21158 | 15900 | 49 | 2668 | 2485 |
| 福 建 | Fujian | 43069 | 31529 | 21527 | 240 | 9819 | 1481 |
| 江 西 | Jiangxi | 27735 | 18812 | 9830 | 843 | 6556 | 1525 |
| 山 东 | Shandong | 51511 | 42494 | 21039 | 514 | 7577 | 925 |
| 河 南 | Henan | 26155 | 22094 | 8412 | 115 | 3109 | 854 |
| 湖 北 | Hubei | 66613 | 47605 | 22653 | 800 | 13808 | 4399 |
| 湖 南 | Hunan | 37576 | 27573 | 14758 | 251 | 7160 | 2596 |
| 广 东 | Guangdong | 98724 | 63093 | 38735 | 174 | 20950 | 14547 |
| 广 西 | Guangxi | 35991 | 30055 | 18028 | 125 | 3632 | 2184 |
| 海 南 | Hainan | 9498 | 7844 | 3003 | 518 | 954 | 183 |
| 重 庆 | Chongqing | 60310 | 46687 | 21026 | 154 | 9855 | 3615 |
| 四 川 | Sichuan | 44951 | 36256 | 22249 | 136 | 6280 | 2281 |
| 贵 州 | Guizhou | 43285 | 37183 | 17198 | 243 | 4416 | 1443 |
| 云 南 | Yunnan | 68804 | 57319 | 33962 | 285 | 8804 | 2396 |
| 西 藏 | Tibet | 8103 | 7840 | 2677 | 3 | 194 | 67 |
| 陕 西 | Shaanxi | 28395 | 21534 | 14907 | 84 | 5340 | 1438 |
| 甘 肃 | Gansu | 16022 | 11656 | 6708 | 141 | 3695 | 537 |
| 青 海 | Qinghai | 16143 | 14362 | 9557 | 0 | 1002 | 779 |
| 宁 夏 | Ningxia | 5490 | 4731 | 3919 | 6 | 605 | 148 |
| 新 疆 | Xinjiang | 28701 | 22932 | 10822 | 1979 | 2383 | 1407 |

附表 4-3 续表 Continued

| 地区 | Region | 科技活动周经费筹集额 Funding for S&T week | 政府拨款 Government funds | 企业赞助 Corporate donates | 年度科普经费使用额 Annual expenditure | 行政支出 Administrative expenditure | 科普活动支出 Activities expenditure |
|---|---|---|---|---|---|---|---|
| 全国 | Total | 60704 | 46577 | 3952 | 1465105 | 226124 | 848250 |
| 东部 | Eastern | 35485 | 28926 | 2025 | 842528 | 121030 | 494008 |
| 中部 | Middle | 11081 | 6818 | 1180 | 233415 | 41398 | 134709 |
| 西部 | Western | 14138 | 10833 | 747 | 389162 | 63696 | 219533 |
| 北京 | Beijing | 4156 | 3813 | 41 | 201601 | 26953 | 126323 |
| 天津 | Tianjin | 707 | 394 | 80 | 20165 | 3513 | 15629 |
| 河北 | Hebei | 985 | 695 | 93 | 25837 | 2794 | 23868 |
| 山西 | Shanxi | 405 | 235 | 136 | 10947 | 1816 | 3373 |
| 内蒙古 | Inner Mongolia | 765 | 404 | 45 | 33210 | 2170 | 11712 |
| 辽宁 | Liaoning | 1806 | 1475 | 121 | 42220 | 5513 | 26235 |
| 吉林 | Jilin | 96 | 68 | 8 | 5234 | 1370 | 2817 |
| 黑龙江 | Heilongjiang | 329 | 233 | 42 | 8312 | 1714 | 4911 |
| 上海 | Shanghai | 5277 | 4186 | 483 | 134631 | 8881 | 87141 |
| 江苏 | Jiangsu | 4914 | 3505 | 386 | 106267 | 12439 | 58995 |
| 浙江 | Zhejiang | 3572 | 3024 | 67 | 81761 | 18455 | 46706 |
| 安徽 | Anhui | 970 | 703 | 52 | 32478 | 4710 | 17321 |
| 福建 | Fujian | 9168 | 7907 | 478 | 62419 | 10609 | 21371 |
| 江西 | Jiangxi | 2260 | 920 | 280 | 26336 | 5362 | 17074 |
| 山东 | Shandong | 1051 | 771 | 106 | 61137 | 9597 | 30737 |
| 河南 | Henan | 1033 | 774 | 92 | 25375 | 3524 | 15675 |
| 湖北 | Hubei | 2648 | 1827 | 267 | 86585 | 14489 | 49781 |
| 湖南 | Hunan | 3340 | 2057 | 302 | 38148 | 8412 | 23756 |
| 广东 | Guangdong | 3127 | 2496 | 147 | 96672 | 19801 | 52296 |
| 广西 | Guangxi | 2069 | 1818 | 59 | 36390 | 6187 | 18216 |
| 海南 | Hainan | 721 | 660 | 23 | 9819 | 2475 | 4709 |
| 重庆 | Chongqing | 1620 | 1220 | 145 | 64721 | 10454 | 39310 |
| 四川 | Sichuan | 1959 | 1357 | 89 | 45146 | 7799 | 30305 |
| 贵州 | Guizhou | 2462 | 2067 | 61 | 41184 | 15822 | 19923 |
| 云南 | Yunnan | 1889 | 1433 | 75 | 75645 | 6889 | 42005 |
| 西藏 | Tibet | 50 | 41 | 0 | 7998 | 148 | 7593 |
| 陕西 | Shaanxi | 1388 | 1008 | 169 | 31262 | 6049 | 20085 |
| 甘肃 | Gansu | 793 | 631 | 28 | 15600 | 2485 | 9400 |
| 青海 | Qinghai | 159 | 103 | 1 | 7889 | 1079 | 3913 |
| 宁夏 | Ningxia | 111 | 77 | 3 | 3993 | 281 | 3007 |
| 新疆 | Xinjiang | 872 | 673 | 73 | 26126 | 4332 | 14062 |

附表 4-3　续表　　　　　　Continued

| 地　区 | Region | 科普场馆基建支出 Infrastructure expenditures | 年度科普经费使用额 Annual expenditure | | | 其他支出 Others |
|---|---|---|---|---|---|---|
| | | | 政府拨款支出 Government expenditures | 场馆建设支出 Venue construction expenditures | 展品、设施支出 Exhibits & facilities expenditures | |
| 全　国 | Total | 308943 | 111180 | 120827 | 136101 | 91495 |
| 东　部 | Eastern | 173664 | 65672 | 78382 | 79743 | 63003 |
| 中　部 | Middle | 46981 | 15187 | 19124 | 24690 | 10353 |
| 西　部 | Western | 88299 | 30321 | 23320 | 31667 | 18139 |
| 北　京 | Beijing | 14160 | 7010 | 2650 | 10227 | 30606 |
| 天　津 | Tianjin | 525 | 54 | 916 | 221 | 503 |
| 河　北 | Hebei | 2648 | 773 | 842 | 1688 | 6526 |
| 山　西 | Shanxi | 5405 | 3454 | 3650 | 1728 | 353 |
| 内蒙古 | Inner Mongolia | 19072 | 3282 | 2448 | 3943 | 264 |
| 辽　宁 | Liaoning | 8642 | 2363 | 3128 | 4050 | 1825 |
| 吉　林 | Jilin | 967 | 780 | 804 | 191 | 79 |
| 黑龙江 | Heilongjiang | 1336 | 686 | 467 | 762 | 352 |
| 上　海 | Shanghai | 35187 | 14630 | 15812 | 17535 | 3422 |
| 江　苏 | Jiangsu | 31558 | 14620 | 18447 | 11871 | 5961 |
| 浙　江 | Zhejiang | 12506 | 6418 | 4808 | 6436 | 4108 |
| 安　徽 | Anhui | 8779 | 1230 | 2078 | 3704 | 1668 |
| 福　建 | Fujian | 27620 | 5445 | 10091 | 12980 | 2859 |
| 江　西 | Jiangxi | 3378 | 876 | 1842 | 1127 | 520 |
| 山　东 | Shandong | 19320 | 10669 | 9317 | 8404 | 1481 |
| 河　南 | Henan | 5818 | 4026 | 3872 | 1234 | 384 |
| 湖　北 | Hubei | 17184 | 2942 | 4824 | 10314 | 5132 |
| 湖　南 | Hunan | 4115 | 1195 | 1588 | 5632 | 1866 |
| 广　东 | Guangdong | 19833 | 3402 | 12133 | 6006 | 4741 |
| 广　西 | Guangxi | 9927 | 5879 | 3680 | 4263 | 2412 |
| 海　南 | Hainan | 1665 | 287 | 238 | 325 | 971 |
| 重　庆 | Chongqing | 12622 | 1737 | 2202 | 9773 | 2335 |
| 四　川 | Sichuan | 5457 | 2155 | 3176 | 1580 | 1596 |
| 贵　州 | Guizhou | 414 | 97 | 248 | 166 | 5024 |
| 云　南 | Yunnan | 23327 | 13926 | 6315 | 4591 | 3425 |
| 西　藏 | Tibet | 210 | 65 | 3 | 65 | 47 |
| 陕　西 | Shaanxi | 4677 | 1062 | 2010 | 1501 | 453 |
| 甘　肃 | Gansu | 3141 | 688 | 1649 | 868 | 574 |
| 青　海 | Qinghai | 2504 | 13 | 294 | 2195 | 391 |
| 宁　夏 | Ningxia | 317 | 64 | 79 | 154 | 388 |
| 新　疆 | Xinjiang | 6631 | 1352 | 1216 | 2569 | 1230 |

## 附表 4-4 2015年各省科普传媒
Appendix table 4-4: S&T popularization media by region in 2015

| 地区 Region | 科普图书 Popular science books | | 科普期刊 Popular science journals | |
|---|---|---|---|---|
| | 出版种数/种 Types of publications | 出版总册数/册 Total copies | 出版种数/种 Types of publications | 出版总册数/册 Total copies |
| 全国 Total | 16600 | 133577831 | 1249 | 178501740 |
| 东部 Eastern | 8740 | 98980675 | 653 | 135475814 |
| 中部 Middle | 2621 | 13742754 | 183 | 11473464 |
| 西部 Western | 5239 | 20854402 | 413 | 31552462 |
| 北京 Beijing | 4595 | 73344594 | 111 | 18885030 |
| 天津 Tianjin | 211 | 633000 | 19 | 3690000 |
| 河北 Hebei | 62 | 393300 | 40 | 1739056 |
| 山西 Shanxi | 260 | 1640000 | 16 | 1658502 |
| 内蒙古 Inner Mongolia | 754 | 2070001 | 91 | 5363100 |
| 辽宁 Liaoning | 216 | 2342056 | 16 | 744900 |
| 吉林 Jilin | 128 | 207849 | 4 | 19206 |
| 黑龙江 Heilongjiang | 287 | 385990 | 27 | 2540819 |
| 上海 Shanghai | 1074 | 7584317 | 129 | 21995312 |
| 江苏 Jiangsu | 504 | 1921990 | 101 | 8791122 |
| 浙江 Zhejiang | 593 | 4503652 | 62 | 8533218 |
| 安徽 Anhui | 188 | 1314590 | 16 | 118817 |
| 福建 Fujian | 346 | 892562 | 50 | 395316 |
| 江西 Jiangxi | 557 | 5888688 | 40 | 4445972 |
| 山东 Shandong | 375 | 3084730 | 39 | 1008314 |
| 河南 Henan | 261 | 1284676 | 19 | 1003700 |
| 湖北 Hubei | 815 | 2444441 | 48 | 1135498 |
| 湖南 Hunan | 125 | 576520 | 13 | 550950 |
| 广东 Guangdong | 646 | 3992006 | 83 | 69680346 |
| 广西 Guangxi | 378 | 3356740 | 17 | 163200 |
| 海南 Hainan | 118 | 288468 | 3 | 13200 |
| 重庆 Chongqing | 248 | 2262666 | 41 | 865209 |
| 四川 Sichuan | 825 | 3957800 | 47 | 2362167 |
| 贵州 Guizhou | 83 | 534250 | 9 | 48000 |
| 云南 Yunnan | 469 | 2042421 | 57 | 409596 |
| 西藏 Tibet | 76 | 145800 | 7 | 43060 |
| 陕西 Shaanxi | 759 | 3466031 | 32 | 4699200 |
| 甘肃 Gansu | 188 | 610000 | 26 | 402930 |
| 青海 Qinghai | 288 | 1025593 | 19 | 111800 |
| 宁夏 Ningxia | 198 | 466100 | 14 | 8014200 |
| 新疆 Xinjiang | 973 | 917000 | 53 | 9070000 |

附表4-4 续表　　Continued

| 地　区 | Region | 科普（技）音像制品 Popularization audio and video products ||| 科技类报纸年发行总份数/份 S&T newspaper printed copies |
| --- | --- | --- | --- | --- | --- |
| | | 出版种数/种 Types of publications | 光盘发行总量/张 Total CD copies released | 录音、录像带发行总量/盒 Total copies of audio and video publications | |
| 全　国 | Total | 5048 | 9885543 | 1573630 | 392218840 |
| 东　部 | Eastern | 1926 | 3167759 | 239611 | 275054052 |
| 中　部 | Middle | 1269 | 1363570 | 212835 | 57361403 |
| 西　部 | Western | 1853 | 5354214 | 1121184 | 59803385 |
| 北　京 | Beijing | 253 | 1224233 | 67600 | 120548775 |
| 天　津 | Tianjin | 56 | 198465 | 60640 | 3393526 |
| 河　北 | Hebei | 136 | 127571 | 11270 | 26603220 |
| 山　西 | Shanxi | 93 | 115621 | 73102 | 11983022 |
| 内蒙古 | Inner Mongolia | 170 | 1173412 | 12451 | 5226660 |
| 辽　宁 | Liaoning | 369 | 467165 | 36771 | 10114781 |
| 吉　林 | Jilin | 13 | 28865 | 582 | 200 |
| 黑龙江 | Heilongjiang | 196 | 299643 | 3932 | 860232 |
| 上　海 | Shanghai | 140 | 472951 | 6806 | 20392131 |
| 江　苏 | Jiangsu | 252 | 216389 | 27427 | 18954120 |
| 浙　江 | Zhejiang | 178 | 66932 | 941 | 39429345 |
| 安　徽 | Anhui | 77 | 77036 | 1371 | 4010424 |
| 福　建 | Fujian | 77 | 167358 | 875 | 492886 |
| 江　西 | Jiangxi | 169 | 315925 | 71713 | 12540639 |
| 山　东 | Shandong | 186 | 153509 | 20463 | 21154188 |
| 河　南 | Henan | 162 | 164937 | 21079 | 10234884 |
| 湖　北 | Hubei | 348 | 195768 | 12916 | 15909387 |
| 湖　南 | Hunan | 211 | 165775 | 28140 | 1822615 |
| 广　东 | Guangdong | 222 | 64143 | 5205 | 13939280 |
| 广　西 | Guangxi | 143 | 450326 | 1875 | 31110923 |
| 海　南 | Hainan | 57 | 9043 | 1613 | 31800 |
| 重　庆 | Chongqing | 101 | 133349 | 36821 | 305192 |
| 四　川 | Sichuan | 486 | 589958 | 18155 | 1003472 |
| 贵　州 | Guizhou | 22 | 13430 | 0 | 549892 |
| 云　南 | Yunnan | 224 | 357196 | 21193 | 3611494 |
| 西　藏 | Tibet | 21 | 58200 | 250 | 3844440 |
| 陕　西 | Shaanxi | 184 | 121134 | 11572 | 6962388 |
| 甘　肃 | Gansu | 185 | 136354 | 8846 | 636250 |
| 青　海 | Qinghai | 12 | 19739 | 3020 | 1440886 |
| 宁　夏 | Ningxia | 14 | 29230 | 5030 | 277433 |
| 新　疆 | Xinjiang | 291 | 2271886 | 1001971 | 4834355 |

附表 4-4 续表 Continued

| 地区 Region | 电视台播出科普（技）节目时间/小时 Broadcasting time of popular science programs on TV (h) | 电台播出科普（技）节目时间/小时 Broadcasting time of popular science programs on radio (h) | 科普网站数/个 S&T popularization websites (unit) | 发放科普读物和资料/份 Number of S&T popularization books and materials |
|---|---|---|---|---|
| 全国 Total | 197280 | 145053 | 3062 | 899248259 |
| 东部 Eastern | 104053 | 83191 | 1727 | 403821740 |
| 中部 Middle | 36382 | 31050 | 460 | 173221933 |
| 西部 Western | 56845 | 30812 | 875 | 322204586 |
| 北京 Beijing | 8922 | 12592 | 343 | 78730936 |
| 天津 Tianjin | 5874 | 416 | 158 | 34962010 |
| 河北 Hebei | 17418 | 11566 | 58 | 30353239 |
| 山西 Shanxi | 7480 | 4404 | 27 | 10326600 |
| 内蒙古 Inner Mongolia | 8273 | 1173 | 65 | 10610045 |
| 辽宁 Liaoning | 23179 | 23876 | 100 | 21036008 |
| 吉林 Jilin | 631 | 670 | 10 | 5626473 |
| 黑龙江 Heilongjiang | 3596 | 4329 | 35 | 11318635 |
| 上海 Shanghai | 6622 | 1364 | 256 | 36587261 |
| 江苏 Jiangsu | 5780 | 5651 | 182 | 74158275 |
| 浙江 Zhejiang | 14609 | 11656 | 115 | 34219676 |
| 安徽 Anhui | 2946 | 5616 | 65 | 20275024 |
| 福建 Fujian | 7522 | 5789 | 123 | 16480469 |
| 江西 Jiangxi | 5405 | 5083 | 83 | 15704178 |
| 山东 Shandong | 10843 | 7264 | 194 | 33940244 |
| 河南 Henan | 3376 | 3386 | 67 | 28522923 |
| 湖北 Hubei | 8335 | 5666 | 144 | 42520288 |
| 湖南 Hunan | 4613 | 1896 | 29 | 38927812 |
| 广东 Guangdong | 3180 | 3005 | 145 | 38505696 |
| 广西 Guangxi | 5612 | 2958 | 52 | 35719612 |
| 海南 Hainan | 104 | 12 | 53 | 4847926 |
| 重庆 Chongqing | 510 | 375 | 177 | 30033605 |
| 四川 Sichuan | 8399 | 2868 | 114 | 60921229 |
| 贵州 Guizhou | 7191 | 2284 | 34 | 24701480 |
| 云南 Yunnan | 6695 | 4568 | 90 | 70297737 |
| 西藏 Tibet | 233 | 3111 | 14 | 922012 |
| 陕西 Shaanxi | 5294 | 3754 | 76 | 30217815 |
| 甘肃 Gansu | 4703 | 4087 | 110 | 21897903 |
| 青海 Qinghai | 625 | 55 | 28 | 6408013 |
| 宁夏 Ningxia | 166 | 554 | 25 | 6311711 |
| 新疆 Xinjiang | 9144 | 5025 | 90 | 24163424 |

附表 4-5 2015 年各省科普活动
Appendix table 4-5: S&T popularization activities by region in 2015

| 地区 | Region | 科普（技）讲座 S&T popularization lectures | | 科普（技）展览 S&T popularization exhibitions | |
|---|---|---|---|---|---|
| | | 举办次数/次 Number of lectures held | 参加人数/人次 Number of participants | 专题展览次数/次 Number of exhibitions held | 参观人数/人次 Number of participants |
| 全 国 | Total | 888496 | 150431959 | 161050 | 249364958 |
| 东 部 | Eastern | 453970 | 68220675 | 67432 | 139400429 |
| 中 部 | Middle | 188998 | 33925496 | 42955 | 48631901 |
| 西 部 | Western | 245528 | 48285788 | 50663 | 61332628 |
| 北 京 | Beijing | 46345 | 5654314 | 5170 | 48716333 |
| 天 津 | Tianjin | 42131 | 4456657 | 15594 | 4408220 |
| 河 北 | Hebei | 27140 | 6660516 | 4052 | 5348846 |
| 山 西 | Shanxi | 19652 | 1644119 | 1587 | 994787 |
| 内蒙古 | Inner Mongolia | 15542 | 2648661 | 1854 | 2250642 |
| 辽 宁 | Liaoning | 35276 | 6122082 | 4224 | 8819283 |
| 吉 林 | Jilin | 9795 | 947517 | 4103 | 879116 |
| 黑龙江 | Heilongjiang | 15894 | 2937169 | 1969 | 2167498 |
| 上 海 | Shanghai | 73765 | 7498146 | 5063 | 15380444 |
| 江 苏 | Jiangsu | 75232 | 11715386 | 9932 | 16438144 |
| 浙 江 | Zhejiang | 54225 | 10232747 | 7451 | 9557967 |
| 安 徽 | Anhui | 30643 | 4089263 | 3910 | 3503749 |
| 福 建 | Fujian | 25862 | 3157142 | 5367 | 5688174 |
| 江 西 | Jiangxi | 14915 | 2897423 | 3751 | 3087973 |
| 山 东 | Shandong | 40736 | 6617410 | 4815 | 11643220 |
| 河 南 | Henan | 24657 | 6675692 | 5048 | 14366327 |
| 湖 北 | Hubei | 48023 | 9880891 | 8923 | 8493852 |
| 湖 南 | Hunan | 25419 | 4853422 | 13664 | 15138599 |
| 广 东 | Guangdong | 30470 | 5635697 | 4771 | 11788314 |
| 广 西 | Guangxi | 20882 | 4377062 | 3053 | 5130773 |
| 海 南 | Hainan | 2788 | 470578 | 993 | 1611484 |
| 重 庆 | Chongqing | 14414 | 5783219 | 2409 | 8508699 |
| 四 川 | Sichuan | 33163 | 7472887 | 6124 | 10616732 |
| 贵 州 | Guizhou | 10179 | 2230928 | 2504 | 2930414 |
| 云 南 | Yunnan | 46759 | 7478077 | 15602 | 15689604 |
| 西 藏 | Tibet | 913 | 135273 | 300 | 94408 |
| 陕 西 | Shaanxi | 31656 | 4653021 | 5295 | 6481618 |
| 甘 肃 | Gansu | 24320 | 5078957 | 4948 | 4444493 |
| 青 海 | Qinghai | 5077 | 824620 | 749 | 2099901 |
| 宁 夏 | Ningxia | 3600 | 1055739 | 788 | 403514 |
| 新 疆 | Xinjiang | 39023 | 6547344 | 7037 | 2681830 |

附表4-5 续表 Continued

| 地区 | Region | 科普（技）竞赛 S&T popularization competitions | | 科普国际交流 International S&T popularization exchanges | |
|---|---|---|---|---|---|
| | | 举办次数/次 Number of competitions held | 参加人数/人次 Number of participants | 举办次数/次 Number of exchanges held | 参加人数/人次 Number of participants |
| 全 国 | Total | 55424 | 157238701 | 2279 | 726425 |
| 东 部 | Eastern | 32932 | 113198424 | 1465 | 559564 |
| 中 部 | Middle | 8840 | 26846424 | 184 | 39844 |
| 西 部 | Western | 13652 | 17193853 | 630 | 127017 |
| 北 京 | Beijing | 3362 | 84637476 | 345 | 22380 |
| 天 津 | Tianjin | 5187 | 2076986 | 64 | 14262 |
| 河 北 | Hebei | 1597 | 680100 | 33 | 2940 |
| 山 西 | Shanxi | 362 | 347180 | 18 | 228 |
| 内蒙古 | Inner Mongolia | 577 | 241856 | 23 | 31294 |
| 辽 宁 | Liaoning | 2406 | 3667851 | 116 | 11314 |
| 吉 林 | Jilin | 160 | 66597 | 8 | 629 |
| 黑龙江 | Heilongjiang | 1003 | 394775 | 32 | 26806 |
| 上 海 | Shanghai | 4100 | 4952512 | 350 | 48738 |
| 江 苏 | Jiangsu | 7947 | 7866791 | 199 | 10890 |
| 浙 江 | Zhejiang | 3139 | 2566760 | 101 | 425483 |
| 安 徽 | Anhui | 830 | 612801 | 12 | 1726 |
| 福 建 | Fujian | 2414 | 1342246 | 55 | 9744 |
| 江 西 | Jiangxi | 1284 | 17466444 | 27 | 5053 |
| 山 东 | Shandong | 1350 | 2443920 | 90 | 5798 |
| 河 南 | Henan | 1112 | 2849198 | 18 | 2762 |
| 湖 北 | Hubei | 2597 | 2820125 | 47 | 1441 |
| 湖 南 | Hunan | 1492 | 2289304 | 22 | 1199 |
| 广 东 | Guangdong | 1262 | 2902945 | 73 | 2541 |
| 广 西 | Guangxi | 863 | 2206871 | 30 | 2346 |
| 海 南 | Hainan | 168 | 60837 | 39 | 5474 |
| 重 庆 | Chongqing | 748 | 5861993 | 60 | 50803 |
| 四 川 | Sichuan | 3055 | 2715333 | 349 | 8199 |
| 贵 州 | Guizhou | 1085 | 807618 | 12 | 2954 |
| 云 南 | Yunnan | 1203 | 1448193 | 27 | 14444 |
| 西 藏 | Tibet | 91 | 11499 | 0 | 0 |
| 陕 西 | Shaanxi | 1511 | 1729983 | 44 | 9406 |
| 甘 肃 | Gansu | 1862 | 1147918 | 38 | 3572 |
| 青 海 | Qinghai | 240 | 222735 | 28 | 3523 |
| 宁 夏 | Ningxia | 189 | 324616 | 5 | 56 |
| 新 疆 | Xinjiang | 2228 | 475238 | 14 | 420 |

附表4-5 续表 Continued

| 地区 | Region | 成立青少年科技兴趣小组 Teenage S&T interest groups | | 科技夏（冬）令营 Summer/winter science camps | |
|---|---|---|---|---|---|
| | | 兴趣小组数/个 Number of groups | 参加人数/人次 Number of participants | 举办次数/次 Number of camps held | 参加人数/人次 Number of participants |
| 全国 | Total | 228161 | 17699854 | 14292 | 3551255 |
| 东部 | Eastern | 113869 | 7732432 | 9002 | 2283120 |
| 中部 | Middle | 56415 | 4197027 | 1796 | 405891 |
| 西部 | Western | 57877 | 5770395 | 3494 | 862244 |
| 北京 | Beijing | 3153 | 370798 | 1281 | 209839 |
| 天津 | Tianjin | 5971 | 434488 | 297 | 96815 |
| 河北 | Hebei | 11439 | 490727 | 369 | 87067 |
| 山西 | Shanxi | 4957 | 145553 | 78 | 40104 |
| 内蒙古 | Inner Mongolia | 2374 | 207447 | 166 | 50769 |
| 辽宁 | Liaoning | 16081 | 1051734 | 819 | 380226 |
| 吉林 | Jilin | 944 | 84540 | 41 | 8419 |
| 黑龙江 | Heilongjiang | 4958 | 342259 | 118 | 18951 |
| 上海 | Shanghai | 7726 | 546902 | 1602 | 391054 |
| 江苏 | Jiangsu | 20079 | 1316116 | 1458 | 598401 |
| 浙江 | Zhejiang | 14777 | 842487 | 1207 | 152300 |
| 安徽 | Anhui | 5014 | 314339 | 238 | 29530 |
| 福建 | Fujian | 4738 | 591756 | 977 | 134320 |
| 江西 | Jiangxi | 5463 | 984124 | 236 | 62983 |
| 山东 | Shandong | 15802 | 1137193 | 394 | 169198 |
| 河南 | Henan | 7505 | 398999 | 262 | 65626 |
| 湖北 | Hubei | 15288 | 1113255 | 380 | 70142 |
| 湖南 | Hunan | 12286 | 813958 | 443 | 110136 |
| 广东 | Guangdong | 12973 | 855357 | 549 | 59997 |
| 广西 | Guangxi | 6488 | 919186 | 101 | 16443 |
| 海南 | Hainan | 1130 | 94874 | 49 | 3903 |
| 重庆 | Chongqing | 4660 | 532017 | 116 | 15377 |
| 四川 | Sichuan | 13666 | 1564786 | 547 | 220797 |
| 贵州 | Guizhou | 2422 | 563108 | 98 | 11015 |
| 云南 | Yunnan | 5937 | 503606 | 409 | 143862 |
| 西藏 | Tibet | 67 | 4465 | 55 | 1804 |
| 陕西 | Shaanxi | 9978 | 538236 | 358 | 100036 |
| 甘肃 | Gansu | 8171 | 514707 | 220 | 66268 |
| 青海 | Qinghai | 262 | 54851 | 55 | 62985 |
| 宁夏 | Ningxia | 1115 | 66811 | 42 | 13073 |
| 新疆 | Xinjiang | 2737 | 301175 | 1327 | 159815 |

附表4-5 续表　Continued

| 地区 Region | 科技活动周 Science & technology week | | 科研机构、大学向社会开放 Scientific institutions and universities open to public | |
|---|---|---|---|---|
| | 科普专题活动次数/次 Number of S&T week held | 参加人数/人次 Number of participants | 开放单位数/个 Number of open units | 参观人数/人次 Number of participants |
| 全　国 Total | 117506 | 157533643 | 7241 | 8312578 |
| 东　部 Eastern | 55312 | 112148663 | 3970 | 4728731 |
| 中　部 Middle | 22956 | 16766989 | 1541 | 2222840 |
| 西　部 Western | 39238 | 28617991 | 1730 | 1361007 |
| 北　京 Beijing | 6662 | 64057655 | 523 | 491895 |
| 天　津 Tianjin | 7921 | 3470818 | 174 | 236759 |
| 河　北 Hebei | 5174 | 3241458 | 306 | 216452 |
| 山　西 Shanxi | 955 | 728883 | 134 | 138094 |
| 内蒙古 Inner Mongolia | 2061 | 1677539 | 110 | 61467 |
| 辽　宁 Liaoning | 4155 | 3938108 | 642 | 504597 |
| 吉　林 Jilin | 707 | 320889 | 14 | 18660 |
| 黑龙江 Heilongjiang | 3164 | 1157263 | 300 | 149006 |
| 上　海 Shanghai | 5480 | 6798631 | 120 | 322228 |
| 江　苏 Jiangsu | 9049 | 9419140 | 807 | 1223449 |
| 浙　江 Zhejiang | 5478 | 4443366 | 319 | 322841 |
| 安　徽 Anhui | 2736 | 1406172 | 126 | 139562 |
| 福　建 Fujian | 4434 | 2257130 | 259 | 194625 |
| 江　西 Jiangxi | 3082 | 2345759 | 148 | 132802 |
| 山　东 Shandong | 3796 | 10025771 | 194 | 181583 |
| 河　南 Henan | 3318 | 2959082 | 319 | 200957 |
| 湖　北 Hubei | 5405 | 4679267 | 363 | 1084841 |
| 湖　南 Hunan | 3589 | 3169674 | 137 | 358918 |
| 广　东 Guangdong | 2127 | 3740558 | 572 | 910979 |
| 广　西 Guangxi | 4552 | 5353382 | 135 | 100507 |
| 海　南 Hainan | 1036 | 756028 | 54 | 123323 |
| 重　庆 Chongqing | 2205 | 2393620 | 419 | 210380 |
| 四　川 Sichuan | 5701 | 4735096 | 277 | 310235 |
| 贵　州 Guizhou | 3670 | 2286029 | 44 | 62963 |
| 云　南 Yunnan | 4470 | 3289226 | 199 | 87193 |
| 西　藏 Tibet | 311 | 52499 | 28 | 14140 |
| 陕　西 Shaanxi | 5215 | 2579735 | 196 | 326537 |
| 甘　肃 Gansu | 4148 | 2297064 | 138 | 113581 |
| 青　海 Qinghai | 661 | 705509 | 68 | 13820 |
| 宁　夏 Ningxia | 1164 | 578582 | 55 | 20213 |
| 新　疆 Xinjiang | 5080 | 2669710 | 61 | 39971 |

附表 4-5 续表 Continued

| 地区 | Region | 举办实用技术培训 Practical skill trainings | | 重大科普活动次数/次 Number of grand popularization activities |
|---|---|---|---|---|
| | | 举办次数/次 Number of trainings held | 参加人数/人次 Number of participants | |
| 全国 | Total | 726024 | 90940522 | 36428 |
| 东部 | Eastern | 205787 | 25697377 | 13720 |
| 中部 | Middle | 130751 | 18894522 | 9180 |
| 西部 | Western | 389486 | 46348623 | 13528 |
| 北京 | Beijing | 14307 | 811161 | 983 |
| 天津 | Tianjin | 12533 | 1128955 | 325 |
| 河北 | Hebei | 29689 | 4147718 | 1216 |
| 山西 | Shanxi | 10546 | 1241273 | 566 |
| 内蒙古 | Inner Mongolia | 22438 | 2402517 | 1016 |
| 辽宁 | Liaoning | 15488 | 2558912 | 1490 |
| 吉林 | Jilin | 10662 | 1535584 | 241 |
| 黑龙江 | Heilongjiang | 20893 | 3382414 | 1416 |
| 上海 | Shanghai | 14498 | 3103884 | 1169 |
| 江苏 | Jiangsu | 32647 | 3907887 | 1986 |
| 浙江 | Zhejiang | 26528 | 2906334 | 2072 |
| 安徽 | Anhui | 20459 | 5272401 | 1007 |
| 福建 | Fujian | 13876 | 1309648 | 1429 |
| 江西 | Jiangxi | 22534 | 1806404 | 533 |
| 山东 | Shandong | 23556 | 3737400 | 1616 |
| 河南 | Henan | 21943 | 2739130 | 762 |
| 湖北 | Hubei | 102 | 9375 | 1338 |
| 湖南 | Hunan | 23612 | 2907941 | 3317 |
| 广东 | Guangdong | 19035 | 1758411 | 982 |
| 广西 | Guangxi | 45179 | 4246239 | 2150 |
| 海南 | Hainan | 3630 | 327067 | 452 |
| 重庆 | Chongqing | 8904 | 1256068 | 1062 |
| 四川 | Sichuan | 50918 | 7036146 | 2044 |
| 贵州 | Guizhou | 14792 | 1781645 | 568 |
| 云南 | Yunnan | 72587 | 6755640 | 1405 |
| 西藏 | Tibet | 940 | 140266 | 44 |
| 陕西 | Shaanxi | 39831 | 4665200 | 1415 |
| 甘肃 | Gansu | 48268 | 4858389 | 1865 |
| 青海 | Qinghai | 5826 | 622762 | 511 |
| 宁夏 | Ningxia | 5699 | 1268091 | 289 |
| 新疆 | Xinjiang | 74104 | 11315660 | 1159 |

附表 4-6　2015 年创新创业中的科普
Appendix table 4-6: S&T popularization activities in innovation and entrepreneurship in 2015

| 地区 | Region | 众创空间 Maker space | | | |
| --- | --- | --- | --- | --- | --- |
| | | 数量/个<br>Number of maker spaces | 服务各类人员数量/人<br>Number of serving for people | 获得政府经费支持/万元<br>Funds from government (10000 yuan) | 孵化科技项目数量/个<br>Number of incubating S&T projects |
| 全　国 | Total | 4471 | 370195 | 159772 | 38455 |
| 东　部 | Eastern | 3002 | 207343 | 89049 | 29952 |
| 中　部 | Middle | 637 | 76045 | 16422 | 3531 |
| 西　部 | Western | 832 | 86807 | 54301 | 4972 |
| 北　京 | Beijing | 274 | 6963 | 4194 | 821 |
| 天　津 | Tianjin | 204 | 10059 | 22881 | 3090 |
| 河　北 | Hebei | 192 | 25286 | 4346 | 1980 |
| 山　西 | Shanxi | 34 | 15124 | 882 | 240 |
| 内蒙古 | Inner Mongolia | 12 | 4938 | 815 | 107 |
| 辽　宁 | Liaoning | 95 | 18367 | 2815 | 1283 |
| 吉　林 | Jilin | 5 | 4848 | 330 | 106 |
| 黑龙江 | Heilongjiang | 78 | 3915 | 2747 | 252 |
| 上　海 | Shanghai | 982 | 49335 | 25297 | 14260 |
| 江　苏 | Jiangsu | 511 | 19178 | 8387 | 2938 |
| 浙　江 | Zhejiang | 133 | 31712 | 2233 | 1291 |
| 安　徽 | Anhui | 50 | 3528 | 2268 | 271 |
| 福　建 | Fujian | 288 | 14494 | 8837 | 1876 |
| 江　西 | Jiangxi | 65 | 19722 | 2504 | 621 |
| 山　东 | Shandong | 134 | 7600 | 3924 | 707 |
| 河　南 | Henan | 142 | 7426 | 3180 | 591 |
| 湖　北 | Hubei | 230 | 16604 | 3272 | 1023 |
| 湖　南 | Hunan | 33 | 4878 | 1239 | 427 |
| 广　东 | Guangdong | 182 | 23535 | 6115 | 1627 |
| 广　西 | Guangxi | 47 | 4190 | 1995 | 407 |
| 海　南 | Hainan | 7 | 814 | 20 | 79 |
| 重　庆 | Chongqing | 179 | 28224 | 15944 | 1373 |
| 四　川 | Sichuan | 236 | 15944 | 12724 | 1048 |
| 贵　州 | Guizhou | 46 | 7989 | 7128 | 171 |
| 云　南 | Yunnan | 214 | 15867 | 11251 | 1144 |
| 西　藏 | Tibet | 21 | 500 | 0 | 2 |
| 陕　西 | Shaanxi | 23 | 2044 | 645 | 162 |
| 甘　肃 | Gansu | 19 | 1327 | 1462 | 348 |
| 青　海 | Qinghai | 17 | 4782 | 1814 | 124 |
| 宁　夏 | Ningxia | 13 | 711 | 363 | 41 |
| 新　疆 | Xinjiang | 5 | 291 | 160 | 45 |

附表 4-6 续表    Continued

| 地区 | Region | 创新创业培训 Innovation and entrepreneurship trainings | | 创新创业赛事 Innovation and entrepreneurship competitions | |
|---|---|---|---|---|---|
| | | 培训次数/次 Number of trainings | 参加人数/人次 Number of participants | 赛事次数/次 Number of competitions | 参加人数/人次 Number of participants |
| 全国 | | 45073 | 2786052 | 3383 | 1830111 |
| 东部 | Eastern | 26448 | 1506861 | 1663 | 584446 |
| 中部 | Middle | 6236 | 479153 | 721 | 458355 |
| 西部 | Western | 12389 | 800038 | 999 | 787310 |
| 北京 | Beijing | 1523 | 94504 | 210 | 54882 |
| 天津 | Tianjin | 2207 | 71831 | 187 | 51548 |
| 河北 | Hebei | 1195 | 91060 | 173 | 44552 |
| 山西 | Shanxi | 429 | 42384 | 34 | 15738 |
| 内蒙古 | Inner Mongolia | 584 | 65545 | 23 | 4309 |
| 辽宁 | Liaoning | 1461 | 103402 | 240 | 14993 |
| 吉林 | Jilin | 210 | 10032 | 5 | 2920 |
| 黑龙江 | Heilongjiang | 676 | 61873 | 68 | 9330 |
| 上海 | Shanghai | 6839 | 328340 | 141 | 64215 |
| 江苏 | Jiangsu | 4222 | 230599 | 238 | 42156 |
| 浙江 | Zhejiang | 1107 | 45079 | 137 | 29991 |
| 安徽 | Anhui | 1072 | 45171 | 50 | 11414 |
| 福建 | Fujian | 4270 | 77377 | 197 | 30598 |
| 江西 | Jiangxi | 888 | 48888 | 149 | 29838 |
| 山东 | Shandong | 2088 | 143009 | 99 | 114634 |
| 河南 | Henan | 1058 | 91855 | 56 | 11884 |
| 湖北 | Hubei | 1040 | 96157 | 231 | 146601 |
| 湖南 | Hunan | 863 | 82793 | 128 | 230630 |
| 广东 | Guangdong | 1458 | 319930 | 41 | 136847 |
| 广西 | Guangxi | 2734 | 144193 | 228 | 547384 |
| 海南 | Hainan | 78 | 1730 | 0 | 30 |
| 重庆 | Chongqing | 2384 | 168443 | 255 | 26017 |
| 四川 | Sichuan | 2938 | 157730 | 178 | 134606 |
| 贵州 | Guizhou | 635 | 39722 | 46 | 4000 |
| 云南 | Yunnan | 1211 | 74552 | 66 | 7825 |
| 西藏 | Tibet | 12 | 120 | 9 | 1320 |
| 陕西 | Shaanxi | 239 | 26195 | 19 | 6094 |
| 甘肃 | Gansu | 628 | 49900 | 35 | 4570 |
| 青海 | Qinghai | 359 | 16081 | 36 | 32205 |
| 宁夏 | Ningxia | 185 | 28315 | 38 | 17805 |
| 新疆 | Xinjiang | 480 | 29242 | 66 | 1175 |

# 附录5  2014年全国科普统计分类数据统计表

各项统计数据均未包括香港特别行政区、澳门特别行政区和台湾地区的数据。

科普宣传专用车、科普图书、科普期刊、科普网站与科普国际交流情况均由市级以上（含市级）填报单位的数据统计得出。

东部、中部和西部地区的划分：东部地区包括北京、天津、河北、辽宁、上海、江苏、浙江、福建、山东、广东和海南11个省和直辖市；中部地区包括山西、吉林、黑龙江、安徽、江西、河南、湖北和湖南8个省；西部地区包括内蒙古、广西、重庆、四川、贵州、云南、西藏、陕西、甘肃、青海、宁夏和新疆12个省、自治区和直辖市。

附表 5-1 2014年各省科普人员  单位：人
Appendix table 5-1: S&T popularization personnel by region in 2014  Unit: person

| 地区 Region | 科普专职人员 Full time S&T popularization personnel | 中级职称及以上或大学本科及以上学历人员 With title of medium-rank or above /with college graduate or above | 女性 Female |
|---|---|---|---|
| 全国 National Total | 234982 | 137157 | 83782 |
| 东部 Eastern | 87066 | 54314 | 32845 |
| 中部 Middle | 75520 | 43375 | 25927 |
| 西部 Western | 72396 | 39468 | 25010 |
| 北京 Beijing | 7062 | 4915 | 3596 |
| 天津 Tianjin | 3179 | 2281 | 1457 |
| 河北 Hebei | 6517 | 3899 | 2696 |
| 山西 Shanxi | 7285 | 3657 | 2954 |
| 内蒙古 Inner Mongolia | 9433 | 6113 | 3580 |
| 辽宁 Liaoning | 7448 | 4926 | 2869 |
| 吉林 Jilin | 2396 | 1699 | 1026 |
| 黑龙江 Heilongjiang | 3461 | 2032 | 1505 |
| 上海 Shanghai | 7518 | 5233 | 3560 |
| 江苏 Jiangsu | 13721 | 9358 | 4948 |
| 浙江 Zhejiang | 6364 | 4129 | 2120 |
| 安徽 Anhui | 13574 | 7688 | 3386 |
| 福建 Fujian | 4004 | 2553 | 1237 |
| 江西 Jiangxi | 5940 | 3452 | 1989 |
| 山东 Shandong | 21520 | 11667 | 6807 |
| 河南 Henan | 15783 | 9089 | 6220 |
| 湖北 Hubei | 13972 | 8792 | 3989 |
| 湖南 Hunan | 13109 | 6966 | 4858 |
| 广东 Guangdong | 8702 | 4868 | 3149 |
| 广西 Guangxi | 4538 | 2721 | 1484 |
| 海南 Hainan | 1031 | 485 | 406 |
| 重庆 Chongqing | 3327 | 2250 | 1264 |
| 四川 Sichuan | 14071 | 7874 | 4933 |
| 贵州 Guizhou | 2862 | 1657 | 1008 |
| 云南 Yunnan | 11685 | 6281 | 3849 |
| 西藏 Tibet | 351 | 210 | 103 |
| 陕西 Shaanxi | 12854 | 5606 | 3996 |
| 甘肃 Gansu | 5890 | 3113 | 1767 |
| 青海 Qinghai | 975 | 620 | 383 |
| 宁夏 Ningxia | 1811 | 797 | 690 |
| 新疆 Xinjiang | 4599 | 2226 | 1953 |

附表 5-1 续表  Continued

| 地区 | Region | 科普专职人员 Full time S&T popularization personnel | | |
|---|---|---|---|---|
| | | 农村科普人员<br>Rural S&T popularization personnel | 管理人员<br>S&T popularization administrators | 科普创作人员<br>S&T popularization creators |
| 全 国 | Total | 84813 | 50651 | 12929 |
| 东 部 | Eastern | 24579 | 19828 | 6094 |
| 中 部 | Middle | 31232 | 15846 | 3699 |
| 西 部 | Western | 29002 | 14977 | 3136 |
| 北 京 | Beijing | 994 | 1580 | 1132 |
| 天 津 | Tianjin | 808 | 1118 | 269 |
| 河 北 | Hebei | 2149 | 1592 | 269 |
| 山 西 | Shanxi | 2627 | 1693 | 361 |
| 内蒙古 | Inner Mongolia | 3508 | 2295 | 392 |
| 辽 宁 | Liaoning | 1419 | 2001 | 253 |
| 吉 林 | Jilin | 996 | 532 | 68 |
| 黑龙江 | Heilongjiang | 971 | 836 | 203 |
| 上 海 | Shanghai | 908 | 1877 | 1256 |
| 江 苏 | Jiangsu | 3941 | 2556 | 772 |
| 浙 江 | Zhejiang | 1574 | 1639 | 321 |
| 安 徽 | Anhui | 7586 | 2556 | 509 |
| 福 建 | Fujian | 1129 | 980 | 287 |
| 江 西 | Jiangxi | 2117 | 1499 | 281 |
| 山 东 | Shandong | 9402 | 3805 | 949 |
| 河 南 | Henan | 5966 | 3450 | 752 |
| 湖 北 | Hubei | 6320 | 2814 | 874 |
| 湖 南 | Hunan | 4649 | 2466 | 651 |
| 广 东 | Guangdong | 2163 | 2339 | 540 |
| 广 西 | Guangxi | 1804 | 1068 | 144 |
| 海 南 | Hainan | 92 | 341 | 46 |
| 重 庆 | Chongqing | 1297 | 638 | 191 |
| 四 川 | Sichuan | 5893 | 2903 | 555 |
| 贵 州 | Guizhou | 1047 | 765 | 152 |
| 云 南 | Yunnan | 6595 | 1999 | 279 |
| 西 藏 | Tibet | 121 | 124 | 39 |
| 陕 西 | Shaanxi | 4484 | 2300 | 660 |
| 甘 肃 | Gansu | 2067 | 1139 | 232 |
| 青 海 | Qinghai | 112 | 237 | 73 |
| 宁 夏 | Ningxia | 514 | 543 | 57 |
| 新 疆 | Xinjiang | 1560 | 966 | 362 |

附表5-1 续表 Continued

| 地区 Region | 科普兼职人员<br>Part time S&T popularization personnel | 中级职称及以上或大学本科及以上学历人员<br>With title of medium-rank or above /with college graduate or above | 女性<br>Female |
|---|---|---|---|
| 全国 Total | 1777286 | 886086 | 652346 |
| 东部 Eastern | 813848 | 432057 | 307087 |
| 中部 Middle | 432489 | 206325 | 150921 |
| 西部 Western | 530949 | 247704 | 194338 |
| 北京 Beijing | 34677 | 21456 | 19014 |
| 天津 Tianjin | 38201 | 19714 | 22458 |
| 河北 Hebei | 51130 | 35456 | 21998 |
| 山西 Shanxi | 51396 | 17200 | 17630 |
| 内蒙古 Inner Mongolia | 42317 | 27211 | 20199 |
| 辽宁 Liaoning | 67551 | 36877 | 29649 |
| 吉林 Jilin | 15574 | 4859 | 6772 |
| 黑龙江 Heilongjiang | 19932 | 12391 | 8764 |
| 上海 Shanghai | 41013 | 23136 | 19228 |
| 江苏 Jiangsu | 200181 | 122700 | 66615 |
| 浙江 Zhejiang | 101431 | 46219 | 36373 |
| 安徽 Anhui | 77674 | 41656 | 24526 |
| 福建 Fujian | 65158 | 32876 | 18611 |
| 江西 Jiangxi | 38317 | 20747 | 13171 |
| 山东 Shandong | 141932 | 54151 | 46583 |
| 河南 Henan | 83184 | 38140 | 32083 |
| 湖北 Hubei | 70559 | 35604 | 24532 |
| 湖南 Hunan | 75853 | 35728 | 23443 |
| 广东 Guangdong | 65848 | 37223 | 24726 |
| 广西 Guangxi | 45678 | 21040 | 16290 |
| 海南 Hainan | 6726 | 2249 | 1832 |
| 重庆 Chongqing | 33189 | 17345 | 11753 |
| 四川 Sichuan | 110707 | 46742 | 41321 |
| 贵州 Guizhou | 41801 | 20847 | 13984 |
| 云南 Yunnan | 72451 | 35192 | 25989 |
| 西藏 Tibet | 4150 | 1013 | 814 |
| 陕西 Shaanxi | 81495 | 36684 | 27263 |
| 甘肃 Gansu | 47960 | 17680 | 15867 |
| 青海 Qinghai | 11150 | 6571 | 4214 |
| 宁夏 Ningxia | 12972 | 6352 | 5763 |
| 新疆 Xinjiang | 27079 | 11027 | 10881 |

附表 5-1 续表　　　　　　　Continued

| 地区 | Region | 科普兼职人员 Part time S&T popularization personnel | | |
|---|---|---|---|---|
| | | 农村科普人员<br>Rural S&T popularization personnel | 注册科普志愿者<br>Registered S&T popularization volunteers | 年度实际投入工作量/人月<br>Annual actual workload (person-month) |
| 全 国 | Total | 634913 | 3206102 | 2410261 |
| 东 部 | Eastern | 250452 | 1659864 | 1035941 |
| 中 部 | Middle | 178289 | 767127 | 641795 |
| 西 部 | Western | 206172 | 779111 | 732525 |
| 北 京 | Beijing | 3810 | 20676 | 48440 |
| 天 津 | Tianjin | 4312 | 54643 | 64038 |
| 河 北 | Hebei | 19660 | 53859 | 88526 |
| 山 西 | Shanxi | 21387 | 22211 | 50725 |
| 内蒙古 | Inner Mongolia | 14845 | 24288 | 41643 |
| 辽 宁 | Liaoning | 18482 | 63657 | 94794 |
| 吉 林 | Jilin | 8141 | 10055 | 25825 |
| 黑龙江 | Heilongjiang | 5821 | 329976 | 30734 |
| 上 海 | Shanghai | 4161 | 92524 | 68717 |
| 江 苏 | Jiangsu | 50348 | 946270 | 180303 |
| 浙 江 | Zhejiang | 27604 | 68850 | 111262 |
| 安 徽 | Anhui | 33112 | 44493 | 125982 |
| 福 建 | Fujian | 22328 | 20503 | 62558 |
| 江 西 | Jiangxi | 14229 | 26133 | 63796 |
| 山 东 | Shandong | 79251 | 160252 | 219744 |
| 河 南 | Henan | 34963 | 63707 | 153107 |
| 湖 北 | Hubei | 27535 | 115029 | 87815 |
| 湖 南 | Hunan | 33101 | 155523 | 103811 |
| 广 东 | Guangdong | 17796 | 172593 | 88782 |
| 广 西 | Guangxi | 17167 | 9021 | 76202 |
| 海 南 | Hainan | 2700 | 6037 | 8777 |
| 重 庆 | Chongqing | 10671 | 379270 | 52445 |
| 四 川 | Sichuan | 51808 | 58891 | 181511 |
| 贵 州 | Guizhou | 13507 | 21445 | 69115 |
| 云 南 | Yunnan | 31923 | 191625 | 96648 |
| 西 藏 | Tibet | 2164 | 238 | 1465 |
| 陕 西 | Shaanxi | 29250 | 27599 | 102208 |
| 甘 肃 | Gansu | 15958 | 37512 | 50650 |
| 青 海 | Qinghai | 2498 | 3094 | 13189 |
| 宁 夏 | Ningxia | 5664 | 17701 | 14123 |
| 新 疆 | Xinjiang | 10717 | 8427 | 33326 |

附表 5-2 2014年各省科普场地

Appendix table 5-2: S&T popularization venues and facilities by region in 2014

| 地 区 Region | 科技馆/个 S&T museums | 建筑面积/米$^2$ Construction area (m$^2$) | 展厅面积/米$^2$ Exhibition area (m$^2$) | 当年参观人数/人次 Visitors |
|---|---|---|---|---|
| 全 国 Total | 409 | 3042399 | 1446056 | 41923115 |
| 东 部 Eastern | 212 | 1875686 | 914425 | 26139992 |
| 中 部 Middle | 130 | 617939 | 272503 | 8105431 |
| 西 部 Western | 67 | 548774 | 259128 | 7677692 |
| 北 京 Beijing | 31 | 319979 | 167501 | 4719603 |
| 天 津 Tianjin | 1 | 18000 | 10000 | 643400 |
| 河 北 Hebei | 11 | 69362 | 32258 | 560660 |
| 山 西 Shanxi | 4 | 43900 | 11570 | 335500 |
| 内蒙古 Inner Mongolia | 13 | 74574 | 32478 | 230019 |
| 辽 宁 Liaoning | 17 | 213934 | 81234 | 668517 |
| 吉 林 Jilin | 11 | 20927 | 5985 | 96600 |
| 黑龙江 Heilongjiang | 10 | 51269 | 26704 | 934780 |
| 上 海 Shanghai | 30 | 221156 | 123013 | 5363714 |
| 江 苏 Jiangsu | 19 | 160519 | 92869 | 2109142 |
| 浙 江 Zhejiang | 23 | 231038 | 93545 | 1798871 |
| 安 徽 Anhui | 14 | 149872 | 73010 | 1088314 |
| 福 建 Fujian | 18 | 100273 | 53415 | 1277230 |
| 江 西 Jiangxi | 7 | 42449 | 23742 | 539000 |
| 山 东 Shandong | 24 | 203313 | 106817 | 3893460 |
| 河 南 Henan | 10 | 54448 | 31914 | 1799400 |
| 湖 北 Hubei | 66 | 201320 | 69812 | 2449223 |
| 湖 南 Hunan | 8 | 53754 | 29766 | 862614 |
| 广 东 Guangdong | 29 | 288666 | 124328 | 3516008 |
| 广 西 Guangxi | 5 | 61401 | 31683 | 1520670 |
| 海 南 Hainan | 9 | 49446 | 29445 | 1589387 |
| 重 庆 Chongqing | 5 | 94638 | 45330 | 2511000 |
| 四 川 Sichuan | 8 | 73943 | 36453 | 1124880 |
| 贵 州 Guizhou | 2 | 21275 | 10880 | 465000 |
| 云 南 Yunnan | 8 | 44823 | 14388 | 160489 |
| 西 藏 Tibet | 0 | 0 | 0 | 0 |
| 陕 西 Shaanxi | 5 | 34130 | 19585 | 228124 |
| 甘 肃 Gansu | 5 | 11281 | 3680 | 18902 |
| 青 海 Qinghai | 3 | 38739 | 17507 | 690718 |
| 宁 夏 Ningxia | 4 | 19320 | 12730 | 370136 |
| 新 疆 Xinjiang | 9 | 74650 | 34414 | 357754 |

附表 5-2 续表  Continued

| 地区 | Region | 科学技术类博物馆/个 S&T related museums | 建筑面积/米² Construction area (m²) | 展厅面积/米² Exhibition area (m²) | 当年参观人数/人次 Visitors | 青少年科技馆站/个 Teenage S&T museums |
|---|---|---|---|---|---|---|
| 全国 | Total | 724 | 5178451 | 2398749 | 99146163 | 687 |
| 东部 | Eastern | 447 | 3378027 | 1595118 | 60294885 | 288 |
| 中部 | Middle | 131 | 728386 | 373350 | 16196192 | 199 |
| 西部 | Western | 146 | 1072038 | 430281 | 22655086 | 200 |
| 北京 | Beijing | 70 | 777777 | 308565 | 11221642 | 11 |
| 天津 | Tianjin | 13 | 269784 | 137490 | 4725865 | 12 |
| 河北 | Hebei | 19 | 146461 | 62984 | 2906080 | 40 |
| 山西 | Shanxi | 6 | 25126 | 9071 | 347000 | 34 |
| 内蒙古 | Inner Mongolia | 15 | 148769 | 57675 | 3335988 | 30 |
| 辽宁 | Liaoning | 49 | 376292 | 176874 | 6437079 | 61 |
| 吉林 | Jilin | 8 | 35580 | 15950 | 570035 | 11 |
| 黑龙江 | Heilongjiang | 27 | 203627 | 104921 | 2381181 | 13 |
| 上海 | Shanghai | 142 | 675377 | 412999 | 12551357 | 23 |
| 江苏 | Jiangsu | 45 | 391862 | 174378 | 4895995 | 42 |
| 浙江 | Zhejiang | 31 | 294080 | 127402 | 3793171 | 23 |
| 安徽 | Anhui | 19 | 115330 | 57297 | 3682830 | 34 |
| 福建 | Fujian | 26 | 104177 | 54404 | 4698896 | 27 |
| 江西 | Jiangxi | 9 | 45846 | 29017 | 2008000 | 20 |
| 山东 | Shandong | 20 | 141380 | 58031 | 4228220 | 28 |
| 河南 | Henan | 14 | 98409 | 38299 | 3055712 | 15 |
| 湖北 | Hubei | 35 | 150152 | 96525 | 2661965 | 36 |
| 湖南 | Hunan | 13 | 54316 | 22270 | 1489469 | 36 |
| 广东 | Guangdong | 31 | 200337 | 81791 | 4833580 | 14 |
| 广西 | Guangxi | 11 | 120417 | 58141 | 3344979 | 8 |
| 海南 | Hainan | 1 | 500 | 200 | 3000 | 7 |
| 重庆 | Chongqing | 10 | 117175 | 44902 | 793106 | 6 |
| 四川 | Sichuan | 21 | 131636 | 51567 | 2966235 | 40 |
| 贵州 | Guizhou | 9 | 55814 | 17353 | 647399 | 11 |
| 云南 | Yunnan | 27 | 166604 | 76856 | 6982378 | 21 |
| 西藏 | Tibet | 2 | 21020 | 4300 | 7700 | 3 |
| 陕西 | Shaanxi | 15 | 144417 | 37757 | 1856306 | 22 |
| 甘肃 | Gansu | 10 | 57537 | 26910 | 331561 | 13 |
| 青海 | Qinghai | 4 | 23950 | 8650 | 796260 | 10 |
| 宁夏 | Ningxia | 8 | 24548 | 17601 | 1118194 | 4 |
| 新疆 | Xinjiang | 14 | 60151 | 28569 | 474980 | 32 |

附表 5-2 续表    Continued

| 地 区 Region | 城市社区科普（技）专用活动室/个 Urban community S&T popularization rooms | 农村科普（技）活动场地/个 Rural S&T popularization sites | 科普宣传专用车/辆 S&T popularization vehicles | 科普画廊/个 S&T popularization galleries |
|---|---|---|---|---|
| 全国 Total | 85847 | 415747 | 1957 | 233869 |
| 东部 Eastern | 41364 | 190553 | 810 | 142632 |
| 中部 Middle | 24881 | 131527 | 370 | 46981 |
| 西部 Western | 19602 | 93667 | 777 | 44256 |
| 北京 Beijing | 1014 | 1839 | 82 | 3231 |
| 天津 Tianjin | 4745 | 6737 | 182 | 4650 |
| 河北 Hebei | 2014 | 19779 | 41 | 6388 |
| 山西 Shanxi | 1016 | 12372 | 67 | 4452 |
| 内蒙古 Inner Mongolia | 1352 | 5027 | 96 | 2990 |
| 辽宁 Liaoning | 6762 | 14711 | 106 | 9575 |
| 吉林 Jilin | 722 | 7067 | 20 | 903 |
| 黑龙江 Heilongjiang | 2201 | 4972 | 40 | 2072 |
| 上海 Shanghai | 3301 | 1580 | 67 | 6868 |
| 江苏 Jiangsu | 6792 | 26269 | 130 | 25126 |
| 浙江 Zhejiang | 3289 | 18032 | 26 | 17235 |
| 安徽 Anhui | 2548 | 13069 | 36 | 6827 |
| 福建 Fujian | 2662 | 9925 | 6 | 16478 |
| 江西 Jiangxi | 2382 | 9652 | 44 | 6290 |
| 山东 Shandong | 7365 | 73290 | 93 | 35401 |
| 河南 Henan | 3366 | 25727 | 30 | 5946 |
| 湖北 Hubei | 6187 | 27327 | 105 | 10831 |
| 湖南 Hunan | 6459 | 31341 | 28 | 9660 |
| 广东 Guangdong | 3280 | 16778 | 71 | 17219 |
| 广西 Guangxi | 2604 | 11357 | 38 | 4749 |
| 海南 Hainan | 140 | 1613 | 6 | 461 |
| 重庆 Chongqing | 1291 | 5300 | 165 | 5521 |
| 四川 Sichuan | 4202 | 21458 | 73 | 9182 |
| 贵州 Guizhou | 650 | 2882 | 21 | 1579 |
| 云南 Yunnan | 1254 | 12613 | 27 | 6083 |
| 西藏 Tibet | 113 | 1320 | 54 | 122 |
| 陕西 Shaanxi | 3721 | 16280 | 51 | 3524 |
| 甘肃 Gansu | 1574 | 7483 | 59 | 2344 |
| 青海 Qinghai | 171 | 830 | 51 | 649 |
| 宁夏 Ningxia | 768 | 1850 | 14 | 1002 |
| 新疆 Xinjiang | 1902 | 7267 | 128 | 6511 |

附表 5-3 2014年各省科普经费  单位：万元
Appendix table 5-3: S&T popularization funds by region in 2014  Unit: 10000 yuan

| 地区 | Region | 年度科普经费筹集额 Annual funding for S&T popularization | 政府拨款 Government funds | 科普专项经费 Special funds | 捐赠 Donates | 自筹资金 Self-raised funds | 其他收入 Others |
|---|---|---|---|---|---|---|---|
| 全国 | Total | 1500290 | 1140391 | 640066 | 16034 | 272745 | 70956 |
| 东部 | Eastern | 963104 | 736481 | 445679 | 12349 | 175887 | 38285 |
| 中部 | Middle | 209635 | 157059 | 78321 | 1625 | 34129 | 16823 |
| 西部 | Western | 327552 | 246852 | 116066 | 2060 | 62729 | 15848 |
| 北京 | Beijing | 217381 | 149799 | 99009 | 9719 | 49775 | 8089 |
| 天津 | Tianjin | 24233 | 19230 | 6640 | 91 | 4262 | 651 |
| 河北 | Hebei | 26500 | 18203 | 6902 | 426 | 4638 | 3232 |
| 山西 | Shanxi | 18522 | 13404 | 5888 | 6 | 1897 | 3214 |
| 内蒙古 | Inner Mongolia | 14208 | 11620 | 4594 | 125 | 2021 | 441 |
| 辽宁 | Liaoning | 36161 | 24465 | 15709 | 216 | 8102 | 3298 |
| 吉林 | Jilin | 4078 | 3421 | 991 | 33 | 562 | 62 |
| 黑龙江 | Heilongjiang | 12230 | 10349 | 2553 | 72 | 1445 | 364 |
| 上海 | Shanghai | 258183 | 208610 | 169140 | 909 | 44385 | 4278 |
| 江苏 | Jiangsu | 103743 | 72714 | 42866 | 336 | 21886 | 8815 |
| 浙江 | Zhejiang | 118004 | 103349 | 25490 | 245 | 11299 | 3082 |
| 安徽 | Anhui | 31813 | 25926 | 14840 | 94 | 4544 | 1249 |
| 福建 | Fujian | 49117 | 42746 | 26632 | 46 | 5112 | 1214 |
| 江西 | Jiangxi | 23029 | 15651 | 9027 | 288 | 5361 | 1728 |
| 山东 | Shandong | 53823 | 39099 | 15438 | 227 | 13310 | 1188 |
| 河南 | Henan | 25958 | 20650 | 9117 | 410 | 4120 | 782 |
| 湖北 | Hubei | 55838 | 39524 | 22714 | 464 | 9145 | 6705 |
| 湖南 | Hunan | 38168 | 28133 | 13191 | 258 | 7055 | 2718 |
| 广东 | Guangdong | 69135 | 53873 | 35285 | 116 | 11297 | 3847 |
| 广西 | Guangxi | 32147 | 23449 | 12787 | 229 | 6216 | 2260 |
| 海南 | Hainan | 6823 | 4393 | 2570 | 19 | 1821 | 590 |
| 重庆 | Chongqing | 38854 | 27707 | 16833 | 127 | 7942 | 3079 |
| 四川 | Sichuan | 58071 | 40429 | 21547 | 126 | 15554 | 1963 |
| 贵州 | Guizhou | 35357 | 28828 | 11835 | 407 | 4316 | 1807 |
| 云南 | Yunnan | 68854 | 58169 | 20835 | 410 | 7219 | 3057 |
| 西藏 | Tibet | 2173 | 1922 | 1003 | 4 | 138 | 110 |
| 陕西 | Shaanxi | 27909 | 21740 | 11270 | 356 | 4548 | 1265 |
| 甘肃 | Gansu | 12488 | 9634 | 5034 | 69 | 2318 | 467 |
| 青海 | Qinghai | 6271 | 4957 | 1720 | 6 | 937 | 371 |
| 宁夏 | Ningxia | 6528 | 4120 | 1346 | 42 | 2201 | 165 |
| 新疆 | Xinjiang | 24691 | 14278 | 7261 | 159 | 9319 | 864 |

附表5-3 续表　　　　　　　Continued

| 地区 | Region | 科技活动周经费筹集额 Funding for S&T week | 政府拨款 Government funds | 企业赞助 Corporate donates | 年度科普经费使用额 Annual expenditure | 行政支出 Administrative expenditure | 科普活动支出 Activities expenditure |
|---|---|---|---|---|---|---|---|
| 全　国 | Total | 47447 | 34602 | 3339 | 1485017 | 193610 | 740981 |
| 东　部 | Eastern | 24018 | 18008 | 1674 | 936239 | 106177 | 440095 |
| 中　部 | Middle | 10604 | 6878 | 1046 | 229752 | 34817 | 129232 |
| 西　部 | Western | 12825 | 9717 | 620 | 319026 | 52616 | 171654 |
| 北　京 | Beijing | 2638 | 2092 | 136 | 205724 | 32930 | 112852 |
| 天　津 | Tianjin | 891 | 498 | 138 | 23969 | 3420 | 19217 |
| 河　北 | Hebei | 1054 | 772 | 69 | 24269 | 2132 | 12626 |
| 山　西 | Shanxi | 481 | 347 | 35 | 17612 | 2358 | 10231 |
| 内蒙古 | Inner Mongolia | 543 | 364 | 67 | 18267 | 3404 | 7787 |
| 辽　宁 | Liaoning | 1513 | 1172 | 134 | 34481 | 5132 | 22573 |
| 吉　林 | Jilin | 147 | 118 | 6 | 4056 | 1136 | 2516 |
| 黑龙江 | Heilongjiang | 420 | 326 | 75 | 11323 | 1189 | 6043 |
| 上　海 | Shanghai | 5000 | 3670 | 314 | 253456 | 8301 | 79053 |
| 江　苏 | Jiangsu | 4853 | 3803 | 300 | 96953 | 12598 | 55534 |
| 浙　江 | Zhejiang | 2631 | 2163 | 80 | 106100 | 12252 | 44977 |
| 安　徽 | Anhui | 1076 | 797 | 36 | 36388 | 4488 | 18253 |
| 福　建 | Fujian | 1250 | 856 | 73 | 50575 | 7621 | 17943 |
| 江　西 | Jiangxi | 1524 | 807 | 321 | 24294 | 5301 | 15044 |
| 山　东 | Shandong | 1290 | 898 | 179 | 65583 | 9341 | 25377 |
| 河　南 | Henan | 1088 | 861 | 75 | 37659 | 3488 | 17922 |
| 湖　北 | Hubei | 2518 | 1566 | 229 | 59936 | 8819 | 34847 |
| 湖　南 | Hunan | 3350 | 2056 | 270 | 38484 | 8039 | 24375 |
| 广　东 | Guangdong | 2280 | 1554 | 218 | 68255 | 11974 | 46618 |
| 广　西 | Guangxi | 2047 | 1806 | 46 | 25956 | 4665 | 15147 |
| 海　南 | Hainan | 618 | 531 | 33 | 6874 | 476 | 3327 |
| 重　庆 | Chongqing | 1193 | 891 | 88 | 37493 | 7453 | 19145 |
| 四　川 | Sichuan | 2199 | 1422 | 117 | 54183 | 7887 | 28048 |
| 贵　州 | Guizhou | 2356 | 2026 | 28 | 34243 | 10278 | 18161 |
| 云　南 | Yunnan | 1241 | 874 | 117 | 57620 | 6257 | 33320 |
| 西　藏 | Tibet | 101 | 74 | 9 | 2154 | 388 | 1650 |
| 陕　西 | Shaanxi | 1397 | 1048 | 38 | 28267 | 4261 | 18936 |
| 甘　肃 | Gansu | 561 | 400 | 39 | 14677 | 2960 | 10052 |
| 青　海 | Qinghai | 157 | 118 | 2 | 6675 | 1162 | 4962 |
| 宁　夏 | Ningxia | 166 | 108 | 3 | 6129 | 487 | 3410 |
| 新　疆 | Xinjiang | 864 | 587 | 67 | 33364 | 3415 | 11037 |

附表5-3 续表 Continued

| 地 区 | Region | 科普场馆基建支出<br>Infrastructure expenditures | 年度科普经费使用额 Annual expenditure | | | 其他支出<br>Others |
|---|---|---|---|---|---|---|
| | | | 政府拨款支出<br>Government expenditures | 场馆建设支出<br>Venue construction expenditures | 展品、设施支出<br>Exhibits & facilities expenditures | |
| 全 国 | Total | 456870 | 252441 | 218482 | 201051 | 98410 |
| 东 部 | Eastern | 321513 | 197455 | 154448 | 148133 | 73270 |
| 中 部 | Middle | 52690 | 19242 | 21709 | 27185 | 13011 |
| 西 部 | Western | 82667 | 35743 | 42325 | 25734 | 12129 |
| 北 京 | Beijing | 25692 | 8751 | 5496 | 17143 | 39049 |
| 天 津 | Tianjin | 521 | 1 | 249 | 225 | 812 |
| 河 北 | Hebei | 3753 | 379 | 1483 | 2060 | 5757 |
| 山 西 | Shanxi | 4179 | 3724 | 3522 | 388 | 845 |
| 内蒙古 | Inner Mongolia | 6667 | 4243 | 2634 | 1805 | 410 |
| 辽 宁 | Liaoning | 5263 | 2564 | 1399 | 1945 | 1514 |
| 吉 林 | Jilin | 295 | 71 | 136 | 73 | 109 |
| 黑龙江 | Heilongjiang | 819 | 240 | 547 | 668 | 3272 |
| 上 海 | Shanghai | 162612 | 144055 | 84243 | 77286 | 3491 |
| 江 苏 | Jiangsu | 22213 | 8712 | 10876 | 7423 | 6608 |
| 浙 江 | Zhejiang | 45811 | 3727 | 29182 | 15242 | 3066 |
| 安 徽 | Anhui | 11283 | 4353 | 5440 | 4699 | 2364 |
| 福 建 | Fujian | 20869 | 5131 | 7156 | 11656 | 4145 |
| 江 西 | Jiangxi | 3570 | 1045 | 2251 | 817 | 379 |
| 山 东 | Shandong | 27084 | 21269 | 12731 | 10960 | 3776 |
| 河 南 | Henan | 15590 | 6394 | 6128 | 5930 | 658 |
| 湖 北 | Hubei | 12765 | 1955 | 2117 | 8933 | 3505 |
| 湖 南 | Hunan | 4188 | 1461 | 1570 | 5676 | 1881 |
| 广 东 | Guangdong | 6047 | 2475 | 1055 | 3596 | 3629 |
| 广 西 | Guangxi | 4924 | 2828 | 1510 | 2565 | 1228 |
| 海 南 | Hainan | 1648 | 391 | 578 | 597 | 1424 |
| 重 庆 | Chongqing | 9828 | 4042 | 4669 | 1739 | 1068 |
| 四 川 | Sichuan | 15959 | 2672 | 7498 | 3971 | 2294 |
| 贵 州 | Guizhou | 4057 | 12 | 3924 | 133 | 1747 |
| 云 南 | Yunnan | 15381 | 11692 | 12063 | 3488 | 2688 |
| 西 藏 | Tibet | 103 | 3 | 4 | 25 | 14 |
| 陕 西 | Shaanxi | 4140 | 2105 | 856 | 1396 | 931 |
| 甘 肃 | Gansu | 1271 | 115 | 339 | 504 | 394 |
| 青 海 | Qinghai | 256 | 76 | 77 | 116 | 295 |
| 宁 夏 | Ningxia | 2089 | 714 | 1354 | 92 | 142 |
| 新 疆 | Xinjiang | 17993 | 7241 | 7399 | 9900 | 918 |

附表 5-4  2014 年各省科普传媒
Appendix table5-4: S&T popularization media by region in 2014

| 地区 Region | 科普图书 Popular science books | | 科普期刊 Popular sciencejournals | |
|---|---|---|---|---|
| | 出版种数/种 Types of publications | 出版总册数/册 Total copies | 出版种数/种 Types of publications | 出版总册数/册 Total copies |
| 全国 Total | 8507 | 61600307 | 984 | 108258907 |
| 东部 Eastern | 6340 | 45511377 | 527 | 82661516 |
| 中部 Middle | 1133 | 9348365 | 195 | 16450648 |
| 西部 Western | 1034 | 6740565 | 262 | 9146743 |
| 北京 Beijing | 3605 | 27954275 | 68 | 13788300 |
| 天津 Tianjin | 225 | 681000 | 21 | 3864700 |
| 河北 Hebei | 69 | 818740 | 49 | 1955460 |
| 山西 Shanxi | 49 | 268400 | 18 | 228100 |
| 内蒙古 Inner Mongolia | 120 | 284223 | 15 | 45853 |
| 辽宁 Liaoning | 80 | 749050 | 26 | 714500 |
| 吉林 Jilin | 130 | 409940 | 8 | 49210 |
| 黑龙江 Heilongjiang | 49 | 128000 | 7 | 381000 |
| 上海 Shanghai | 1072 | 8079920 | 126 | 21381746 |
| 江苏 Jiangsu | 185 | 1110440 | 59 | 12844060 |
| 浙江 Zhejiang | 650 | 3120000 | 51 | 9183750 |
| 安徽 Anhui | 121 | 595130 | 29 | 6711108 |
| 福建 Fujian | 24 | 130200 | 14 | 387150 |
| 江西 Jiangxi | 531 | 5608275 | 42 | 5430150 |
| 山东 Shandong | 125 | 945600 | 37 | 7067300 |
| 河南 Henan | 25 | 400000 | 29 | 839180 |
| 湖北 Hubei | 194 | 1678400 | 39 | 1399100 |
| 湖南 Hunan | 34 | 260220 | 23 | 1412800 |
| 广东 Guangdong | 235 | 1589852 | 65 | 10397900 |
| 广西 Guangxi | 51 | 1039050 | 11 | 480439 |
| 海南 Hainan | 70 | 332300 | 11 | 1076650 |
| 重庆 Chongqing | 101 | 1192000 | 35 | 882700 |
| 四川 Sichuan | 143 | 854000 | 38 | 4451600 |
| 贵州 Guizhou | 14 | 102917 | 11 | 42260 |
| 云南 Yunnan | 147 | 775284 | 50 | 520408 |
| 西藏 Tibet | 19 | 192200 | 6 | 41000 |
| 陕西 Shaanxi | 166 | 815281 | 30 | 1251420 |
| 甘肃 Gansu | 104 | 897300 | 19 | 115912 |
| 青海 Qinghai | 43 | 73690 | 19 | 211000 |
| 宁夏 Ningxia | 16 | 147200 | 7 | 33000 |
| 新疆 Xinjiang | 110 | 367420 | 21 | 1071151 |

附表 5-4 续表 Continued

| 地区 | Region | 科普（技）音像制品 Popularization audio and video products | | | 科技类报纸年发行总份数/份 S&T newspaper printed copies |
|---|---|---|---|---|---|
| | | 出版种数/种 Types of publications | 光盘发行总量/张 Total CD copies released | 录音、录像带发行总量/盒 Total copies of audio and video publications | |
| 全国 | Total | 4473 | 6193823 | 719904 | 302296802 |
| 东部 | Eastern | 1452 | 2689972 | 172479 | 219798590 |
| 中部 | Middle | 1566 | 1908098 | 342883 | 47041475 |
| 西部 | Western | 1455 | 1595753 | 204542 | 35456737 |
| 北京 | Beijing | 71 | 244501 | 4385 | 21895600 |
| 天津 | Tianjin | 80 | 376420 | 61100 | 3174076 |
| 河北 | Hebei | 118 | 181106 | 6720 | 30312990 |
| 山西 | Shanxi | 270 | 148013 | 72922 | 5148872 |
| 内蒙古 | Inner Mongolia | 205 | 128355 | 24100 | 3780528 |
| 辽宁 | Liaoning | 347 | 488289 | 41811 | 10054679 |
| 吉林 | Jilin | 22 | 78879 | 9377 | 355500 |
| 黑龙江 | Heilongjiang | 34 | 190779 | 452 | 9846810 |
| 上海 | Shanghai | 133 | 526443 | 5655 | 19957649 |
| 江苏 | Jiangsu | 143 | 188662 | 4568 | 46445634 |
| 浙江 | Zhejiang | 153 | 230272 | 4610 | 45953405 |
| 安徽 | Anhui | 363 | 90423 | 6168 | 5673905 |
| 福建 | Fujian | 75 | 98996 | 1945 | 1987638 |
| 江西 | Jiangxi | 158 | 454188 | 11805 | 11979987 |
| 山东 | Shandong | 213 | 241591 | 37332 | 27897005 |
| 河南 | Henan | 84 | 377751 | 74965 | 1091305 |
| 湖北 | Hubei | 425 | 392878 | 140388 | 11115281 |
| 湖南 | Hunan | 210 | 175187 | 26806 | 1829815 |
| 广东 | Guangdong | 73 | 76356 | 4287 | 12116414 |
| 广西 | Guangxi | 41 | 44045 | 1769 | 181880 |
| 海南 | Hainan | 46 | 37336 | 66 | 3500 |
| 重庆 | Chongqing | 43 | 83639 | 171 | 4425940 |
| 四川 | Sichuan | 264 | 288650 | 29409 | 2494608 |
| 贵州 | Guizhou | 54 | 84974 | 6997 | 93376 |
| 云南 | Yunnan | 188 | 223048 | 5762 | 2165051 |
| 西藏 | Tibet | 69 | 33889 | 50823 | 1540297 |
| 陕西 | Shaanxi | 209 | 154304 | 4850 | 17803662 |
| 甘肃 | Gansu | 169 | 122877 | 10592 | 639128 |
| 青海 | Qinghai | 29 | 94293 | 1210 | 1645710 |
| 宁夏 | Ningxia | 14 | 124510 | 30 | 242131 |
| 新疆 | Xinjiang | 170 | 213169 | 68829 | 444426 |

附表 5-4　续表　Continued

| 地　区 Region | 电视台播出科普（技）节目时间/小时 Broadcasting time of popular science programs on TV (h) | 电台播出科普（技）节目时间/小时 Broadcasting time of popular science programs on radio (h) | 科普网站数/个 S&T popularization websites (unit) | 发放科普读物和资料/份 Number of S&T popularization books and materials |
|---|---|---|---|---|
| 全　国 Total | 201658 | 151334 | 2652 | 1026992112 |
| 东　部 Eastern | 94067 | 80385 | 1432 | 430716650 |
| 中　部 Middle | 45283 | 31867 | 546 | 186177929 |
| 西　部 Western | 62308 | 39082 | 674 | 410097533 |
| 北　京 Beijing | 8822 | 9885 | 184 | 34955966 |
| 天　津 Tianjin | 5841 | 356 | 179 | 12067116 |
| 河　北 Hebei | 12712 | 12409 | 74 | 36089217 |
| 山　西 Shanxi | 6643 | 826 | 44 | 13606307 |
| 内蒙古 Inner Mongolia | 6344 | 3637 | 61 | 13302435 |
| 辽　宁 Liaoning | 22945 | 23173 | 97 | 23693735 |
| 吉　林 Jilin | 832 | 781 | 18 | 5124850 |
| 黑龙江 Heilongjiang | 1653 | 1557 | 37 | 14383670 |
| 上　海 Shanghai | 4601 | 2435 | 240 | 35863333 |
| 江　苏 Jiangsu | 4423 | 5631 | 132 | 138558965 |
| 浙　江 Zhejiang | 11298 | 12332 | 119 | 39455982 |
| 安　徽 Anhui | 4627 | 6171 | 121 | 26237223 |
| 福　建 Fujian | 1136 | 1426 | 38 | 16920344 |
| 江　西 Jiangxi | 3834 | 4553 | 46 | 15594645 |
| 山　东 Shandong | 17215 | 8574 | 239 | 44610694 |
| 河　南 Henan | 6028 | 6787 | 70 | 33728865 |
| 湖　北 Hubei | 16652 | 8384 | 167 | 38084857 |
| 湖　南 Hunan | 5014 | 2808 | 43 | 39417512 |
| 广　东 Guangdong | 4962 | 3904 | 112 | 44583897 |
| 广　西 Guangxi | 8742 | 2168 | 28 | 44388807 |
| 海　南 Hainan | 112 | 260 | 18 | 3917401 |
| 重　庆 Chongqing | 510 | 375 | 124 | 27792650 |
| 四　川 Sichuan | 7518 | 2819 | 112 | 64016090 |
| 贵　州 Guizhou | 6682 | 942 | 29 | 25472810 |
| 云　南 Yunnan | 5909 | 4999 | 63 | 54270381 |
| 西　藏 Tibet | 233 | 481 | 14 | 609032 |
| 陕　西 Shaanxi | 5578 | 8211 | 104 | 38908510 |
| 甘　肃 Gansu | 8097 | 5762 | 61 | 22620017 |
| 青　海 Qinghai | 1004 | 529 | 11 | 8286963 |
| 宁　夏 Ningxia | 762 | 554 | 23 | 5428260 |
| 新　疆 Xinjiang | 10929 | 8605 | 44 | 105001578 |

## 附表 5-5 2014年各省科普活动
Appendix table 5-5: S&T popularization activities by region in 2014

| 地区 Region | 科普（技）讲座 S&T popularization lectures | | 科普（技）展览 S&T popularization exhibitions | |
|---|---|---|---|---|
| | 举办次数/次 Number of lectures held | 参加人数/人次 Number of participants | 专题展览次数/次 Number of exhibitions held | 参观人数/人次 Number of participants |
| 全 国 Total | 899679 | 157233472 | 146390 | 240341884 |
| 东 部 Eastern | 468087 | 72070774 | 68901 | 133238627 |
| 中 部 Middle | 185780 | 37855648 | 35773 | 55886069 |
| 西 部 Western | 245812 | 47307050 | 41716 | 51217188 |
| 北 京 Beijing | 48898 | 5598585 | 4935 | 39685186 |
| 天 津 Tianjin | 42394 | 4192034 | 15950 | 5428283 |
| 河 北 Hebei | 27810 | 5238421 | 4892 | 8388129 |
| 山 西 Shanxi | 16965 | 3095330 | 1651 | 1662620 |
| 内蒙古 Inner Mongolia | 14218 | 1958409 | 2248 | 2476274 |
| 辽 宁 Liaoning | 47242 | 6377680 | 5869 | 8622091 |
| 吉 林 Jilin | 5355 | 1803735 | 2970 | 846596 |
| 黑龙江 Heilongjiang | 15595 | 2790039 | 2036 | 1709129 |
| 上 海 Shanghai | 69971 | 7290169 | 4591 | 20255320 |
| 江 苏 Jiangsu | 70853 | 12640351 | 9970 | 16214034 |
| 浙 江 Zhejiang | 48051 | 9507268 | 5841 | 7000890 |
| 安 徽 Anhui | 28427 | 5212343 | 6000 | 10060556 |
| 福 建 Fujian | 24816 | 3934765 | 4394 | 5009636 |
| 江 西 Jiangxi | 14580 | 2764258 | 3622 | 3730156 |
| 山 东 Shandong | 58125 | 10580953 | 5444 | 7044213 |
| 河 南 Henan | 36388 | 8185030 | 5617 | 13283796 |
| 湖 北 Hubei | 41916 | 9125027 | 8156 | 9392510 |
| 湖 南 Hunan | 26554 | 4879886 | 5721 | 15200706 |
| 广 东 Guangdong | 28470 | 6434934 | 5666 | 14310491 |
| 广 西 Guangxi | 19489 | 4593449 | 4087 | 5548338 |
| 海 南 Hainan | 1457 | 275614 | 1349 | 1280354 |
| 重 庆 Chongqing | 29150 | 2796116 | 2481 | 4107969 |
| 四 川 Sichuan | 34710 | 9007346 | 7822 | 11870554 |
| 贵 州 Guizhou | 14559 | 2474453 | 3565 | 3007231 |
| 云 南 Yunnan | 38513 | 7503372 | 6213 | 9323053 |
| 西 藏 Tibet | 938 | 148447 | 265 | 106620 |
| 陕 西 Shaanxi | 24276 | 5737499 | 5549 | 6149177 |
| 甘 肃 Gansu | 26831 | 4838350 | 3124 | 3652682 |
| 青 海 Qinghai | 5555 | 919580 | 1228 | 2123594 |
| 宁 夏 Ningxia | 6202 | 819282 | 848 | 500068 |
| 新 疆 Xinjiang | 31371 | 6510747 | 4286 | 2351628 |

附表5-5 续表  Continued

| 地区 | Region | 科普（技）竞赛 S&T popularization competitions | | 科普国际交流 International S&T popularization exchanges | |
|---|---|---|---|---|---|
| | | 举办次数/次 Number of competitions held | 参加人数/人次 Number of participants | 举办次数/次 Number of exchanges held | 参加人数/人次 Number of participants |
| 全 国 | Total | 48840 | 119613876 | 2223 | 331279 |
| 东 部 | Eastern | 26105 | 92212116 | 1382 | 122239 |
| 中 部 | Middle | 10229 | 14319592 | 227 | 52234 |
| 西 部 | Western | 12506 | 13082168 | 614 | 156806 |
| 北 京 | Beijing | 3035 | 64984132 | 356 | 33866 |
| 天 津 | Tianjin | 3389 | 3007756 | 76 | 4454 |
| 河 北 | Hebei | 1738 | 598582 | 72 | 7500 |
| 山 西 | Shanxi | 494 | 346897 | 36 | 31047 |
| 内蒙古 | Inner Mongolia | 650 | 251500 | 19 | 4805 |
| 辽 宁 | Liaoning | 2004 | 2805291 | 65 | 4459 |
| 吉 林 | Jilin | 220 | 131000 | 7 | 200 |
| 黑龙江 | Heilongjiang | 825 | 288819 | 47 | 8692 |
| 上 海 | Shanghai | 4017 | 4716152 | 345 | 41267 |
| 江 苏 | Jiangsu | 4019 | 4269622 | 181 | 14510 |
| 浙 江 | Zhejiang | 2786 | 3488808 | 110 | 5161 |
| 安 徽 | Anhui | 1153 | 1865342 | 20 | 2597 |
| 福 建 | Fujian | 1515 | 1607679 | 19 | 2057 |
| 江 西 | Jiangxi | 1080 | 2952990 | 29 | 1250 |
| 山 东 | Shandong | 1986 | 4316859 | 39 | 3091 |
| 河 南 | Henan | 1515 | 3209070 | 20 | 1813 |
| 湖 北 | Hubei | 3435 | 3225351 | 48 | 5257 |
| 湖 南 | Hunan | 1507 | 2300123 | 20 | 1378 |
| 广 东 | Guangdong | 1513 | 2349634 | 79 | 4473 |
| 广 西 | Guangxi | 808 | 2298170 | 146 | 15630 |
| 海 南 | Hainan | 103 | 67601 | 40 | 1401 |
| 重 庆 | Chongqing | 856 | 1432829 | 139 | 13206 |
| 四 川 | Sichuan | 2456 | 3115917 | 73 | 3784 |
| 贵 州 | Guizhou | 990 | 847819 | 3 | 3432 |
| 云 南 | Yunnan | 839 | 1192815 | 32 | 10878 |
| 西 藏 | Tibet | 101 | 24757 | 1 | 8 |
| 陕 西 | Shaanxi | 2030 | 2185035 | 143 | 96400 |
| 甘 肃 | Gansu | 1648 | 926855 | 18 | 970 |
| 青 海 | Qinghai | 586 | 226583 | 27 | 452 |
| 宁 夏 | Ningxia | 185 | 210903 | 4 | 6000 |
| 新 疆 | Xinjiang | 1357 | 368985 | 9 | 1241 |

附表5-5 续表    Continued

| 地区 | Region | 成立青少年科技兴趣小组 Teenage S&T interest groups | | 科技夏（冬）令营 Summer /winter science camps | |
|---|---|---|---|---|---|
| | | 兴趣小组数/个 Number of groups | 参加人数/人次 Number of participants | 举办次数/次 Number of camps held | 参加人数/人次 Number of participants |
| 全国 | Total | 237736 | 23305258 | 13114 | 3346791 |
| 东部 | Eastern | 114572 | 7771888 | 8274 | 2028888 |
| 中部 | Middle | 60355 | 4443113 | 2157 | 475518 |
| 西部 | Western | 62809 | 11090257 | 2683 | 842385 |
| 北京 | Beijing | 3310 | 350641 | 1058 | 135440 |
| 天津 | Tianjin | 7967 | 494768 | 383 | 128827 |
| 河北 | Hebei | 11740 | 561379 | 266 | 72315 |
| 山西 | Shanxi | 5013 | 296925 | 85 | 36536 |
| 内蒙古 | Inner Mongolia | 2479 | 197730 | 220 | 78434 |
| 辽宁 | Liaoning | 15448 | 982218 | 748 | 380364 |
| 吉林 | Jilin | 1330 | 133378 | 54 | 35796 |
| 黑龙江 | Heilongjiang | 4401 | 173512 | 420 | 29904 |
| 上海 | Shanghai | 7717 | 539410 | 1528 | 383018 |
| 江苏 | Jiangsu | 18114 | 1261425 | 1976 | 388671 |
| 浙江 | Zhejiang | 12217 | 669353 | 634 | 248300 |
| 安徽 | Anhui | 7377 | 502869 | 342 | 60230 |
| 福建 | Fujian | 5277 | 636191 | 612 | 76944 |
| 江西 | Jiangxi | 3887 | 506163 | 177 | 43425 |
| 山东 | Shandong | 18320 | 1253781 | 408 | 151436 |
| 河南 | Henan | 12912 | 814606 | 287 | 84066 |
| 湖北 | Hubei | 13580 | 1202255 | 361 | 75404 |
| 湖南 | Hunan | 11855 | 813405 | 431 | 110157 |
| 广东 | Guangdong | 13679 | 987143 | 634 | 55778 |
| 广西 | Guangxi | 9959 | 5707506 | 79 | 15611 |
| 海南 | Hainan | 783 | 35579 | 27 | 7795 |
| 重庆 | Chongqing | 3938 | 284345 | 100 | 20679 |
| 四川 | Sichuan | 16681 | 1888122 | 494 | 262741 |
| 贵州 | Guizhou | 3577 | 900283 | 129 | 53251 |
| 云南 | Yunnan | 4329 | 408690 | 363 | 133279 |
| 西藏 | Tibet | 130 | 5114 | 22 | 2974 |
| 陕西 | Shaanxi | 8474 | 709524 | 242 | 60693 |
| 甘肃 | Gansu | 6644 | 552114 | 150 | 71562 |
| 青海 | Qinghai | 2143 | 74941 | 71 | 12479 |
| 宁夏 | Ningxia | 1393 | 122200 | 26 | 2984 |
| 新疆 | Xinjiang | 3062 | 239688 | 787 | 127698 |

附表 5-5 续表　　　　Continued

| 地区 | Region | 科技活动周 Science & technology week | | 科研机构、大学向社会开放 Scientific institutions and universities open to public | |
|---|---|---|---|---|---|
| | | 科普专题活动次数/次 Number of S&T week held | 参加人数/人次 Number of participants | 开放单位数/个 Number of open units | 参观人数/人次 Number of participants |
| 全　国 | Total | 117238 | 157261024 | 6712 | 8317837 |
| 东　部 | Eastern | 50256 | 109806701 | 3772 | 5058695 |
| 中　部 | Middle | 26395 | 18882847 | 1216 | 1868151 |
| 西　部 | Western | 40587 | 28571476 | 1724 | 1390991 |
| 北　京 | Beijing | 3672 | 58411039 | 569 | 494183 |
| 天　津 | Tianjin | 5488 | 3807150 | 197 | 310371 |
| 河　北 | Hebei | 5199 | 3184473 | 228 | 166028 |
| 山　西 | Shanxi | 1538 | 1856872 | 62 | 36200 |
| 内蒙古 | Inner Mongolia | 2206 | 1182449 | 88 | 64828 |
| 辽　宁 | Liaoning | 4473 | 5171896 | 509 | 415529 |
| 吉　林 | Jilin | 509 | 374918 | 20 | 35246 |
| 黑龙江 | Heilongjiang | 1914 | 1443537 | 184 | 176451 |
| 上　海 | Shanghai | 5218 | 6601294 | 69 | 291938 |
| 江　苏 | Jiangsu | 10098 | 11512478 | 982 | 682214 |
| 浙　江 | Zhejiang | 4653 | 4238587 | 269 | 305080 |
| 安　徽 | Anhui | 3438 | 1671950 | 142 | 187778 |
| 福　建 | Fujian | 4299 | 2350628 | 145 | 189516 |
| 江　西 | Jiangxi | 2945 | 1805086 | 69 | 102278 |
| 山　东 | Shandong | 4423 | 10454211 | 279 | 465324 |
| 河　南 | Henan | 5942 | 3823632 | 78 | 54476 |
| 湖　北 | Hubei | 5976 | 4798080 | 508 | 896358 |
| 湖　南 | Hunan | 4133 | 3108772 | 153 | 379364 |
| 广　东 | Guangdong | 2006 | 3590643 | 513 | 680068 |
| 广　西 | Guangxi | 2838 | 4922199 | 116 | 51252 |
| 海　南 | Hainan | 727 | 484302 | 12 | 1058444 |
| 重　庆 | Chongqing | 2153 | 1698552 | 168 | 133043 |
| 四　川 | Sichuan | 9798 | 5824454 | 578 | 266264 |
| 贵　州 | Guizhou | 3310 | 1967846 | 67 | 230192 |
| 云　南 | Yunnan | 4569 | 2904260 | 194 | 90615 |
| 西　藏 | Tibet | 340 | 76156 | 34 | 13963 |
| 陕　西 | Shaanxi | 5495 | 4067496 | 169 | 93008 |
| 甘　肃 | Gansu | 2903 | 1966623 | 156 | 175931 |
| 青　海 | Qinghai | 787 | 783840 | 60 | 8333 |
| 宁　夏 | Ningxia | 1200 | 788672 | 37 | 20555 |
| 新　疆 | Xinjiang | 4988 | 2388929 | 57 | 243007 |

附表 5-5 续表　　　　Continued

| 地区 | Region | 举办实用技术培训 Practical skill trainings | | 重大科普活动次数/次 Number of grand popularization activities |
|---|---|---|---|---|
| | | 举办次数/次 Number of trainings held | 参加人数/人次 Number of participants | |
| 全 国 | Total | 774189 | 104598101 | 29058 |
| 东 部 | Eastern | 249964 | 37302698 | 11120 |
| 中 部 | Middle | 134744 | 16492213 | 6596 |
| 西 部 | Western | 389481 | 50803190 | 11342 |
| 北 京 | Beijing | 18452 | 1013571 | 605 |
| 天 津 | Tianjin | 17629 | 1759256 | 377 |
| 河 北 | Hebei | 32097 | 4715490 | 1751 |
| 山 西 | Shanxi | 13439 | 1869808 | 637 |
| 内蒙古 | Inner Mongolia | 20363 | 2974540 | 638 |
| 辽 宁 | Liaoning | 22859 | 2911201 | 1555 |
| 吉 林 | Jilin | 9902 | 1004141 | 252 |
| 黑龙江 | Heilongjiang | 21029 | 2634760 | 771 |
| 上 海 | Shanghai | 13328 | 3006507 | 994 |
| 江 苏 | Jiangsu | 47634 | 12100274 | 1800 |
| 浙 江 | Zhejiang | 28574 | 2642702 | 977 |
| 安 徽 | Anhui | 22324 | 2417828 | 849 |
| 福 建 | Fujian | 16531 | 2287103 | 741 |
| 江 西 | Jiangxi | 20164 | 1942387 | 524 |
| 山 东 | Shandong | 33210 | 4904053 | 1257 |
| 河 南 | Henan | 24977 | 3711298 | 937 |
| 湖 北 | Hubei | 79 | 3850 | 1514 |
| 湖 南 | Hunan | 22830 | 2908141 | 1112 |
| 广 东 | Guangdong | 15119 | 1617132 | 962 |
| 广 西 | Guangxi | 38244 | 4772445 | 1106 |
| 海 南 | Hainan | 4531 | 345409 | 101 |
| 重 庆 | Chongqing | 9319 | 1535203 | 633 |
| 四 川 | Sichuan | 86215 | 13364893 | 2494 |
| 贵 州 | Guizhou | 21751 | 2636108 | 644 |
| 云 南 | Yunnan | 76122 | 7650750 | 1076 |
| 西 藏 | Tibet | 1305 | 129013 | 43 |
| 陕 西 | Shaanxi | 33275 | 4376080 | 1672 |
| 甘 肃 | Gansu | 42644 | 4862044 | 1238 |
| 青 海 | Qinghai | 7353 | 1633509 | 528 |
| 宁 夏 | Ningxia | 10474 | 725091 | 210 |
| 新 疆 | Xinjiang | 42416 | 6143514 | 1060 |

# 附录6  2013年全国科普统计分类数据统计表

各项统计数据均未包括香港特别行政区、澳门特别行政区和台湾地区的数据。

科普宣传专用车、科普图书、科普期刊、科普网站与科普国际交流情况均由市级以上（含市级）填报单位的数据统计得出。

东部、中部和西部地区的划分：东部地区包括北京、天津、河北、辽宁、上海、江苏、浙江、福建、山东、广东和海南11个省和直辖市；中部地区包括山西、吉林、黑龙江、安徽、江西、河南、湖北和湖南8个省；西部地区包括内蒙古、广西、重庆、四川、贵州、云南、西藏、陕西、甘肃、青海、宁夏和新疆12个省、自治区和直辖市。

附表 6-1　2013 年各省科普人员　　　　　　　　　　　　　　　　　单位：人
Appendix table6-1: S&T popularization personnel by region in 2013　　Unit: person

| 地区 Region | 科普专职人员 Full time S&T popularization personnel | 中级职称及以上或大学本科及以上学历人员 With title of medium-rank or above /with college graduate or above | 女性 Female |
|---|---|---|---|
| 全国 National Total | 242276 | 139439 | 87305 |
| 东部 Eastern | 82886 | 51413 | 32101 |
| 中部 Middle | 77484 | 43398 | 25605 |
| 西部 Western | 81906 | 44628 | 29599 |
| 北京 Beijing | 7727 | 4888 | 3880 |
| 天津 Tianjin | 3171 | 2195 | 1399 |
| 河北 Hebei | 5846 | 3545 | 2617 |
| 山西 Shanxi | 9171 | 4023 | 3274 |
| 内蒙古 Inner Mongolia | 8247 | 5265 | 3286 |
| 辽宁 Liaoning | 7438 | 5003 | 3100 |
| 吉林 Jilin | 7662 | 4732 | 2997 |
| 黑龙江 Heilongjiang | 3487 | 2244 | 1403 |
| 上海 Shanghai | 6965 | 4776 | 3215 |
| 江苏 Jiangsu | 12641 | 8422 | 4670 |
| 浙江 Zhejiang | 8892 | 5231 | 2629 |
| 安徽 Anhui | 8409 | 4566 | 2485 |
| 福建 Fujian | 4120 | 2497 | 1308 |
| 江西 Jiangxi | 5094 | 2908 | 1588 |
| 山东 Shandong | 14847 | 9130 | 5486 |
| 河南 Henan | 14813 | 8266 | 5559 |
| 湖北 Hubei | 13588 | 8403 | 3843 |
| 湖南 Hunan | 15260 | 8256 | 4456 |
| 广东 Guangdong | 9446 | 5060 | 3226 |
| 广西 Guangxi | 5098 | 3080 | 1782 |
| 海南 Hainan | 1793 | 666 | 571 |
| 重庆 Chongqing | 3216 | 2140 | 1195 |
| 四川 Sichuan | 17205 | 9545 | 6246 |
| 贵州 Guizhou | 2521 | 1427 | 888 |
| 云南 Yunnan | 12775 | 6785 | 4462 |
| 西藏 Tibet | 440 | 225 | 140 |
| 陕西 Shaanxi | 15964 | 7144 | 5262 |
| 甘肃 Gansu | 5580 | 3239 | 1916 |
| 青海 Qinghai | 1455 | 902 | 626 |
| 宁夏 Ningxia | 2772 | 1321 | 1117 |
| 新疆 Xinjiang | 6633 | 3555 | 2679 |

附表6-1 续表 Continued

| 地区 | Region | 科普专职人员 Full time S&T popularization personnel | | |
|---|---|---|---|---|
| | | 农村科普人员<br>Rural S&T popularization personnel | 管理人员<br>S&T popularization administrators | 科普创作人员<br>S&T popularization creators |
| 全　国 | Total | 84858 | 54088 | 14479 |
| 东　部 | Eastern | 22740 | 20195 | 6901 |
| 中　部 | Middle | 29811 | 17870 | 3976 |
| 西　部 | Western | 32307 | 16023 | 3602 |
| 北　京 | Beijing | 737 | 1768 | 1559 |
| 天　津 | Tianjin | 607 | 1079 | 264 |
| 河　北 | Hebei | 1521 | 1669 | 413 |
| 山　西 | Shanxi | 3342 | 1906 | 381 |
| 内蒙古 | Inner Mongolia | 3061 | 1940 | 356 |
| 辽　宁 | Liaoning | 1510 | 2170 | 863 |
| 吉　林 | Jilin | 3155 | 1871 | 425 |
| 黑龙江 | Heilongjiang | 1015 | 1010 | 175 |
| 上　海 | Shanghai | 864 | 1803 | 1173 |
| 江　苏 | Jiangsu | 4188 | 2891 | 759 |
| 浙　江 | Zhejiang | 3418 | 1617 | 363 |
| 安　徽 | Anhui | 3896 | 1952 | 374 |
| 福　建 | Fujian | 1012 | 1124 | 209 |
| 江　西 | Jiangxi | 1738 | 1312 | 333 |
| 山　东 | Shandong | 5811 | 3032 | 728 |
| 河　南 | Henan | 5078 | 3481 | 673 |
| 湖　北 | Hubei | 5962 | 2687 | 731 |
| 湖　南 | Hunan | 5625 | 3651 | 884 |
| 广　东 | Guangdong | 2550 | 2681 | 517 |
| 广　西 | Guangxi | 1894 | 1169 | 203 |
| 海　南 | Hainan | 522 | 361 | 53 |
| 重　庆 | Chongqing | 1289 | 657 | 189 |
| 四　川 | Sichuan | 7662 | 2793 | 486 |
| 贵　州 | Guizhou | 551 | 752 | 195 |
| 云　南 | Yunnan | 6294 | 2127 | 599 |
| 西　藏 | Tibet | 165 | 149 | 53 |
| 陕　西 | Shaanxi | 6224 | 2823 | 738 |
| 甘　肃 | Gansu | 1555 | 1489 | 291 |
| 青　海 | Qinghai | 153 | 340 | 77 |
| 宁　夏 | Ningxia | 1060 | 594 | 106 |
| 新　疆 | Xinjiang | 2399 | 1190 | 309 |

附表6-1 续表  Continued

| 地区 Region | 科普兼职人员 Part time S&T popularization personnel | 中级职称及以上或大学本科及以上学历人员 With title of medium-rank or above /with college graduate or above | 女性 Female |
|---|---|---|---|
| 全国 Total | 1735911 | 844115 | 656790 |
| 东部 Eastern | 766445 | 386805 | 308965 |
| 中部 Middle | 462070 | 216053 | 162667 |
| 西部 Western | 507396 | 241257 | 185158 |
| 北京 Beijing | 41044 | 25884 | 22124 |
| 天津 Tianjin | 42002 | 21527 | 24233 |
| 河北 Hebei | 43242 | 23146 | 19473 |
| 山西 Shanxi | 54119 | 18223 | 20151 |
| 内蒙古 Inner Mongolia | 40704 | 22280 | 17430 |
| 辽宁 Liaoning | 70922 | 37118 | 29192 |
| 吉林 Jilin | 44675 | 17467 | 18174 |
| 黑龙江 Heilongjiang | 29796 | 18128 | 11677 |
| 上海 Shanghai | 39214 | 21722 | 18514 |
| 江苏 Jiangsu | 143531 | 77595 | 56860 |
| 浙江 Zhejiang | 120781 | 57880 | 46781 |
| 安徽 Anhui | 73426 | 39177 | 24523 |
| 福建 Fujian | 53586 | 28300 | 17174 |
| 江西 Jiangxi | 29181 | 14824 | 9148 |
| 山东 Shandong | 135771 | 54044 | 48088 |
| 河南 Henan | 75934 | 36578 | 28814 |
| 湖北 Hubei | 63257 | 33731 | 22046 |
| 湖南 Hunan | 91682 | 37925 | 28134 |
| 广东 Guangdong | 69026 | 36340 | 24526 |
| 广西 Guangxi | 39731 | 19907 | 15043 |
| 海南 Hainan | 7326 | 3249 | 2000 |
| 重庆 Chongqing | 32494 | 16785 | 11317 |
| 四川 Sichuan | 103704 | 46501 | 34818 |
| 贵州 Guizhou | 31179 | 16127 | 11018 |
| 云南 Yunnan | 72188 | 35036 | 26817 |
| 西藏 Tibet | 1413 | 686 | 429 |
| 陕西 Shaanxi | 76885 | 34452 | 26411 |
| 甘肃 Gansu | 46741 | 20657 | 15973 |
| 青海 Qinghai | 10117 | 5182 | 4000 |
| 宁夏 Ningxia | 18186 | 8127 | 5981 |
| 新疆 Xinjiang | 34054 | 15517 | 15921 |

附表 6-1 续表　　　　Continued

| 地区 | Region | 科普兼职人员 Part time S&T popularization personnel | | |
|---|---|---|---|---|
| | | 农村科普人员<br>Rural S&T popularization personnel | 注册科普志愿者<br>Registered S&T popularization volunteers | 年度实际投入工作量/人月<br>Annual actual workload (person-month) |
| 全　国 | Total | 666267 | 3372823 | 2740170 |
| 东　部 | Eastern | 264896 | 1946281 | 1141175 |
| 中　部 | Middle | 198780 | 610366 | 775566 |
| 西　部 | Western | 202591 | 816176 | 823429 |
| 北　京 | Beijing | 4755 | 50236 | 64258 |
| 天　津 | Tianjin | 4647 | 186699 | 53628 |
| 河　北 | Hebei | 14383 | 66727 | 76056 |
| 山　西 | Shanxi | 26404 | 41026 | 103614 |
| 内蒙古 | Inner Mongolia | 14362 | 26462 | 81988 |
| 辽　宁 | Liaoning | 22001 | 72857 | 105209 |
| 吉　林 | Jilin | 25877 | 59809 | 61009 |
| 黑龙江 | Heilongjiang | 9548 | 42999 | 43711 |
| 上　海 | Shanghai | 3948 | 83780 | 67956 |
| 江　苏 | Jiangsu | 54787 | 1033629 | 210101 |
| 浙　江 | Zhejiang | 38169 | 125482 | 140165 |
| 安　徽 | Anhui | 32481 | 43134 | 133916 |
| 福　建 | Fujian | 16959 | 26651 | 60704 |
| 江　西 | Jiangxi | 10769 | 16951 | 56276 |
| 山　东 | Shandong | 82585 | 141069 | 250463 |
| 河　南 | Henan | 30932 | 58880 | 147409 |
| 湖　北 | Hubei | 23230 | 118711 | 90177 |
| 湖　南 | Hunan | 39539 | 228856 | 139454 |
| 广　东 | Guangdong | 20254 | 155754 | 104401 |
| 广　西 | Guangxi | 15508 | 10330 | 67610 |
| 海　南 | Hainan | 2408 | 3397 | 8234 |
| 重　庆 | Chongqing | 11765 | 378696 | 53044 |
| 四　川 | Sichuan | 54697 | 121210 | 191649 |
| 贵　州 | Guizhou | 8907 | 15949 | 47800 |
| 云　南 | Yunnan | 28773 | 154881 | 109841 |
| 西　藏 | Tibet | 354 | 136 | 1414 |
| 陕　西 | Shaanxi | 30629 | 30416 | 110930 |
| 甘　肃 | Gansu | 14885 | 44164 | 64165 |
| 青　海 | Qinghai | 2440 | 2059 | 10678 |
| 宁　夏 | Ningxia | 7365 | 19695 | 24871 |
| 新　疆 | Xinjiang | 12906 | 12178 | 59439 |

## 附表 6-2 2013年各省科普场地
Appendix table 6-2: S&T popularization venues and facilities by region in 2013

| 地区 Region | 科技馆/个 S&T museums | 建筑面积/米² Construction area (m²) | 展厅面积/米² Exhibition area (m²) | 当年参观人数/人次 Visitors |
|---|---|---|---|---|
| 全国 Total | 380 | 2631360 | 1238406 | 37341974 |
| 东部 Eastern | 194 | 1615576 | 798529 | 24293108 |
| 中部 Middle | 124 | 543810 | 228474 | 6812498 |
| 西部 Western | 62 | 471974 | 211403 | 6236368 |
| 北京 Beijing | 22 | 184852 | 106563 | 4082159 |
| 天津 Tianjin | 1 | 18000 | 10000 | 493600 |
| 河北 Hebei | 11 | 70107 | 35458 | 585200 |
| 山西 Shanxi | 4 | 38526 | 10750 | 280330 |
| 内蒙古 Inner Mongolia | 13 | 38404 | 15741 | 392682 |
| 辽宁 Liaoning | 17 | 214567 | 62072 | 507517 |
| 吉林 Jilin | 11 | 16177 | 4930 | 87278 |
| 黑龙江 Heilongjiang | 7 | 54561 | 29810 | 838250 |
| 上海 Shanghai | 27 | 201875 | 121814 | 4865956 |
| 江苏 Jiangsu | 17 | 132870 | 71233 | 1941119 |
| 浙江 Zhejiang | 23 | 205712 | 85957 | 2890935 |
| 安徽 Anhui | 15 | 142738 | 71131 | 998000 |
| 福建 Fujian | 17 | 106202 | 51235 | 1131230 |
| 江西 Jiangxi | 6 | 34280 | 20302 | 1591963 |
| 山东 Shandong | 23 | 144224 | 73450 | 3467067 |
| 河南 Henan | 11 | 57506 | 23934 | 1042950 |
| 湖北 Hubei | 63 | 177723 | 58152 | 1877911 |
| 湖南 Hunan | 7 | 22299 | 9465 | 95816 |
| 广东 Guangdong | 24 | 280850 | 147862 | 2622597 |
| 广西 Guangxi | 3 | 57777 | 24780 | 1138000 |
| 海南 Hainan | 12 | 56317 | 32885 | 1705728 |
| 重庆 Chongqing | 5 | 50738 | 25790 | 1306239 |
| 四川 Sichuan | 8 | 53050 | 29077 | 1095972 |
| 贵州 Guizhou | 4 | 23470 | 10230 | 293732 |
| 云南 Yunnan | 5 | 34784 | 11250 | 556006 |
| 西藏 Tibet | 0 | 0 | 0 | 0 |
| 陕西 Shaanxi | 4 | 34900 | 13952 | 124632 |
| 甘肃 Gansu | 5 | 10668 | 4500 | 24080 |
| 青海 Qinghai | 4 | 49859 | 18197 | 710352 |
| 宁夏 Ningxia | 3 | 45264 | 24601 | 453630 |
| 新疆 Xinjiang | 8 | 73060 | 33285 | 141043 |

附表 6-2　续表　　　　　Continued

| 地　区 | Region | 科学技术类博物馆/个 S&T related museums | 建筑面积/米$^2$ Construction area (m$^2$) | 展厅面积/米$^2$ Exhibition area (m$^2$) | 当年参观人数/人次 Visitors | 青少年科技馆站/个 Teenage S&T museums |
|---|---|---|---|---|---|---|
| 全　国 | Total | 678 | 4661871 | 2328436 | 98210213 | 779 |
| 东　部 | Eastern | 434 | 3305906 | 1684403 | 63678276 | 303 |
| 中　部 | Middle | 120 | 547769 | 274024 | 14702281 | 247 |
| 西　部 | Western | 124 | 808196 | 370009 | 19829656 | 229 |
| 北　京 | Beijing | 67 | 798361 | 294832 | 13462189 | 16 |
| 天　津 | Tianjin | 13 | 247692 | 193568 | 2840738 | 12 |
| 河　北 | Hebei | 19 | 107813 | 62602 | 2076869 | 37 |
| 山　西 | Shanxi | 5 | 27768 | 10091 | 184000 | 34 |
| 内蒙古 | Inner Mongolia | 13 | 116946 | 53758 | 2825112 | 39 |
| 辽　宁 | Liaoning | 46 | 370730 | 172074 | 6563479 | 56 |
| 吉　林 | Jilin | 10 | 27510 | 14925 | 402000 | 25 |
| 黑龙江 | Heilongjiang | 19 | 154761 | 83228 | 2151587 | 22 |
| 上　海 | Shanghai | 139 | 632717 | 406333 | 11419941 | 18 |
| 江　苏 | Jiangsu | 43 | 276888 | 129840 | 6800333 | 61 |
| 浙　江 | Zhejiang | 33 | 312641 | 198057 | 8393723 | 31 |
| 安　徽 | Anhui | 14 | 65647 | 35922 | 4283819 | 44 |
| 福　建 | Fujian | 23 | 100603 | 54252 | 2517500 | 34 |
| 江　西 | Jiangxi | 9 | 32820 | 21061 | 1707103 | 10 |
| 山　东 | Shandong | 21 | 231091 | 88356 | 5208786 | 23 |
| 河　南 | Henan | 16 | 90942 | 30647 | 2818741 | 22 |
| 湖　北 | Hubei | 32 | 120785 | 63773 | 1647471 | 54 |
| 湖　南 | Hunan | 15 | 27536 | 14377 | 1507560 | 36 |
| 广　东 | Guangdong | 29 | 226295 | 83414 | 4392918 | 9 |
| 广　西 | Guangxi | 12 | 113582 | 51641 | 3249523 | 2 |
| 海　南 | Hainan | 1 | 1075 | 1075 | 1800 | 6 |
| 重　庆 | Chongqing | 9 | 115175 | 43442 | 744611 | 9 |
| 四　川 | Sichuan | 19 | 67914 | 45020 | 4643432 | 36 |
| 贵　州 | Guizhou | 9 | 54078 | 16780 | 297081 | 12 |
| 云　南 | Yunnan | 20 | 139254 | 68007 | 4788982 | 27 |
| 西　藏 | Tibet | 1 | 1020 | 300 | 1000 | 4 |
| 陕　西 | Shaanxi | 12 | 72238 | 24420 | 1496289 | 26 |
| 甘　肃 | Gansu | 10 | 51561 | 23551 | 365533 | 23 |
| 青　海 | Qinghai | 5 | 28010 | 10860 | 864000 | 10 |
| 宁　夏 | Ningxia | 3 | 9585 | 6418 | 230561 | 9 |
| 新　疆 | Xinjiang | 11 | 38833 | 25812 | 323532 | 32 |

附表 6-2 续表 Continued

| 地 区 Region | 城市社区科普（技）专用活动室/个 Urban community S&T popularization rooms | 农村科普（技）活动场地/个 Rural S&T popularization sites | 科普宣传专用车/辆 S&T popularization vehicles | 科普画廊/个 S&T popularization galleries |
|---|---|---|---|---|
| 全国 Total | 83913 | 435916 | 2111 | 225069 |
| 东部 Eastern | 41280 | 209802 | 818 | 137268 |
| 中部 Middle | 24229 | 118507 | 540 | 46045 |
| 西部 Western | 18404 | 107607 | 753 | 41756 |
| 北京 Beijing | 974 | 2128 | 108 | 4165 |
| 天津 Tianjin | 4642 | 6643 | 210 | 4704 |
| 河北 Hebei | 1782 | 20031 | 37 | 6216 |
| 山西 Shanxi | 1553 | 14548 | 39 | 4685 |
| 内蒙古 Inner Mongolia | 1692 | 5790 | 98 | 3172 |
| 辽宁 Liaoning | 6708 | 25055 | 173 | 9332 |
| 吉林 Jilin | 1717 | 11139 | 55 | 4529 |
| 黑龙江 Heilongjiang | 2629 | 5019 | 70 | 2459 |
| 上海 Shanghai | 3150 | 1504 | 66 | 6674 |
| 江苏 Jiangsu | 6586 | 20373 | 67 | 25841 |
| 浙江 Zhejiang | 4067 | 22874 | 24 | 18099 |
| 安徽 Anhui | 2628 | 11954 | 87 | 7603 |
| 福建 Fujian | 2498 | 9891 | 18 | 17120 |
| 江西 Jiangxi | 2459 | 9885 | 62 | 6708 |
| 山东 Shandong | 7129 | 83191 | 41 | 24389 |
| 河南 Henan | 1526 | 4009 | 15 | 1394 |
| 湖北 Hubei | 4507 | 24963 | 74 | 7601 |
| 湖南 Hunan | 7210 | 36990 | 138 | 11066 |
| 广东 Guangdong | 3534 | 16239 | 64 | 19315 |
| 广西 Guangxi | 1475 | 12846 | 35 | 3003 |
| 海南 Hainan | 210 | 1873 | 10 | 1413 |
| 重庆 Chongqing | 1325 | 5717 | 180 | 5602 |
| 四川 Sichuan | 3235 | 22714 | 79 | 8614 |
| 贵州 Guizhou | 742 | 3734 | 20 | 1555 |
| 云南 Yunnan | 2540 | 16231 | 87 | 7327 |
| 西藏 Tibet | 115 | 721 | 25 | 120 |
| 陕西 Shaanxi | 3053 | 19545 | 51 | 4108 |
| 甘肃 Gansu | 1525 | 7931 | 26 | 4588 |
| 青海 Qinghai | 109 | 853 | 22 | 445 |
| 宁夏 Ningxia | 627 | 3042 | 42 | 846 |
| 新疆 Xinjiang | 1966 | 8483 | 88 | 2376 |

附表 6-3　2013年各省科普经费　　　　　　　　　　　　　　　　　　　　　　　单位：万元
Appendix table 6-3: S&T popularization funds by region in 2013　　Unit: 10000 yuan

| 地区 | Region | 年度科普经费筹集额 Annual funding for S&T popularization | 政府拨款 Government funds | 科普专项经费 Special funds | 捐赠 Donates | 自筹资金 Self-raised funds | 其他收入 Others |
|---|---|---|---|---|---|---|---|
| 全 国 | Total | 1321903 | 922542 | 463989 | 9656 | 333179 | 57708 |
| 东 部 | Eastern | 770820 | 516354 | 278261 | 5495 | 221446 | 28113 |
| 中 部 | Middle | 187180 | 139038 | 71039 | 2324 | 37826 | 8584 |
| 西 部 | Western | 363903 | 267151 | 114689 | 1837 | 73908 | 21011 |
| 北 京 | Beijing | 203614 | 145157 | 84359 | 2612 | 51224 | 4629 |
| 天 津 | Tianjin | 24488 | 15384 | 5943 | 27 | 8523 | 555 |
| 河 北 | Hebei | 18180 | 11374 | 5327 | 266 | 4746 | 915 |
| 山 西 | Shanxi | 15389 | 13467 | 5420 | 107 | 1526 | 289 |
| 内蒙古 | Inner Mongolia | 15756 | 11413 | 5925 | 166 | 2439 | 1696 |
| 辽 宁 | Liaoning | 34452 | 23106 | 14720 | 167 | 7807 | 3373 |
| 吉 林 | Jilin | 10864 | 7496 | 3788 | 89 | 2770 | 510 |
| 黑龙江 | Heilongjiang | 13407 | 10978 | 3984 | 740 | 1370 | 320 |
| 上 海 | Shanghai | 159712 | 73509 | 38597 | 381 | 81565 | 4256 |
| 江 苏 | Jiangsu | 91378 | 65164 | 36797 | 315 | 22668 | 3231 |
| 浙 江 | Zhejiang | 87706 | 69529 | 30057 | 1099 | 13773 | 3319 |
| 安 徽 | Anhui | 26709 | 20314 | 11179 | 228 | 5001 | 1166 |
| 福 建 | Fujian | 42578 | 34083 | 15461 | 300 | 5926 | 2264 |
| 江 西 | Jiangxi | 19503 | 13723 | 7709 | 152 | 4295 | 1333 |
| 山 东 | Shandong | 36329 | 24725 | 14159 | 200 | 10094 | 1311 |
| 河 南 | Henan | 22416 | 16908 | 9153 | 353 | 4233 | 922 |
| 湖 北 | Hubei | 40998 | 29812 | 18462 | 440 | 8900 | 1847 |
| 湖 南 | Hunan | 37894 | 26339 | 11344 | 217 | 9731 | 2199 |
| 广 东 | Guangdong | 63566 | 47412 | 29935 | 126 | 12398 | 3630 |
| 广 西 | Guangxi | 45810 | 31371 | 15310 | 130 | 7469 | 6840 |
| 海 南 | Hainan | 8815 | 6912 | 2906 | 3 | 2724 | 629 |
| 重 庆 | Chongqing | 39915 | 30702 | 15694 | 153 | 6837 | 2223 |
| 四 川 | Sichuan | 50804 | 36573 | 16698 | 273 | 12798 | 1160 |
| 贵 州 | Guizhou | 50557 | 39153 | 12867 | 405 | 8370 | 2630 |
| 云 南 | Yunnan | 66847 | 55897 | 18369 | 306 | 7842 | 2800 |
| 西 藏 | Tibet | 3328 | 3163 | 1079 | 13 | 67 | 84 |
| 陕 西 | Shaanxi | 31588 | 20396 | 10687 | 306 | 9751 | 1176 |
| 甘 肃 | Gansu | 8159 | 6348 | 4492 | 21 | 1399 | 391 |
| 青 海 | Qinghai | 6439 | 5422 | 2657 | 8 | 777 | 233 |
| 宁 夏 | Ningxia | 6648 | 5209 | 2679 | 16 | 1082 | 341 |
| 新 疆 | Xinjiang | 38053 | 21504 | 8232 | 40 | 15075 | 1440 |

附表 6-3 续表    Continued

| 地区 | Region | 科技活动周经费筹集额 Funding for S&T week | 政府拨款 Government funds | 企业赞助 Corporate donates | 年度科普经费使用额 Annual expenditure | 行政支出 Administrative expenditure | 科普活动支出 Activities expenditure |
|---|---|---|---|---|---|---|---|
| 全国 | Total | 48817 | 35707 | 3541 | 1328047 | 193774 | 733462 |
| 东部 | Eastern | 25441 | 19307 | 1768 | 748795 | 103038 | 415549 |
| 中部 | Middle | 11032 | 7498 | 1213 | 203657 | 31620 | 117298 |
| 西部 | Western | 12344 | 8902 | 561 | 375595 | 59115 | 200615 |
| 北京 | Beijing | 2018 | 1603 | 151 | 180320 | 26911 | 105897 |
| 天津 | Tianjin | 930 | 511 | 197 | 23894 | 3957 | 17133 |
| 河北 | Hebei | 882 | 615 | 94 | 18241 | 2143 | 11687 |
| 山西 | Shanxi | 603 | 491 | 39 | 15064 | 2285 | 8476 |
| 内蒙古 | Inner Mongolia | 606 | 424 | 31 | 38225 | 2796 | 10010 |
| 辽宁 | Liaoning | 1686 | 1296 | 131 | 34154 | 4871 | 22666 |
| 吉林 | Jilin | 469 | 323 | 74 | 11205 | 2021 | 6701 |
| 黑龙江 | Heilongjiang | 322 | 223 | 67 | 13052 | 1952 | 7266 |
| 上海 | Shanghai | 4667 | 3640 | 295 | 158450 | 7497 | 75943 |
| 江苏 | Jiangsu | 4952 | 3646 | 393 | 88504 | 13590 | 48378 |
| 浙江 | Zhejiang | 3170 | 2607 | 122 | 79603 | 16513 | 44152 |
| 安徽 | Anhui | 1030 | 753 | 65 | 43604 | 3197 | 15586 |
| 福建 | Fujian | 1416 | 1046 | 54 | 47395 | 8903 | 19773 |
| 江西 | Jiangxi | 1175 | 724 | 113 | 19012 | 4729 | 12370 |
| 山东 | Shandong | 1341 | 1001 | 159 | 45542 | 7301 | 20446 |
| 河南 | Henan | 1217 | 922 | 101 | 22193 | 2695 | 16372 |
| 湖北 | Hubei | 3113 | 1886 | 444 | 42831 | 7098 | 26687 |
| 湖南 | Hunan | 3102 | 2174 | 310 | 36696 | 7643 | 23840 |
| 广东 | Guangdong | 3585 | 2629 | 143 | 63231 | 10221 | 44509 |
| 广西 | Guangxi | 1760 | 1446 | 51 | 47185 | 6141 | 29725 |
| 海南 | Hainan | 793 | 713 | 29 | 9462 | 1130 | 4965 |
| 重庆 | Chongqing | 1187 | 865 | 81 | 38737 | 10470 | 18410 |
| 四川 | Sichuan | 2141 | 1310 | 150 | 46487 | 8123 | 30705 |
| 贵州 | Guizhou | 2072 | 1608 | 34 | 49262 | 11049 | 22012 |
| 云南 | Yunnan | 1318 | 955 | 53 | 51450 | 4494 | 27659 |
| 西藏 | Tibet | 156 | 143 | 0 | 2987 | 1203 | 1615 |
| 陕西 | Shaanxi | 1323 | 892 | 103 | 38089 | 4451 | 24717 |
| 甘肃 | Gansu | 567 | 369 | 40 | 10120 | 1330 | 6021 |
| 青海 | Qinghai | 145 | 91 | 5 | 6539 | 1033 | 4961 |
| 宁夏 | Ningxia | 219 | 127 | 0 | 7012 | 1801 | 3143 |
| 新疆 | Xinjiang | 848 | 673 | 12 | 39502 | 6224 | 21637 |

附表6-3 续表  Continued

| 地 区 | Region | 科普场馆基建支出 Infrastructure expenditures | 年度科普经费使用额 Annual expenditure | | | |
|---|---|---|---|---|---|---|
| | | | 政府拨款支出 Government expenditures | 场馆建设支出 Venue construction expenditures | 展品、设施支出 Exhibits & facilities expenditures | 其他支出 Others |
| 全 国 | Total | 319094 | 134763 | 151813 | 99719 | 81927 |
| 东 部 | Eastern | 174867 | 66989 | 85874 | 62446 | 55344 |
| 中 部 | Middle | 46843 | 11990 | 27580 | 15335 | 8001 |
| 西 部 | Western | 97383 | 55785 | 38359 | 21938 | 18582 |
| 北 京 | Beijing | 22479 | 11506 | 7057 | 7123 | 25038 |
| 天 津 | Tianjin | 2026 | 292 | 935 | 948 | 777 |
| 河 北 | Hebei | 2919 | 1564 | 1762 | 625 | 1493 |
| 山 西 | Shanxi | 3817 | 3345 | 3754 | 1705 | 485 |
| 内蒙古 | Inner Mongolia | 24760 | 22795 | 1271 | 1007 | 676 |
| 辽 宁 | Liaoning | 4711 | 2071 | 1111 | 2304 | 1943 |
| 吉 林 | Jilin | 2189 | 905 | 1304 | 891 | 295 |
| 黑龙江 | Heilongjiang | 3612 | 161 | 1072 | 1462 | 222 |
| 上 海 | Shanghai | 71911 | 14583 | 41061 | 29765 | 3099 |
| 江 苏 | Jiangsu | 19268 | 9975 | 10434 | 5210 | 7238 |
| 浙 江 | Zhejiang | 14236 | 9699 | 8132 | 3863 | 4703 |
| 安 徽 | Anhui | 23958 | 2563 | 16151 | 6929 | 863 |
| 福 建 | Fujian | 13526 | 9458 | 5440 | 1834 | 5187 |
| 江 西 | Jiangxi | 985 | 281 | 349 | 413 | 927 |
| 山 东 | Shandong | 16053 | 6060 | 7230 | 6987 | 1737 |
| 河 南 | Henan | 2454 | 248 | 462 | 1375 | 672 |
| 湖 北 | Hubei | 7013 | 3631 | 3741 | 2004 | 2032 |
| 湖 南 | Hunan | 2814 | 854 | 747 | 558 | 2505 |
| 广 东 | Guangdong | 5610 | 1620 | 1595 | 2995 | 2891 |
| 广 西 | Guangxi | 9918 | 6072 | 4307 | 3144 | 1402 |
| 海 南 | Hainan | 2128 | 161 | 1118 | 793 | 1238 |
| 重 庆 | Chongqing | 8759 | 4045 | 3468 | 1941 | 1097 |
| 四 川 | Sichuan | 6103 | 1757 | 3506 | 1883 | 1581 |
| 贵 州 | Guizhou | 8527 | 2042 | 5324 | 3203 | 7674 |
| 云 南 | Yunnan | 16474 | 11838 | 12389 | 2515 | 2838 |
| 西 藏 | Tibet | 128 | 31 | 10 | 24 | 41 |
| 陕 西 | Shaanxi | 7911 | 4507 | 2331 | 2722 | 1046 |
| 甘 肃 | Gansu | 2448 | 86 | 237 | 144 | 322 |
| 青 海 | Qinghai | 84 | 4 | 0 | 71 | 461 |
| 宁 夏 | Ningxia | 1787 | 1230 | 381 | 1349 | 279 |
| 新 疆 | Xinjiang | 10484 | 1379 | 5137 | 3937 | 1166 |

附表 6-4 2013年各省科普传媒
Appendix table 6-4: S&T popularization media by region in 2013

| 地区 Region | 科普图书 Popular science books | | 科普期刊 Popular sciencejournals | |
|---|---|---|---|---|
| | 出版种数/种 Types of publications | 出版总册数/册 Total copies | 出版种数/种 Types of publications | 出版总册数/册 Total copies |
| 全国 Total | 8423 | 88599760 | 1036 | 169695579 |
| 东部 Eastern | 5842 | 69013845 | 511 | 113487662 |
| 中部 Middle | 1593 | 12099781 | 188 | 11267642 |
| 西部 Western | 988 | 7486134 | 337 | 44940275 |
| 北京 Beijing | 3747 | 51585376 | 67 | 43550424 |
| 天津 Tianjin | 197 | 598000 | 21 | 1554104 |
| 河北 Hebei | 132 | 1063300 | 48 | 2708800 |
| 山西 Shanxi | 696 | 3771000 | 6 | 1568400 |
| 内蒙古 Inner Mongolia | 92 | 1242260 | 20 | 212450 |
| 辽宁 Liaoning | 59 | 619300 | 20 | 707700 |
| 吉林 Jilin | 38 | 471430 | 16 | 101882 |
| 黑龙江 Heilongjiang | 37 | 417340 | 7 | 58100 |
| 上海 Shanghai | 1046 | 7966967 | 119 | 26041599 |
| 江苏 Jiangsu | 190 | 826650 | 59 | 4637132 |
| 浙江 Zhejiang | 166 | 4501600 | 47 | 11490981 |
| 安徽 Anhui | 37 | 431501 | 23 | 174330 |
| 福建 Fujian | 50 | 197310 | 17 | 498700 |
| 江西 Jiangxi | 524 | 5452100 | 46 | 5587000 |
| 山东 Shandong | 86 | 635600 | 26 | 6883700 |
| 河南 Henan | 35 | 451000 | 25 | 853280 |
| 湖北 Hubei | 156 | 612600 | 35 | 1500500 |
| 湖南 Hunan | 70 | 492810 | 30 | 1424150 |
| 广东 Guangdong | 123 | 791392 | 79 | 14796572 |
| 广西 Guangxi | 48 | 269901 | 15 | 2301750 |
| 海南 Hainan | 46 | 228350 | 8 | 617950 |
| 重庆 Chongqing | 105 | 1494300 | 40 | 27332225 |
| 四川 Sichuan | 202 | 1477536 | 23 | 11600000 |
| 贵州 Guizhou | 25 | 172800 | 21 | 200800 |
| 云南 Yunnan | 130 | 651365 | 70 | 680120 |
| 西藏 Tibet | 27 | 71330 | 13 | 32550 |
| 陕西 Shaanxi | 83 | 404950 | 34 | 663000 |
| 甘肃 Gansu | 75 | 315400 | 32 | 129900 |
| 青海 Qinghai | 63 | 125900 | 19 | 110600 |
| 宁夏 Ningxia | 23 | 470200 | 6 | 45000 |
| 新疆 Xinjiang | 115 | 790192 | 44 | 1631880 |

附表 6-4 续表　　　Continued

| 地　区 | Region | 科普（技）音像制品 Popularization audio and video products | | | 科技类报纸年发行总份数/份 S&T newspaper printed copies |
|---|---|---|---|---|---|
| | | 出版种数/种 Types of publications | 光盘发行总量/张 Total CD copies released | 录音、录像带发行总量/盒 Total copies of audio and video publications | |
| 全　国 | Total | 5903 | 14416663 | 1777125 | 384774177 |
| 东　部 | Eastern | 2392 | 5730722 | 528565 | 295749366 |
| 中　部 | Middle | 1721 | 2509557 | 300807 | 53469054 |
| 西　部 | Western | 1790 | 6176384 | 947753 | 35555757 |
| 北　京 | Beijing | 66 | 720323 | 56 | 75023260 |
| 天　津 | Tianjin | 39 | 202915 | 62070 | 6296446 |
| 河　北 | Hebei | 101 | 214096 | 4902 | 43765030 |
| 山　西 | Shanxi | 429 | 155782 | 75563 | 25991139 |
| 内蒙古 | Inner Mongolia | 188 | 185221 | 43021 | 676228 |
| 辽　宁 | Liaoning | 376 | 345055 | 42929 | 3743001 |
| 吉　林 | Jilin | 112 | 394380 | 42114 | 203385 |
| 黑龙江 | Heilongjiang | 112 | 355584 | 1620 | 480532 |
| 上　海 | Shanghai | 115 | 510190 | 5570 | 19312876 |
| 江　苏 | Jiangsu | 903 | 255491 | 2818 | 38469399 |
| 浙　江 | Zhejiang | 123 | 127062 | 5906 | 64495689 |
| 安　徽 | Anhui | 128 | 72656 | 20489 | 4813648 |
| 福　建 | Fujian | 120 | 238649 | 7817 | 1828567 |
| 江　西 | Jiangxi | 134 | 566504 | 5736 | 9534265 |
| 山　东 | Shandong | 239 | 423449 | 63119 | 31233650 |
| 河　南 | Henan | 143 | 204512 | 17830 | 407814 |
| 湖　北 | Hubei | 453 | 579212 | 113800 | 8293023 |
| 湖　南 | Hunan | 210 | 180927 | 23655 | 3745248 |
| 广　东 | Guangdong | 242 | 2661170 | 332445 | 11552147 |
| 广　西 | Guangxi | 188 | 2825570 | 13218 | 1084362 |
| 海　南 | Hainan | 68 | 32322 | 933 | 29301 |
| 重　庆 | Chongqing | 38 | 79217 | 171 | 14424964 |
| 四　川 | Sichuan | 476 | 323129 | 31598 | 2095128 |
| 贵　州 | Guizhou | 18 | 37420 | 22034 | 1573969 |
| 云　南 | Yunnan | 288 | 170777 | 2918 | 2328786 |
| 西　藏 | Tibet | 12 | 12045 | 40 | 2448690 |
| 陕　西 | Shaanxi | 153 | 175376 | 9665 | 7082393 |
| 甘　肃 | Gansu | 166 | 125281 | 9413 | 627812 |
| 青　海 | Qinghai | 14 | 181776 | 91 | 2708801 |
| 宁　夏 | Ningxia | 46 | 48671 | 540 | 260178 |
| 新　疆 | Xinjiang | 203 | 2011901 | 815044 | 244446 |

附表6-4 续表 Continued

| 地区 Region | 电视台播出科普（技）节目时间/小时 Broadcasting time of popular science programs on TV (h) | 电台播出科普（技）节目时间/小时 Broadcasting time of popular science programs on radio (h) | 科普网站数/个 S&T popularization websites (unit) | 发放科普读物和资料/份 Number of S&T popularization books and materials |
|---|---|---|---|---|
| 全国 Total | 223610 | 181133 | 2430 | 954092138 |
| 东部 Eastern | 84587 | 87690 | 1192 | 415490604 |
| 中部 Middle | 79183 | 58265 | 512 | 203801464 |
| 西部 Western | 59840 | 35178 | 726 | 334800070 |
| 北京 Beijing | 9055 | 27450 | 234 | 36985586 |
| 天津 Tianjin | 6706 | 4414 | 102 | 15068052 |
| 河北 Hebei | 14253 | 10744 | 46 | 35468761 |
| 山西 Shanxi | 4889 | 3494 | 42 | 16968808 |
| 内蒙古 Inner Mongolia | 3709 | 2327 | 44 | 18724148 |
| 辽宁 Liaoning | 13820 | 15195 | 79 | 24018856 |
| 吉林 Jilin | 3224 | 4518 | 43 | 18238641 |
| 黑龙江 Heilongjiang | 2621 | 2865 | 27 | 10643525 |
| 上海 Shanghai | 4957 | 1926 | 202 | 33126700 |
| 江苏 Jiangsu | 3440 | 3801 | 134 | 122625422 |
| 浙江 Zhejiang | 6173 | 6996 | 91 | 44295255 |
| 安徽 Anhui | 14163 | 13771 | 87 | 24097384 |
| 福建 Fujian | 4180 | 4465 | 72 | 21654174 |
| 江西 Jiangxi | 8317 | 3918 | 59 | 17122390 |
| 山东 Shandong | 15934 | 8875 | 103 | 33731132 |
| 河南 Henan | 10268 | 12454 | 75 | 29701302 |
| 湖北 Hubei | 19834 | 7044 | 106 | 45421980 |
| 湖南 Hunan | 15867 | 10201 | 73 | 41607434 |
| 广东 Guangdong | 5615 | 3295 | 110 | 43723344 |
| 广西 Guangxi | 10772 | 3318 | 39 | 34749798 |
| 海南 Hainan | 454 | 529 | 19 | 4793322 |
| 重庆 Chongqing | 204 | 244 | 144 | 30988718 |
| 四川 Sichuan | 5744 | 2664 | 112 | 60771766 |
| 贵州 Guizhou | 5313 | 623 | 36 | 36079925 |
| 云南 Yunnan | 5111 | 8362 | 70 | 57354562 |
| 西藏 Tibet | 313 | 415 | 6 | 838528 |
| 陕西 Shaanxi | 9270 | 5309 | 91 | 34812649 |
| 甘肃 Gansu | 5543 | 3065 | 61 | 22455143 |
| 青海 Qinghai | 842 | 701 | 24 | 7016518 |
| 宁夏 Ningxia | 961 | 422 | 21 | 7046196 |
| 新疆 Xinjiang | 12058 | 7728 | 78 | 23962119 |

附表 6-5　2013年各省科普活动

Appendix table 6-5: S&T popularization activities by region in 2013

| 地区 Region | 科普（技）讲座 S&T popularization lectures | | 科普（技）展览 S&T popularization exhibitions | |
|---|---|---|---|---|
| | 举办次数/次 Number of lectures held | 参加人数/人次 Number of participants | 专题展览次数/次 Number of exhibitions held | 参观人数/人次 Number of participants |
| 全　国 Total | 912111 | 164741540 | 161278 | 226370558 |
| 东　部 Eastern | 444870 | 72481447 | 71429 | 126678991 |
| 中　部 Middle | 213104 | 44961044 | 48830 | 45744378 |
| 西　部 Western | 254137 | 47299049 | 41019 | 53947189 |
| 北　京 Beijing | 50571 | 6540254 | 5939 | 33170228 |
| 天　津 Tianjin | 31390 | 3631055 | 14932 | 6990330 |
| 河　北 Hebei | 27407 | 5216065 | 4394 | 4110497 |
| 山　西 Shanxi | 14730 | 3703109 | 3432 | 3148193 |
| 内蒙古 Inner Mongolia | 14348 | 3089718 | 2147 | 3845225 |
| 辽　宁 Liaoning | 50516 | 6948445 | 6033 | 10126573 |
| 吉　林 Jilin | 20698 | 3822836 | 2318 | 2280208 |
| 黑龙江 Heilongjiang | 21465 | 4171417 | 2547 | 2370630 |
| 上　海 Shanghai | 66716 | 8036192 | 4589 | 20351360 |
| 江　苏 Jiangsu | 76953 | 13234363 | 10583 | 14921695 |
| 浙　江 Zhejiang | 48523 | 9260092 | 7873 | 12973879 |
| 安　徽 Anhui | 27916 | 4118185 | 4652 | 3483084 |
| 福　建 Fujian | 17159 | 3080378 | 5121 | 4519031 |
| 江　西 Jiangxi | 16948 | 3691137 | 3180 | 3937696 |
| 山　东 Shandong | 39103 | 8409150 | 4737 | 5133678 |
| 河　南 Henan | 49285 | 8885194 | 6733 | 10358531 |
| 湖　北 Hubei | 33720 | 11602708 | 18193 | 11752831 |
| 湖　南 Hunan | 28342 | 4966458 | 7775 | 8413205 |
| 广　东 Guangdong | 33454 | 7666487 | 5914 | 13366459 |
| 广　西 Guangxi | 18240 | 4456242 | 2933 | 4680052 |
| 海　南 Hainan | 3078 | 458966 | 1314 | 1015261 |
| 重　庆 Chongqing | 29933 | 3171197 | 2104 | 3876446 |
| 四　川 Sichuan | 41174 | 8572329 | 6174 | 9761527 |
| 贵　州 Guizhou | 9441 | 1547971 | 2585 | 2774415 |
| 云　南 Yunnan | 41829 | 7661059 | 7968 | 12697540 |
| 西　藏 Tibet | 865 | 119212 | 331 | 116035 |
| 陕　西 Shaanxi | 33275 | 6550602 | 6219 | 6191567 |
| 甘　肃 Gansu | 27151 | 5150998 | 3919 | 4578656 |
| 青　海 Qinghai | 4821 | 723533 | 828 | 1909363 |
| 宁　夏 Ningxia | 5585 | 902850 | 850 | 944207 |
| 新　疆 Xinjiang | 27475 | 5353338 | 4961 | 2572156 |

附表6-5 续表　　　　Continued

| 地区 | Region | 科普（技）竞赛 S&T popularization competitions | | 科普国际交流 International S&T popularization exchanges | |
|---|---|---|---|---|---|
| | | 举办次数/次 Number of competitions held | 参加人数/人次 Number of participants | 举办次数/次 Number of exchanges held | 参加人数/人次 Number of participants |
| 全　国 | Total | 61808 | 63960453 | 2540 | 455581 |
| 东　部 | Eastern | 32131 | 32177838 | 1553 | 147546 |
| 中　部 | Middle | 16626 | 16995534 | 221 | 27071 |
| 西　部 | Western | 13051 | 14787081 | 766 | 280964 |
| 北　京 | Beijing | 3302 | 5118885 | 351 | 24563 |
| 天　津 | Tianjin | 7050 | 2546766 | 318 | 6165 |
| 河　北 | Hebei | 1670 | 991941 | 32 | 11051 |
| 山　西 | Shanxi | 722 | 420047 | 30 | 5177 |
| 内蒙古 | Inner Mongolia | 679 | 446083 | 38 | 1600 |
| 辽　宁 | Liaoning | 2163 | 3417789 | 68 | 17116 |
| 吉　林 | Jilin | 591 | 281021 | 20 | 747 |
| 黑龙江 | Heilongjiang | 980 | 443377 | 32 | 4524 |
| 上　海 | Shanghai | 3920 | 4403340 | 335 | 44550 |
| 江　苏 | Jiangsu | 4907 | 5515733 | 192 | 25787 |
| 浙　江 | Zhejiang | 4131 | 2949919 | 56 | 6566 |
| 安　徽 | Anhui | 1144 | 3655844 | 11 | 1550 |
| 福　建 | Fujian | 1808 | 1866742 | 32 | 3356 |
| 江　西 | Jiangxi | 988 | 657641 | 28 | 6309 |
| 山　东 | Shandong | 1442 | 1158157 | 27 | 2114 |
| 河　南 | Henan | 2316 | 3377622 | 33 | 1450 |
| 湖　北 | Hubei | 7533 | 3591566 | 31 | 5230 |
| 湖　南 | Hunan | 2352 | 4568416 | 36 | 2084 |
| 广　东 | Guangdong | 1584 | 4124126 | 74 | 2558 |
| 广　西 | Guangxi | 811 | 1585801 | 80 | 2825 |
| 海　南 | Hainan | 154 | 84440 | 68 | 3720 |
| 重　庆 | Chongqing | 681 | 1747550 | 140 | 13053 |
| 四　川 | Sichuan | 2216 | 3777364 | 218 | 3617 |
| 贵　州 | Guizhou | 1016 | 668641 | 11 | 13737 |
| 云　南 | Yunnan | 1007 | 1599059 | 39 | 12919 |
| 西　藏 | Tibet | 106 | 12454 | 4 | 321 |
| 陕　西 | Shaanxi | 2791 | 2560407 | 155 | 64494 |
| 甘　肃 | Gansu | 1955 | 1047328 | 31 | 162427 |
| 青　海 | Qinghai | 157 | 667029 | 30 | 508 |
| 宁　夏 | Ningxia | 218 | 357265 | 8 | 5000 |
| 新　疆 | Xinjiang | 1414 | 318100 | 12 | 463 |

附表 6-5 续表　　Continued

| 地区 | Region | 成立青少年科技兴趣小组 Teenage S&T interest groups | | 科技夏（冬）令营 Summer /winter science camps | |
|---|---|---|---|---|---|
| | | 兴趣小组数/个 Number of groups | 参加人数/人次 Number of participants | 举办次数/次 Number of camps held | 参加人数/人次 Number of participants |
| 全国 | Total | 280425 | 20313272 | 15026 | 3445742 |
| 东部 | Eastern | 119439 | 7569063 | 8057 | 2054037 |
| 中部 | Middle | 92196 | 5463123 | 3165 | 595936 |
| 西部 | Western | 68790 | 7281086 | 3804 | 795769 |
| 北京 | Beijing | 5183 | 359439 | 738 | 109533 |
| 天津 | Tianjin | 14566 | 634123 | 343 | 75163 |
| 河北 | Hebei | 10515 | 574801 | 227 | 53658 |
| 山西 | Shanxi | 7036 | 381166 | 69 | 16873 |
| 内蒙古 | Inner Mongolia | 2212 | 209354 | 243 | 28026 |
| 辽宁 | Liaoning | 17439 | 900302 | 811 | 401064 |
| 吉林 | Jilin | 5198 | 486120 | 790 | 100081 |
| 黑龙江 | Heilongjiang | 5724 | 334130 | 117 | 31932 |
| 上海 | Shanghai | 7449 | 496728 | 1389 | 360655 |
| 江苏 | Jiangsu | 19265 | 1417338 | 1648 | 429160 |
| 浙江 | Zhejiang | 8793 | 665266 | 1403 | 298740 |
| 安徽 | Anhui | 10004 | 486351 | 381 | 77288 |
| 福建 | Fujian | 6540 | 483034 | 560 | 72062 |
| 江西 | Jiangxi | 4696 | 503355 | 211 | 40793 |
| 山东 | Shandong | 17073 | 1134540 | 434 | 181748 |
| 河南 | Henan | 19801 | 587803 | 516 | 95610 |
| 湖北 | Hubei | 19988 | 1554212 | 424 | 91235 |
| 湖南 | Hunan | 19749 | 1129986 | 657 | 142124 |
| 广东 | Guangdong | 11664 | 864966 | 474 | 55360 |
| 广西 | Guangxi | 7519 | 1500404 | 98 | 15520 |
| 海南 | Hainan | 952 | 38526 | 30 | 16894 |
| 重庆 | Chongqing | 3980 | 393407 | 102 | 17420 |
| 四川 | Sichuan | 15491 | 1521789 | 385 | 126700 |
| 贵州 | Guizhou | 3008 | 464352 | 145 | 40438 |
| 云南 | Yunnan | 6387 | 784251 | 309 | 160614 |
| 西藏 | Tibet | 166 | 11313 | 46 | 2944 |
| 陕西 | Shaanxi | 16408 | 1443565 | 280 | 63107 |
| 甘肃 | Gansu | 8009 | 461547 | 856 | 84290 |
| 青海 | Qinghai | 521 | 58441 | 39 | 1414 |
| 宁夏 | Ningxia | 1376 | 159794 | 40 | 5413 |
| 新疆 | Xinjiang | 3713 | 272869 | 1261 | 249883 |

附表6-5 续表 Continued

| 地区 | Region | 科技活动周 Science & technology week | | 科研机构、大学向社会开放 Scientific institutions and universities open to public | |
|---|---|---|---|---|---|
| | | 科普专题活动次数/次 Number of S&T week held | 参加人数/人次 Number of participants | 开放单位数/个 Number of open units | 参观人数/人次 Number of participants |
| 全 国 | Total | 125045 | 105817458 | 6583 | 8010556 |
| 东 部 | Eastern | 57221 | 53647472 | 3256 | 4164471 |
| 中 部 | Middle | 28251 | 22111781 | 2030 | 2005651 |
| 西 部 | Western | 39573 | 30058205 | 1297 | 1840434 |
| 北 京 | Beijing | 3796 | 2668769 | 352 | 266804 |
| 天 津 | Tianjin | 9596 | 4235213 | 396 | 273148 |
| 河 北 | Hebei | 5054 | 3744307 | 207 | 136464 |
| 山 西 | Shanxi | 1879 | 1703097 | 70 | 24590 |
| 内蒙古 | Inner Mongolia | 2445 | 1811729 | 85 | 34535 |
| 辽 宁 | Liaoning | 4624 | 3570962 | 527 | 404352 |
| 吉 林 | Jilin | 1371 | 1384264 | 250 | 95469 |
| 黑龙江 | Heilongjiang | 1962 | 1997477 | 140 | 47083 |
| 上 海 | Shanghai | 5139 | 6286647 | 87 | 255406 |
| 江 苏 | Jiangsu | 13139 | 12457871 | 604 | 930273 |
| 浙 江 | Zhejiang | 4625 | 4168468 | 209 | 151132 |
| 安 徽 | Anhui | 3974 | 2188177 | 135 | 105484 |
| 福 建 | Fujian | 4304 | 2614721 | 119 | 85249 |
| 江 西 | Jiangxi | 3131 | 1762130 | 100 | 109464 |
| 山 东 | Shandong | 3747 | 10584324 | 193 | 474565 |
| 河 南 | Henan | 6176 | 3760307 | 334 | 141349 |
| 湖 北 | Hubei | 5543 | 5081506 | 719 | 957953 |
| 湖 南 | Hunan | 4215 | 4234823 | 282 | 524259 |
| 广 东 | Guangdong | 2135 | 2729515 | 499 | 871033 |
| 广 西 | Guangxi | 2479 | 3796840 | 135 | 829326 |
| 海 南 | Hainan | 1062 | 586675 | 63 | 316045 |
| 重 庆 | Chongqing | 2202 | 2176795 | 169 | 128017 |
| 四 川 | Sichuan | 8341 | 5842116 | 204 | 139756 |
| 贵 州 | Guizhou | 2597 | 1737131 | 40 | 16216 |
| 云 南 | Yunnan | 4188 | 3786189 | 115 | 83784 |
| 西 藏 | Tibet | 362 | 65951 | 18 | 1140 |
| 陕 西 | Shaanxi | 6439 | 4249862 | 211 | 172926 |
| 甘 肃 | Gansu | 3260 | 2300717 | 135 | 108178 |
| 青 海 | Qinghai | 563 | 341580 | 70 | 23102 |
| 宁 夏 | Ningxia | 1130 | 913544 | 16 | 6100 |
| 新 疆 | Xinjiang | 5567 | 3035751 | 99 | 297354 |

附表6-5 续表    Continued

| 地区 | Region | 举办实用技术培训 Practical skill trainings | | 重大科普活动次数/次 Number of grand popularization activities |
|---|---|---|---|---|
| | | 举办次数/次 Number of trainings held | 参加人数/人次 Number of participants | |
| 全　国 | Total | 875962 | 112987440 | 38801 |
| 东　部 | Eastern | 259777 | 32119988 | 16651 |
| 中　部 | Middle | 207966 | 27776775 | 9220 |
| 西　部 | Western | 408219 | 53090677 | 12930 |
| 北　京 | Beijing | 19113 | 1171002 | 4039 |
| 天　津 | Tianjin | 16556 | 1920287 | 712 |
| 河　北 | Hebei | 30231 | 4785038 | 1647 |
| 山　西 | Shanxi | 23070 | 2267615 | 768 |
| 内蒙古 | Inner Mongolia | 19334 | 2833284 | 708 |
| 辽　宁 | Liaoning | 33571 | 3309968 | 1563 |
| 吉　林 | Jilin | 31541 | 4123810 | 780 |
| 黑龙江 | Heilongjiang | 15199 | 2510744 | 941 |
| 上　海 | Shanghai | 12757 | 3009092 | 952 |
| 江　苏 | Jiangsu | 46124 | 7064843 | 1871 |
| 浙　江 | Zhejiang | 33191 | 2970564 | 1419 |
| 安　徽 | Anhui | 23134 | 2252776 | 1041 |
| 福　建 | Fujian | 16059 | 1316101 | 1034 |
| 江　西 | Jiangxi | 22051 | 1733067 | 501 |
| 山　东 | Shandong | 28895 | 4154439 | 1872 |
| 河　南 | Henan | 32787 | 5308751 | 658 |
| 湖　北 | Hubei | 37273 | 6454077 | 1729 |
| 湖　南 | Hunan | 22911 | 3125935 | 2802 |
| 广　东 | Guangdong | 18894 | 1898940 | 1120 |
| 广　西 | Guangxi | 32110 | 4061005 | 859 |
| 海　南 | Hainan | 4386 | 519714 | 422 |
| 重　庆 | Chongqing | 9347 | 1543529 | 647 |
| 四　川 | Sichuan | 82608 | 12575919 | 2979 |
| 贵　州 | Guizhou | 18105 | 2389079 | 547 |
| 云　南 | Yunnan | 90446 | 10059773 | 1686 |
| 西　藏 | Tibet | 1002 | 149223 | 89 |
| 陕　西 | Shaanxi | 34568 | 4452644 | 2098 |
| 甘　肃 | Gansu | 34820 | 3584879 | 1237 |
| 青　海 | Qinghai | 6078 | 602499 | 686 |
| 宁　夏 | Ningxia | 13141 | 1061965 | 264 |
| 新　疆 | Xinjiang | 66660 | 9776878 | 1130 |

# 附录 7　2012 年全国科普统计分类数据统计表

各项统计数据均未包括香港特别行政区、澳门特别行政区和台湾地区的数据。

科普宣传专用车、科普图书、科普期刊、科普网站与科普国际交流情况均由市级以上（含市级）填报单位的数据统计得出。

东部、中部和西部地区的划分：东部地区包括北京、天津、河北、辽宁、上海、江苏、浙江、福建、山东、广东和海南 11 个省和直辖市；中部地区包括山西、吉林、黑龙江、安徽、江西、河南、湖北和湖南 8 个省；西部地区包括内蒙古、广西、重庆、四川、贵州、云南、西藏、陕西、甘肃、青海、宁夏和新疆 12 个省、自治区和直辖市。

另外，在本年度的科普数据统计中，山西省与海南省由于收集、汇总的部分数据不规范，在本报告"2012 年全国科普统计分类数据统计表"中两省的数据主要采用了 2011 年度的数据，本报告的科普统计分析与比较也主要是按两省 2011 年度的数据进行的。

附表 7-1　2012年各省科普人员　　　　　　　　　　　　　　　　　　　　　单位：人
Appendix table 7-1: S&T popularization personnel by region in 2012　　　　Unit: person

| 地　区 | Region | 科普专职人员<br>Full time S&T popularization personnel | 中级职称及以上或大学本科及以上学历人员<br>With title of medium-rank or above /with college graduate or above | 女性<br>Female |
|---|---|---|---|---|
| 全　国 | National Total | 231086 | 133350 | 84343 |
| 东　部 | Eastern | 77597 | 48343 | 30066 |
| 中　部 | Middle | 76507 | 43842 | 26963 |
| 西　部 | Western | 76982 | 41165 | 27314 |
| 北　京 | Beijing | 6728 | 4581 | 3672 |
| 天　津 | Tianjin | 3748 | 2557 | 1484 |
| 河　北 | Hebei | 5881 | 3413 | 2490 |
| 山　西 | Shanxi | 11532 | 5399 | 4586 |
| 内蒙古 | Inner Mongolia | 7270 | 4351 | 2914 |
| 辽　宁 | Liaoning | 7397 | 4829 | 3025 |
| 吉　林 | Jilin | 7661 | 4732 | 2997 |
| 黑龙江 | Heilongjiang | 2636 | 1858 | 1215 |
| 上　海 | Shanghai | 6919 | 4103 | 2995 |
| 江　苏 | Jiangsu | 13321 | 8927 | 4964 |
| 浙　江 | Zhejiang | 7768 | 5499 | 2645 |
| 安　徽 | Anhui | 3682 | 2734 | 1439 |
| 福　建 | Fujian | 3965 | 2545 | 1288 |
| 江　西 | Jiangxi | 6017 | 3385 | 1872 |
| 山　东 | Shandong | 9166 | 5834 | 3124 |
| 河　南 | Henan | 15648 | 8760 | 5813 |
| 湖　北 | Hubei | 14166 | 8838 | 4072 |
| 湖　南 | Hunan | 15165 | 8136 | 4969 |
| 广　东 | Guangdong | 10370 | 5044 | 3644 |
| 广　西 | Guangxi | 5501 | 3440 | 1912 |
| 海　南 | Hainan | 2334 | 1011 | 735 |
| 重　庆 | Chongqing | 2775 | 1710 | 991 |
| 四　川 | Sichuan | 13702 | 7423 | 4899 |
| 贵　州 | Guizhou | 3941 | 2059 | 1369 |
| 云　南 | Yunnan | 10713 | 5906 | 3606 |
| 西　藏 | Tibet | 145 | 105 | 29 |
| 陕　西 | Shaanxi | 18136 | 8342 | 6121 |
| 甘　肃 | Gansu | 4917 | 2776 | 1723 |
| 青　海 | Qinghai | 2249 | 1237 | 773 |
| 宁　夏 | Ningxia | 1493 | 893 | 612 |
| 新　疆 | Xinjiang | 6140 | 2923 | 2365 |

附表7-1 续表 Continued

| 地区 | Region | 科普专职人员 Full time S&T popularization personnel | | |
|---|---|---|---|---|
| | | 农村科普人员<br>Rural S&T popularization personnel | 管理人员<br>S&T popularization administrators | 科普创作人员<br>S&T popularization creators |
| 全　国 | Total | 80036 | 54567 | 14103 |
| 东　部 | Eastern | 20156 | 19751 | 6395 |
| 中　部 | Middle | 28933 | 18479 | 3968 |
| 西　部 | Western | 30947 | 16337 | 3740 |
| 北　京 | Beijing | 637 | 1556 | 1339 |
| 天　津 | Tianjin | 718 | 1247 | 214 |
| 河　北 | Hebei | 1495 | 1665 | 400 |
| 山　西 | Shanxi | 4114 | 2632 | 342 |
| 内蒙古 | Inner Mongolia | 2764 | 1839 | 370 |
| 辽　宁 | Liaoning | 1580 | 2124 | 852 |
| 吉　林 | Jilin | 3155 | 1870 | 425 |
| 黑龙江 | Heilongjiang | 767 | 798 | 169 |
| 上　海 | Shanghai | 842 | 1779 | 1078 |
| 江　苏 | Jiangsu | 4217 | 2931 | 709 |
| 浙　江 | Zhejiang | 2396 | 1763 | 326 |
| 安　徽 | Anhui | 931 | 1399 | 499 |
| 福　建 | Fujian | 931 | 977 | 258 |
| 江　西 | Jiangxi | 1792 | 1548 | 346 |
| 山　东 | Shandong | 2969 | 2351 | 535 |
| 河　南 | Henan | 5700 | 4039 | 712 |
| 湖　北 | Hubei | 6432 | 2976 | 810 |
| 湖　南 | Hunan | 6042 | 3217 | 665 |
| 广　东 | Guangdong | 3314 | 2905 | 576 |
| 广　西 | Guangxi | 2417 | 1433 | 257 |
| 海　南 | Hainan | 1057 | 453 | 108 |
| 重　庆 | Chongqing | 741 | 628 | 190 |
| 四　川 | Sichuan | 5996 | 2833 | 666 |
| 贵　州 | Guizhou | 1312 | 1149 | 209 |
| 云　南 | Yunnan | 4962 | 2096 | 389 |
| 西　藏 | Tibet | 60 | 36 | 34 |
| 陕　西 | Shaanxi | 8141 | 2936 | 910 |
| 甘　肃 | Gansu | 1127 | 1281 | 222 |
| 青　海 | Qinghai | 385 | 387 | 109 |
| 宁　夏 | Ningxia | 378 | 523 | 67 |
| 新　疆 | Xinjiang | 2664 | 1196 | 317 |

附表 7-1 续表  Continued

| 地 区 Region | 科普兼职人员 Part time S&T popularization personnel | 中级职称及以上或大学本科及以上学历人员 With title of medium-rank or above /with college graduate or above | 女性 Female |
|---|---|---|---|
| 全 国 Total | 1726746 | 851448 | 651756 |
| 东 部 Eastern | 697658 | 362923 | 270789 |
| 中 部 Middle | 490255 | 234741 | 184292 |
| 西 部 Western | 538833 | 253784 | 196675 |
| 北 京 Beijing | 36172 | 22758 | 20302 |
| 天 津 Tianjin | 37354 | 24017 | 16244 |
| 河 北 Hebei | 43459 | 24651 | 19823 |
| 山 西 Shanxi | 61753 | 24151 | 25405 |
| 内蒙古 Inner Mongolia | 42136 | 19691 | 18023 |
| 辽 宁 Liaoning | 70372 | 37403 | 30402 |
| 吉 林 Jilin | 44662 | 17454 | 18169 |
| 黑龙江 Heilongjiang | 25097 | 15498 | 10252 |
| 上 海 Shanghai | 37288 | 19520 | 17918 |
| 江 苏 Jiangsu | 116848 | 68395 | 45201 |
| 浙 江 Zhejiang | 118828 | 53977 | 45069 |
| 安 徽 Anhui | 64063 | 39306 | 28735 |
| 福 建 Fujian | 97408 | 44733 | 26003 |
| 江 西 Jiangxi | 40721 | 18685 | 12579 |
| 山 东 Shandong | 66187 | 31813 | 23845 |
| 河 南 Henan | 104000 | 51443 | 39605 |
| 湖 北 Hubei | 61054 | 31276 | 20577 |
| 湖 南 Hunan | 88905 | 36928 | 28970 |
| 广 东 Guangdong | 63913 | 31498 | 22533 |
| 广 西 Guangxi | 50696 | 23097 | 20526 |
| 海 南 Hainan | 9829 | 4158 | 3449 |
| 重 庆 Chongqing | 30545 | 16829 | 10108 |
| 四 川 Sichuan | 108716 | 51054 | 36402 |
| 贵 州 Guizhou | 43209 | 20675 | 15219 |
| 云 南 Yunnan | 75144 | 36349 | 27726 |
| 西 藏 Tibet | 783 | 449 | 233 |
| 陕 西 Shaanxi | 86728 | 38780 | 29762 |
| 甘 肃 Gansu | 46984 | 20142 | 14882 |
| 青 海 Qinghai | 10212 | 5708 | 4262 |
| 宁 夏 Ningxia | 9026 | 5866 | 3366 |
| 新 疆 Xinjiang | 34654 | 15144 | 16166 |

附表 7-1 续表　　　　　　　Continued

| 地区 | Region | 科普兼职人员 Part time S&T popularization personnel | | |
|---|---|---|---|---|
| | | 农村科普人员<br>Rural S&T popularization personnel | 注册科普志愿者<br>Registered S&T popularization volunteers | 年度实际投入工作量/人月<br>Annual actual workload (person-month) |
| 全　国 | Total | 639566 | 2536162 | 2586797 |
| 东　部 | Eastern | 220036 | 1143786 | 978592 |
| 中　部 | Middle | 215400 | 883577 | 762525 |
| 西　部 | Western | 204130 | 508799 | 845680 |
| 北　京 | Beijing | 4289 | 33348 | 58422 |
| 天　津 | Tianjin | 8495 | 187723 | 65641 |
| 河　北 | Hebei | 13413 | 51619 | 68060 |
| 山　西 | Shanxi | 26962 | 49736 | 67922 |
| 内蒙古 | Inner Mongolia | 17033 | 36955 | 61682 |
| 辽　宁 | Liaoning | 21838 | 64316 | 106526 |
| 吉　林 | Jilin | 25877 | 59809 | 61008 |
| 黑龙江 | Heilongjiang | 8612 | 69268 | 41199 |
| 上　海 | Shanghai | 3613 | 83260 | 63765 |
| 江　苏 | Jiangsu | 38481 | 299485 | 165564 |
| 浙　江 | Zhejiang | 39094 | 124469 | 148378 |
| 安　徽 | Anhui | 34203 | 214553 | 97732 |
| 福　建 | Fujian | 36256 | 73647 | 100761 |
| 江　西 | Jiangxi | 16811 | 6810 | 71151 |
| 山　东 | Shandong | 31999 | 96609 | 92045 |
| 河　南 | Henan | 37531 | 69711 | 188563 |
| 湖　北 | Hubei | 24362 | 108203 | 85930 |
| 湖　南 | Hunan | 41042 | 305487 | 149020 |
| 广　东 | Guangdong | 19408 | 121811 | 97254 |
| 广　西 | Guangxi | 20460 | 14861 | 100124 |
| 海　南 | Hainan | 3150 | 7499 | 12176 |
| 重　庆 | Chongqing | 10617 | 40519 | 65761 |
| 四　川 | Sichuan | 42719 | 144937 | 183720 |
| 贵　州 | Guizhou | 13581 | 36742 | 60379 |
| 云　南 | Yunnan | 30218 | 81902 | 122264 |
| 西　藏 | Tibet | 183 | 39 | 356 |
| 陕　西 | Shaanxi | 33603 | 35140 | 118819 |
| 甘　肃 | Gansu | 17401 | 28857 | 59632 |
| 青　海 | Qinghai | 2378 | 41632 | 11207 |
| 宁　夏 | Ningxia | 2429 | 32757 | 16318 |
| 新　疆 | Xinjiang | 13508 | 14458 | 45418 |

附表 7-2　2012 年各省科普场地

Appendix table 7-2: S&T popularization venues and facilities by region in 2012

| 地　区 | Region | 科技馆/个<br>S&T museums | 建筑面积/米$^2$<br>Construction area (m$^2$) | 展厅面积/米$^2$<br>Exhibition area (m$^2$) | 当年参观人数/人次<br>Visitors |
|---|---|---|---|---|---|
| 全　国 | Total | 364 | 2354637 | 1094449 | 34224490 |
| 东　部 | Eastern | 184 | 1409939 | 673313 | 21200363 |
| 中　部 | Middle | 126 | 497682 | 207305 | 6333453 |
| 西　部 | Western | 54 | 447016 | 213831 | 6690674 |
| 北　京 | Beijing | 21 | 170509 | 98734 | 4214353 |
| 天　津 | Tianjin | 1 | 18000 | 10000 | 412100 |
| 河　北 | Hebei | 12 | 73687 | 37258 | 499900 |
| 山　西 | Shanxi | 4 | 19570 | 4700 | 237000 |
| 内蒙古 | Inner Mongolia | 10 | 43076 | 19980 | 236546 |
| 辽　宁 | Liaoning | 18 | 133033 | 42674 | 516617 |
| 吉　林 | Jilin | 11 | 16177 | 4930 | 87278 |
| 黑龙江 | Heilongjiang | 7 | 43095 | 28560 | 816000 |
| 上　海 | Shanghai | 25 | 176654 | 104694 | 4625553 |
| 江　苏 | Jiangsu | 11 | 133516 | 62553 | 1776600 |
| 浙　江 | Zhejiang | 19 | 136799 | 58902 | 728185 |
| 安　徽 | Anhui | 13 | 69237 | 40100 | 1342320 |
| 福　建 | Fujian | 17 | 108875 | 52235 | 1040058 |
| 江　西 | Jiangxi | 7 | 46608 | 20082 | 308000 |
| 山　东 | Shandong | 24 | 92957 | 53450 | 3606927 |
| 河　南 | Henan | 10 | 60956 | 24810 | 993660 |
| 湖　北 | Hubei | 66 | 190015 | 53937 | 1687195 |
| 湖　南 | Hunan | 8 | 52024 | 30186 | 862000 |
| 广　东 | Guangdong | 26 | 314320 | 121724 | 3013870 |
| 广　西 | Guangxi | 3 | 47388 | 19700 | 1054200 |
| 海　南 | Hainan | 10 | 51589 | 31089 | 766200 |
| 重　庆 | Chongqing | 4 | 51884 | 24839 | 1210000 |
| 四　川 | Sichuan | 8 | 76200 | 50900 | 2563300 |
| 贵　州 | Guizhou | 4 | 25105 | 10300 | 293470 |
| 云　南 | Yunnan | 3 | 18190 | 9450 | 59689 |
| 西　藏 | Tibet | 0 | 0 | 0 | 0 |
| 陕　西 | Shaanxi | 4 | 33862 | 15590 | 237256 |
| 甘　肃 | Gansu | 5 | 10984 | 4050 | 57350 |
| 青　海 | Qinghai | 3 | 45899 | 15790 | 744489 |
| 宁　夏 | Ningxia | 3 | 31764 | 17201 | 78800 |
| 新　疆 | Xinjiang | 7 | 62664 | 26031 | 155574 |

附表 7-2 续表　　　　　　　Continued

| 地区 | Region | 科学技术类博物馆/个 S&T related museums | 建筑面积/米² Construction area (m²) | 展厅面积/米² Exhibition area (m²) | 当年参观人数/人次 Visitors | 青少年科技馆站/个 Teenage S&T museums |
|---|---|---|---|---|---|---|
| 全国 | Total | 632 | 4246996 | 2040901 | 87868708 | 739 |
| 东部 | Eastern | 403 | 3025204 | 1400118 | 64053985 | 285 |
| 中部 | Middle | 111 | 504885 | 302997 | 12101022 | 209 |
| 西部 | Western | 118 | 716907 | 337786 | 11713701 | 245 |
| 北京 | Beijing | 60 | 819842 | 286100 | 12723971 | 14 |
| 天津 | Tianjin | 13 | 256940 | 122334 | 7219792 | 10 |
| 河北 | Hebei | 23 | 142764 | 53824 | 3248393 | 26 |
| 山西 | Shanxi | 5 | 20168 | 10571 | 201200 | 18 |
| 内蒙古 | Inner Mongolia | 10 | 55633 | 18170 | 287200 | 34 |
| 辽宁 | Liaoning | 42 | 351292 | 164398 | 6702208 | 54 |
| 吉林 | Jilin | 10 | 27510 | 14925 | 402000 | 25 |
| 黑龙江 | Heilongjiang | 18 | 99518 | 50435 | 2293663 | 16 |
| 上海 | Shanghai | 133 | 593734 | 383793 | 9731375 | 13 |
| 江苏 | Jiangsu | 33 | 217237 | 105675 | 4761401 | 57 |
| 浙江 | Zhejiang | 34 | 290997 | 121752 | 10015331 | 27 |
| 安徽 | Anhui | 13 | 88800 | 82000 | 1049210 | 12 |
| 福建 | Fujian | 21 | 82690 | 41752 | 2108620 | 34 |
| 江西 | Jiangxi | 14 | 46187 | 22991 | 4230300 | 8 |
| 山东 | Shandong | 18 | 76792 | 40577 | 3171100 | 21 |
| 河南 | Henan | 13 | 65377 | 37810 | 1987600 | 45 |
| 湖北 | Hubei | 27 | 106851 | 65365 | 926380 | 54 |
| 湖南 | Hunan | 11 | 50474 | 18900 | 1010669 | 31 |
| 广东 | Guangdong | 25 | 192063 | 79313 | 4358294 | 21 |
| 广西 | Guangxi | 14 | 67328 | 41501 | 2231690 | 27 |
| 海南 | Hainan | 1 | 853 | 600 | 13500 | 8 |
| 重庆 | Chongqing | 6 | 100240 | 40742 | 218937 | 8 |
| 四川 | Sichuan | 18 | 90469 | 47965 | 2195574 | 40 |
| 贵州 | Guizhou | 7 | 25469 | 13273 | 145000 | 14 |
| 云南 | Yunnan | 19 | 126968 | 63253 | 4461259 | 22 |
| 西藏 | Tibet | 1 | 810 | 540 | 1500 | 2 |
| 陕西 | Shaanxi | 14 | 86986 | 32292 | 1033802 | 27 |
| 甘肃 | Gansu | 8 | 47072 | 23763 | 225977 | 21 |
| 青海 | Qinghai | 4 | 27300 | 10600 | 180000 | 10 |
| 宁夏 | Ningxia | 5 | 29837 | 15681 | 254674 | 10 |
| 新疆 | Xinjiang | 12 | 58795 | 30006 | 478088 | 30 |

附表7-2 续表  Continued

| 地区 Region | 城市社区科普（技）专用活动室/个 Urban community S&T popularization rooms | 农村科普（技）活动场地/个 Rural S&T popularization sites | 科普宣传专用车/辆 S&T popularization vehicles | 科普画廊/个 S&T popularization galleries |
|---|---|---|---|---|
| 全国 Total | 92263 | 530566 | 2341 | 249248 |
| 东部 Eastern | 43609 | 215677 | 902 | 135887 |
| 中部 Middle | 28951 | 193751 | 539 | 70307 |
| 西部 Western | 19703 | 121138 | 900 | 43054 |
| 北京 Beijing | 1181 | 2033 | 91 | 3356 |
| 天津 Tianjin | 4695 | 6386 | 222 | 5120 |
| 河北 Hebei | 2057 | 20211 | 28 | 8107 |
| 山西 Shanxi | 2190 | 19448 | 43 | 7086 |
| 内蒙古 Inner Mongolia | 1625 | 5847 | 96 | 2805 |
| 辽宁 Liaoning | 6170 | 24358 | 156 | 8530 |
| 吉林 Jilin | 1717 | 11139 | 55 | 4529 |
| 黑龙江 Heilongjiang | 2590 | 5780 | 44 | 2045 |
| 上海 Shanghai | 3132 | 1417 | 61 | 5729 |
| 江苏 Jiangsu | 5763 | 18121 | 119 | 26908 |
| 浙江 Zhejiang | 4519 | 26765 | 42 | 17314 |
| 安徽 Anhui | 3807 | 25083 | 51 | 18799 |
| 福建 Fujian | 2585 | 10572 | 35 | 16220 |
| 江西 Jiangxi | 2382 | 13067 | 71 | 7263 |
| 山东 Shandong | 9645 | 84398 | 52 | 22633 |
| 河南 Henan | 6482 | 55686 | 92 | 12560 |
| 湖北 Hubei | 4469 | 31280 | 80 | 8816 |
| 湖南 Hunan | 5314 | 32268 | 103 | 9209 |
| 广东 Guangdong | 3538 | 19331 | 83 | 20831 |
| 广西 Guangxi | 1703 | 16075 | 119 | 5427 |
| 海南 Hainan | 324 | 2085 | 13 | 1139 |
| 重庆 Chongqing | 1314 | 6936 | 152 | 4145 |
| 四川 Sichuan | 5668 | 36778 | 83 | 10553 |
| 贵州 Guizhou | 709 | 2879 | 19 | 1386 |
| 云南 Yunnan | 2245 | 15608 | 101 | 7156 |
| 西藏 Tibet | 101 | 388 | 10 | 45 |
| 陕西 Shaanxi | 2526 | 15448 | 62 | 2534 |
| 甘肃 Gansu | 1359 | 10160 | 38 | 4634 |
| 青海 Qinghai | 170 | 1141 | 67 | 1053 |
| 宁夏 Ningxia | 498 | 2278 | 46 | 893 |
| 新疆 Xinjiang | 1785 | 7600 | 107 | 2423 |

附表 7-3　2012年各省科普经费　　　　　　　　　　　　　　　　单位：万元
Appendix table 7-3: S&T popularization funds by region in 2012　Unit: 10000 yuan

| 地区 | Region | 年度科普经费筹集额 Annual funding for S&T popularization | 政府拨款 Government funds | 科普专项经费 Special funds | 捐赠 Donates | 自筹资金 Self-raised funds | 其他收入 Others |
|---|---|---|---|---|---|---|---|
| 全国 | Total | 1228827 | 850359 | 447830 | 8169 | 307496 | 62892 |
| 东部 | Eastern | 750560 | 492160 | 267407 | 4057 | 218586 | 35745 |
| 中部 | Middle | 193823 | 142895 | 73978 | 1960 | 38539 | 10449 |
| 西部 | Western | 284444 | 215304 | 106444 | 2152 | 50370 | 16699 |
| 北京 | Beijing | 221402 | 132070 | 84035 | 1646 | 75663 | 12023 |
| 天津 | Tianjin | 25076 | 14106 | 5792 | 27 | 10240 | 701 |
| 河北 | Hebei | 25651 | 12181 | 5202 | 106 | 8334 | 5029 |
| 山西 | Shanxi | 15474 | 12807 | 6230 | 41 | 2340 | 285 |
| 内蒙古 | Inner Mongolia | 16337 | 14112 | 7538 | 94 | 1593 | 613 |
| 辽宁 | Liaoning | 32174 | 22039 | 14021 | 120 | 7262 | 2753 |
| 吉林 | Jilin | 10834 | 7496 | 3788 | 89 | 2740 | 510 |
| 黑龙江 | Heilongjiang | 8931 | 6750 | 3205 | 56 | 1746 | 379 |
| 上海 | Shanghai | 115751 | 66073 | 37893 | 737 | 44492 | 4449 |
| 江苏 | Jiangsu | 93538 | 63843 | 33745 | 362 | 26598 | 2735 |
| 浙江 | Zhejiang | 78251 | 61029 | 30295 | 571 | 12937 | 3714 |
| 安徽 | Anhui | 25219 | 18802 | 10798 | 249 | 3673 | 2495 |
| 福建 | Fujian | 37880 | 29452 | 14371 | 125 | 6831 | 1462 |
| 江西 | Jiangxi | 21929 | 16094 | 5818 | 186 | 4500 | 1150 |
| 山东 | Shandong | 51641 | 43550 | 12587 | 148 | 7219 | 724 |
| 河南 | Henan | 31777 | 24257 | 13567 | 214 | 5885 | 1421 |
| 湖北 | Hubei | 42494 | 30181 | 17042 | 576 | 9328 | 2410 |
| 湖南 | Hunan | 37164 | 26508 | 13532 | 549 | 8328 | 1799 |
| 广东 | Guangdong | 62430 | 43811 | 27878 | 169 | 16575 | 1876 |
| 广西 | Guangxi | 41829 | 28658 | 13146 | 229 | 8275 | 4667 |
| 海南 | Hainan | 6765 | 4006 | 1588 | 47 | 2435 | 277 |
| 重庆 | Chongqing | 26700 | 19463 | 11471 | 414 | 5791 | 1032 |
| 四川 | Sichuan | 44036 | 31585 | 16698 | 366 | 10534 | 1550 |
| 贵州 | Guizhou | 38475 | 30348 | 9035 | 149 | 5927 | 2051 |
| 云南 | Yunnan | 42846 | 31587 | 17907 | 372 | 7878 | 3009 |
| 西藏 | Tibet | 1057 | 870 | 539 | 13 | 93 | 81 |
| 陕西 | Shaanxi | 24766 | 18782 | 9750 | 290 | 4638 | 1062 |
| 甘肃 | Gansu | 7809 | 5776 | 3553 | 75 | 1683 | 275 |
| 青海 | Qinghai | 8373 | 7354 | 4868 | 2 | 846 | 171 |
| 宁夏 | Ningxia | 7316 | 5700 | 2249 | 11 | 932 | 672 |
| 新疆 | Xinjiang | 24900 | 21068 | 9691 | 136 | 2179 | 1518 |

附表 7-3 续表  Continued

| 地区 | Region | 科技活动周经费筹集额 Funding for S&T week | 政府拨款 Government funds | 企业赞助 Corporate donates | 年度科普经费使用额 Annual expenditure | 行政支出 Administrative expenditure | 科普活动支出 Activities expenditure |
|---|---|---|---|---|---|---|---|
| 全国 | Total | 52052 | 36797 | 5301 | 1256101 | 189573 | 694860 |
| 东部 | Eastern | 26344 | 19596 | 2248 | 742349 | 110481 | 389918 |
| 中部 | Middle | 11974 | 7874 | 1934 | 204909 | 34756 | 125146 |
| 西部 | Western | 13734 | 9327 | 1118 | 308843 | 44335 | 179796 |
| 北京 | Beijing | 2441 | 2011 | 177 | 213226 | 37218 | 94579 |
| 天津 | Tianjin | 845 | 567 | 108 | 23669 | 3540 | 15669 |
| 河北 | Hebei | 1039 | 806 | 62 | 25508 | 3666 | 10697 |
| 山西 | Shanxi | 927 | 651 | 130 | 15969 | 3822 | 9168 |
| 内蒙古 | Inner Mongolia | 629 | 490 | 56 | 26165 | 3200 | 8362 |
| 辽宁 | Liaoning | 1678 | 1340 | 127 | 31857 | 4993 | 20954 |
| 吉林 | Jilin | 469 | 323 | 74 | 11174 | 2021 | 6671 |
| 黑龙江 | Heilongjiang | 339 | 267 | 35 | 8219 | 2786 | 4838 |
| 上海 | Shanghai | 4296 | 3495 | 204 | 115155 | 6872 | 68726 |
| 江苏 | Jiangsu | 5285 | 3448 | 535 | 87809 | 15409 | 48079 |
| 浙江 | Zhejiang | 4131 | 3379 | 297 | 76436 | 13180 | 48984 |
| 安徽 | Anhui | 2157 | 1346 | 783 | 33594 | 4795 | 18488 |
| 福建 | Fujian | 1241 | 820 | 96 | 45542 | 8026 | 18526 |
| 江西 | Jiangxi | 1076 | 624 | 114 | 20846 | 4430 | 13609 |
| 山东 | Shandong | 1372 | 870 | 344 | 51704 | 5796 | 17522 |
| 河南 | Henan | 1448 | 1052 | 111 | 31797 | 4248 | 20287 |
| 湖北 | Hubei | 2658 | 1611 | 312 | 46113 | 6863 | 26740 |
| 湖南 | Hunan | 2900 | 2000 | 375 | 37197 | 5792 | 25345 |
| 广东 | Guangdong | 3449 | 2429 | 246 | 63175 | 10931 | 42542 |
| 广西 | Guangxi | 2086 | 1662 | 89 | 44746 | 4420 | 32084 |
| 海南 | Hainan | 567 | 431 | 52 | 8267 | 850 | 3641 |
| 重庆 | Chongqing | 1579 | 939 | 114 | 26568 | 4503 | 14395 |
| 四川 | Sichuan | 2898 | 1657 | 397 | 43296 | 5543 | 27141 |
| 贵州 | Guizhou | 1718 | 1292 | 87 | 37826 | 10075 | 19519 |
| 云南 | Yunnan | 1414 | 1006 | 150 | 50552 | 7197 | 30551 |
| 西藏 | Tibet | 108 | 95 | 0 | 1015 | 124 | 807 |
| 陕西 | Shaanxi | 1350 | 893 | 80 | 27793 | 3295 | 18988 |
| 甘肃 | Gansu | 622 | 355 | 86 | 8331 | 1143 | 4945 |
| 青海 | Qinghai | 177 | 140 | 11 | 8610 | 767 | 7308 |
| 宁夏 | Ningxia | 224 | 156 | 1 | 7747 | 1523 | 4216 |
| 新疆 | Xinjiang | 927 | 643 | 47 | 26194 | 2545 | 11481 |

附表7-3 续表　　　　　　Continued

| 地　区 | Region | 科普场馆基建支出 Infrastructure expenditures | 年度科普经费使用额 Annual expenditure | | | |
|---|---|---|---|---|---|---|
| | | | 政府拨款支出 Government expenditures | 场馆建设支出 Venue construction expenditures | 展品、设施支出 Exhibits & facilities expenditures | 其他支出 Others |
| 全　国 | Total | 287000 | 132888 | 161848 | 79804 | 85672 |
| 东　部 | Eastern | 186511 | 80009 | 107093 | 55955 | 56289 |
| 中　部 | Middle | 36044 | 18040 | 21068 | 9664 | 9011 |
| 西　部 | Western | 64446 | 34839 | 33688 | 14185 | 20372 |
| 北　京 | Beijing | 51802 | 16096 | 34223 | 15609 | 29603 |
| 天　津 | Tianjin | 3094 | 0 | 3010 | 69 | 1367 |
| 河　北 | Hebei | 10312 | 2487 | 5633 | 989 | 833 |
| 山　西 | Shanxi | 2298 | 1424 | 1360 | 595 | 682 |
| 内蒙古 | Inner Mongolia | 14388 | 13480 | 3280 | 1698 | 312 |
| 辽　宁 | Liaoning | 4486 | 2130 | 1387 | 1831 | 1427 |
| 吉　林 | Jilin | 2188 | 905 | 1303 | 890 | 295 |
| 黑龙江 | Heilongjiang | 478 | 174 | 122 | 177 | 117 |
| 上　海 | Shanghai | 36996 | 12409 | 17366 | 18764 | 2562 |
| 江　苏 | Jiangsu | 18039 | 4648 | 10164 | 5230 | 6281 |
| 浙　江 | Zhejiang | 11091 | 4428 | 3908 | 3505 | 3181 |
| 安　徽 | Anhui | 8643 | 6889 | 6564 | 882 | 1668 |
| 福　建 | Fujian | 13231 | 9954 | 5855 | 2151 | 5758 |
| 江　西 | Jiangxi | 2063 | 170 | 1262 | 375 | 745 |
| 山　东 | Shandong | 28036 | 24604 | 22372 | 4500 | 1210 |
| 河　南 | Henan | 6116 | 1763 | 2975 | 2631 | 1146 |
| 湖　北 | Hubei | 9825 | 5179 | 5179 | 3398 | 2686 |
| 湖　南 | Hunan | 4434 | 1536 | 2303 | 717 | 1673 |
| 广　东 | Guangdong | 6592 | 2687 | 2596 | 2370 | 3122 |
| 广　西 | Guangxi | 2611 | 707 | 847 | 1254 | 5631 |
| 海　南 | Hainan | 2832 | 567 | 578 | 938 | 944 |
| 重　庆 | Chongqing | 5607 | 2009 | 3240 | 1425 | 2063 |
| 四　川 | Sichuan | 8906 | 2036 | 5010 | 2763 | 1693 |
| 贵　州 | Guizhou | 3305 | 2117 | 2714 | 593 | 4893 |
| 云　南 | Yunnan | 10893 | 394 | 8772 | 1377 | 1911 |
| 西　藏 | Tibet | 32 | 4 | 10 | 18 | 52 |
| 陕　西 | Shaanxi | 4699 | 3453 | 1560 | 1908 | 813 |
| 甘　肃 | Gansu | 2150 | 1041 | 588 | 1217 | 148 |
| 青　海 | Qinghai | 192 | 3 | 7 | 141 | 342 |
| 宁　夏 | Ningxia | 1720 | 1512 | 1306 | 292 | 288 |
| 新　疆 | Xinjiang | 9942 | 8086 | 6356 | 1499 | 2226 |

附表 7-4 2012年各省科普传媒
Appendix table 7-4: S&T popularization media by region in 2012

| 地区 Region | 科普图书 Popular science books | | 科普期刊 Popular sciencejournals | |
|---|---|---|---|---|
| | 出版种数/种 Types of publications | 出版总册数/册 Total copies | 出版种数/种 Types of publications | 出版总册数/册 Total copies |
| 全国 Total | 7521 | 65705529 | 1007 | 139085388 |
| 东部 Eastern | 5308 | 47490576 | 462 | 113203154 |
| 中部 Middle | 1171 | 10340701 | 207 | 12595748 |
| 西部 Western | 1042 | 7874252 | 338 | 13286486 |
| 北京 Beijing | 2864 | 18882534 | 81 | 44517600 |
| 天津 Tianjin | 100 | 392600 | 19 | 1065700 |
| 河北 Hebei | 167 | 1364400 | 43 | 1913100 |
| 山西 Shanxi | 419 | 3407200 | 9 | 2158800 |
| 内蒙古 Inner Mongolia | 285 | 1424600 | 17 | 202800 |
| 辽宁 Liaoning | 63 | 632700 | 20 | 631400 |
| 吉林 Jilin | 38 | 471430 | 16 | 101882 |
| 黑龙江 Heilongjiang | 53 | 592380 | 11 | 90500 |
| 上海 Shanghai | 1021 | 14235506 | 102 | 25253426 |
| 江苏 Jiangsu | 140 | 4696400 | 61 | 10597576 |
| 浙江 Zhejiang | 468 | 4729262 | 41 | 6765760 |
| 安徽 Anhui | 22 | 282200 | 9 | 67600 |
| 福建 Fujian | 61 | 281400 | 31 | 1036680 |
| 江西 Jiangxi | 126 | 2761426 | 41 | 7000200 |
| 山东 Shandong | 83 | 280320 | 27 | 586500 |
| 河南 Henan | 73 | 671530 | 31 | 1504312 |
| 湖北 Hubei | 243 | 839135 | 42 | 587684 |
| 湖南 Hunan | 114 | 1035080 | 21 | 498270 |
| 广东 Guangdong | 164 | 1367223 | 43 | 19341212 |
| 广西 Guangxi | 65 | 671048 | 26 | 4289937 |
| 海南 Hainan | 260 | 908551 | 21 | 2080700 |
| 重庆 Chongqing | 113 | 1640300 | 44 | 897130 |
| 四川 Sichuan | 115 | 930548 | 52 | 4058200 |
| 贵州 Guizhou | 6 | 747000 | 9 | 44300 |
| 云南 Yunnan | 110 | 502565 | 73 | 1395859 |
| 西藏 Tibet | 25 | 56700 | 7 | 28400 |
| 陕西 Shaanxi | 65 | 366391 | 35 | 653100 |
| 甘肃 Gansu | 85 | 370700 | 18 | 66960 |
| 青海 Qinghai | 85 | 230600 | 19 | 110000 |
| 宁夏 Ningxia | 16 | 173600 | 4 | 37000 |
| 新疆 Xinjiang | 72 | 760200 | 34 | 1502800 |

附表7-4 续表　　　　Continued

| 地　区 | Region | 科普（技）音像制品 Popularization audio and video products | | | 科技类报纸年发行总份数/份 S&T newspaper printed copies |
|---|---|---|---|---|---|
| | | 出版种数/种 Types of publications | 光盘发行总量/张 Total CD copies released | 录音、录像带发行总量/盒 Total copies of audio and video publications | |
| 全　国 | Total | 12845 | 14727177 | 1408452 | 410951971 |
| 东　部 | Eastern | 3047 | 7451439 | 946340 | 237231410 |
| 中　部 | Middle | 2419 | 5535677 | 271157 | 127745655 |
| 西　部 | Western | 7379 | 1740061 | 190955 | 45974906 |
| 北　京 | Beijing | 1681 | 4981687 | 760340 | 56065606 |
| 天　津 | Tianjin | 28 | 72955 | 500 | 2833840 |
| 河　北 | Hebei | 162 | 211912 | 9099 | 31211256 |
| 山　西 | Shanxi | 323 | 105139 | 17215 | 30115668 |
| 内蒙古 | Inner Mongolia | 199 | 180145 | 19127 | 691829 |
| 辽　宁 | Liaoning | 284 | 378076 | 96465 | 3695609 |
| 吉　林 | Jilin | 110 | 394380 | 42114 | 203385 |
| 黑龙江 | Heilongjiang | 38 | 208590 | 966 | 291169 |
| 上　海 | Shanghai | 100 | 536649 | 6400 | 19290452 |
| 江　苏 | Jiangsu | 209 | 273524 | 7738 | 54656979 |
| 浙　江 | Zhejiang | 188 | 576368 | 42398 | 45034088 |
| 安　徽 | Anhui | 324 | 299915 | 69702 | 25088472 |
| 福　建 | Fujian | 102 | 170813 | 4452 | 5563457 |
| 江　西 | Jiangxi | 266 | 1643847 | 15181 | 36265620 |
| 山　东 | Shandong | 224 | 252064 | 29088 | 4685992 |
| 河　南 | Henan | 214 | 1793445 | 32107 | 18907613 |
| 湖　北 | Hubei | 647 | 452434 | 28577 | 9439920 |
| 湖　南 | Hunan | 273 | 385863 | 36207 | 2747816 |
| 广　东 | Guangdong | 156 | 91476 | 11884 | 18813553 |
| 广　西 | Guangxi | 185 | 65120 | 3389 | 27293250 |
| 海　南 | Hainan | 137 | 157979 | 7064 | 66570 |
| 重　庆 | Chongqing | 31 | 236403 | 3070 | 1107986 |
| 四　川 | Sichuan | 6061 | 458533 | 145383 | 4748468 |
| 贵　州 | Guizhou | 74 | 62132 | 47 | 531009 |
| 云　南 | Yunnan | 196 | 243235 | 1327 | 2776762 |
| 西　藏 | Tibet | 23 | 10886 | 237 | 3990 |
| 陕　西 | Shaanxi | 181 | 106852 | 9142 | 5628695 |
| 甘　肃 | Gansu | 210 | 31433 | 2883 | 876313 |
| 青　海 | Qinghai | 24 | 199035 | 55 | 1820101 |
| 宁　夏 | Ningxia | 29 | 62164 | 36 | 266066 |
| 新　疆 | Xinjiang | 166 | 84123 | 6259 | 230437 |

附表7-4 续表　　　　Continued

| 地区 Region | 电视台播出科普（技）节目时间/小时 Broadcasting time of popular science programs on TV (h) | 电台播出科普（技）节目时间/小时 Broadcasting time of popular science programs on radio (h) | 科普网站数/个 S&T popularization websites (unit) | 发放科普读物和资料/份 Number of S&T popularization books and materials |
|---|---|---|---|---|
| 全国 Total | 184446 | 162945 | 2443 | 1173280005 |
| 东部 Eastern | 61874 | 72935 | 1117 | 405925029 |
| 中部 Middle | 55667 | 53580 | 626 | 401706484 |
| 西部 Western | 66905 | 36430 | 700 | 365648492 |
| 北京 Beijing | 4947 | 11400 | 237 | 33912145 |
| 天津 Tianjin | 1542 | 1365 | 98 | 19024278 |
| 河北 Hebei | 10579 | 16331 | 70 | 38818843 |
| 山西 Shanxi | 3621 | 2551 | 31 | 26289772 |
| 内蒙古 Inner Mongolia | 14870 | 6516 | 68 | 17660474 |
| 辽宁 Liaoning | 14760 | 15227 | 76 | 24600143 |
| 吉林 Jilin | 3224 | 4518 | 42 | 18238641 |
| 黑龙江 Heilongjiang | 4371 | 2377 | 40 | 9425509 |
| 上海 Shanghai | 6950 | 2580 | 176 | 32913228 |
| 江苏 Jiangsu | 6798 | 3864 | 125 | 131429900 |
| 浙江 Zhejiang | 6607 | 6909 | 92 | 44164424 |
| 安徽 Anhui | 4323 | 8371 | 67 | 36537635 |
| 福建 Fujian | 3950 | 5016 | 84 | 22490796 |
| 江西 Jiangxi | 2887 | 3283 | 63 | 18430284 |
| 山东 Shandong | 8978 | 7794 | 79 | 20482521 |
| 河南 Henan | 6746 | 6983 | 124 | 115339277 |
| 湖北 Hubei | 9085 | 6831 | 89 | 44936906 |
| 湖南 Hunan | 12432 | 10872 | 91 | 112025939 |
| 广东 Guangdong | 5257 | 9975 | 132 | 48913196 |
| 广西 Guangxi | 10742 | 4956 | 61 | 47418098 |
| 海南 Hainan | 484 | 268 | 27 | 9658076 |
| 重庆 Chongqing | 599 | 398 | 75 | 27372025 |
| 四川 Sichuan | 6208 | 4915 | 112 | 88942662 |
| 贵州 Guizhou | 7333 | 1268 | 25 | 27999861 |
| 云南 Yunnan | 5216 | 3157 | 74 | 59954456 |
| 西藏 Tibet | 341 | 427 | 10 | 597234 |
| 陕西 Shaanxi | 6960 | 3656 | 87 | 30459879 |
| 甘肃 Gansu | 5727 | 4326 | 66 | 29743265 |
| 青海 Qinghai | 1257 | 1153 | 22 | 8674510 |
| 宁夏 Ningxia | 922 | 576 | 34 | 6785125 |
| 新疆 Xinjiang | 6730 | 5082 | 66 | 20040903 |

附表 7-5 2012年各省科普活动
Appendix table 7-5: S&T popularization activities by region in 2012

| 地区 Region | 科普（技）讲座 S&T popularization lectures | | 科普（技）展览 S&T popularization exhibitions | |
|---|---|---|---|---|
| | 举办次数/次 Number of lectures held | 参加人数/人次 Number of participants | 专题展览次数/次 Number of exhibitions held | 参观人数/人次 Number of participants |
| 全国 Total | 897462 | 171047231 | 160224 | 232698541 |
| 东部 Eastern | 451054 | 76753633 | 71448 | 119439772 |
| 中部 Middle | 210181 | 44852903 | 46419 | 51355992 |
| 西部 Western | 236227 | 49440695 | 42357 | 61902777 |
| 北京 Beijing | 63047 | 10429237 | 5339 | 29044527 |
| 天津 Tianjin | 32939 | 3823334 | 8906 | 8821038 |
| 河北 Hebei | 29626 | 5995133 | 4155 | 6067689 |
| 山西 Shanxi | 15777 | 3731851 | 3117 | 3215322 |
| 内蒙古 Inner Mongolia | 14362 | 3355305 | 2380 | 2450927 |
| 辽宁 Liaoning | 51104 | 7267409 | 5917 | 8972309 |
| 吉林 Jilin | 20697 | 3822806 | 2318 | 2280208 |
| 黑龙江 Heilongjiang | 20636 | 4090443 | 2878 | 3115597 |
| 上海 Shanghai | 65421 | 8220532 | 4261 | 14964201 |
| 江苏 Jiangsu | 75164 | 10809314 | 17618 | 15896120 |
| 浙江 Zhejiang | 47255 | 10920635 | 9108 | 10182824 |
| 安徽 Anhui | 19638 | 3034555 | 7683 | 10067117 |
| 福建 Fujian | 22409 | 4709348 | 5611 | 5806943 |
| 江西 Jiangxi | 17758 | 3424560 | 4087 | 3731562 |
| 山东 Shandong | 21057 | 4730885 | 2532 | 5437448 |
| 河南 Henan | 45369 | 10616467 | 9665 | 8811151 |
| 湖北 Hubei | 39624 | 11196216 | 10469 | 11373192 |
| 湖南 Hunan | 30682 | 4936005 | 6202 | 8761843 |
| 广东 Guangdong | 38611 | 9086244 | 6983 | 13235424 |
| 广西 Guangxi | 20015 | 5406431 | 3402 | 4848191 |
| 海南 Hainan | 4421 | 761562 | 1018 | 1011249 |
| 重庆 Chongqing | 10956 | 2141117 | 2941 | 6389795 |
| 四川 Sichuan | 42240 | 9088834 | 6918 | 13310510 |
| 贵州 Guizhou | 14748 | 2189708 | 3870 | 2992865 |
| 云南 Yunnan | 37818 | 6157271 | 7747 | 14065735 |
| 西藏 Tibet | 612 | 88881 | 241 | 82260 |
| 陕西 Shaanxi | 29501 | 8055353 | 5046 | 7315069 |
| 甘肃 Gansu | 27446 | 4479968 | 4258 | 4647957 |
| 青海 Qinghai | 4526 | 717969 | 1075 | 1912195 |
| 宁夏 Ningxia | 4973 | 2330277 | 679 | 677547 |
| 新疆 Xinjiang | 29030 | 5429581 | 3800 | 3209726 |

附表 7-5 续表 Continued

| 地区 Region | 科普（技）竞赛 S&T popularization competitions | | 科普国际交流 International S&T popularization exchanges | |
|---|---|---|---|---|
| | 举办次数/次 Number of competitions held | 参加人数/人次 Number of participants | 举办次数/次 Number of exchanges held | 参加人数/人次 Number of participants |
| 全 国 Total | 56666 | 114108930 | 2562 | 319993 |
| 东 部 Eastern | 30483 | 86807219 | 1612 | 180105 |
| 中 部 Middle | 13314 | 10910841 | 382 | 90535 |
| 西 部 Western | 12869 | 16390870 | 568 | 49353 |
| 北 京 Beijing | 3750 | 60743257 | 360 | 53040 |
| 天 津 Tianjin | 4673 | 1977954 | 291 | 15754 |
| 河 北 Hebei | 1750 | 1804320 | 33 | 6664 |
| 山 西 Shanxi | 549 | 385659 | 31 | 6143 |
| 内蒙古 Inner Mongolia | 801 | 404363 | 23 | 769 |
| 辽 宁 Liaoning | 2078 | 3217614 | 63 | 16208 |
| 吉 林 Jilin | 591 | 281021 | 19 | 600 |
| 黑龙江 Heilongjiang | 1078 | 293946 | 43 | 7463 |
| 上 海 Shanghai | 3890 | 4278021 | 342 | 44410 |
| 江 苏 Jiangsu | 5060 | 4813478 | 237 | 20611 |
| 浙 江 Zhejiang | 4786 | 3700553 | 60 | 9314 |
| 安 徽 Anhui | 2986 | 1094252 | 64 | 38472 |
| 福 建 Fujian | 1415 | 1108451 | 66 | 4160 |
| 江 西 Jiangxi | 966 | 1206535 | 53 | 14459 |
| 山 东 Shandong | 1225 | 1478073 | 24 | 1437 |
| 河 南 Henan | 1895 | 2207520 | 66 | 11302 |
| 湖 北 Hubei | 2406 | 2816554 | 67 | 10042 |
| 湖 南 Hunan | 2843 | 2625354 | 39 | 2054 |
| 广 东 Guangdong | 1487 | 3578939 | 77 | 5676 |
| 广 西 Guangxi | 871 | 1989019 | 82 | 5352 |
| 海 南 Hainan | 369 | 106559 | 59 | 2831 |
| 重 庆 Chongqing | 783 | 1528440 | 101 | 17698 |
| 四 川 Sichuan | 2729 | 3873275 | 36 | 4079 |
| 贵 州 Guizhou | 1336 | 1390292 | 1 | 5 |
| 云 南 Yunnan | 1065 | 1439742 | 91 | 3980 |
| 西 藏 Tibet | 84 | 9656 | 4 | 321 |
| 陕 西 Shaanxi | 2749 | 3632777 | 113 | 10464 |
| 甘 肃 Gansu | 988 | 826658 | 38 | 1348 |
| 青 海 Qinghai | 147 | 670921 | 54 | 295 |
| 宁 夏 Ningxia | 261 | 183567 | 16 | 2920 |
| 新 疆 Xinjiang | 1055 | 442160 | 9 | 2122 |

附表 7-5 续表 Continued

| 地区 | Region | 成立青少年科技兴趣小组 Teenage S&T interest groups | | 科技夏（冬）令营 Summer /winter science camps | |
|---|---|---|---|---|---|
| | | 兴趣小组数/个 Number of groups | 参加人数/人次 Number of participants | 举办次数/次 Number of camps held | 参加人数/人次 Number of participants |
| 全 国 | Total | 305042 | 25331437 | 17875 | 3879281 |
| 东 部 | Eastern | 121724 | 8074407 | 11130 | 2200448 |
| 中 部 | Middle | 89935 | 8424490 | 3999 | 925092 |
| 西 部 | Western | 93383 | 8832540 | 2746 | 753741 |
| 北 京 | Beijing | 3536 | 382935 | 1279 | 181761 |
| 天 津 | Tianjin | 11988 | 526670 | 302 | 60853 |
| 河 北 | Hebei | 13732 | 813790 | 356 | 101350 |
| 山 西 | Shanxi | 6362 | 322622 | 106 | 32585 |
| 内蒙古 | Inner Mongolia | 3079 | 247433 | 519 | 64206 |
| 辽 宁 | Liaoning | 18522 | 986384 | 710 | 374970 |
| 吉 林 | Jilin | 5198 | 486120 | 789 | 99950 |
| 黑龙江 | Heilongjiang | 5178 | 242199 | 189 | 39674 |
| 上 海 | Shanghai | 7101 | 457537 | 1269 | 292807 |
| 江 苏 | Jiangsu | 19182 | 1922214 | 4950 | 497219 |
| 浙 江 | Zhejiang | 11242 | 660766 | 704 | 210162 |
| 安 徽 | Anhui | 8300 | 886568 | 717 | 243661 |
| 福 建 | Fujian | 6593 | 418748 | 632 | 108612 |
| 江 西 | Jiangxi | 7216 | 689269 | 300 | 48419 |
| 山 东 | Shandong | 16250 | 1177944 | 460 | 227158 |
| 河 南 | Henan | 19500 | 1428751 | 650 | 207312 |
| 湖 北 | Hubei | 20832 | 3121301 | 426 | 117085 |
| 湖 南 | Hunan | 17349 | 1247660 | 822 | 136406 |
| 广 东 | Guangdong | 12504 | 653524 | 372 | 129931 |
| 广 西 | Guangxi | 11986 | 2118783 | 99 | 14398 |
| 海 南 | Hainan | 1074 | 73895 | 96 | 15625 |
| 重 庆 | Chongqing | 5817 | 541451 | 100 | 17142 |
| 四 川 | Sichuan | 35581 | 2815825 | 467 | 225172 |
| 贵 州 | Guizhou | 3493 | 579797 | 177 | 65326 |
| 云 南 | Yunnan | 8328 | 777393 | 436 | 171274 |
| 西 藏 | Tibet | 74 | 7580 | 15 | 871 |
| 陕 西 | Shaanxi | 9739 | 705156 | 264 | 60859 |
| 甘 肃 | Gansu | 8131 | 465455 | 127 | 35522 |
| 青 海 | Qinghai | 1973 | 57849 | 34 | 10256 |
| 宁 夏 | Ningxia | 1064 | 157236 | 35 | 13632 |
| 新 疆 | Xinjiang | 4118 | 358582 | 473 | 75083 |

附表 7-5 续表　　　　　Continued

| 地区 | Region | 科技活动周 Science & technology week | | 科研机构、大学向社会开放 Scientific institutions and universities open to public | |
|---|---|---|---|---|---|
| | | 科普专题活动次数/次 Number of S&T week held | 参加人数/人次 Number of participants | 开放单位数/个 Number of open units | 参观人数/人次 Number of participants |
| 全国 | Total | 121451 | 111622717 | 6495 | 6658484 |
| 东部 | Eastern | 58535 | 57067066 | 3161 | 2858731 |
| 中部 | Middle | 25291 | 24262657 | 1910 | 1812594 |
| 西部 | Western | 37625 | 30292994 | 1424 | 1987159 |
| 北京 | Beijing | 3287 | 3570104 | 345 | 115947 |
| 天津 | Tianjin | 13220 | 4072744 | 251 | 198590 |
| 河北 | Hebei | 5507 | 4143093 | 342 | 136168 |
| 山西 | Shanxi | 1699 | 1290565 | 28 | 44090 |
| 内蒙古 | Inner Mongolia | 1812 | 1481067 | 125 | 64187 |
| 辽宁 | Liaoning | 4097 | 3671997 | 418 | 313737 |
| 吉林 | Jilin | 1371 | 1384264 | 250 | 95469 |
| 黑龙江 | Heilongjiang | 2030 | 1510202 | 147 | 54565 |
| 上海 | Shanghai | 5143 | 6273730 | 82 | 217247 |
| 江苏 | Jiangsu | 9483 | 17151008 | 472 | 640736 |
| 浙江 | Zhejiang | 5491 | 4971872 | 199 | 152335 |
| 安徽 | Anhui | 3248 | 1721262 | 241 | 506753 |
| 福建 | Fujian | 4691 | 2537705 | 124 | 83046 |
| 江西 | Jiangxi | 2416 | 3133945 | 98 | 62892 |
| 山东 | Shandong | 3245 | 2996118 | 285 | 291851 |
| 河南 | Henan | 5455 | 4928051 | 386 | 165055 |
| 湖北 | Hubei | 5196 | 6645612 | 366 | 463915 |
| 湖南 | Hunan | 3876 | 3648756 | 394 | 419855 |
| 广东 | Guangdong | 2985 | 7113970 | 580 | 680068 |
| 广西 | Guangxi | 2995 | 4141126 | 108 | 85678 |
| 海南 | Hainan | 1386 | 564725 | 63 | 29006 |
| 重庆 | Chongqing | 2677 | 1760831 | 139 | 69084 |
| 四川 | Sichuan | 9398 | 6469733 | 340 | 233450 |
| 贵州 | Guizhou | 2835 | 1851313 | 77 | 40853 |
| 云南 | Yunnan | 4042 | 4463672 | 116 | 69335 |
| 西藏 | Tibet | 228 | 67173 | 6 | 820 |
| 陕西 | Shaanxi | 4535 | 3049802 | 150 | 258780 |
| 甘肃 | Gansu | 2675 | 2379044 | 135 | 54841 |
| 青海 | Qinghai | 972 | 1110737 | 87 | 865455 |
| 宁夏 | Ningxia | 861 | 752436 | 44 | 70935 |
| 新疆 | Xinjiang | 4595 | 2766060 | 97 | 173741 |

附表 7-5 续表 Continued

| 地区 | Region | 举办实用技术培训 Practical skill trainings | | 重大科普活动次数/次 Number of grand popularization activities |
|---|---|---|---|---|
| | | 举办次数/次 Number of trainings held | 参加人数/人次 Number of participants | |
| 全 国 | Total | 913855 | 122915797 | 32874 |
| 东 部 | Eastern | 293422 | 39631804 | 11629 |
| 中 部 | Middle | 207200 | 27647092 | 8527 |
| 西 部 | Western | 413233 | 55636901 | 12718 |
| 北 京 | Beijing | 18278 | 1645635 | 773 |
| 天 津 | Tianjin | 35919 | 2498306 | 558 |
| 河 北 | Hebei | 31948 | 4753763 | 1179 |
| 山 西 | Shanxi | 19551 | 2847591 | 700 |
| 内蒙古 | Inner Mongolia | 23190 | 5200598 | 641 |
| 辽 宁 | Liaoning | 31927 | 3864469 | 1636 |
| 吉 林 | Jilin | 31541 | 4123810 | 779 |
| 黑龙江 | Heilongjiang | 14742 | 2481426 | 1172 |
| 上 海 | Shanghai | 12607 | 2917517 | 897 |
| 江 苏 | Jiangsu | 78378 | 13824573 | 1961 |
| 浙 江 | Zhejiang | 30786 | 2656384 | 1149 |
| 安 徽 | Anhui | 17472 | 2174819 | 717 |
| 福 建 | Fujian | 16193 | 2537362 | 1030 |
| 江 西 | Jiangxi | 21386 | 1459955 | 495 |
| 山 东 | Shandong | 12795 | 2773750 | 1069 |
| 河 南 | Henan | 41529 | 5208668 | 1710 |
| 湖 北 | Hubei | 39353 | 6650963 | 1657 |
| 湖 南 | Hunan | 21626 | 2699860 | 1297 |
| 广 东 | Guangdong | 18081 | 1503880 | 1166 |
| 广 西 | Guangxi | 27334 | 4021986 | 1294 |
| 海 南 | Hainan | 6510 | 656165 | 211 |
| 重 庆 | Chongqing | 10046 | 1426738 | 580 |
| 四 川 | Sichuan | 70677 | 13369652 | 2808 |
| 贵 州 | Guizhou | 15809 | 1879058 | 671 |
| 云 南 | Yunnan | 110760 | 9636829 | 1552 |
| 西 藏 | Tibet | 791 | 118457 | 24 |
| 陕 西 | Shaanxi | 41332 | 5291210 | 1429 |
| 甘 肃 | Gansu | 35442 | 5164950 | 1537 |
| 青 海 | Qinghai | 8786 | 1022743 | 615 |
| 宁 夏 | Ningxia | 7891 | 848123 | 277 |
| 新 疆 | Xinjiang | 61175 | 7656557 | 1290 |

# 附录8  2011年全国科普统计分类数据统计表

各项统计数据均未包括香港特别行政区、澳门特别行政区和台湾地区的数据。

科普宣传专用车、科普图书、科普期刊、科普网站与科普国际交流情况均由市级以上（含市级）填报单位的数据统计得出。

东部、中部和西部地区的划分：东部地区包括北京、天津、河北、辽宁、上海、江苏、浙江、福建、山东、广东和海南11个省和直辖市；中部地区包括山西、吉林、黑龙江、安徽、江西、河南、湖北和湖南 8 个省；西部地区包括内蒙古、广西、重庆、四川、贵州、云南、西藏、陕西、甘肃、青海、宁夏和新疆12个省、自治区和直辖市。

附表 8-1　2011年各省科普人员　　　　　　　　　　　　　　　　　　　单位：人
Appendix table 8-1: S&T popularization personnel by region in 2011　　Unit: person

| 地区 Region | 科普专职人员 Full time S&T popularization personnel | 中级职称及以上或大学本科及以上学历人员 With title of medium-rank or above /with college graduate or above | 女性 Female |
|---|---|---|---|
| 全国 National Total | 224162 | 127221 | 81659 |
| 东部 Eastern | 70217 | 42913 | 27489 |
| 中部 Middle | 83163 | 47103 | 29488 |
| 西部 Western | 70782 | 37205 | 24682 |
| 北京 Beijing | 6147 | 4193 | 3168 |
| 天津 Tianjin | 3095 | 2228 | 1379 |
| 河北 Hebei | 5689 | 3239 | 2481 |
| 山西 Shanxi | 11532 | 5399 | 4586 |
| 内蒙古 Inner Mongolia | 9221 | 5429 | 3297 |
| 辽宁 Liaoning | 6461 | 4052 | 2586 |
| 吉林 Jilin | 6652 | 3598 | 2475 |
| 黑龙江 Heilongjiang | 3534 | 2447 | 1666 |
| 上海 Shanghai | 5958 | 3767 | 2620 |
| 江苏 Jiangsu | 11735 | 7513 | 4345 |
| 浙江 Zhejiang | 7035 | 4648 | 2671 |
| 安徽 Anhui | 12108 | 7719 | 4732 |
| 福建 Fujian | 3040 | 1856 | 1098 |
| 江西 Jiangxi | 6287 | 3342 | 2044 |
| 山东 Shandong | 8589 | 5365 | 2851 |
| 河南 Henan | 15828 | 8444 | 5995 |
| 湖北 Hubei | 14818 | 9567 | 4121 |
| 湖南 Hunan | 12404 | 6587 | 3869 |
| 广东 Guangdong | 10134 | 5041 | 3555 |
| 广西 Guangxi | 5304 | 2984 | 1853 |
| 海南 Hainan | 2334 | 1011 | 735 |
| 重庆 Chongqing | 3033 | 1872 | 985 |
| 四川 Sichuan | 13091 | 7096 | 4498 |
| 贵州 Guizhou | 3092 | 1552 | 1214 |
| 云南 Yunnan | 9912 | 5151 | 3277 |
| 西藏 Tibet | 1566 | 334 | 322 |
| 陕西 Shaanxi | 13625 | 6776 | 4757 |
| 甘肃 Gansu | 3425 | 1867 | 1163 |
| 青海 Qinghai | 1115 | 633 | 455 |
| 宁夏 Ningxia | 698 | 415 | 260 |
| 新疆 Xinjiang | 6700 | 3096 | 2601 |

附表8-1 续表  Continued

| 地区 | Region | 科普专职人员 Full time S&T popularization personnel | | |
|---|---|---|---|---|
| | | 农村科普人员 Rural S&T popularization personnel | 管理人员 S&T popularization administrators | 科普创作人员 S&T popularization creators |
| 全 国 | Total | 80748 | 54830 | 11191 |
| 东 部 | Eastern | 18793 | 17416 | 5225 |
| 中 部 | Middle | 33801 | 22285 | 3287 |
| 西 部 | Western | 28154 | 15129 | 2679 |
| 北 京 | Beijing | 521 | 1330 | 1090 |
| 天 津 | Tianjin | 510 | 1171 | 179 |
| 河 北 | Hebei | 1636 | 1649 | 344 |
| 山 西 | Shanxi | 4114 | 2632 | 342 |
| 内蒙古 | Inner Mongolia | 3618 | 1924 | 414 |
| 辽 宁 | Liaoning | 1383 | 1790 | 615 |
| 吉 林 | Jilin | 3145 | 1341 | 197 |
| 黑龙江 | Heilongjiang | 980 | 1218 | 188 |
| 上 海 | Shanghai | 742 | 1630 | 979 |
| 江 苏 | Jiangsu | 3827 | 2433 | 543 |
| 浙 江 | Zhejiang | 2717 | 1174 | 322 |
| 安 徽 | Anhui | 5383 | 5787 | 351 |
| 福 建 | Fujian | 629 | 886 | 124 |
| 江 西 | Jiangxi | 2136 | 1525 | 300 |
| 山 东 | Shandong | 2865 | 2307 | 320 |
| 河 南 | Henan | 6196 | 3895 | 627 |
| 湖 北 | Hubei | 6892 | 3039 | 706 |
| 湖 南 | Hunan | 4955 | 2848 | 576 |
| 广 东 | Guangdong | 2906 | 2593 | 601 |
| 广 西 | Guangxi | 2201 | 1282 | 234 |
| 海 南 | Hainan | 1057 | 453 | 108 |
| 重 庆 | Chongqing | 905 | 764 | 189 |
| 四 川 | Sichuan | 5422 | 2782 | 383 |
| 贵 州 | Guizhou | 1133 | 837 | 91 |
| 云 南 | Yunnan | 3707 | 2260 | 401 |
| 西 藏 | Tibet | 664 | 231 | 16 |
| 陕 西 | Shaanxi | 6741 | 2346 | 488 |
| 甘 肃 | Gansu | 922 | 1060 | 109 |
| 青 海 | Qinghai | 183 | 248 | 60 |
| 宁 夏 | Ningxia | 131 | 205 | 47 |
| 新 疆 | Xinjiang | 2527 | 1190 | 247 |

附表8-1 续表 Continued

| 地 区 Region | 科普兼职人员<br>Part time S&T popularization personnel | 中级职称及以上或大学本科及以上学历人员<br>With title of medium-rank or above /with college graduate or above | 女性<br>Female |
|---|---|---|---|
| 全 国 Total | 1718676 | 814707 | 641208 |
| 东 部 Eastern | 695248 | 346582 | 265494 |
| 中 部 Middle | 501564 | 236152 | 186709 |
| 西 部 Western | 521864 | 231973 | 189005 |
| 北 京 Beijing | 32196 | 20707 | 17252 |
| 天 津 Tianjin | 38009 | 20836 | 15734 |
| 河 北 Hebei | 39367 | 22275 | 17784 |
| 山 西 Shanxi | 61738 | 24136 | 25402 |
| 内蒙古 Inner Mongolia | 58005 | 26518 | 22660 |
| 辽 宁 Liaoning | 75682 | 39916 | 32523 |
| 吉 林 Jilin | 30453 | 13782 | 10494 |
| 黑龙江 Heilongjiang | 27179 | 16515 | 11279 |
| 上 海 Shanghai | 36684 | 18438 | 17142 |
| 江 苏 Jiangsu | 124679 | 68691 | 45877 |
| 浙 江 Zhejiang | 110296 | 44975 | 40421 |
| 安 徽 Anhui | 79538 | 48137 | 35400 |
| 福 建 Fujian | 93027 | 40892 | 27588 |
| 江 西 Jiangxi | 48081 | 21053 | 15337 |
| 山 东 Shandong | 63690 | 30946 | 22132 |
| 河 南 Henan | 104064 | 48219 | 39333 |
| 湖 北 Hubei | 72393 | 34397 | 24860 |
| 湖 南 Hunan | 78118 | 29913 | 24604 |
| 广 东 Guangdong | 71789 | 34748 | 25592 |
| 广 西 Guangxi | 40135 | 17473 | 16496 |
| 海 南 Hainan | 9829 | 4158 | 3449 |
| 重 庆 Chongqing | 29748 | 14863 | 9674 |
| 四 川 Sichuan | 94018 | 41555 | 31671 |
| 贵 州 Guizhou | 44916 | 17486 | 15154 |
| 云 南 Yunnan | 85231 | 35838 | 32316 |
| 西 藏 Tibet | 4298 | 986 | 822 |
| 陕 西 Shaanxi | 74896 | 35036 | 27291 |
| 甘 肃 Gansu | 42835 | 17893 | 13563 |
| 青 海 Qinghai | 10411 | 5578 | 3683 |
| 宁 夏 Ningxia | 8702 | 5040 | 3166 |
| 新 疆 Xinjiang | 28669 | 13707 | 12509 |

附表 8-1 续表  Continued

| 地区 | Region | 科普兼职人员 Part time S&T popularization personnel | | |
|---|---|---|---|---|
| | | 农村科普人员 Rural S&T popularization personnel | 注册科普志愿者 Registered S&T popularization volunteers | 年度实际投入工作量/人月 Annual actual workload (person-month) |
| 全　国 | Total | 630441 | 2455489 | 2699239 |
| 东　部 | Eastern | 212567 | 1069404 | 1007567 |
| 中　部 | Middle | 216529 | 980608 | 923366 |
| 西　部 | Western | 201345 | 405477 | 768306 |
| 北　京 | Beijing | 4279 | 11652 | 48630 |
| 天　津 | Tianjin | 8790 | 186043 | 61529 |
| 河　北 | Hebei | 12445 | 51607 | 69871 |
| 山　西 | Shanxi | 26962 | 49736 | 67901 |
| 内蒙古 | Inner Mongolia | 22181 | 52187 | 81296 |
| 辽　宁 | Liaoning | 25639 | 68004 | 120252 |
| 吉　林 | Jilin | 16505 | 48222 | 43854 |
| 黑龙江 | Heilongjiang | 9915 | 45843 | 51770 |
| 上　海 | Shanghai | 3437 | 79261 | 60847 |
| 江　苏 | Jiangsu | 40299 | 272616 | 182243 |
| 浙　江 | Zhejiang | 30878 | 82641 | 136183 |
| 安　徽 | Anhui | 43647 | 394712 | 271080 |
| 福　建 | Fujian | 31736 | 45802 | 105772 |
| 江　西 | Jiangxi | 17819 | 9295 | 81783 |
| 山　东 | Shandong | 29432 | 126724 | 103082 |
| 河　南 | Henan | 39394 | 58605 | 177568 |
| 湖　北 | Hubei | 30100 | 98144 | 108133 |
| 湖　南 | Hunan | 32187 | 276051 | 121277 |
| 广　东 | Guangdong | 22482 | 137555 | 106982 |
| 广　西 | Guangxi | 15470 | 19706 | 58354 |
| 海　南 | Hainan | 3150 | 7499 | 12176 |
| 重　庆 | Chongqing | 12461 | 16982 | 52587 |
| 四　川 | Sichuan | 38621 | 112391 | 161392 |
| 贵　州 | Guizhou | 17087 | 31498 | 58985 |
| 云　南 | Yunnan | 32105 | 46019 | 115679 |
| 西　藏 | Tibet | 1752 | 986 | 2904 |
| 陕　西 | Shaanxi | 28939 | 49186 | 94382 |
| 甘　肃 | Gansu | 16607 | 54967 | 73603 |
| 青　海 | Qinghai | 2191 | 5489 | 10688 |
| 宁　夏 | Ningxia | 3014 | 7960 | 12643 |
| 新　疆 | Xinjiang | 10917 | 8106 | 45793 |

附表 8-2 2011 年各省科普场地
Appendix table 7-2: S&T popularization venues and facilities by region in 2011

| 地区 | Region | 科技馆/个<br>S&T museums | 建筑面积/米$^2$<br>Construction area (m$^2$) | 展厅面积/米$^2$<br>Exhibition area (m$^2$) | 当年参观人数/人次<br>Visitors |
|---|---|---|---|---|---|
| 全国 | Total | 357 | 2343688 | 1020953 | 33743663 |
| 东部 | Eastern | 179 | 1390091 | 636290 | 21359231 |
| 中部 | Middle | 121 | 487841 | 205892 | 6282050 |
| 西部 | Western | 57 | 465756 | 178771 | 6102382 |
| 北京 | Beijing | 19 | 167299 | 82638 | 4145742 |
| 天津 | Tianjin | 1 | 21000 | 10000 | 410000 |
| 河北 | Hebei | 11 | 72767 | 35878 | 470600 |
| 山西 | Shanxi | 4 | 19570 | 4700 | 237000 |
| 内蒙古 | Inner Mongolia | 8 | 39300 | 6975 | 137521 |
| 辽宁 | Liaoning | 17 | 131395 | 42074 | 569982 |
| 吉林 | Jilin | 13 | 33497 | 6650 | 87900 |
| 黑龙江 | Heilongjiang | 8 | 51258 | 31608 | 955000 |
| 上海 | Shanghai | 26 | 177235 | 99500 | 4689510 |
| 江苏 | Jiangsu | 9 | 126290 | 61413 | 997600 |
| 浙江 | Zhejiang | 20 | 96382 | 30638 | 1044120 |
| 安徽 | Anhui | 13 | 69237 | 40100 | 1342320 |
| 福建 | Fujian | 13 | 84087 | 42323 | 789300 |
| 江西 | Jiangxi | 6 | 35630 | 19122 | 403400 |
| 山东 | Shandong | 26 | 154760 | 81370 | 4171500 |
| 河南 | Henan | 9 | 49997 | 19494 | 509900 |
| 湖北 | Hubei | 61 | 182390 | 61840 | 2082830 |
| 湖南 | Hunan | 7 | 46262 | 22378 | 663700 |
| 广东 | Guangdong | 27 | 307287 | 119367 | 3304677 |
| 广西 | Guangxi | 3 | 47388 | 15200 | 848800 |
| 海南 | Hainan | 10 | 51589 | 31089 | 766200 |
| 重庆 | Chongqing | 4 | 70491 | 25100 | 1140000 |
| 四川 | Sichuan | 8 | 51786 | 30078 | 1252174 |
| 贵州 | Guizhou | 3 | 21105 | 8000 | 298070 |
| 云南 | Yunnan | 5 | 22153 | 9392 | 1064285 |
| 西藏 | Tibet | 0 | 0 | 0 | 0 |
| 陕西 | Shaanxi | 5 | 41958 | 14720 | 290228 |
| 甘肃 | Gansu | 10 | 19768 | 7617 | 99504 |
| 青海 | Qinghai | 2 | 53179 | 15600 | 65000 |
| 宁夏 | Ningxia | 2 | 38464 | 20701 | 198000 |
| 新疆 | Xinjiang | 7 | 60164 | 25388 | 708800 |

附表 8-2 续表 Continued

| 地区 Region | 科学技术类博物馆/个 S&T related museums | 建筑面积/米² Construction area (m²) | 展厅面积/米² Exhibition area (m²) | 当年参观人数/人次 Visitors | 青少年科技馆站/个 Teenage S&T museums |
|---|---|---|---|---|---|
| 全国 Total | 619 | 4070430 | 1929707 | 73181037 | 705 |
| 东部 Eastern | 390 | 2666675 | 1246415 | 50461104 | 288 |
| 中部 Middle | 102 | 507096 | 286643 | 8653535 | 189 |
| 西部 Western | 127 | 896659 | 396649 | 14066398 | 228 |
| 北京 Beijing | 55 | 642507 | 231753 | 5858271 | 17 |
| 天津 Tianjin | 13 | 254810 | 122656 | 7268855 | 9 |
| 河北 Hebei | 16 | 108981 | 44162 | 1762551 | 23 |
| 山西 Shanxi | 5 | 20168 | 10571 | 201200 | 18 |
| 内蒙古 Inner Mongolia | 10 | 46100 | 22109 | 441650 | 23 |
| 辽宁 Liaoning | 39 | 364179 | 165732 | 6463802 | 52 |
| 吉林 Jilin | 10 | 28360 | 14125 | 468000 | 17 |
| 黑龙江 Heilongjiang | 18 | 196748 | 92585 | 1640453 | 10 |
| 上海 Shanghai | 125 | 559986 | 353133 | 9246291 | 23 |
| 江苏 Jiangsu | 34 | 194061 | 97668 | 3025780 | 45 |
| 浙江 Zhejiang | 33 | 208816 | 91623 | 8791834 | 29 |
| 安徽 Anhui | 13 | 88800 | 82000 | 1049210 | 20 |
| 福建 Fujian | 20 | 52717 | 24156 | 1705200 | 20 |
| 江西 Jiangxi | 14 | 45802 | 24931 | 1916000 | 20 |
| 山东 Shandong | 17 | 97993 | 42167 | 2246860 | 22 |
| 河南 Henan | 11 | 25189 | 14419 | 1784068 | 25 |
| 湖北 Hubei | 22 | 57175 | 30932 | 768100 | 45 |
| 湖南 Hunan | 9 | 44854 | 17080 | 826504 | 34 |
| 广东 Guangdong | 37 | 181772 | 72765 | 4078160 | 40 |
| 广西 Guangxi | 11 | 145396 | 45752 | 1621661 | 20 |
| 海南 Hainan | 1 | 853 | 600 | 13500 | 8 |
| 重庆 Chongqing | 8 | 136591 | 70432 | 2188448 | 14 |
| 四川 Sichuan | 18 | 150416 | 51588 | 1857308 | 35 |
| 贵州 Guizhou | 8 | 21212 | 12938 | 511000 | 13 |
| 云南 Yunnan | 25 | 152518 | 78525 | 5035044 | 34 |
| 西藏 Tibet | 1 | 810 | 540 | 1500 | 2 |
| 陕西 Shaanxi | 13 | 103462 | 46661 | 1163100 | 27 |
| 甘肃 Gansu | 10 | 34515 | 19760 | 228101 | 17 |
| 青海 Qinghai | 6 | 31055 | 11365 | 467000 | 13 |
| 宁夏 Ningxia | 5 | 15319 | 6629 | 136836 | 6 |
| 新疆 Xinjiang | 12 | 59265 | 30350 | 414750 | 24 |

附表 8-2 续表 Continued

| 地 区 Region | 城市社区科普（技）专用活动室/个 Urban community S&T popularization rooms | 农村科普（技）活动场地/个 Rural S&T popularization sites | 科普宣传专用车/辆 S&T popularization vehicles | 科普画廊/个 S&T popularization galleries |
|---|---|---|---|---|
| 全 国 Total | 77486 | 417581 | 1897 | 222974 |
| 东 部 Eastern | 37715 | 176144 | 758 | 117802 |
| 中 部 Middle | 23662 | 140349 | 428 | 67547 |
| 西 部 Western | 16109 | 101088 | 711 | 37625 |
| 北 京 Beijing | 1148 | 1964 | 102 | 4273 |
| 天 津 Tianjin | 2482 | 4200 | 240 | 3669 |
| 河 北 Hebei | 2730 | 25044 | 53 | 8925 |
| 山 西 Shanxi | 2190 | 19448 | 43 | 7086 |
| 内蒙古 Inner Mongolia | 2054 | 8274 | 96 | 2908 |
| 辽 宁 Liaoning | 6321 | 16927 | 47 | 9849 |
| 吉 林 Jilin | 1162 | 8761 | 27 | 2887 |
| 黑龙江 Heilongjiang | 2183 | 6048 | 31 | 2304 |
| 上 海 Shanghai | 3015 | 1257 | 51 | 5642 |
| 江 苏 Jiangsu | 5691 | 18060 | 45 | 26418 |
| 浙 江 Zhejiang | 3667 | 21833 | 39 | 14581 |
| 安 徽 Anhui | 3809 | 25084 | 46 | 17934 |
| 福 建 Fujian | 1898 | 8839 | 34 | 9864 |
| 江 西 Jiangxi | 1972 | 10352 | 66 | 6262 |
| 山 东 Shandong | 6137 | 61372 | 42 | 16472 |
| 河 南 Henan | 3582 | 29062 | 85 | 13138 |
| 湖 北 Hubei | 5028 | 26462 | 91 | 7561 |
| 湖 南 Hunan | 3736 | 15132 | 39 | 10375 |
| 广 东 Guangdong | 4302 | 14563 | 92 | 16970 |
| 广 西 Guangxi | 1540 | 12447 | 62 | 5556 |
| 海 南 Hainan | 324 | 2085 | 13 | 1139 |
| 重 庆 Chongqing | 1163 | 4745 | 147 | 3430 |
| 四 川 Sichuan | 3475 | 22847 | 67 | 8366 |
| 贵 州 Guizhou | 757 | 4965 | 25 | 1955 |
| 云 南 Yunnan | 1473 | 14451 | 49 | 5892 |
| 西 藏 Tibet | 62 | 829 | 8 | 68 |
| 陕 西 Shaanxi | 2348 | 11244 | 59 | 2525 |
| 甘 肃 Gansu | 1228 | 10959 | 26 | 3568 |
| 青 海 Qinghai | 211 | 966 | 33 | 831 |
| 宁 夏 Ningxia | 560 | 2872 | 31 | 530 |
| 新 疆 Xinjiang | 1238 | 6489 | 108 | 1996 |

附表 8-3　2011年各省科普经费　　　　　　　　　　　　　　　　单位：万元
Appendix table 8-3: S&T popularization funds by region in 2011　　Unit: 10000 yuan

| 地区 | Region | 年度科普经费筹集额 Annual funding for S&T popularization | 政府拨款 Government funds | 科普专项经费 Special funds | 捐赠 Donates | 自筹资金 Self-raised funds | 其他收入 Others |
|---|---|---|---|---|---|---|---|
| 全国 | Total | 1052977 | 725878 | 382289 | 8398 | 256493 | 62231 |
| 东部 | Eastern | 639127 | 420469 | 236246 | 4397 | 173677 | 40584 |
| 中部 | Middle | 181714 | 134572 | 67622 | 2303 | 34949 | 9889 |
| 西部 | Western | 232136 | 170837 | 78420 | 1698 | 47866 | 11758 |
| 北京 | Beijing | 202819 | 116439 | 69337 | 1898 | 69217 | 15265 |
| 天津 | Tianjin | 18038 | 11618 | 4519 | 10 | 5903 | 506 |
| 河北 | Hebei | 18564 | 9953 | 4924 | 160 | 7651 | 800 |
| 山西 | Shanxi | 15471 | 12807 | 6230 | 41 | 2337 | 285 |
| 内蒙古 | Inner Mongolia | 16879 | 13609 | 6213 | 102 | 2682 | 482 |
| 辽宁 | Liaoning | 29637 | 20351 | 12627 | 210 | 6919 | 2156 |
| 吉林 | Jilin | 7673 | 4860 | 2601 | 45 | 2229 | 540 |
| 黑龙江 | Heilongjiang | 9790 | 7252 | 2846 | 67 | 2068 | 404 |
| 上海 | Shanghai | 90395 | 53487 | 34529 | 860 | 31384 | 4664 |
| 江苏 | Jiangsu | 84824 | 58172 | 28382 | 557 | 20429 | 5666 |
| 浙江 | Zhejiang | 63714 | 49119 | 27519 | 273 | 10695 | 3627 |
| 安徽 | Anhui | 26810 | 19880 | 11033 | 444 | 3871 | 2615 |
| 福建 | Fujian | 29630 | 24238 | 14612 | 151 | 3828 | 1413 |
| 江西 | Jiangxi | 21974 | 15568 | 6819 | 212 | 4826 | 1369 |
| 山东 | Shandong | 30915 | 26326 | 9365 | 72 | 3826 | 691 |
| 河南 | Henan | 27203 | 20836 | 8993 | 194 | 4966 | 1207 |
| 湖北 | Hubei | 42161 | 30816 | 19795 | 912 | 7961 | 2472 |
| 湖南 | Hunan | 30632 | 22554 | 9305 | 389 | 6693 | 997 |
| 广东 | Guangdong | 63827 | 46761 | 28847 | 159 | 11390 | 5518 |
| 广西 | Guangxi | 20422 | 14818 | 8476 | 65 | 4286 | 1254 |
| 海南 | Hainan | 6765 | 4006 | 1588 | 47 | 2435 | 277 |
| 重庆 | Chongqing | 27197 | 17785 | 11421 | 299 | 7808 | 1305 |
| 四川 | Sichuan | 34206 | 23004 | 11196 | 160 | 9597 | 1445 |
| 贵州 | Guizhou | 30626 | 24218 | 7206 | 234 | 3320 | 2853 |
| 云南 | Yunnan | 42464 | 32282 | 14547 | 159 | 8148 | 1877 |
| 西藏 | Tibet | 1043 | 842 | 403 | 40 | 78 | 83 |
| 陕西 | Shaanxi | 22048 | 14920 | 6652 | 301 | 5711 | 1116 |
| 甘肃 | Gansu | 4324 | 2928 | 1166 | 55 | 1230 | 137 |
| 青海 | Qinghai | 5518 | 4119 | 2298 | 10 | 1232 | 157 |
| 宁夏 | Ningxia | 9229 | 8614 | 1230 | 6 | 558 | 52 |
| 新疆 | Xinjiang | 18180 | 13699 | 7611 | 267 | 3217 | 998 |

附表8-3 续表  Continued

| 地区 | Region | 科技活动周经费筹集额 Funding for S&T week | 政府拨款 Government funds | 企业赞助 Corporate donates | 年度科普经费使用额 Annual expenditure | 行政支出 Administrative expenditure | 科普活动支出 Activities expenditure |
|---|---|---|---|---|---|---|---|
| 全国 | Total | 43643 | 31111 | 4343 | 1063056 | 168471 | 589445 |
| 东部 | Eastern | 21380 | 16175 | 1625 | 641599 | 90281 | 343311 |
| 中部 | Middle | 10118 | 6394 | 1896 | 190658 | 35613 | 110147 |
| 西部 | Western | 12145 | 8543 | 822 | 230799 | 42577 | 135987 |
| 北京 | Beijing | 1113 | 974 | 23 | 190188 | 22997 | 80179 |
| 天津 | Tianjin | 769 | 396 | 91 | 17458 | 3622 | 12490 |
| 河北 | Hebei | 1073 | 753 | 169 | 18590 | 2345 | 11018 |
| 山西 | Shanxi | 927 | 651 | 130 | 15966 | 3822 | 9165 |
| 内蒙古 | Inner Mongolia | 859 | 517 | 246 | 18260 | 3525 | 10038 |
| 辽宁 | Liaoning | 1709 | 1343 | 133 | 29334 | 4213 | 19356 |
| 吉林 | Jilin | 285 | 189 | 53 | 8056 | 1439 | 4986 |
| 黑龙江 | Heilongjiang | 309 | 191 | 49 | 9608 | 3250 | 5274 |
| 上海 | Shanghai | 3171 | 2705 | 127 | 89210 | 5675 | 53973 |
| 江苏 | Jiangsu | 4380 | 3109 | 498 | 90260 | 14321 | 46222 |
| 浙江 | Zhejiang | 3354 | 2559 | 175 | 66047 | 13769 | 38693 |
| 安徽 | Anhui | 1814 | 1002 | 784 | 36719 | 5031 | 16906 |
| 福建 | Fujian | 1243 | 795 | 118 | 32747 | 6451 | 18414 |
| 江西 | Jiangxi | 744 | 502 | 67 | 20983 | 4095 | 11562 |
| 山东 | Shandong | 1180 | 927 | 127 | 35096 | 4886 | 16048 |
| 河南 | Henan | 1467 | 1059 | 146 | 27433 | 4663 | 17583 |
| 湖北 | Hubei | 2415 | 1407 | 308 | 42402 | 7806 | 27167 |
| 湖南 | Hunan | 2157 | 1393 | 360 | 29491 | 5506 | 17502 |
| 广东 | Guangdong | 2822 | 2183 | 111 | 64403 | 11152 | 43277 |
| 广西 | Guangxi | 1467 | 1197 | 34 | 20837 | 3300 | 12929 |
| 海南 | Hainan | 567 | 431 | 52 | 8267 | 850 | 3641 |
| 重庆 | Chongqing | 1258 | 908 | 38 | 27068 | 4240 | 15141 |
| 四川 | Sichuan | 2050 | 1342 | 141 | 32769 | 6967 | 19711 |
| 贵州 | Guizhou | 1148 | 933 | 55 | 29832 | 10549 | 14794 |
| 云南 | Yunnan | 1758 | 1333 | 96 | 41377 | 5664 | 29127 |
| 西藏 | Tibet | 113 | 97 | 0 | 1006 | 76 | 622 |
| 陕西 | Shaanxi | 1354 | 981 | 82 | 22300 | 4074 | 14031 |
| 甘肃 | Gansu | 637 | 385 | 73 | 4413 | 745 | 2978 |
| 青海 | Qinghai | 139 | 113 | 2 | 5748 | 1437 | 3315 |
| 宁夏 | Ningxia | 216 | 164 | 0 | 9203 | 477 | 2303 |
| 新疆 | Xinjiang | 1146 | 572 | 55 | 17986 | 1523 | 10997 |

附表 8-3 续表　　　　　　　　　Continued

| 地　区 | Region | 科普场馆基建支出 Infrastructure expenditures | 年度科普经费使用额 Annual expenditure ||| 其他支出 Others |
|---|---|---|---|---|---|---|
| | | | 政府拨款支出 Government expenditures | 场馆建设支出 Venue construction expenditures | 展品、设施支出 Exhibits & facilities expenditures | |
| 全　国 | Total | 219740 | 81218 | 113588 | 73917 | 85415 |
| 东　部 | Eastern | 144785 | 50169 | 75729 | 52302 | 63235 |
| 中　部 | Middle | 36679 | 18458 | 18368 | 10000 | 8221 |
| 西　部 | Western | 38275 | 12591 | 19490 | 11615 | 13960 |
| 北　京 | Beijing | 44807 | 19039 | 26504 | 17491 | 42198 |
| 天　津 | Tianjin | 1045 | 35 | 214 | 681 | 301 |
| 河　北 | Hebei | 4550 | 998 | 1488 | 1255 | 676 |
| 山　西 | Shanxi | 2298 | 1424 | 1360 | 595 | 682 |
| 内蒙古 | Inner Mongolia | 4256 | 2026 | 1626 | 1281 | 445 |
| 辽　宁 | Liaoning | 4098 | 1945 | 1277 | 1502 | 1669 |
| 吉　林 | Jilin | 1259 | 173 | 915 | 456 | 371 |
| 黑龙江 | Heilongjiang | 891 | 266 | 337 | 433 | 193 |
| 上　海 | Shanghai | 27321 | 9182 | 16269 | 9199 | 2241 |
| 江　苏 | Jiangsu | 23589 | 7585 | 11280 | 8733 | 6148 |
| 浙　江 | Zhejiang | 10577 | 3239 | 4093 | 4553 | 3008 |
| 安　徽 | Anhui | 13851 | 11222 | 9449 | 3074 | 931 |
| 福　建 | Fujian | 6328 | 2760 | 3801 | 1625 | 1553 |
| 江　西 | Jiangxi | 4395 | 170 | 1591 | 962 | 931 |
| 山　东 | Shandong | 13063 | 1512 | 6682 | 3442 | 1098 |
| 河　南 | Henan | 4445 | 2031 | 1825 | 1463 | 742 |
| 湖　北 | Hubei | 4768 | 495 | 1827 | 1576 | 2661 |
| 湖　南 | Hunan | 4772 | 2676 | 1065 | 1443 | 1710 |
| 广　东 | Guangdong | 6576 | 3306 | 3543 | 2883 | 3398 |
| 广　西 | Guangxi | 3336 | 1635 | 1462 | 1824 | 1274 |
| 海　南 | Hainan | 2832 | 567 | 578 | 938 | 944 |
| 重　庆 | Chongqing | 6016 | 746 | 4032 | 1693 | 1666 |
| 四　川 | Sichuan | 3894 | 1465 | 2227 | 873 | 2196 |
| 贵　州 | Guizhou | 1538 | 659 | 1067 | 428 | 2951 |
| 云　南 | Yunnan | 4455 | 2020 | 2457 | 974 | 2131 |
| 西　藏 | Tibet | 177 | 34 | 65 | 78 | 131 |
| 陕　西 | Shaanxi | 3030 | 1892 | 858 | 380 | 1165 |
| 甘　肃 | Gansu | 506 | 12 | 227 | 226 | 184 |
| 青　海 | Qinghai | 922 | 225 | 0 | 433 | 73 |
| 宁　夏 | Ningxia | 6378 | 3 | 4567 | 1817 | 45 |
| 新　疆 | Xinjiang | 3768 | 1874 | 902 | 1608 | 1699 |

## 附表 8-4 2011年各省科普传媒
Appendix table 8-4: S&T popularization media by region in 2011

| 地区 Region | 科普图书 Popular science books | | 科普期刊 Popular science journals | |
|---|---|---|---|---|
| | 出版种数/种 Types of publications | 出版总册数/册 Total copies | 出版种数/种 Types of publications | 出版总册数/册 Total copies |
| 全 国 Total | 7695 | 56956548 | 892 | 157224217 |
| 东 部 Eastern | 6010 | 42814738 | 523 | 104524196 |
| 中 部 Middle | 840 | 6192210 | 124 | 10557688 |
| 西 部 Western | 845 | 7949600 | 245 | 42142333 |
| 北 京 Beijing | 2830 | 13080914 | 80 | 30417370 |
| 天 津 Tianjin | 71 | 351980 | 29 | 1596200 |
| 河 北 Hebei | 57 | 480500 | 32 | 1291400 |
| 山 西 Shanxi | 362 | 2378100 | 9 | 2158800 |
| 内蒙古 Inner Mongolia | 110 | 806430 | 13 | 161400 |
| 辽 宁 Liaoning | 59 | 782300 | 16 | 356400 |
| 吉 林 Jilin | 128 | 359090 | 12 | 67882 |
| 黑龙江 Heilongjiang | 61 | 378300 | 18 | 343600 |
| 上 海 Shanghai | 897 | 7017706 | 78 | 21914960 |
| 江 苏 Jiangsu | 527 | 8822520 | 53 | 11707400 |
| 浙 江 Zhejiang | 958 | 8418338 | 129 | 6913800 |
| 安 徽 Anhui | 15 | 305200 | 9 | 73600 |
| 福 建 Fujian | 79 | 364169 | 22 | 3299900 |
| 江 西 Jiangxi | 45 | 1262328 | 8 | 6049500 |
| 山 东 Shandong | 97 | 444800 | 23 | 635700 |
| 河 南 Henan | 55 | 578600 | 13 | 792000 |
| 湖 北 Hubei | 108 | 642700 | 36 | 894136 |
| 湖 南 Hunan | 66 | 287892 | 19 | 178170 |
| 广 东 Guangdong | 175 | 2142960 | 40 | 24310366 |
| 广 西 Guangxi | 86 | 863200 | 19 | 3745580 |
| 海 南 Hainan | 260 | 908551 | 21 | 2080700 |
| 重 庆 Chongqing | 79 | 1436600 | 46 | 31983946 |
| 四 川 Sichuan | 59 | 321000 | 28 | 2961502 |
| 贵 州 Guizhou | 10 | 85830 | 14 | 90300 |
| 云 南 Yunnan | 127 | 1292200 | 13 | 1164605 |
| 西 藏 Tibet | 27 | 509000 | 10 | 619000 |
| 陕 西 Shaanxi | 81 | 780320 | 26 | 286300 |
| 甘 肃 Gansu | 59 | 631000 | 18 | 100200 |
| 青 海 Qinghai | 43 | 72300 | 19 | 112600 |
| 宁 夏 Ningxia | 19 | 267000 | 9 | 74000 |
| 新 疆 Xinjiang | 145 | 884720 | 30 | 842900 |

附表 8-4 续表 Continued

| 地 区 Region | 科普（技）音像制品 Popularization audio and video products ||| 科技类报纸年发行总份数/份 S&T newspaper printed copies |
|---|---|---|---|---|
| | 出版种数/种 Types of publications | 光盘发行总量/张 Total CD copies released | 录音、录像带发行总量/盒 Total copies of audio and video publications | |
| 全 国 Total | 5324 | 14887725 | 686565 | 411055690 |
| 东 部 Eastern | 2360 | 6860306 | 234240 | 228131205 |
| 中 部 Middle | 1670 | 6625256 | 320156 | 128150730 |
| 西 部 Western | 1294 | 1402163 | 132169 | 54773755 |
| 北 京 Beijing | 830 | 3570649 | 1220 | 50878867 |
| 天 津 Tianjin | 5 | 31820 | 0 | 2431960 |
| 河 北 Hebei | 106 | 187317 | 3269 | 30844143 |
| 山 西 Shanxi | 323 | 105139 | 17215 | 30115668 |
| 内蒙古 Inner Mongolia | 128 | 113268 | 14521 | 2653909 |
| 辽 宁 Liaoning | 331 | 308404 | 76034 | 12781541 |
| 吉 林 Jilin | 94 | 321552 | 41024 | 188805 |
| 黑龙江 Heilongjiang | 68 | 197039 | 7270 | 3385045 |
| 上 海 Shanghai | 70 | 335700 | 3620 | 18754026 |
| 江 苏 Jiangsu | 224 | 474396 | 55660 | 29724526 |
| 浙 江 Zhejiang | 176 | 245918 | 23306 | 52124418 |
| 安 徽 Anhui | 324 | 290915 | 69702 | 25288172 |
| 福 建 Fujian | 91 | 158984 | 12388 | 6729959 |
| 江 西 Jiangxi | 187 | 3209723 | 61809 | 32408688 |
| 山 东 Shandong | 234 | 287646 | 46940 | 1491342 |
| 河 南 Henan | 107 | 1718677 | 8406 | 18540344 |
| 湖 北 Hubei | 307 | 568820 | 52308 | 15168625 |
| 湖 南 Hunan | 260 | 213391 | 62422 | 3055383 |
| 广 东 Guangdong | 156 | 1101493 | 4739 | 22303853 |
| 广 西 Guangxi | 154 | 96320 | 1612 | 6237592 |
| 海 南 Hainan | 137 | 157979 | 7064 | 66570 |
| 重 庆 Chongqing | 37 | 126986 | 1207 | 30124420 |
| 四 川 Sichuan | 143 | 343369 | 83942 | 4607945 |
| 贵 州 Guizhou | 2 | 22000 | 0 | 317017 |
| 云 南 Yunnan | 192 | 148362 | 4115 | 4870530 |
| 西 藏 Tibet | 40 | 119610 | 370 | 9528 |
| 陕 西 Shaanxi | 159 | 132910 | 10901 | 904967 |
| 甘 肃 Gansu | 205 | 75146 | 9119 | 926840 |
| 青 海 Qinghai | 13 | 50274 | 202 | 3157253 |
| 宁 夏 Ningxia | 14 | 22896 | 30 | 780766 |
| 新 疆 Xinjiang | 207 | 151022 | 6150 | 182988 |

附表 8-4 续表　　　　　Continued

| 地区 Region | 电视台播出科普（技）节目时间/小时 Broadcasting time of popular science programs on TV (h) | 电台播出科普（技）节目时间/小时 Broadcasting time of popular science programs on radio (h) | 科普网站数/个 S&T popularization websites (unit) | 发放科普读物和资料/份 Number of S&T popularization books and materials |
|---|---|---|---|---|
| 全国 Total | 187571 | 163658 | 2137 | 871403726 |
| 东部 Eastern | 70618 | 75163 | 1124 | 352279548 |
| 中部 Middle | 51290 | 47862 | 470 | 205956166 |
| 西部 Western | 65663 | 40633 | 543 | 313168012 |
| 北京 Beijing | 4575 | 11606 | 202 | 38161904 |
| 天津 Tianjin | 6840 | 496 | 89 | 16301262 |
| 河北 Hebei | 15953 | 9563 | 61 | 37602825 |
| 山西 Shanxi | 3621 | 2551 | 31 | 26289452 |
| 内蒙古 Inner Mongolia | 4214 | 3577 | 61 | 17615909 |
| 辽宁 Liaoning | 14120 | 16422 | 91 | 28771670 |
| 吉林 Jilin | 2784 | 4613 | 33 | 13125662 |
| 黑龙江 Heilongjiang | 3866 | 3684 | 39 | 11928816 |
| 上海 Shanghai | 3681 | 2018 | 103 | 29816427 |
| 江苏 Jiangsu | 4431 | 5258 | 133 | 69343412 |
| 浙江 Zhejiang | 6162 | 7430 | 97 | 36217346 |
| 安徽 Anhui | 1790 | 3438 | 69 | 42567444 |
| 福建 Fujian | 5085 | 5668 | 69 | 22621215 |
| 江西 Jiangxi | 5307 | 4619 | 49 | 18899959 |
| 山东 Shandong | 6626 | 8404 | 76 | 17635799 |
| 河南 Henan | 12533 | 11245 | 74 | 24187554 |
| 湖北 Hubei | 14315 | 9815 | 105 | 37241479 |
| 湖南 Hunan | 7074 | 7897 | 70 | 31715800 |
| 广东 Guangdong | 2661 | 8030 | 176 | 46149612 |
| 广西 Guangxi | 9425 | 4953 | 33 | 33972101 |
| 海南 Hainan | 484 | 268 | 27 | 9658076 |
| 重庆 Chongqing | 1024 | 554 | 21 | 34591215 |
| 四川 Sichuan | 12741 | 10081 | 68 | 54847782 |
| 贵州 Guizhou | 5307 | 1038 | 23 | 25925227 |
| 云南 Yunnan | 3286 | 2690 | 72 | 58679558 |
| 西藏 Tibet | 200 | 180 | 8 | 600014 |
| 陕西 Shaanxi | 9693 | 4116 | 92 | 27850590 |
| 甘肃 Gansu | 8898 | 5556 | 51 | 20222488 |
| 青海 Qinghai | 884 | 659 | 28 | 8541447 |
| 宁夏 Ningxia | 419 | 110 | 19 | 6727014 |
| 新疆 Xinjiang | 9572 | 7119 | 67 | 23594667 |

附表 8-5　2011年各省科普活动

Appendix table 8-5: S&T popularization activities by region in 2011

| 地区 | Region | 科普（技）讲座 S&T popularization lectures | | 科普（技）展览 S&T popularization exhibitions | |
|---|---|---|---|---|---|
| | | 举办次数/次 Number of lectures held | 参加人数/人次 Number of participants | 专题展览次数/次 Number of exhibitions held | 参观人数/人次 Number of participants |
| 全　国 | Total | 832215 | 179062851 | 136174 | 223940079 |
| 东　部 | Eastern | 412516 | 74019250 | 57933 | 109216871 |
| 中　部 | Middle | 198801 | 46410975 | 36019 | 46760160 |
| 西　部 | Western | 220898 | 58632626 | 42222 | 67963048 |
| 北　京 | Beijing | 51769 | 11042766 | 2937 | 22438513 |
| 天　津 | Tianjin | 34504 | 4619661 | 9176 | 4610171 |
| 河　北 | Hebei | 30112 | 7007137 | 4020 | 7008615 |
| 山　西 | Shanxi | 15777 | 3731851 | 3117 | 3215322 |
| 内蒙古 | Inner Mongolia | 16534 | 3854418 | 3040 | 3390806 |
| 辽　宁 | Liaoning | 42483 | 7583619 | 5540 | 9834383 |
| 吉　林 | Jilin | 15492 | 2846890 | 1207 | 1307678 |
| 黑龙江 | Heilongjiang | 24681 | 4774182 | 2892 | 2007067 |
| 上　海 | Shanghai | 52299 | 6552130 | 3550 | 13267486 |
| 江　苏 | Jiangsu | 79323 | 13150030 | 8986 | 16507138 |
| 浙　江 | Zhejiang | 41463 | 7271603 | 7233 | 10279392 |
| 安　徽 | Anhui | 17045 | 3750797 | 5737 | 7579119 |
| 福　建 | Fujian | 19493 | 4266287 | 5355 | 5910042 |
| 江　西 | Jiangxi | 17045 | 4053164 | 4199 | 6708379 |
| 山　东 | Shandong | 23194 | 4997086 | 4119 | 4276067 |
| 河　南 | Henan | 42957 | 11217344 | 7966 | 8334702 |
| 湖　北 | Hubei | 39825 | 11268945 | 6649 | 11040021 |
| 湖　南 | Hunan | 25979 | 4767802 | 4252 | 6567872 |
| 广　东 | Guangdong | 33455 | 6767369 | 5999 | 14073815 |
| 广　西 | Guangxi | 18305 | 4477581 | 4207 | 5102623 |
| 海　南 | Hainan | 4421 | 761562 | 1018 | 1011249 |
| 重　庆 | Chongqing | 11412 | 4718796 | 2476 | 9051131 |
| 四　川 | Sichuan | 35236 | 8367604 | 5584 | 15745645 |
| 贵　州 | Guizhou | 10442 | 1827309 | 2493 | 2428721 |
| 云　南 | Yunnan | 35175 | 8193264 | 6698 | 11219585 |
| 西　藏 | Tibet | 862 | 254099 | 395 | 187347 |
| 陕　西 | Shaanxi | 29587 | 13802685 | 5146 | 6710568 |
| 甘　肃 | Gansu | 21478 | 3967725 | 4304 | 4868742 |
| 青　海 | Qinghai | 5966 | 983169 | 1275 | 2388017 |
| 宁　夏 | Ningxia | 3862 | 733747 | 828 | 1412257 |
| 新　疆 | Xinjiang | 32039 | 7452229 | 5776 | 5457606 |

附表8-5 续表 Continued

| 地区 | Region | 科普（技）竞赛 S&T popularization competitions | | 科普国际交流 International S&T popularization exchanges | |
|---|---|---|---|---|---|
| | | 举办次数/次 Number of competitions held | 参加人数/人次 Number of participants | 举办次数/次 Number of exchanges held | 参加人数/人次 Number of participants |
| 全国 | Total | 53443 | 139778398 | 2842 | 420932 |
| 东部 | Eastern | 29432 | 106802532 | 1669 | 199676 |
| 中部 | Middle | 11151 | 11660375 | 319 | 104041 |
| 西部 | Western | 12860 | 21315491 | 854 | 117215 |
| 北京 | Beijing | 3311 | 83127245 | 318 | 35594 |
| 天津 | Tianjin | 5553 | 2160940 | 299 | 24521 |
| 河北 | Hebei | 1677 | 1616212 | 15 | 5370 |
| 山西 | Shanxi | 549 | 385659 | 31 | 6143 |
| 内蒙古 | Inner Mongolia | 1030 | 379047 | 82 | 1698 |
| 辽宁 | Liaoning | 2156 | 3120443 | 94 | 17464 |
| 吉林 | Jilin | 432 | 207588 | 15 | 419 |
| 黑龙江 | Heilongjiang | 1030 | 304967 | 58 | 5121 |
| 上海 | Shanghai | 3828 | 3021366 | 344 | 41195 |
| 江苏 | Jiangsu | 4838 | 5042406 | 273 | 22644 |
| 浙江 | Zhejiang | 2849 | 3184076 | 73 | 36765 |
| 安徽 | Anhui | 2071 | 1158182 | 57 | 36518 |
| 福建 | Fujian | 1634 | 1472982 | 47 | 2745 |
| 江西 | Jiangxi | 1506 | 1039548 | 26 | 40892 |
| 山东 | Shandong | 1398 | 1704515 | 27 | 1568 |
| 河南 | Henan | 1717 | 2621523 | 41 | 9283 |
| 湖北 | Hubei | 2184 | 3232831 | 43 | 4401 |
| 湖南 | Hunan | 1662 | 2710077 | 48 | 1264 |
| 广东 | Guangdong | 1819 | 2245788 | 123 | 9164 |
| 广西 | Guangxi | 938 | 1932562 | 68 | 8964 |
| 海南 | Hainan | 369 | 106559 | 56 | 2646 |
| 重庆 | Chongqing | 873 | 6663322 | 92 | 71518 |
| 四川 | Sichuan | 2465 | 3673471 | 277 | 2176 |
| 贵州 | Guizhou | 1189 | 1357212 | 14 | 180 |
| 云南 | Yunnan | 1272 | 1345409 | 82 | 6780 |
| 西藏 | Tibet | 80 | 8213 | 9 | 843 |
| 陕西 | Shaanxi | 1578 | 3489180 | 68 | 11522 |
| 甘肃 | Gansu | 1670 | 984682 | 18 | 606 |
| 青海 | Qinghai | 138 | 549745 | 52 | 440 |
| 宁夏 | Ningxia | 225 | 335652 | 6 | 10265 |
| 新疆 | Xinjiang | 1402 | 596996 | 86 | 2223 |

附表 8-5 续表　　　　　　Continued

| 地区 | Region | 成立青少年科技兴趣小组 Teenage S&T interest groups | | 科技夏（冬）令营 Summer /winter science camps | |
|---|---|---|---|---|---|
| | | 兴趣小组数/个 Number of groups | 参加人数/人次 Number of participants | 举办次数/次 Number of camps held | 参加人数/人次 Number of participants |
| 全国 | Total | 321463 | 23986753 | 14502 | 3935674 |
| 东部 | Eastern | 140950 | 7587626 | 8289 | 2105812 |
| 中部 | Middle | 100104 | 8042910 | 3688 | 1090541 |
| 西部 | Western | 80409 | 8356217 | 2525 | 739321 |
| 北京 | Beijing | 2398 | 165777 | 695 | 97192 |
| 天津 | Tianjin | 18608 | 755085 | 342 | 66759 |
| 河北 | Hebei | 12418 | 874575 | 278 | 106911 |
| 山西 | Shanxi | 6362 | 322622 | 106 | 32585 |
| 内蒙古 | Inner Mongolia | 4469 | 344921 | 430 | 80276 |
| 辽宁 | Liaoning | 23556 | 906764 | 846 | 410589 |
| 吉林 | Jilin | 3670 | 385516 | 751 | 91763 |
| 黑龙江 | Heilongjiang | 5851 | 181454 | 152 | 56134 |
| 上海 | Shanghai | 6310 | 447611 | 1281 | 294283 |
| 江苏 | Jiangsu | 19570 | 1183256 | 1926 | 321912 |
| 浙江 | Zhejiang | 9718 | 659318 | 841 | 264335 |
| 安徽 | Anhui | 8300 | 887021 | 799 | 242656 |
| 福建 | Fujian | 9866 | 572185 | 762 | 132551 |
| 江西 | Jiangxi | 13296 | 1504548 | 474 | 114282 |
| 山东 | Shandong | 20499 | 905163 | 690 | 124112 |
| 河南 | Henan | 31608 | 1161648 | 588 | 237185 |
| 湖北 | Hubei | 19841 | 2610265 | 368 | 147029 |
| 湖南 | Hunan | 11176 | 989836 | 450 | 168907 |
| 广东 | Guangdong | 16933 | 1043997 | 532 | 271543 |
| 广西 | Guangxi | 12575 | 1616969 | 298 | 32956 |
| 海南 | Hainan | 1074 | 73895 | 96 | 15625 |
| 重庆 | Chongqing | 5031 | 447714 | 99 | 20043 |
| 四川 | Sichuan | 24223 | 2197994 | 341 | 133254 |
| 贵州 | Guizhou | 3215 | 178575 | 144 | 36795 |
| 云南 | Yunnan | 9029 | 640218 | 320 | 174954 |
| 西藏 | Tibet | 46 | 6186 | 11 | 788 |
| 陕西 | Shaanxi | 6242 | 841281 | 303 | 117300 |
| 甘肃 | Gansu | 9756 | 632472 | 116 | 45452 |
| 青海 | Qinghai | 851 | 119652 | 31 | 5044 |
| 宁夏 | Ningxia | 1219 | 96529 | 20 | 3993 |
| 新疆 | Xinjiang | 3753 | 1233706 | 412 | 88466 |

附表8-5 续表 Continued

| 地区 | Region | 科技活动周 Science & technology week | | 科研机构、大学向社会开放 Scientific institutions and universities open to public | |
|---|---|---|---|---|---|
| | | 科普专题活动次数/次 Number of S&T week held | 参加人数/人次 Number of participants | 开放单位数/个 Number of open units | 参观人数/人次 Number of participants |
| 全 国 | Total | 112453 | 111298509 | 5386 | 7498746 |
| 东 部 | Eastern | 52865 | 57358255 | 2566 | 4212500 |
| 中 部 | Middle | 24077 | 21874483 | 1643 | 1302205 |
| 西 部 | Western | 35511 | 32065771 | 1177 | 1984041 |
| 北 京 | Beijing | 3871 | 5894138 | 262 | 93899 |
| 天 津 | Tianjin | 6705 | 2816256 | 171 | 162101 |
| 河 北 | Hebei | 5011 | 6801597 | 241 | 197669 |
| 山 西 | Shanxi | 1695 | 1290365 | 27 | 43890 |
| 内蒙古 | Inner Mongolia | 1904 | 1986323 | 44 | 15249 |
| 辽 宁 | Liaoning | 4963 | 3814854 | 378 | 307659 |
| 吉 林 | Jilin | 761 | 874651 | 238 | 69493 |
| 黑龙江 | Heilongjiang | 1890 | 1546699 | 311 | 55408 |
| 上 海 | Shanghai | 5055 | 5956179 | 57 | 149091 |
| 江 苏 | Jiangsu | 8364 | 16608198 | 520 | 678628 |
| 浙 江 | Zhejiang | 4555 | 4244296 | 173 | 124293 |
| 安 徽 | Anhui | 4178 | 2534189 | 239 | 503753 |
| 福 建 | Fujian | 5486 | 2958698 | 142 | 149529 |
| 江 西 | Jiangxi | 2909 | 2031553 | 47 | 48515 |
| 山 东 | Shandong | 2598 | 2931256 | 124 | 120980 |
| 河 南 | Henan | 4941 | 4820025 | 331 | 65608 |
| 湖 北 | Hubei | 4736 | 5741215 | 235 | 251608 |
| 湖 南 | Hunan | 2967 | 3035786 | 215 | 263930 |
| 广 东 | Guangdong | 4871 | 4768058 | 435 | 704745 |
| 广 西 | Guangxi | 4495 | 4500783 | 169 | 120385 |
| 海 南 | Hainan | 1386 | 564725 | 63 | 1523906 |
| 重 庆 | Chongqing | 2613 | 1916407 | 90 | 122177 |
| 四 川 | Sichuan | 6922 | 5832303 | 148 | 137417 |
| 贵 州 | Guizhou | 1670 | 1166776 | 74 | 98864 |
| 云 南 | Yunnan | 3997 | 3588458 | 176 | 579868 |
| 西 藏 | Tibet | 131 | 97487 | 8 | 4088 |
| 陕 西 | Shaanxi | 4224 | 4349157 | 149 | 520654 |
| 甘 肃 | Gansu | 2314 | 2262873 | 96 | 68670 |
| 青 海 | Qinghai | 935 | 2178773 | 74 | 18812 |
| 宁 夏 | Ningxia | 1062 | 740437 | 24 | 48637 |
| 新 疆 | Xinjiang | 5244 | 3445994 | 125 | 249220 |

附表8-5 续表 Continued

| 地区 | Region | 举办实用技术培训 Practical skill trainings | | 重大科普活动次数/次 Number of grand popularization activities |
|---|---|---|---|---|
| | | 举办次数/次 Number of trainings held | 参加人数/人次 Number of participants | |
| 全 国 | Total | 935405 | 124140718 | 30655 |
| 东 部 | Eastern | 274690 | 35299594 | 11226 |
| 中 部 | Middle | 187930 | 32438328 | 7422 |
| 西 部 | Western | 472785 | 56402796 | 12007 |
| 北 京 | Beijing | 26169 | 4037703 | 551 |
| 天 津 | Tianjin | 36726 | 2486184 | 690 |
| 河 北 | Hebei | 29132 | 5878982 | 1169 |
| 山 西 | Shanxi | 19551 | 2847591 | 700 |
| 内蒙古 | Inner Mongolia | 22272 | 3615905 | 876 |
| 辽 宁 | Liaoning | 36903 | 3796885 | 1632 |
| 吉 林 | Jilin | 28295 | 3911635 | 358 |
| 黑龙江 | Heilongjiang | 21760 | 3638272 | 797 |
| 上 海 | Shanghai | 9564 | 2645921 | 726 |
| 江 苏 | Jiangsu | 59026 | 7394207 | 2059 |
| 浙 江 | Zhejiang | 27084 | 2213942 | 1189 |
| 安 徽 | Anhui | 15681 | 1930625 | 878 |
| 福 建 | Fujian | 14115 | 2315546 | 763 |
| 江 西 | Jiangxi | 15896 | 1471723 | 568 |
| 山 东 | Shandong | 13803 | 2194613 | 1164 |
| 河 南 | Henan | 28403 | 5325313 | 1682 |
| 湖 北 | Hubei | 36216 | 10775454 | 1428 |
| 湖 南 | Hunan | 22128 | 2537715 | 1011 |
| 广 东 | Guangdong | 15658 | 1679446 | 1072 |
| 广 西 | Guangxi | 39597 | 3391747 | 801 |
| 海 南 | Hainan | 6510 | 656165 | 211 |
| 重 庆 | Chongqing | 10951 | 1329181 | 520 |
| 四 川 | Sichuan | 78161 | 11466467 | 2118 |
| 贵 州 | Guizhou | 17469 | 2035099 | 1157 |
| 云 南 | Yunnan | 146265 | 14619052 | 1290 |
| 西 藏 | Tibet | 810 | 439400 | 111 |
| 陕 西 | Shaanxi | 44585 | 5835028 | 1469 |
| 甘 肃 | Gansu | 32907 | 4912152 | 1560 |
| 青 海 | Qinghai | 8896 | 1018460 | 440 |
| 宁 夏 | Ningxia | 9486 | 759229 | 311 |
| 新 疆 | Xinjiang | 61386 | 6981076 | 1354 |

# 附录 9　2010 年全国科普统计分类数据统计表

各项统计数据均未包括香港特别行政区、澳门特别行政区和台湾地区的数据。

科普宣传专用车、科普图书、科普期刊、科普网站与科普国际交流情况均由市级以上（含市级）填报单位的数据统计得出。

东部、中部和西部地区的划分：东部地区包括北京、天津、河北、辽宁、上海、江苏、浙江、福建、山东、广东和海南 11 个省和直辖市；中部地区包括山西、吉林、黑龙江、安徽、江西、河南、湖北和湖南 8 个省；西部地区包括内蒙古、广西、重庆、四川、贵州、云南、西藏、陕西、甘肃、青海、宁夏和新疆 12 个省、自治区和直辖市。

附表 9-1  2010 年各省科普人员  单位：人

Appendix table 9-1: S&T popularization personnel by region in 2010  Unit: person

| 地 区 | Region | 科普专职人员<br>Full time S&T popularization personnel | 中级职称及以上或大学本科及以上学历人员<br>With title of medium-rank or above /with college graduate or above | 女性<br>Female |
|---|---|---|---|---|
| 全 国 | National Total | 223413 | 122879 | 78011 |
| 东 部 | Eastern | 74826 | 44632 | 28124 |
| 中 部 | Middle | 80165 | 43567 | 26243 |
| 西 部 | Western | 68422 | 34680 | 23644 |
| 北 京 | Beijing | 6762 | 4618 | 3331 |
| 天 津 | Tianjin | 3242 | 2157 | 1265 |
| 河 北 | Hebei | 5648 | 3247 | 2464 |
| 山 西 | Shanxi | 10018 | 4818 | 4228 |
| 内蒙古 | Inner Mongolia | 7315 | 4181 | 2640 |
| 辽 宁 | Liaoning | 5858 | 3749 | 2269 |
| 吉 林 | Jilin | 6863 | 4040 | 2522 |
| 黑龙江 | Heilongjiang | 3417 | 2353 | 1345 |
| 上 海 | Shanghai | 5530 | 3273 | 2196 |
| 江 苏 | Jiangsu | 13560 | 8171 | 4968 |
| 浙 江 | Zhejiang | 7844 | 5028 | 2769 |
| 安 徽 | Anhui | 9849 | 4872 | 2321 |
| 福 建 | Fujian | 3886 | 2230 | 1195 |
| 江 西 | Jiangxi | 7971 | 3779 | 2362 |
| 山 东 | Shandong | 10064 | 6102 | 3329 |
| 河 南 | Henan | 15834 | 7785 | 5831 |
| 湖 北 | Hubei | 15777 | 10266 | 4382 |
| 湖 南 | Hunan | 10436 | 5654 | 3252 |
| 广 东 | Guangdong | 10555 | 5177 | 3722 |
| 广 西 | Guangxi | 6253 | 3386 | 1919 |
| 海 南 | Hainan | 1877 | 880 | 616 |
| 重 庆 | Chongqing | 3392 | 2086 | 1220 |
| 四 川 | Sichuan | 14554 | 7479 | 5272 |
| 贵 州 | Guizhou | 2941 | 1300 | 1019 |
| 云 南 | Yunnan | 8883 | 4249 | 2828 |
| 西 藏 | Tibet | 89 | 59 | 22 |
| 陕 西 | Shaanxi | 15611 | 7091 | 5168 |
| 甘 肃 | Gansu | 2095 | 1194 | 729 |
| 青 海 | Qinghai | 694 | 446 | 320 |
| 宁 夏 | Ningxia | 1587 | 892 | 559 |
| 新 疆 | Xinjiang | 5008 | 2317 | 1948 |

附表 9-1 续表 Continued

| 地区 | Region | 科普专职人员 Full time S&T popularization personnel ||| 
|---|---|---|---|---|
| | | 农村科普人员 Rural S&T popularization personnel | 管理人员 S&T popularization administrators | 科普创作人员 S&T popularization creators |
| 全 国 | Total | 82324 | 49806 | 10981 |
| 东 部 | Eastern | 21369 | 18560 | 5790 |
| 中 部 | Middle | 32807 | 17432 | 2988 |
| 西 部 | Western | 28148 | 13814 | 2203 |
| 北 京 | Beijing | 646 | 1724 | 1514 |
| 天 津 | Tianjin | 853 | 975 | 274 |
| 河 北 | Hebei | 1735 | 1614 | 364 |
| 山 西 | Shanxi | 3737 | 2300 | 292 |
| 内蒙古 | Inner Mongolia | 3167 | 1355 | 249 |
| 辽 宁 | Liaoning | 1197 | 1567 | 578 |
| 吉 林 | Jilin | 2159 | 1102 | 258 |
| 黑龙江 | Heilongjiang | 958 | 961 | 178 |
| 上 海 | Shanghai | 652 | 1486 | 848 |
| 江 苏 | Jiangsu | 4910 | 2837 | 624 |
| 浙 江 | Zhejiang | 2866 | 1485 | 292 |
| 安 徽 | Anhui | 5218 | 2039 | 317 |
| 福 建 | Fujian | 1299 | 977 | 162 |
| 江 西 | Jiangxi | 3710 | 1730 | 279 |
| 山 东 | Shandong | 3313 | 2818 | 490 |
| 河 南 | Henan | 6379 | 3534 | 448 |
| 湖 北 | Hubei | 6787 | 3101 | 795 |
| 湖 南 | Hunan | 3859 | 2665 | 421 |
| 广 东 | Guangdong | 3146 | 2675 | 565 |
| 广 西 | Guangxi | 2773 | 1437 | 242 |
| 海 南 | Hainan | 752 | 402 | 79 |
| 重 庆 | Chongqing | 965 | 693 | 147 |
| 四 川 | Sichuan | 6961 | 2707 | 334 |
| 贵 州 | Guizhou | 885 | 755 | 87 |
| 云 南 | Yunnan | 3330 | 2051 | 382 |
| 西 藏 | Tibet | 34 | 25 | 7 |
| 陕 西 | Shaanxi | 6835 | 2604 | 322 |
| 甘 肃 | Gansu | 460 | 689 | 88 |
| 青 海 | Qinghai | 90 | 185 | 50 |
| 宁 夏 | Ningxia | 915 | 263 | 44 |
| 新 疆 | Xinjiang | 1733 | 1050 | 251 |

附表9-1 续表 Continued

| 地区 Region | 科普兼职人员 Part time S&T popularization personnel | 中级职称及以上或大学本科及以上学历人员 With title of medium-rank or above /with college graduate or above | 女性 Female |
|---|---|---|---|
| 全国 Total | 1528016 | 717428 | 558961 |
| 东部 Eastern | 662679 | 330598 | 244066 |
| 中部 Middle | 456441 | 204407 | 162063 |
| 西部 Western | 408896 | 182423 | 152832 |
| 北京 Beijing | 37817 | 22193 | 19450 |
| 天津 Tianjin | 40238 | 22564 | 17327 |
| 河北 Hebei | 30983 | 17189 | 13508 |
| 山西 Shanxi | 44562 | 16959 | 17505 |
| 内蒙古 Inner Mongolia | 43893 | 20144 | 17810 |
| 辽宁 Liaoning | 69082 | 38328 | 30726 |
| 吉林 Jilin | 24231 | 10776 | 10581 |
| 黑龙江 Heilongjiang | 27942 | 15597 | 10682 |
| 上海 Shanghai | 36125 | 17792 | 16057 |
| 江苏 Jiangsu | 113697 | 58438 | 38272 |
| 浙江 Zhejiang | 94802 | 50583 | 34430 |
| 安徽 Anhui | 74733 | 34441 | 25858 |
| 福建 Fujian | 86630 | 36994 | 22809 |
| 江西 Jiangxi | 47725 | 19695 | 13936 |
| 山东 Shandong | 71405 | 31083 | 23501 |
| 河南 Henan | 97013 | 43659 | 35951 |
| 湖北 Hubei | 73029 | 35999 | 26604 |
| 湖南 Hunan | 67206 | 27281 | 20946 |
| 广东 Guangdong | 71194 | 31998 | 24894 |
| 广西 Guangxi | 34973 | 16583 | 13604 |
| 海南 Hainan | 10706 | 3436 | 3092 |
| 重庆 Chongqing | 25210 | 13868 | 8665 |
| 四川 Sichuan | 84481 | 32412 | 30072 |
| 贵州 Guizhou | 39584 | 16540 | 13360 |
| 云南 Yunnan | 66390 | 30095 | 23658 |
| 西藏 Tibet | 750 | 392 | 201 |
| 陕西 Shaanxi | 56858 | 24335 | 21286 |
| 甘肃 Gansu | 14117 | 7556 | 5596 |
| 青海 Qinghai | 6208 | 3591 | 2426 |
| 宁夏 Ningxia | 8838 | 4857 | 3664 |
| 新疆 Xinjiang | 27594 | 12050 | 12490 |

附表 9-1 续表  Continued

| 地区 | Region | 科普兼职人员 Part time S&T popularization personnel | | |
|---|---|---|---|---|
| | | 农村科普人员 Rural S&T popularization personnel | 注册科普志愿者 Registered S&T popularization volunteers | 年度实际投入工作量/人月 Annual actual workload (person-month) |
| 全 国 | Total | 568559 | 2388531 | 2470213 |
| 东 部 | Eastern | 218311 | 1367285 | 1035888 |
| 中 部 | Middle | 185142 | 537263 | 787319 |
| 西 部 | Western | 165106 | 483983 | 647006 |
| 北 京 | Beijing | 5196 | 7414 | 57160 |
| 天 津 | Tianjin | 11084 | 188050 | 73305 |
| 河 北 | Hebei | 9020 | 43857 | 43796 |
| 山 西 | Shanxi | 19383 | 33701 | 52624 |
| 内蒙古 | Inner Mongolia | 16904 | 27329 | 65799 |
| 辽 宁 | Liaoning | 22014 | 56101 | 108805 |
| 吉 林 | Jilin | 11076 | 17487 | 28423 |
| 黑龙江 | Heilongjiang | 9976 | 43638 | 52767 |
| 上 海 | Shanghai | 3921 | 78867 | 54979 |
| 江 苏 | Jiangsu | 39368 | 168960 | 200677 |
| 浙 江 | Zhejiang | 31219 | 81722 | 152032 |
| 安 徽 | Anhui | 31316 | 48453 | 133945 |
| 福 建 | Fujian | 33975 | 32242 | 95736 |
| 江 西 | Jiangxi | 18688 | 19832 | 88472 |
| 山 东 | Shandong | 34615 | 120950 | 115151 |
| 河 南 | Henan | 35093 | 67711 | 170164 |
| 湖 北 | Hubei | 29827 | 100509 | 143864 |
| 湖 南 | Hunan | 29783 | 205932 | 117060 |
| 广 东 | Guangdong | 23021 | 579072 | 112237 |
| 广 西 | Guangxi | 11798 | 34104 | 57298 |
| 海 南 | Hainan | 4878 | 10050 | 22010 |
| 重 庆 | Chongqing | 8734 | 24854 | 41693 |
| 四 川 | Sichuan | 42504 | 132115 | 133181 |
| 贵 州 | Guizhou | 14868 | 58149 | 63294 |
| 云 南 | Yunnan | 25152 | 126912 | 104539 |
| 西 藏 | Tibet | 101 | 1804 | 572 |
| 陕 西 | Shaanxi | 22939 | 35467 | 87049 |
| 甘 肃 | Gansu | 5469 | 28624 | 23830 |
| 青 海 | Qinghai | 1511 | 2723 | 8538 |
| 宁 夏 | Ningxia | 3620 | 4364 | 17337 |
| 新 疆 | Xinjiang | 11506 | 7538 | 43876 |

附表 9-2 2010年各省科普场地
Appendix table 9-2: S&T popularization venues and facilities by region in 2010

| 地区 | Region | 科技馆/个 S&T museums | 建筑面积/米$^2$ Construction area (m$^2$) | 展厅面积/米$^2$ Exhibition area (m$^2$) | 当年参观人数/人次 Visitors |
|---|---|---|---|---|---|
| 全 国 | Total | 335 | 2199807 | 966780 | 30441894 |
| 东 部 | Eastern | 165 | 1332077 | 606755 | 17823597 |
| 中 部 | Middle | 115 | 447269 | 191807 | 4974650 |
| 西 部 | Western | 55 | 420461 | 168218 | 7643647 |
| 北 京 | Beijing | 12 | 153431 | 63882 | 1953838 |
| 天 津 | Tianjin | 1 | 21000 | 10000 | 410048 |
| 河 北 | Hebei | 11 | 71564 | 34528 | 261165 |
| 山 西 | Shanxi | 3 | 15770 | 2750 | 186800 |
| 内蒙古 | Inner Mongolia | 8 | 38576 | 10200 | 294516 |
| 辽 宁 | Liaoning | 15 | 123954 | 34900 | 622617 |
| 吉 林 | Jilin | 10 | 31343 | 6450 | 134500 |
| 黑龙江 | Heilongjiang | 8 | 57765 | 42230 | 817000 |
| 上 海 | Shanghai | 22 | 168175 | 91289 | 5446828 |
| 江 苏 | Jiangsu | 10 | 121286 | 58640 | 1405000 |
| 浙 江 | Zhejiang | 21 | 112151 | 43296 | 1162370 |
| 安 徽 | Anhui | 11 | 63537 | 37320 | 612000 |
| 福 建 | Fujian | 13 | 74414 | 34676 | 640527 |
| 江 西 | Jiangxi | 6 | 35535 | 18792 | 556000 |
| 山 东 | Shandong | 25 | 121536 | 64081 | 2219106 |
| 河 南 | Henan | 9 | 46786 | 17000 | 375020 |
| 湖 北 | Hubei | 62 | 183095 | 64975 | 2082000 |
| 湖 南 | Hunan | 6 | 13438 | 2290 | 211330 |
| 广 东 | Guangdong | 29 | 311988 | 146163 | 3004098 |
| 广 西 | Guangxi | 3 | 47388 | 15200 | 351406 |
| 海 南 | Hainan | 6 | 52578 | 25300 | 698000 |
| 重 庆 | Chongqing | 5 | 74291 | 26410 | 1143000 |
| 四 川 | Sichuan | 8 | 50943 | 30500 | 1605300 |
| 贵 州 | Guizhou | 4 | 27379 | 8300 | 340900 |
| 云 南 | Yunnan | 4 | 16395 | 7580 | 1351746 |
| 西 藏 | Tibet | 0 | 0 | 0 | 0 |
| 陕 西 | Shaanxi | 4 | 33020 | 10700 | 167006 |
| 甘 肃 | Gansu | 11 | 28588 | 11927 | 791850 |
| 青 海 | Qinghai | 2 | 34179 | 14800 | 5000 |
| 宁 夏 | Ningxia | 2 | 30448 | 16823 | 1443336 |
| 新 疆 | Xinjiang | 4 | 39254 | 15778 | 149587 |

附表9-2 续表  Continued

| 地区 | Region | 科学技术类博物馆/个 S&T related museums | 建筑面积/米² Construction area (m²) | 展厅面积/米² Exhibition area (m²) | 当年参观人数/人次 Visitors | 青少年科技馆站/个 Teenage S&T museums |
|---|---|---|---|---|---|---|
| 全国 | Total | 555 | 3457747 | 1770639 | 63920163 | 621 |
| 东部 | Eastern | 356 | 2325291 | 1231818 | 42433383 | 259 |
| 中部 | Middle | 101 | 450920 | 215331 | 8255687 | 187 |
| 西部 | Western | 98 | 681536 | 323490 | 13231093 | 175 |
| 北京 | Beijing | 53 | 536841 | 228763 | 6392020 | 17 |
| 天津 | Tianjin | 12 | 167170 | 141956 | 2096382 | 8 |
| 河北 | Hebei | 10 | 42670 | 15454 | 1320445 | 18 |
| 山西 | Shanxi | 3 | 8400 | 7300 | 90200 | 16 |
| 内蒙古 | Inner Mongolia | 7 | 36878 | 20688 | 383150 | 19 |
| 辽宁 | Liaoning | 38 | 340973 | 155936 | 6402218 | 43 |
| 吉林 | Jilin | 12 | 84410 | 39177 | 708400 | 15 |
| 黑龙江 | Heilongjiang | 14 | 88331 | 44163 | 2113425 | 12 |
| 上海 | Shanghai | 121 | 534117 | 340501 | 8183551 | 21 |
| 江苏 | Jiangsu | 34 | 262987 | 125818 | 3010253 | 43 |
| 浙江 | Zhejiang | 23 | 166514 | 88359 | 10362057 | 27 |
| 安徽 | Anhui | 13 | 73157 | 32702 | 876720 | 38 |
| 福建 | Fujian | 16 | 34336 | 15422 | 935710 | 18 |
| 江西 | Jiangxi | 14 | 56532 | 23848 | 2398560 | 16 |
| 山东 | Shandong | 17 | 130287 | 66827 | 1632080 | 12 |
| 河南 | Henan | 9 | 21449 | 13509 | 483642 | 18 |
| 湖北 | Hubei | 28 | 84147 | 46632 | 973740 | 44 |
| 湖南 | Hunan | 8 | 34494 | 8000 | 611000 | 28 |
| 广东 | Guangdong | 31 | 108543 | 52182 | 2085417 | 44 |
| 广西 | Guangxi | 11 | 135278 | 36376 | 1524702 | 11 |
| 海南 | Hainan | 1 | 853 | 600 | 13250 | 8 |
| 重庆 | Chongqing | 7 | 129984 | 68312 | 2195248 | 13 |
| 四川 | Sichuan | 14 | 68068 | 34453 | 3933993 | 20 |
| 贵州 | Guizhou | 7 | 17993 | 10238 | 241800 | 11 |
| 云南 | Yunnan | 19 | 106928 | 48066 | 3687308 | 28 |
| 西藏 | Tibet | 1 | 810 | 540 | 1200 | 2 |
| 陕西 | Shaanxi | 10 | 80024 | 49497 | 255900 | 23 |
| 甘肃 | Gansu | 6 | 24906 | 11373 | 207023 | 14 |
| 青海 | Qinghai | 5 | 27950 | 10900 | 255933 | 9 |
| 宁夏 | Ningxia | 3 | 7642 | 5348 | 116836 | 4 |
| 新疆 | Xinjiang | 8 | 45075 | 27699 | 428000 | 21 |

附表 9-2 续表　　　　　Continued

| 地　区 | Region | 城市社区科普（技）专用活动室/个 Urban community S&T popularization rooms | 农村科普（技）活动场地/个 Rural S&T popularization sites | 科普宣传专用车/辆 S&T popularization vehicles | 科普画廊/个 S&T popularization galleries |
|---|---|---|---|---|---|
| 全　国 | Total | 73202 | 414591 | 1919 | 237320 |
| 东　部 | Eastern | 35763 | 186747 | 792 | 142883 |
| 中　部 | Middle | 22661 | 126527 | 459 | 62666 |
| 西　部 | Western | 14778 | 101317 | 668 | 31771 |
| 北　京 | Beijing | 1188 | 2440 | 148 | 3898 |
| 天　津 | Tianjin | 2337 | 4210 | 239 | 3534 |
| 河　北 | Hebei | 2075 | 24454 | 41 | 5964 |
| 山　西 | Shanxi | 1687 | 17402 | 42 | 8938 |
| 内蒙古 | Inner Mongolia | 1293 | 5211 | 87 | 2241 |
| 辽　宁 | Liaoning | 6191 | 15188 | 30 | 9301 |
| 吉　林 | Jilin | 912 | 6633 | 46 | 1764 |
| 黑龙江 | Heilongjiang | 2286 | 6411 | 32 | 1841 |
| 上　海 | Shanghai | 2562 | 1238 | 46 | 5512 |
| 江　苏 | Jiangsu | 4972 | 16002 | 38 | 23048 |
| 浙　江 | Zhejiang | 3778 | 21799 | 28 | 16678 |
| 安　徽 | Anhui | 3574 | 13938 | 52 | 12017 |
| 福　建 | Fujian | 1419 | 6651 | 14 | 11026 |
| 江　西 | Jiangxi | 2133 | 9399 | 45 | 5474 |
| 山　东 | Shandong | 7206 | 76581 | 99 | 43379 |
| 河　南 | Henan | 3567 | 27655 | 79 | 14884 |
| 湖　北 | Hubei | 4434 | 26033 | 78 | 9617 |
| 湖　南 | Hunan | 4068 | 19056 | 85 | 8131 |
| 广　东 | Guangdong | 3603 | 15152 | 88 | 19282 |
| 广　西 | Guangxi | 1540 | 10827 | 98 | 3613 |
| 海　南 | Hainan | 432 | 3032 | 21 | 1261 |
| 重　庆 | Chongqing | 1049 | 4280 | 103 | 2766 |
| 四　川 | Sichuan | 3571 | 25377 | 68 | 6185 |
| 贵　州 | Guizhou | 752 | 4886 | 17 | 1761 |
| 云　南 | Yunnan | 1777 | 14059 | 39 | 5361 |
| 西　藏 | Tibet | 19 | 70 | 8 | 23 |
| 陕　西 | Shaanxi | 2209 | 17389 | 72 | 3362 |
| 甘　肃 | Gansu | 1040 | 12740 | 16 | 3184 |
| 青　海 | Qinghai | 172 | 706 | 28 | 537 |
| 宁　夏 | Ningxia | 434 | 1255 | 18 | 1229 |
| 新　疆 | Xinjiang | 922 | 4517 | 114 | 1509 |

附表 9-3　2010 年各省科普经费  
Appendix table 9-3: S&T popularization funds by region in 2010

单位：万元  
Unit: 10000 yuan

| 地区 | Region | 年度科普经费筹集额 Annual funding for S&T popularization | 政府拨款 Government funds | 科普专项经费 Special funds | 捐赠 Donates | 自筹资金 Self-raised funds | 其他收入 Others |
|---|---|---|---|---|---|---|---|
| 全国 | Total | 995157 | 680837 | 350606 | 13714 | 237914 | 62643 |
| 东部 | Eastern | 648449 | 428411 | 239690 | 10585 | 163766 | 45667 |
| 中部 | Middle | 164908 | 118163 | 44877 | 1795 | 36197 | 8753 |
| 西部 | Western | 181800 | 134263 | 66039 | 1335 | 37951 | 8224 |
| 北京 | Beijing | 204160 | 112054 | 71451 | 6916 | 67276 | 17894 |
| 天津 | Tianjin | 20193 | 11568 | 4690 | 34 | 7762 | 829 |
| 河北 | Hebei | 21915 | 16420 | 4573 | 66 | 4758 | 670 |
| 山西 | Shanxi | 13795 | 12155 | 4443 | 51 | 1288 | 301 |
| 内蒙古 | Inner Mongolia | 11137 | 9689 | 3947 | 36 | 1113 | 301 |
| 辽宁 | Liaoning | 29592 | 19754 | 12049 | 260 | 6956 | 2620 |
| 吉林 | Jilin | 7849 | 5047 | 2062 | 260 | 2119 | 423 |
| 黑龙江 | Heilongjiang | 7881 | 5709 | 1813 | 86 | 1855 | 231 |
| 上海 | Shanghai | 91584 | 57643 | 45258 | 795 | 28392 | 4754 |
| 江苏 | Jiangsu | 72688 | 50320 | 20703 | 577 | 18571 | 3220 |
| 浙江 | Zhejiang | 81499 | 65807 | 24188 | 915 | 10976 | 3801 |
| 安徽 | Anhui | 24294 | 18533 | 7538 | 197 | 3719 | 1844 |
| 福建 | Fujian | 26898 | 20453 | 9816 | 294 | 3190 | 2961 |
| 江西 | Jiangxi | 18319 | 12775 | 5091 | 64 | 4237 | 1242 |
| 山东 | Shandong | 20913 | 15795 | 8302 | 74 | 4197 | 847 |
| 河南 | Henan | 20889 | 15924 | 7403 | 48 | 4183 | 734 |
| 湖北 | Hubei | 46163 | 29995 | 9737 | 814 | 12412 | 2941 |
| 湖南 | Hunan | 25719 | 18024 | 6790 | 275 | 6382 | 1037 |
| 广东 | Guangdong | 71378 | 54716 | 36911 | 633 | 9749 | 6279 |
| 广西 | Guangxi | 21810 | 15079 | 6026 | 131 | 5274 | 1288 |
| 海南 | Hainan | 7631 | 3879 | 1750 | 22 | 1938 | 1792 |
| 重庆 | Chongqing | 22601 | 15433 | 8240 | 159 | 6353 | 660 |
| 四川 | Sichuan | 25392 | 17641 | 11261 | 190 | 6801 | 760 |
| 贵州 | Guizhou | 17736 | 14534 | 4657 | 75 | 1960 | 1170 |
| 云南 | Yunnan | 27841 | 19184 | 9276 | 228 | 6615 | 1815 |
| 西藏 | Tibet | 1381 | 1366 | 640 | 0 | 15 | 0 |
| 陕西 | Shaanxi | 17910 | 12690 | 5345 | 332 | 4207 | 681 |
| 甘肃 | Gansu | 3358 | 1567 | 981 | 24 | 1493 | 274 |
| 青海 | Qinghai | 14563 | 13913 | 9691 | 2 | 429 | 219 |
| 宁夏 | Ningxia | 4879 | 3766 | 1799 | 37 | 818 | 259 |
| 新疆 | Xinjiang | 13191 | 9401 | 4176 | 121 | 2872 | 797 |

附表9-3 续表　　　Continued

| 地区 | Region | 科技活动周经费筹集额 Funding for S&T week | 政府拨款 Government funds | 企业赞助 Corporate donates | 年度科普经费使用额 Annual expenditure | 行政支出 Administrative expenditure | 科普活动支出 Activities expenditure |
|---|---|---|---|---|---|---|---|
| 全国 | Total | 36473 | 26524 | 3059 | 1006999 | 150673 | 536782 |
| 东部 | Eastern | 18642 | 14065 | 1562 | 622330 | 86723 | 331874 |
| 中部 | Middle | 8733 | 6103 | 789 | 198538 | 33277 | 95220 |
| 西部 | Western | 9098 | 6355 | 709 | 186131 | 30672 | 109689 |
| 北京 | Beijing | 1334 | 1165 | 67 | 181664 | 20154 | 86980 |
| 天津 | Tianjin | 724 | 357 | 84 | 18194 | 3221 | 12452 |
| 河北 | Hebei | 716 | 509 | 61 | 22283 | 4021 | 9781 |
| 山西 | Shanxi | 465 | 392 | 42 | 14256 | 4889 | 6762 |
| 内蒙古 | Inner Mongolia | 663 | 356 | 234 | 17807 | 2181 | 6875 |
| 辽宁 | Liaoning | 1657 | 1259 | 141 | 31246 | 4540 | 19127 |
| 吉林 | Jilin | 298 | 223 | 43 | 10684 | 1708 | 3462 |
| 黑龙江 | Heilongjiang | 293 | 223 | 43 | 7832 | 2393 | 4265 |
| 上海 | Shanghai | 2403 | 1873 | 125 | 91309 | 5157 | 49375 |
| 江苏 | Jiangsu | 3826 | 2621 | 465 | 72215 | 12662 | 38191 |
| 浙江 | Zhejiang | 2683 | 2125 | 122 | 80075 | 17428 | 41336 |
| 安徽 | Anhui | 937 | 680 | 69 | 41999 | 5036 | 15568 |
| 福建 | Fujian | 887 | 628 | 74 | 21855 | 4914 | 11798 |
| 江西 | Jiangxi | 959 | 602 | 58 | 17699 | 4108 | 10994 |
| 山东 | Shandong | 978 | 738 | 277 | 21623 | 4308 | 14404 |
| 河南 | Henan | 1259 | 883 | 121 | 28109 | 2900 | 13323 |
| 湖北 | Hubei | 2424 | 1520 | 288 | 52252 | 6958 | 25004 |
| 湖南 | Hunan | 2099 | 1581 | 125 | 25707 | 5284 | 15843 |
| 广东 | Guangdong | 2922 | 2372 | 125 | 73495 | 9544 | 44686 |
| 广西 | Guangxi | 1292 | 970 | 36 | 20252 | 1963 | 13612 |
| 海南 | Hainan | 513 | 417 | 21 | 8370 | 774 | 3744 |
| 重庆 | Chongqing | 897 | 590 | 79 | 22473 | 5728 | 12622 |
| 四川 | Sichuan | 1469 | 1136 | 53 | 25183 | 3517 | 15782 |
| 贵州 | Guizhou | 1129 | 940 | 75 | 16677 | 5648 | 9079 |
| 云南 | Yunnan | 907 | 625 | 44 | 27836 | 4428 | 18996 |
| 西藏 | Tibet | 12 | 12 | 0 | 1248 | 523 | 531 |
| 陕西 | Shaanxi | 1017 | 626 | 129 | 15979 | 2092 | 11900 |
| 甘肃 | Gansu | 661 | 339 | 10 | 3775 | 584 | 2647 |
| 青海 | Qinghai | 107 | 84 | 6 | 14187 | 709 | 5058 |
| 宁夏 | Ningxia | 196 | 135 | 2 | 4754 | 1330 | 3201 |
| 新疆 | Xinjiang | 747 | 543 | 42 | 15959 | 1971 | 9386 |

附表9-3 续表  Continued

| 地 区 | Region | 科普场馆基建支出 Infrastructure expenditures | 年度科普经费使用额 Annual expenditure | | | |
|---|---|---|---|---|---|---|
| | | | 政府拨款支出 Government expenditures | 场馆建设支出 Venue construction expenditures | 展品、设施支出 Exhibits & facilities expenditures | 其他支出 Others |
| 全 国 | Total | 252054 | 114206 | 126854 | 68813 | 67567 |
| 东 部 | Eastern | 154384 | 66397 | 82789 | 42283 | 49403 |
| 中 部 | Middle | 59779 | 33103 | 26512 | 10717 | 10265 |
| 西 部 | Western | 37891 | 14707 | 17553 | 15813 | 7899 |
| 北 京 | Beijing | 48120 | 19737 | 30351 | 15913 | 26410 |
| 天 津 | Tianjin | 2167 | 309 | 964 | 912 | 354 |
| 河 北 | Hebei | 7875 | 6109 | 2611 | 1939 | 605 |
| 山 西 | Shanxi | 1971 | 1216 | 1463 | 324 | 637 |
| 内蒙古 | Inner Mongolia | 8483 | 6929 | 6641 | 1142 | 261 |
| 辽 宁 | Liaoning | 6187 | 4011 | 1430 | 1253 | 1394 |
| 吉 林 | Jilin | 4664 | 3505 | 2574 | 1809 | 851 |
| 黑龙江 | Heilongjiang | 1090 | 801 | 498 | 430 | 85 |
| 上 海 | Shanghai | 34658 | 18979 | 23288 | 8996 | 2118 |
| 江 苏 | Jiangsu | 17478 | 5094 | 9703 | 3172 | 3887 |
| 浙 江 | Zhejiang | 15010 | 6480 | 6153 | 3886 | 6352 |
| 安 徽 | Anhui | 20757 | 14213 | 1641 | 1882 | 639 |
| 福 建 | Fujian | 4478 | 870 | 2167 | 1604 | 665 |
| 江 西 | Jiangxi | 1731 | 82 | 626 | 804 | 866 |
| 山 东 | Shandong | 2194 | 725 | 819 | 1032 | 717 |
| 河 南 | Henan | 10977 | 7438 | 7863 | 2534 | 908 |
| 湖 北 | Hubei | 15773 | 4404 | 10253 | 2420 | 4517 |
| 湖 南 | Hunan | 2817 | 1444 | 1595 | 514 | 1763 |
| 广 东 | Guangdong | 12917 | 3121 | 3900 | 2763 | 6348 |
| 广 西 | Guangxi | 3329 | 755 | 947 | 1270 | 1366 |
| 海 南 | Hainan | 3300 | 962 | 1403 | 813 | 552 |
| 重 庆 | Chongqing | 2605 | 717 | 1515 | 861 | 1520 |
| 四 川 | Sichuan | 4739 | 1418 | 2990 | 1002 | 1145 |
| 贵 州 | Guizhou | 1339 | 1056 | 162 | 1122 | 618 |
| 云 南 | Yunnan | 3227 | 818 | 1845 | 708 | 1185 |
| 西 藏 | Tibet | 0 | 0 | 0 | 0 | 194 |
| 陕 西 | Shaanxi | 1402 | 778 | 906 | 392 | 586 |
| 甘 肃 | Gansu | 348 | 28 | 212 | 123 | 197 |
| 青 海 | Qinghai | 8388 | 23 | 48 | 8340 | 32 |
| 宁 夏 | Ningxia | 166 | 10 | 30 | 126 | 58 |
| 新 疆 | Xinjiang | 3864 | 2176 | 2257 | 727 | 738 |

附表 9-4 2010年各省科普传媒
Appendix table 9-4: S&T popularization media by region in 2010

| 地区 Region | 科普图书 Popular science books | | 科普期刊 Popular science journals | |
|---|---|---|---|---|
| | 出版种数/种 Types of publications | 出版总册数/册 Total copies | 出版种数/种 Types of publications | 出版总册数/册 Total copies |
| 全国 Total | 7043 | 65200633 | 822 | 155216051 |
| 东部 Eastern | 5340 | 38687910 | 482 | 107156606 |
| 中部 Middle | 887 | 14512141 | 133 | 6541172 |
| 西部 Western | 816 | 12000582 | 207 | 41518273 |
| 北京 Beijing | 2044 | 14456424 | 84 | 35267201 |
| 天津 Tianjin | 156 | 675590 | 22 | 1870118 |
| 河北 Hebei | 57 | 489000 | 22 | 586600 |
| 山西 Shanxi | 62 | 197233 | 9 | 1159000 |
| 内蒙古 Inner Mongolia | 65 | 432531 | 9 | 152900 |
| 辽宁 Liaoning | 140 | 1154802 | 16 | 2072400 |
| 吉林 Jilin | 152 | 388190 | 12 | 206382 |
| 黑龙江 Heilongjiang | 52 | 388500 | 12 | 285400 |
| 上海 Shanghai | 764 | 5785850 | 77 | 22694382 |
| 江苏 Jiangsu | 757 | 3637564 | 49 | 10753700 |
| 浙江 Zhejiang | 891 | 7969800 | 118 | 5804300 |
| 安徽 Anhui | 60 | 600564 | 12 | 318200 |
| 福建 Fujian | 88 | 900700 | 21 | 525957 |
| 江西 Jiangxi | 225 | 9315688 | 20 | 1955500 |
| 山东 Shandong | 72 | 717490 | 16 | 128400 |
| 河南 Henan | 97 | 1208000 | 13 | 792000 |
| 湖北 Hubei | 112 | 1336566 | 35 | 1460440 |
| 湖南 Hunan | 127 | 1077400 | 20 | 364250 |
| 广东 Guangdong | 159 | 1270490 | 39 | 25750948 |
| 广西 Guangxi | 68 | 1089020 | 14 | 2866614 |
| 海南 Hainan | 212 | 1630200 | 18 | 1702600 |
| 重庆 Chongqing | 120 | 3836252 | 41 | 32754830 |
| 四川 Sichuan | 92 | 578930 | 28 | 3457500 |
| 贵州 Guizhou | 11 | 111700 | 15 | 152500 |
| 云南 Yunnan | 129 | 3534719 | 13 | 1164605 |
| 西藏 Tibet | 39 | 657400 | 7 | 48320 |
| 陕西 Shaanxi | 106 | 568650 | 21 | 246104 |
| 甘肃 Gansu | 38 | 230700 | 13 | 93000 |
| 青海 Qinghai | 39 | 77000 | 19 | 111200 |
| 宁夏 Ningxia | 18 | 137000 | 5 | 46000 |
| 新疆 Xinjiang | 91 | 746680 | 22 | 424700 |

附表9-4 续表 Continued

| 地 区 | Region | 科普（技）音像制品 Popularization audio and video products | | | 科技类报纸年发行总份数/份 S&T newspaper printed copies |
|---|---|---|---|---|---|
| | | 出版种数/种 Types of publications | 光盘发行总量/张 Total CD copies released | 录音、录像带发行总量/盒 Total copies of audio and video publications | |
| 全 国 | Total | 5380 | 6936847 | 709163 | 340053062 |
| 东 部 | Eastern | 2051 | 2873994 | 157444 | 234002136 |
| 中 部 | Middle | 1944 | 1904799 | 260720 | 59922649 |
| 西 部 | Western | 1385 | 2158054 | 290999 | 46128277 |
| 北 京 | Beijing | 560 | 1087439 | 5120 | 84706100 |
| 天 津 | Tianjin | 19 | 74650 | 5000 | 2496880 |
| 河 北 | Hebei | 134 | 240393 | 5561 | 15672690 |
| 山 西 | Shanxi | 128 | 298378 | 25185 | 6495380 |
| 内蒙古 | Inner Mongolia | 133 | 89590 | 12493 | 1506106 |
| 辽 宁 | Liaoning | 373 | 211076 | 61117 | 12134410 |
| 吉 林 | Jilin | 130 | 233066 | 30064 | 68715 |
| 黑龙江 | Heilongjiang | 47 | 84984 | 5117 | 3597528 |
| 上 海 | Shanghai | 65 | 303410 | 3500 | 17757614 |
| 江 苏 | Jiangsu | 397 | 287664 | 4597 | 29036873 |
| 浙 江 | Zhejiang | 69 | 282815 | 22572 | 55655417 |
| 安 徽 | Anhui | 222 | 128012 | 3848 | 6537350 |
| 福 建 | Fujian | 124 | 73778 | 8948 | 1771291 |
| 江 西 | Jiangxi | 263 | 256745 | 54554 | 8284608 |
| 山 东 | Shandong | 134 | 132800 | 32774 | 500028 |
| 河 南 | Henan | 102 | 106794 | 25598 | 23521700 |
| 湖 北 | Hubei | 361 | 309449 | 75733 | 9988766 |
| 湖 南 | Hunan | 691 | 487371 | 40621 | 1428602 |
| 广 东 | Guangdong | 128 | 99872 | 4138 | 13996833 |
| 广 西 | Guangxi | 137 | 127391 | 2669 | 5314300 |
| 海 南 | Hainan | 48 | 80097 | 4117 | 274000 |
| 重 庆 | Chongqing | 59 | 517452 | 96482 | 77200 |
| 四 川 | Sichuan | 147 | 332789 | 97171 | 2998377 |
| 贵 州 | Guizhou | 9 | 9175 | 2050 | 131500 |
| 云 南 | Yunnan | 186 | 202807 | 4403 | 27093053 |
| 西 藏 | Tibet | 15 | 8500 | 0 | 51965 |
| 陕 西 | Shaanxi | 220 | 156928 | 7625 | 3657136 |
| 甘 肃 | Gansu | 100 | 364311 | 61990 | 883670 |
| 青 海 | Qinghai | 219 | 41355 | 62 | 3872300 |
| 宁 夏 | Ningxia | 21 | 106267 | 28 | 191000 |
| 新 疆 | Xinjiang | 139 | 201489 | 6026 | 351670 |

附表9-4 续表  Continued

| 地区 | Region | 电视台播出科普（技）节目时间/小时 Broadcasting time of popular science programs on TV (h) | 电台播出科普（技）节目时间/小时 Broadcasting time of popular science programs on radio (h) | 科普网站数/个 S&T popularization websites (unit) | 发放科普读物和资料/份 Number of S&T popularization books and materials |
|---|---|---|---|---|---|
| 全国 | Total | 263926 | 191555 | 2126 | 725474698 |
| 东部 | Eastern | 98892 | 72915 | 1003 | 300083415 |
| 中部 | Middle | 71488 | 65635 | 465 | 162256305 |
| 西部 | Western | 93546 | 53005 | 658 | 263134978 |
| 北京 | Beijing | 9935 | 4441 | 185 | 39825436 |
| 天津 | Tianjin | 7429 | 748 | 80 | 16475433 |
| 河北 | Hebei | 13291 | 5325 | 34 | 26913921 |
| 山西 | Shanxi | 5720 | 1914 | 31 | 11850495 |
| 内蒙古 | Inner Mongolia | 4988 | 5368 | 37 | 11466762 |
| 辽宁 | Liaoning | 18917 | 21712 | 97 | 22072989 |
| 吉林 | Jilin | 5380 | 4991 | 34 | 9626437 |
| 黑龙江 | Heilongjiang | 4269 | 5002 | 31 | 9586168 |
| 上海 | Shanghai | 3001 | 2251 | 67 | 25781099 |
| 江苏 | Jiangsu | 11709 | 7041 | 120 | 54528891 |
| 浙江 | Zhejiang | 14740 | 9676 | 96 | 41361029 |
| 安徽 | Anhui | 9052 | 7838 | 78 | 22846241 |
| 福建 | Fujian | 7006 | 8548 | 81 | 16108628 |
| 江西 | Jiangxi | 5253 | 6428 | 39 | 15126740 |
| 山东 | Shandong | 8337 | 8378 | 74 | 13521983 |
| 河南 | Henan | 17538 | 17747 | 76 | 27294492 |
| 湖北 | Hubei | 9281 | 7421 | 83 | 32981062 |
| 湖南 | Hunan | 14995 | 14294 | 93 | 32944670 |
| 广东 | Guangdong | 3988 | 3977 | 154 | 37595930 |
| 广西 | Guangxi | 13634 | 4441 | 38 | 32982068 |
| 海南 | Hainan | 539 | 818 | 15 | 5898076 |
| 重庆 | Chongqing | 2253 | 1136 | 195 | 25585257 |
| 四川 | Sichuan | 15846 | 12865 | 74 | 41492909 |
| 贵州 | Guizhou | 11993 | 1503 | 29 | 20671035 |
| 云南 | Yunnan | 6817 | 2744 | 61 | 55501388 |
| 西藏 | Tibet | 120 | 8 | 3 | 260000 |
| 陕西 | Shaanxi | 7862 | 6235 | 71 | 25701166 |
| 甘肃 | Gansu | 6518 | 4170 | 49 | 19653290 |
| 青海 | Qinghai | 742 | 785 | 28 | 3381117 |
| 宁夏 | Ningxia | 575 | 4 | 19 | 7184233 |
| 新疆 | Xinjiang | 22198 | 13746 | 54 | 19255753 |

附表 9-5  2010年各省科普活动
Appendix table 9-5: S&T popularization activities by region in 2010

| 地区 | Region | 科普（技）讲座 S&T popularization lectures | | 科普（技）展览 S&T popularization exhibitions | |
|---|---|---|---|---|---|
| | | 举办次数/次 Number of lectures held | 参加人数/人次 Number of participants | 专题展览次数/次 Number of exhibitions held | 参观人数/人次 Number of participants |
| 全 国 | Total | 813421 | 168894587 | 127345 | 200552729 |
| 东 部 | Eastern | 391582 | 72153741 | 59419 | 101990017 |
| 中 部 | Middle | 219774 | 49947232 | 33251 | 45639463 |
| 西 部 | Western | 202065 | 46793614 | 34675 | 52923249 |
| 北 京 | Beijing | 45520 | 6612590 | 5205 | 19150203 |
| 天 津 | Tianjin | 28994 | 4949350 | 7367 | 4320481 |
| 河 北 | Hebei | 38045 | 7859065 | 4667 | 4973179 |
| 山 西 | Shanxi | 16498 | 5244139 | 3137 | 3785219 |
| 内蒙古 | Inner Mongolia | 13721 | 2935064 | 2172 | 2750909 |
| 辽 宁 | Liaoning | 47111 | 7023908 | 4168 | 8853663 |
| 吉 林 | Jilin | 7773 | 1590130 | 1247 | 1509334 |
| 黑龙江 | Heilongjiang | 24791 | 4830729 | 3481 | 4215789 |
| 上 海 | Shanghai | 50856 | 6184457 | 3405 | 14139916 |
| 江 苏 | Jiangsu | 66169 | 13381484 | 9396 | 14845884 |
| 浙 江 | Zhejiang | 45283 | 7774440 | 8763 | 9974365 |
| 安 徽 | Anhui | 38045 | 5977955 | 5787 | 5946464 |
| 福 建 | Fujian | 18153 | 3155145 | 4754 | 4697630 |
| 江 西 | Jiangxi | 17614 | 3888956 | 3537 | 5790470 |
| 山 东 | Shandong | 14621 | 5192842 | 3845 | 5605291 |
| 河 南 | Henan | 48327 | 13512687 | 6347 | 6940450 |
| 湖 北 | Hubei | 43615 | 10531084 | 5656 | 10992379 |
| 湖 南 | Hunan | 23111 | 4371552 | 4059 | 6459358 |
| 广 东 | Guangdong | 31481 | 9105630 | 7028 | 14013083 |
| 广 西 | Guangxi | 27345 | 4595953 | 3011 | 4795896 |
| 海 南 | Hainan | 5349 | 914830 | 821 | 1416322 |
| 重 庆 | Chongqing | 10097 | 2193310 | 2527 | 7970642 |
| 四 川 | Sichuan | 27955 | 7895625 | 5222 | 8109862 |
| 贵 州 | Guizhou | 11883 | 2073229 | 1906 | 2180217 |
| 云 南 | Yunnan | 31408 | 6517479 | 6837 | 11157526 |
| 西 藏 | Tibet | 83 | 56880 | 50 | 81270 |
| 陕 西 | Shaanxi | 28965 | 7375072 | 4861 | 6293770 |
| 甘 肃 | Gansu | 15873 | 3783076 | 2385 | 3482927 |
| 青 海 | Qinghai | 2742 | 375137 | 774 | 947648 |
| 宁 夏 | Ningxia | 5921 | 1181225 | 885 | 1551101 |
| 新 疆 | Xinjiang | 26072 | 7811564 | 4045 | 3601481 |

附表9-5 续表  Continued

| 地区 | Region | 科普（技）竞赛 S&T popularization competitions | | 科普国际交流 International S&T popularization exchanges | |
|---|---|---|---|---|---|
| | | 举办次数/次 Number of competitions held | 参加人数/人次 Number of participants | 举办次数/次 Number of exchanges held | 参加人数/人次 Number of participants |
| 全 国 | Total | 54180 | 54069696 | 3029 | 676033 |
| 东 部 | Eastern | 30637 | 28690699 | 1869 | 520194 |
| 中 部 | Middle | 10618 | 9479325 | 304 | 58185 |
| 西 部 | Western | 12925 | 15899672 | 856 | 97654 |
| 北 京 | Beijing | 3347 | 6930914 | 442 | 57548 |
| 天 津 | Tianjin | 3905 | 1940748 | 250 | 171608 |
| 河 北 | Hebei | 1455 | 2108359 | 27 | 885 |
| 山 西 | Shanxi | 792 | 365548 | 11 | 2371 |
| 内蒙古 | Inner Mongolia | 591 | 383393 | 72 | 1579 |
| 辽 宁 | Liaoning | 1925 | 2652816 | 119 | 18515 |
| 吉 林 | Jilin | 344 | 122064 | 12 | 2202 |
| 黑龙江 | Heilongjiang | 1280 | 513339 | 76 | 4053 |
| 上 海 | Shanghai | 3928 | 3186480 | 361 | 44379 |
| 江 苏 | Jiangsu | 3836 | 4001418 | 236 | 22713 |
| 浙 江 | Zhejiang | 3605 | 2583967 | 177 | 193801 |
| 安 徽 | Anhui | 1382 | 706659 | 59 | 2477 |
| 福 建 | Fujian | 1386 | 792577 | 66 | 3529 |
| 江 西 | Jiangxi | 1260 | 874834 | 30 | 983 |
| 山 东 | Shandong | 1227 | 1134457 | 27 | 1829 |
| 河 南 | Henan | 1543 | 2137160 | 34 | 11364 |
| 湖 北 | Hubei | 2113 | 2655441 | 58 | 1637 |
| 湖 南 | Hunan | 1904 | 2104280 | 24 | 33098 |
| 广 东 | Guangdong | 5874 | 3300314 | 124 | 4154 |
| 广 西 | Guangxi | 891 | 1462555 | 157 | 8679 |
| 海 南 | Hainan | 149 | 58649 | 40 | 1233 |
| 重 庆 | Chongqing | 765 | 3902768 | 78 | 18797 |
| 四 川 | Sichuan | 1872 | 2956097 | 237 | 1674 |
| 贵 州 | Guizhou | 1725 | 829281 | 16 | 15147 |
| 云 南 | Yunnan | 1136 | 1601717 | 110 | 3781 |
| 西 藏 | Tibet | 3 | 350 | 1 | 160 |
| 陕 西 | Shaanxi | 2000 | 2433639 | 111 | 31447 |
| 甘 肃 | Gansu | 1969 | 852961 | 23 | 1373 |
| 青 海 | Qinghai | 159 | 665522 | 35 | 1207 |
| 宁 夏 | Ningxia | 305 | 337434 | 3 | 39 |
| 新 疆 | Xinjiang | 1509 | 473955 | 13 | 13771 |

附表 9-5 续表　　　　Continued

| 地区 | Region | 成立青少年科技兴趣小组 Teenage S&T interest groups | | 科技夏（冬）令营 Summer /winter science camps | |
|---|---|---|---|---|---|
| | | 兴趣小组数/个 Number of groups | 参加人数/人次 Number of participants | 举办次数/次 Number of camps held | 参加人数/人次 Number of participants |
| 全国 | Total | 284686 | 18577338 | 12459 | 3632515 |
| 东部 | Eastern | 123250 | 7019654 | 7143 | 1953453 |
| 中部 | Middle | 91305 | 5827899 | 3215 | 883275 |
| 西部 | Western | 70131 | 5729785 | 2101 | 795787 |
| 北京 | Beijing | 3014 | 164516 | 702 | 125178 |
| 天津 | Tianjin | 10127 | 532772 | 377 | 214647 |
| 河北 | Hebei | 14138 | 752759 | 264 | 88967 |
| 山西 | Shanxi | 6396 | 315201 | 100 | 48988 |
| 内蒙古 | Inner Mongolia | 3577 | 264838 | 171 | 93672 |
| 辽宁 | Liaoning | 22629 | 854843 | 799 | 370037 |
| 吉林 | Jilin | 4374 | 381300 | 807 | 106090 |
| 黑龙江 | Heilongjiang | 5680 | 180013 | 177 | 83832 |
| 上海 | Shanghai | 5598 | 414589 | 1094 | 222430 |
| 江苏 | Jiangsu | 16640 | 1076617 | 1788 | 288719 |
| 浙江 | Zhejiang | 10063 | 647412 | 812 | 197305 |
| 安徽 | Anhui | 7955 | 652159 | 353 | 76182 |
| 福建 | Fujian | 8569 | 703579 | 369 | 68321 |
| 江西 | Jiangxi | 10190 | 801595 | 240 | 48852 |
| 山东 | Shandong | 14330 | 698507 | 480 | 102645 |
| 河南 | Henan | 29390 | 1108288 | 556 | 222004 |
| 湖北 | Hubei | 18662 | 1566629 | 449 | 158468 |
| 湖南 | Hunan | 8658 | 822714 | 533 | 138859 |
| 广东 | Guangdong | 17324 | 1127392 | 415 | 264709 |
| 广西 | Guangxi | 11037 | 910842 | 266 | 91559 |
| 海南 | Hainan | 818 | 46668 | 43 | 10495 |
| 重庆 | Chongqing | 5641 | 528245 | 210 | 99855 |
| 四川 | Sichuan | 17302 | 1431630 | 108 | 65594 |
| 贵州 | Guizhou | 3319 | 199590 | 112 | 16686 |
| 云南 | Yunnan | 8517 | 905529 | 345 | 120727 |
| 西藏 | Tibet | 10 | 1500 | 1 | 1000 |
| 陕西 | Shaanxi | 10899 | 616883 | 211 | 94952 |
| 甘肃 | Gansu | 2960 | 368169 | 81 | 28897 |
| 青海 | Qinghai | 222 | 35812 | 26 | 5544 |
| 宁夏 | Ningxia | 1210 | 116086 | 34 | 28424 |
| 新疆 | Xinjiang | 5437 | 350661 | 536 | 148877 |

附表9-5 续表　　　Continued

| 地区 | Region | 科技活动周 Science & technology week | | 科研机构、大学向社会开放 Scientific institutions and universities open to public | |
|---|---|---|---|---|---|
| | | 科普专题活动次数/次 Number of S&T week held | 参加人数/人次 Number of participants | 开放单位数/个 Number of open units | 参观人数/人次 Number of participants |
| 全　国 | Total | 98857 | 107947684 | 5033 | 7552281 |
| 东　部 | Eastern | 41275 | 56669439 | 2262 | 4365466 |
| 中　部 | Middle | 26090 | 25171303 | 1542 | 1264017 |
| 西　部 | Western | 31492 | 26106942 | 1229 | 1922798 |
| 北　京 | Beijing | 2986 | 13501100 | 196 | 101947 |
| 天　津 | Tianjin | 318 | 203740 | 233 | 156044 |
| 河　北 | Hebei | 4542 | 4187526 | 185 | 109322 |
| 山　西 | Shanxi | 1361 | 2489767 | 32 | 64284 |
| 内蒙古 | Inner Mongolia | 1603 | 1609861 | 41 | 15121 |
| 辽　宁 | Liaoning | 4149 | 3558582 | 318 | 306338 |
| 吉　林 | Jilin | 859 | 820657 | 266 | 58050 |
| 黑龙江 | Heilongjiang | 1812 | 1329783 | 292 | 159253 |
| 上　海 | Shanghai | 4730 | 5901492 | 106 | 92661 |
| 江　苏 | Jiangsu | 6701 | 11424737 | 397 | 1026628 |
| 浙　江 | Zhejiang | 5785 | 4381864 | 100 | 55202 |
| 安　徽 | Anhui | 4068 | 1963531 | 121 | 152800 |
| 福　建 | Fujian | 3846 | 2902291 | 106 | 74777 |
| 江　西 | Jiangxi | 5045 | 2410810 | 74 | 107028 |
| 山　东 | Shandong | 2495 | 2966230 | 102 | 158276 |
| 河　南 | Henan | 4910 | 6488564 | 213 | 99091 |
| 湖　北 | Hubei | 4637 | 5985717 | 239 | 312544 |
| 湖　南 | Hunan | 3398 | 3682474 | 305 | 310967 |
| 广　东 | Guangdong | 4473 | 6490336 | 500 | 770801 |
| 广　西 | Guangxi | 4633 | 3066824 | 282 | 226943 |
| 海　南 | Hainan | 1250 | 1151541 | 19 | 1513470 |
| 重　庆 | Chongqing | 2576 | 1772977 | 121 | 62440 |
| 四　川 | Sichuan | 5584 | 5800323 | 132 | 486744 |
| 贵　州 | Guizhou | 2423 | 1281203 | 60 | 29528 |
| 云　南 | Yunnan | 3469 | 3924934 | 152 | 584173 |
| 西　藏 | Tibet | 15 | 76246 | 0 | 0 |
| 陕　西 | Shaanxi | 3963 | 2484326 | 56 | 67132 |
| 甘　肃 | Gansu | 1433 | 1191326 | 70 | 94966 |
| 青　海 | Qinghai | 486 | 279154 | 78 | 5734 |
| 宁　夏 | Ningxia | 990 | 811753 | 57 | 81155 |
| 新　疆 | Xinjiang | 4317 | 3808015 | 180 | 268862 |

附表 9-5 续表　　　　Continued

| 地区 | Region | 举办实用技术培训 Practical skill trainings | | 重大科普活动次数/次 Number of grand popularization activities |
|---|---|---|---|---|
| | | 举办次数/次 Number of trainings held | 参加人数/人次 Number of participants | |
| 全　国 | Total | 811798 | 109059687 | 28109 |
| 东　部 | Eastern | 245928 | 36138178 | 10737 |
| 中　部 | Middle | 166357 | 24835270 | 6991 |
| 西　部 | Western | 399513 | 48086239 | 10381 |
| 北　京 | Beijing | 24700 | 4215212 | 642 |
| 天　津 | Tianjin | 16760 | 1586879 | 968 |
| 河　北 | Hebei | 37754 | 6820085 | 1001 |
| 山　西 | Shanxi | 15360 | 3480553 | 618 |
| 内蒙古 | Inner Mongolia | 17739 | 3240044 | 707 |
| 辽　宁 | Liaoning | 31485 | 3437037 | 1382 |
| 吉　林 | Jilin | 19968 | 2273276 | 280 |
| 黑龙江 | Heilongjiang | 18267 | 2877103 | 700 |
| 上　海 | Shanghai | 9327 | 2633344 | 693 |
| 江　苏 | Jiangsu | 54845 | 7539677 | 1933 |
| 浙　江 | Zhejiang | 24570 | 2307754 | 960 |
| 安　徽 | Anhui | 22164 | 2220026 | 813 |
| 福　建 | Fujian | 11475 | 1909019 | 604 |
| 江　西 | Jiangxi | 10482 | 1096040 | 640 |
| 山　东 | Shandong | 14643 | 3402439 | 1122 |
| 河　南 | Henan | 32603 | 4308851 | 1568 |
| 湖　北 | Hubei | 29278 | 5841748 | 1431 |
| 湖　南 | Hunan | 18235 | 2737673 | 941 |
| 广　东 | Guangdong | 14997 | 1673726 | 1109 |
| 广　西 | Guangxi | 43087 | 5967232 | 1203 |
| 海　南 | Hainan | 5372 | 613006 | 323 |
| 重　庆 | Chongqing | 9238 | 1152444 | 650 |
| 四　川 | Sichuan | 53233 | 8419605 | 1521 |
| 贵　州 | Guizhou | 16854 | 2184501 | 880 |
| 云　南 | Yunnan | 133162 | 10145605 | 1216 |
| 西　藏 | Tibet | 114 | 121860 | 40 |
| 陕　西 | Shaanxi | 39839 | 5968824 | 1272 |
| 甘　肃 | Gansu | 16327 | 1257352 | 698 |
| 青　海 | Qinghai | 6252 | 361952 | 471 |
| 宁　夏 | Ningxia | 10803 | 694199 | 371 |
| 新　疆 | Xinjiang | 52865 | 8572621 | 1352 |

# 附录 10 国家科普基地名单

### 附表 10-1 国家科普示范基地
Appendix table 10-1: National demonstration base for S&T popularization

| 地区<br>Region | 科普示范基地名称<br>Name of national demonstration base for S&T popularization |
|---|---|
| 贵州 | 平塘天文科普文化园——500 米口径球面射电望远镜（FAST） |

### 附表 10-2 国家特色科普基地
Appendix table 10-2: National feature bases for S&T popularization

| 科普基地称号与数量/家<br>Title and number | 特色科普基地名称<br>Name of national feature bases for S&T popularization |
|---|---|
| 国家环保科普基地（51） | 上海市青少年校外活动营地——东方绿舟<br>北京排水科普展览馆<br>上海市浦东新区环境监测站<br>杭州西溪湿地公园<br>浙江自然博物馆<br>东北师范大学自然博物馆<br>沈阳市环境监测中心站<br>中国科学院新疆生态与地理研究所<br>宁夏中卫沙坡头国家级自然保护区（联合兰州铁路局中卫固沙林场、中国科学院沙坡头治沙研究站和宁夏中卫沙坡头旅游有限公司）<br>内蒙古达里诺尔国家级自然保护区<br>江苏大丰麋鹿国家级自然保护区<br>辽宁蛇岛老铁山国家级自然保护区<br>贵州赤水桫椤国家级自然保护区<br>河北塞罕坝国家级自然保护区<br>黄河三角洲国家级自然保护区<br>九寨沟国家级自然保护区<br>苏峪口国家森林公园<br>成都大熊猫繁育研究基地 |

附表10-2 续表 Continued

| 科普基地称号与数量/家<br>Title and number | 特色科普基地名称<br>Name of national feature bases for S&T popularization |
|---|---|
| 国家环保科普基地（51） | 中科院西双版纳热带植物园 |
| | 奥林匹克森林公园 |
| | 北京环境卫生工程集团有限公司一清分公司（"垃圾的归宿"环保科普公园） |
| | 苏州河梦清园环保主题公园 |
| | 江苏盐城环保产业园 |
| | 南通市中小学生素质教育实践基地 |
| | 泰州市环境监测中心站 |
| | 泰州市溱湖国家湿地公园 |
| | 广州市中学生劳动技术学校 |
| | 什邡大爱感恩环保科技有限公司 |
| | 四川科技馆 |
| | 四姑娘山国家级自然保护区 |
| | 西昌市邛海泸山风景名胜区 |
| | 甘肃祁连山国家级自然保护区 |
| | 青藏高原自然博物馆 |
| | 宁夏沙湖生态旅游区 |
| | 成都市锦江区白鹭湾湿地 |
| | 光大环保能源（苏州）有限公司 |
| | 广州市第一资源热力电厂 |
| | 国家环境宣传教育示范基地 |
| | 黑龙江省农业科学院土壤肥料与环境资源研究所 |
| | 皇明太阳能股份有限公司 |
| | 江苏省泗洪洪泽湖湿地国家级自然保护区 |
| | 连云港辐射环境监测管理站 |
| | 辽宁省环保科学园 |
| | 柳州工业博物馆 |
| | 南宁青秀山风景名胜旅游区 |
| | 上海新金桥环保有限公司 |
| | 无锡博物院 |
| | 雁荡山国家森林公园 |
| | 张掖湿地博物馆 |
| | 中国杭州低碳科技馆 |
| | 中国核工业科技馆 |

附表10-2　续表　　　　　Continued

| 科普基地称号与数量/家<br>Title and number | 特色科普基地名称<br>Name of national feature bases for S&T popularization |
|---|---|
| 国家科研科普基地（2） | 国家动物博物馆 |
| | 西双版纳热带植物园 |
| 国家国土资源科普基地（32） | 北京房山世界地质公园 |
| | 山西壶关峡谷国家地质公园 |
| | 内蒙古阿拉善沙漠世界地质公园 |
| | 内蒙古博物院 |
| | 内蒙古克什克腾世界地质公园 |
| | 辽宁古生物博物馆 |
| | 黑龙江嘉荫恐龙国家地质公园 |
| | 江苏常州中华恐龙园 |
| | 南京地质博物馆 |
| | 江苏太湖西山国家地质公园 |
| | 江苏省有色金属华东地勘局地质找矿虚拟实验室 |
| | 浙江雁荡山世界地质公园 |
| | 安徽黄山世界地质公园 |
| | 河南省地质博物馆 |
| | 河南云台山世界地质公园 |
| | 河南济源王屋山世界地质公园 |
| | 湖北黄冈大别山国家地质公园 |
| | 中国雷琼世界地质公园（广东） |
| | 中国雷琼世界地质公园（海南） |
| | 重庆自然博物馆 |
| | 四川兴文世界地质公园 |
| | 四川自贡世界地质公园博物馆 |
| | 成都理工大学地质灾害防治与地质环境保护国家重点实验室 |
| | 云南石林世界地质公园 |
| | 西北农林科技大学博览园 |
| | 甘肃地质博物馆 |
| | 甘肃和政古生物化石国家地质公园 |
| | 宁夏地质博物馆 |
| | 中国地质科学院水文地质环境地质研究所 |
| | 国土资源实物地质资料中心 |
| | 青岛海洋地质研究所 |
| | 中国大地出版社、地质出版社 |

# 附录 11 全国科技馆名单

### 附表 11-1 全国科技馆
Appendix table 11-1: S&T museums by region

| 省份与数量/家 Region and number | 科技馆名称 Name of S&T museums |
|---|---|
| 北京市（29） | 中国科技馆 |
| | 北京科学中心 |
| | 中国测绘科技馆 |
| | 中关村国家自主创新示范区展示交易中心 |
| | 国家电网公司电力科技馆 |
| | 东城区青少年科技馆 |
| | 西城区青少年科技馆 |
| | 北京市海淀科技中心 |
| | 北京市朝阳区公共安全馆 |
| | 北京市丰台区科技馆 |
| | 北京市门头沟区科技馆 |
| | 北京市石景山区科学技术馆 |
| | 北京房山区科技活动中心 |
| | 通州区科技馆 |
| | 北京市昌平区地震科普馆 |
| | 北京市延庆区科学技术馆 |
| | 北京市密云区科技馆 |
| | 宋庆龄儿童科技馆 |
| | 北京市青少年科技馆 |
| | 北京市海淀区青少年活动管理中心 |
| | 北京急救科技馆 |
| | 中国儿童中心老牛儿童探索馆 |
| | 北京市公安局网络安全科普馆 |

附表 11-1 续表　　　Continued

| 省份与数量/家　Region and number | 科技馆名称　Name of S&T museums |
|---|---|
| 北京市（29） | 中国石油大学科普馆<br>北京排水集团科普馆<br>金融街街道智慧生活科学馆<br>北京二商王致和食品有限公司科技馆<br>北京银黄绿色农业生态园有限公司科普馆<br>索尼探梦科技馆 |
| 天津市（1） | 天津科学技术馆 |
| 河北省（11） | 河北省科学技术馆<br>唐山市科技馆<br>邯郸市科技馆<br>保定市科学宫<br>张家口市科技馆<br>河北省正定县科技馆<br>霸州市科技馆<br>馆陶县科技馆<br>新乐市科技馆<br>阜城县科技馆<br>唐山市丰南区科技馆 |
| 山西省（4） | 山西省科技馆<br>临汾市科技馆<br>清徐县科技馆<br>平定县科技馆 |
| 内蒙古自治区（17） | 内蒙古自治区科学技术馆<br>呼和浩特市科技馆<br>包头市科学技术馆<br>通辽市科技馆<br>乌拉特后旗青少年科技馆<br>鄂尔多斯市科学技术馆<br>呼伦贝尔市科技馆<br>巴彦淖尔市青少年科技馆<br>乌兰察布市科技馆<br>锡林浩特市青少年活动中心<br>鄂托克前旗科技馆<br>科尔沁右翼前旗科技馆<br>满洲里市扎赉诺尔区儿童科技馆 |

附表 11-1　续表　　　　　　Continued

| 省份与数量/家　Region and number | 科技馆名称　Name of S&T museums |
|---|---|
| 内蒙古自治区（17） | 准格尔旗科普活动馆 |
| | 鄂尔多斯市东胜区科学技术馆 |
| | 奈曼旗科技馆 |
| | 科左中旗科技馆 |
| 辽宁省（17） | 辽宁省科学技术馆 |
| | 沈阳科学宫 |
| | 大连市科技馆 |
| | 鞍山科技馆 |
| | 抚顺市科技馆 |
| | 本溪市科学馆 |
| | 丹东市科学技术馆 |
| | 锦州市科学技术馆 |
| | 营口市科学技术馆 |
| | 阜新市科技馆 |
| | 辽阳市科学技术馆 |
| | 铁岭市科学馆 |
| | 昌图县科技馆 |
| | 朝阳市科学技术馆 |
| | 葫芦岛市科学技术馆 |
| | 鞍山市岫岩满族自治县科技馆 |
| | 东北大学科技馆 |
| 吉林省（8） | 吉林省科技馆 |
| | 四平市科技馆 |
| | 通化市科技文化中心 |
| | 延边州科技馆 |
| | 桦甸市科学技术馆 |
| | 公主岭市科技馆 |
| | 梅河口市科技馆 |
| | 靖宇县科技馆 |
| 黑龙江省（8） | 黑龙江省科学技术馆 |
| | 哈尔滨科学宫 |
| | 齐齐哈尔市科普中心 |
| | 大庆市科学技术馆 |
| | 伊春市科技馆 |
| | 绥化市科技文化宫 |
| | 北安市科技馆 |

附表 11-1　续表　　　　Continued

| 省份与数量/家 Region and number | 科技馆名称 Name of S&T museums |
|---|---|
| 黑龙江省（8） | 大庆石油科技馆 |
| 上海市（31） | 上海科技馆 |
| | 上海自然博物馆 |
| | 上海隧道科技馆 |
| | 上海市崇明区科技馆 |
| | 上海市松江区科技馆 |
| | 上海民防科普教育馆 |
| | 上海陶瓷科技艺术馆 |
| | 上海市青浦区科技成果展厅 |
| | 上海自来水科技馆 |
| | 上海市静安区公安消防科普馆 |
| | 上海科学节能展示馆 |
| | 上海市禁毒科普教育馆 |
| | 上海长江河口科技馆 |
| | 上海市禁毒科普教育金山分馆 |
| | 上海市宝山区地震科普馆 |
| | 上海青少年动漫馆 |
| | 上海风电科普馆 |
| | 沪杏科技图书馆 |
| | 上海崇明东滩鸟类国家自然保护区科技馆 |
| | 上海市松江区公安消防科普馆 |
| | 上海集成电路科技馆 |
| | 上海农业科普馆金山馆 |
| | 东华大学科技馆 |
| | 上海第二工业大学科技馆 |
| | 上海半导体照明工程技术研究中心科技馆 |
| | 上海磁浮交通有限公司科技馆 |
| | 鑫广再生资源（上海）有限公司科技馆 |
| | 上海新金桥环保公司电子废弃物回收利用科技馆 |
| | 中国石化上海石油化工股份有限公司科技馆 |
| | 上海四腮鲈实业有限公司科技馆 |
| | 光明乳业有限公司华东中心工厂体验馆 |
| 江苏省（18） | 江苏省科学技术馆 |
| | 南京科技馆 |
| | 苏州极地科普馆 |
| | 无锡科技馆 |

附表11-1 续表 Continued

| 省份与数量/家 Region and number | 科技馆名称 Name of S&T museums |
|---|---|
| 江苏省（18） | 扬州科技馆 |
| | 南通科技馆 |
| | 淮安市数字科技馆 |
| | 盐城市科技馆 |
| | 苏州工业园区信息化展示体验中心 |
| | 宜兴科技馆 |
| | 金湖县科技馆 |
| | 灌南县科技馆 |
| | 海安科技馆 |
| | 如皋市科技馆 |
| | 新沂市科技馆 |
| | 东海科技馆 |
| | 盐城市大丰区未来科技馆 |
| | 南通理工学院3D打印科技馆 |
| 浙江省（24） | 浙江省科技馆 |
| | 杭州低碳科技馆 |
| | 宁波市科技馆 |
| | 温州市科技馆 |
| | 嘉兴市科技馆 |
| | 湖州市科学技术馆 |
| | 绍兴市科技馆 |
| | 金华市科技馆 |
| | 余姚市科学馆 |
| | 衢州市科普活动中心 |
| | 宁波市海曙区青少年科技馆 |
| | 杭州市余杭区科技馆 |
| | 诸暨市科技馆 |
| | 常山县科技馆 |
| | 乐清市科技馆 |
| | 温岭市科技馆 |
| | 开化县科普活动中心 |
| | 淳安县青少年科技馆 |
| | 兰溪市科技馆 |
| | 龙游县科普活动中心 |
| | 长兴县科技馆 |
| | 浙江大学科技成果馆 |

附表 11-1 续表　　　Continued

| 省份与数量/家　Region and number | 科技馆名称　Name of S&T museums |
|---|---|
| 浙江省（24） | 杭州市科技工作者服务中心 |
| | 泰顺县地震科普馆 |
| 安徽省（13） | 安徽省科技馆 |
| | 合肥市科技馆 |
| | 合肥市现代科技馆 |
| | 芜湖市科技馆 |
| | 蚌埠市科学技术馆 |
| | 淮南市科学技术馆 |
| | 马鞍山市科技馆 |
| | 安庆市科技馆 |
| | 滁州市科技馆 |
| | 亳州市科技馆 |
| | 怀宁县科技馆 |
| | 桐城市科技馆 |
| | 池州市科技馆 |
| 福建省（36） | 福建省科技馆 |
| | 厦门市科技馆 |
| | 福州市科技馆 |
| | 莆田市科技馆 |
| | 三明市科技馆 |
| | 泉州市科技馆 |
| | 南平市科技馆 |
| | 龙岩市科技馆 |
| | 福建农林大学科技馆 |
| | 集美大学科技馆 |
| | 厦门大学科技馆 |
| | 华侨大学科普馆 |
| | 建阳市科技馆 |
| | 漳浦县科技馆 |
| | 安溪县科技馆 |
| | 罗源县科技馆 |
| | 洛江区科技馆 |
| | 晋江市科技馆 |
| | 屏南县科技馆 |
| | 闽侯县科技馆 |

附表11-1 续表 Continued

| 省份与数量/家 Region and number | 科技馆名称 Name of S&T museums |
|---|---|
| 福建省（36） | 惠安县科技馆 |
| | 连江县科技馆 |
| | 海峡闽中科技馆 |
| | 苏颂科技馆 |
| | 大田县科技馆 |
| | 厦门市同安区科学技术馆 |
| | 邵武市科技馆 |
| | 武夷山科技馆 |
| | 霞浦县科技馆 |
| | 福清市科技馆 |
| | 漳州市科技馆 |
| | 诏安县科技馆 |
| | 奇幻世界之旅艺术科技体验馆 |
| | 诚毅科技探索中心 |
| | 中国长乐院士馆 |
| | 厦门市三圈电池有限公司科技馆 |
| 江西省（5） | 江西省科技馆 |
| | 赣州市科技馆 |
| | 吉安市科技馆 |
| | 上饶市科技馆 |
| | 吴有训科教馆 |
| 山东省（30） | 山东省科学技术宣传馆 |
| | 青岛市科技馆 |
| | 济南市科技馆 |
| | 淄博市科技馆 |
| | 威海市科学技术馆 |
| | 威海市科学技术交流馆 |
| | 日照市岚山区科技馆 |
| | 滨州市科技馆 |
| | 滨州经济开发区科技馆 |
| | 聊城市科技馆 |
| | 临沂市科技馆 |
| | 青岛瑞思德生物科技有限公司科技馆 |
| | 青岛蓝树谷科技馆 |
| | 青岛市妇女儿童活动中心科技馆 |
| | 无棣县科技馆 |

附表 11-1 续表　　　Continued

| 省份与数量/家　Region and number | 科技馆名称　Name of S&T museums |
|---|---|
| 山东省（30） | 高密市科技馆 |
| | 泰安市科技馆 |
| | 莱州市科技馆 |
| | 临沂市罗庄区科技馆 |
| | 沂水县科技馆 |
| | 东营市科技馆 |
| | 东营市垦利区科学技术馆 |
| | 曹县科技馆 |
| | 鄄城县科技馆 |
| | 临沭县科技馆 |
| | 沂南县科技馆 |
| | 潍坊市科技馆 |
| | 烟台市气象科技馆 |
| | 烟台高新区科技馆 |
| | 菏泽科普馆 |
| 河南省（14） | 河南省科技馆 |
| | 郑州科学技术馆 |
| | 洛阳市科学技术馆 |
| | 焦作市科技馆 |
| | 濮阳市科技馆 |
| | 许昌市科学技术馆 |
| | 南阳市科技馆 |
| | 济源市科学技术馆 |
| | 滑县科技馆 |
| | 方城县科技馆 |
| | 永城市科学技术馆 |
| | 汝阳县科技馆 |
| | 平顶山市科技馆 |
| | 宝丰县科技馆 |
| 湖北省（51） | 湖北省科技馆 |
| | 武汉市科技馆 |
| | 黄石市科技馆 |
| | 十堰市科技馆 |
| | 宜昌市科技馆 |
| | 襄阳市科技馆 |

附表 11-1　续表　　　　　Continued

| 省份与数量/家　Region and number | 科技馆名称　Name of S&T museums |
|---|---|
| 湖北省（51） | 罗田县科技馆 |
| | 咸宁市科技馆 |
| | 黄冈市科技馆 |
| | 荆门市科技馆 |
| | 荆州市科技馆 |
| | 恩施州科技馆 |
| | 建始县科学技术馆 |
| | 来凤县科技馆 |
| | 京山县科技馆 |
| | 公安县科技馆 |
| | 天门市科技馆 |
| | 武穴市科技馆 |
| | 宣恩县科技馆 |
| | 红安县科技馆 |
| | 浠水县科技馆 |
| | 黄梅县科技馆 |
| | 湖北省气象科技馆 |
| | 中南财经政法大学科技馆 |
| | 武汉市黄陂区科技馆 |
| | 江夏区科技馆 |
| | 大冶市科技馆 |
| | 阳新县科技馆 |
| | 中国科学院武汉病毒科技馆 |
| | 武汉大学科技馆 |
| | 石首市科技馆 |
| | 松滋市科技馆 |
| | 潜江市科技馆 |
| | 仙桃市科技馆 |
| | 丹江口市科技馆 |
| | 竹山县科技馆 |
| | 咸宁市咸安区青少年科技馆 |
| | 南漳县科技馆 |
| | 广水市科技馆 |
| | 五峰土家族自治县科技馆 |
| | 武汉市东西湖区科技馆 |
| | 宜昌市夷陵区科技馆 |

附表 11-1 续表 Continued

| 省份与数量/家 Region and number | 科技馆名称 Name of S&T museums |
|---|---|
| 湖北省（51） | 赤壁市科技馆 |
| | 崇阳县科技馆 |
| | 应城市科技馆 |
| | 当阳市科技馆 |
| | 宜都市科技馆 |
| | 秭归县科技馆 |
| | 鹤峰县科技馆 |
| | 钟祥市科学技术馆 |
| | 保康县科技馆 |
| 湖南省（11） | 湖南省科技馆 |
| | 株洲市科技馆 |
| | 湘潭市科技馆 |
| | 衡阳市科技馆 |
| | 邵阳市科技馆 |
| | 岳阳市科技馆 |
| | 常德市科技馆 |
| | 长沙市芙蓉区科技馆 |
| | 临湘市科技馆 |
| | 汉寿县科普馆 |
| | 湖南桃花江核电有限公司核电科技馆 |
| 广东省（43） | 广东科学中心 |
| | 广东科学馆 |
| | 广州市科学技术交流馆 |
| | 深圳市科学馆 |
| | 汕头市科技馆 |
| | 佛山科学馆 |
| | 韶关市科技馆 |
| | 湛江市科技馆 |
| | 肇庆市科技中心 |
| | 江门市科学馆 |
| | 惠州科技馆 |
| | 梅州市科技馆 |
| | 汕尾市科技馆 |
| | 河源市科技馆 |
| | 中山市科学馆 |

附表11-1 续表 Continued

| 省份与数量/家 Region and number | 科技馆名称 Name of S&T museums |
|---|---|
| 广东省（43） | 东莞科学馆 |
| | 深圳市工业展览馆 |
| | 东莞市科学技术博物馆 |
| | 揭阳市科技馆 |
| | 广东省地震科普教育馆 |
| | 广州青少年科技馆 |
| | 珠海少儿科技馆 |
| | 韶关市曲江区科技馆 |
| | 广州市南沙科技馆 |
| | 深圳市宝安区科技馆 |
| | 广宁县科技馆 |
| | 台山市科学技术馆 |
| | 广东天井山自然科学馆 |
| | 阳山县科技馆 |
| | 广州开发区萝岗科技馆 |
| | 佛山地震科普展馆 |
| | 恩平市科学馆 |
| | 阳西县科技馆 |
| | 福田区科技馆 |
| | 东源县科技馆 |
| | 汕头市金平区科普馆 |
| | 信宜市科技馆 |
| | 蕉岭县科技馆 |
| | 新丰县科技馆 |
| | 狮山镇生命体验馆 |
| | 开平市司徒赞科学馆 |
| | 肇庆市端州区科学馆 |
| | 阳江市科技馆 |
| 广西壮族自治区（6） | 广西壮族自治区科学技术馆 |
| | 南宁市科技馆 |
| | 柳州市科技馆 |
| | 贵港市科技馆 |
| | 钦州学院科技馆 |
| | 防城港市科技馆 |
| 海南省（19） | 海口市科技馆 |
| | 海南省生命科技馆 |

附表11-1 续表 Continued

| 省份与数量/家 Region and number | 科技馆名称 Name of S&T museums |
|---|---|
| 海南省（19） | 海南移动互联科技馆 |
| | 海南省海口航空科技馆 |
| | 海南省创意科技馆 |
| | 海南省生物多样性科技馆 |
| | 海南省光伏科技馆 |
| | 海南热带兰花科技馆 |
| | 海南省珍珠科技馆 |
| | 海南省南海船舰科技馆 |
| | 海南省自然科技馆 |
| | 海南省遥感信息科技馆 |
| | 海南省玫瑰科技馆 |
| | 海南省核电科技馆 |
| | 海南省新能源科技馆 |
| | 海南省现代农业科技馆 |
| | 海南省模拟热带雨林科技馆 |
| | 海南省南药科技馆 |
| | 海南省航天科技馆 |
| 重庆市（10） | 重庆科技馆 |
| | 重庆市江津区科技馆 |
| | 重庆市永川区生命与健康科技馆 |
| | 重庆市科技探索体验中心 |
| | 重庆市园林科普互动体验中心 |
| | 重庆三峡中药科技馆 |
| | 重庆市万盛经济技术开发区科技馆 |
| | 重庆邮电大学物联网互动体验馆 |
| | 重庆理工大学物理演示与探索科普馆 |
| | 巴县中学科技馆 |
| 四川省（17） | 四川科技馆 |
| | 攀枝花市科技馆 |
| | 德阳市科技馆 |
| | 绵阳科技馆 |
| | 乐山市青少年科技馆 |
| | 南充市科技馆 |
| | 宜宾市科技馆 |
| | 达州市科技馆 |
| | 雅安市科技馆 |

附表 11-1 续表 Continued

| 省份与数量/家 Region and number | 科技馆名称 Name of S&T museums |
|---|---|
| 四川省（17） | 中国科学院成都生物研究所两栖爬行动物科普馆<br>四川大学科技馆<br>电子科技大学科技馆<br>芦山县科技馆<br>宁南县科技馆<br>泸县科技馆<br>通江县科技馆<br>崇州市防震减灾科技馆 |
| 贵州省（9） | 贵州科技馆<br>贵州桥梁科技馆<br>遵义市科技馆<br>安顺市大数据产业中心智能科技馆<br>毕节市科学技术馆<br>贵州百里杜鹃科技馆<br>凯里市智慧城市大数据展示中心<br>贵州医科大学生命科学馆<br>玉屏现代农业科技馆 |
| 云南省（13） | 云南省科学技术馆<br>云南省青少年科技中心<br>曲靖市科技馆<br>普洱市科学技术馆<br>楚雄州科学技术馆<br>禄丰县科学技术馆<br>石林彝族自治县民族科技馆<br>绥江县科技馆<br>新平彝族傣族自治县科学技术馆<br>瑞丽市民族科技馆<br>澜沧拉祜族自治县科技馆<br>安宁市科技馆<br>宁蒗县科技馆 |
| 西藏自治区（1） | 西藏自然科学博物馆 |
| 陕西省（13） | 陕西科学技术馆<br>国防科技展览馆<br>中国科学院国家授时中心时间科学馆<br>西安市科学技术交流馆 |

附表 11-1　续表　　　　　Continued

| 省份与数量/家　Region and number | 科技馆名称　Name of S&T museums |
|---|---|
| 陕西省（13） | 宝鸡市科技馆 |
| | 延安市科技馆 |
| | 榆林市科技馆 |
| | 汉中市科技馆 |
| | 定边县科技馆 |
| | 府谷县科技馆 |
| | 南郑县科技馆 |
| | 陕西航空科技馆 |
| | 安康学院科技馆 |
| 甘肃省（6） | 甘肃科技馆 |
| | 金昌市科技馆 |
| | 张掖市科技馆 |
| | 甘南州科学宫 |
| | 金川县科技馆 |
| | 甘肃省农业科学院科技成果馆 |
| 青海省（3） | 青海省科学技术馆 |
| | 德令哈天文科普馆 |
| | 果洛藏族自治州科技馆 |
| 宁夏回族自治区（6） | 宁夏科技馆 |
| | 石嘴山市科技馆 |
| | 吴忠市青少年科技馆 |
| | 固原市科技馆 |
| | 中卫市科技馆 |
| | 盐池县科技馆 |
| 新疆维吾尔自治区（11） | 新疆科技馆 |
| | 乌鲁木齐市科学技术馆 |
| | 克拉玛依科学技术馆 |
| | 昌吉州科技馆 |
| | 喀什市科技馆 |
| | 伊宁市科技馆 |
| | 新疆石河子科技馆 |
| | 库尔勒市科学技术馆 |
| | 克拉玛依市白碱滩区科技馆 |
| | 疏附县科技馆 |
| | 精河县科技馆 |

# 附录 12　中国公民科学素质基准

《中国公民科学素质基准》（以下简称《基准》）是指中国公民应具备的基本科学技术知识和能力的标准。公民具备基本科学素质一般指了解必要的科学技术知识，掌握基本的科学方法，树立科学思想，崇尚科学精神，并具有一定的应用它们处理实际问题、参与公共事务的能力。制定《基准》是健全监测评估公民科学素质体系的重要内容，将为公民提高自身科学素质提供衡量尺度和指导。《基准》共有 26 条基准、132 个基准点，基本涵盖公民需要具有的科学精神、掌握或了解的知识、具备的能力，每条基准下列出了相应的基准点，对基准进行了解释和说明。

《基准》适用范围为 18 周岁以上，具有行为能力的中华人民共和国公民。

测评时从 132 个基准点中随机选取 50 个基准点进行考察，50 个基准点需覆盖全部 26 条基准。根据每条基准点设计题目，形成调查题库。测评时，从 500 道题库中随机选取 50 道题目（必须覆盖 26 条基准）进行测试，形式为判断题或选择题，每题 2 分。正确率达到 60%视为具备基本科学素质。

附表 12-1　《中国公民科学素质基准》结构表

| 序号 | 基准内容 | 基准点序号 | 基准点 |
|---|---|---|---|
| 1 | 知道世界是可被认知的，能以科学的态度认识世界。 | 1~5 | 5 个 |
| 2 | 知道用系统的方法分析问题、解决问题。 | 6~9 | 4 个 |
| 3 | 具有基本的科学精神，了解科学技术研究的基本过程。 | 10~12 | 3 个 |
| 4 | 具有创新意识，理解和支持科技创新。 | 13~18 | 6 个 |

| 序号 | 基准内容 | 基准点序号 | 基准点 |
|---|---|---|---|
| 5 | 了解科学、技术与社会的关系,认识到技术产生的影响具有两面性。 | 19~23 | 5个 |
| 6 | 树立生态文明理念,与自然和谐相处。 | 24~27 | 4个 |
| 7 | 树立可持续发展理念,有效利用资源。 | 28~31 | 4个 |
| 8 | 崇尚科学,具有辨别信息真伪的基本能力。 | 32~34 | 3个 |
| 9 | 掌握获取知识或信息的科学方法。 | 35~38 | 4个 |
| 10 | 掌握基本的数学运算和逻辑思维能力。 | 39~44 | 6个 |
| 11 | 掌握基本的物理知识。 | 45~52 | 8个 |
| 12 | 掌握基本的化学知识。 | 53~58 | 6个 |
| 13 | 掌握基本的天文知识。 | 59~61 | 3个 |
| 14 | 掌握基本的地球科学和地理知识。 | 62~67 | 6个 |
| 15 | 了解生命现象、生物多样性与进化的基本知识。 | 68~74 | 7个 |
| 16 | 了解人体生理知识。 | 75~78 | 4个 |
| 17 | 知道常见疾病和安全用药的常识。 | 79~88 | 10个 |
| 18 | 掌握饮食、营养的基本知识,养成良好生活习惯。 | 89~95 | 7个 |
| 19 | 掌握安全出行基本知识,能正确使用交通工具。 | 96~98 | 3个 |
| 20 | 掌握安全用电、用气等常识,能正确使用家用电器和电子产品。 | 99~101 | 3个 |
| 21 | 了解农业生产的基本知识和方法。 | 102~106 | 5个 |
| 22 | 具备基本劳动技能,能正确使用相关工具与设备。 | 107~111 | 5个 |
| 23 | 具有安全生产意识,遵守生产规章制度和操作规程。 | 112~117 | 6个 |
| 24 | 掌握常见事故的救援知识和急救方法。 | 118~122 | 5个 |
| 25 | 掌握自然灾害的防御和应急避险的基本方法。 | 123~125 | 3个 |
| 26 | 了解环境污染的危害及其应对措施,合理利用土地资源和水资源。 | 126~132 | 7个 |

# 基准点（132个）

1. 知道世界是可被认知的，能以科学的态度认识世界。

（1）树立科学世界观，知道世界是物质的，是能够被认知的，但人类对世界的认知是有限的。

（2）尊重客观规律能够让我们与世界和谐相处。

（3）科学技术是在不断发展的，科学知识本身需要不断深化和拓展。

（4）知道哲学社会科学同自然科学一样，是人们认识世界和改造世界的重要工具。

（5）了解中华优秀传统文化对认识自然和社会、发展科学和技术具有重要作用。

2. 知道用系统的方法分析问题、解决问题。

（6）知道世界是普遍联系的，事物是运动变化发展的、对立统一的；能用普遍联系的、发展的观点认识问题和解决问题。

（7）知道系统内的各部分是相互联系、相互作用的，复杂的结构可能是由很多简单的结构构成的；认识到整体具备各部分之和所不具备的功能。

（8）知道可能有多种方法分析和解决问题，知道解决一个问题可能会引发其他的问题。

（9）知道阴阳五行、天人合一、格物致知等中国传统哲学思想观念，是中国古代朴素的唯物论和整体系统的方法论，并具有现实意义。

3. 具有基本的科学精神，了解科学技术研究的基本过程。

（10）具备求真、质疑、实证的科学精神，知道科学技术研究应具备好奇心、善于观察、诚实的基本要素。

（11）了解科学技术研究的基本过程和方法。

（12）对拟成为实验对象的人，要充分告知本人或其利益相关者实验可能存在的风险。

4. 具有创新意识，理解和支持科技创新。

（13）知道创新对个人和社会发展的重要性，具有求新意识，崇尚用新知识、新方法解决问题。

（14）知道技术创新是提升个人和单位核心竞争力的保证。

（15）尊重知识产权，具有专利、商标、著作权保护意识；知道知识产权保护制度对促进技术创新的重要作用。

（16）了解技术标准和品牌在市场竞争中的重要作用，知道技术创新对标准和品牌的引领和支撑作用，具有品牌保护意识。

（17）关注与自己的生活和工作相关的新知识、新技术。

（18）关注科学技术发展。知道"基因工程"、"干细胞"、"纳米材料"、"热核聚变"、"大数据"、"云计算"、"互联网+"等高新技术。

5. 了解科学、技术与社会的关系，认识到技术产生的影响具有两面性。

（19）知道解决技术问题经常需要新的科学知识，新技术的应用常常会促进科学的进步和社会的发展。

（20）了解中国古代四大发明、农医天算，以及近代科技成就及其对世界的贡献。

（21）知道技术产生的影响具有两面性，而且常常超过了设计的初衷，既能造福人类，也可能产生负面作用。

（22）知道技术的价值对于不同的人群或在不同的时间，都可能是不同的。

（23）对于与科学技术相关的决策能进行客观公正的分析，并理性表达意见。

6. 树立生态文明理念，与自然和谐相处。

（24）知道人是自然界的一部分，热爱自然，尊重自然，顺应自然，保护自然。

（25）知道我们生活在一个相互依存的地球上，不仅全球的生态环境相互依存，经济社会等其他因素也是相互关联的。

（26）知道气候变化、海平面上升、土地荒漠化、大气臭氧层损耗等全球性环境问题及其危害。

（27）知道生态系统一旦被破坏很难恢复，恢复被破坏或退化的生态系统成本高、难度大、周期长。

7. 树立可持续发展理念，有效利用资源。

（28）知道发展既要满足当代人的需求，又不损害后代人满足其需求的能力。

（29）知道地球的人口承载力是有限的；了解可再生资源和不可再生资源，知道矿产资源、化石能源等是不可再生的，具有资源短缺的危机意识和节约物质资源、能源意识。

（30）知道开发和利用水能、风能、太阳能、海洋能和核能等清洁能源是解决能源短缺的重要途径；知道核电站事故、核废料的放射性等危害是可控的。

（31）了解材料的再生利用可以节省资源，做到生活垃圾分类堆放，以及可再生资源的回收利用，减少排放；节约使用各种材料，少用一次性用品；了解建筑节能的基本措施和方法。

8. 崇尚科学，具有辨别信息真伪的基本能力。

（32）知道实践是检验真理的唯一标准，实验是检验科学真伪的重要手段。

（33）知道解释自然现象要依靠科学理论，尊重客观规律，实事求是，对尚不能用科学理论解释的自然现象不迷信、不盲从。

（34）知道信息可能受发布者的背景和意图影响，具有初步辨识信息真伪的能力，不轻信未经核实的信息。

9. 掌握获取知识或信息的科学方法。

（35）关注与生活和工作相关知识和信息，具有通过图书、报刊和网络等途径检索、收集所需知识和信息的能力。

（36）知道原始信息与二手信息的区别，知道通过调查、访谈和查阅原始文献等方式可以获取原始信息。

（37）具有初步加工整理所获的信息，将新信息整合到已有的知识中的能力。

（38）具有利用多种学习途径终身学习的意识。

10. 掌握基本的数学运算和逻辑思维能力。

（39）掌握加、减、乘、除四则运算，能借助数量的计算或估算来处理日常生活和工作中的问题。

（40）掌握米、千克、秒等基本国际计量单位及其与常用计量单位的换算。

（41）掌握概率的基本知识，并能用概率知识解决实际问题。

（42）能根据统计数据和图表进行相关分析，做出判断。

（43）具有一定的逻辑思维的能力，掌握基本的逻辑推理方法。

（44）知道自然界存在着必然现象和偶然现象，解决问题讲究规律性，避免盲目性。

11. 掌握基本的物理知识。

（45）知道分子、原子是构成物质的微粒，所有物质都是由原子组成，原子可以结合成分子。

（46）区分物质主要的物理性质，如密度、熔点、沸点、导电性等，并能用它们解释自然界和生活中的简单现象；知道常见物质固、液、气三态变化的条件。

（47）了解生活中常见的力，如重力、弹力、摩擦力、电磁力等；知道大气压的变化及其对生活的影响。

（48）知道力是自然界万物运动的原因；能描述牛顿力学定律，能用它解释生活中常见的运动现象。

（49）知道太阳光由 7 种不同的单色光组成，认识太阳光是地球生命活动所需能量的最主要来源；知道无线电波、微波、红外线、可见光、紫外线、X 射线都是电磁波。

（50）掌握光的反射和折射的基本知识，了解成像原理。

（51）掌握电压、电流、功率的基本知识，知道电路的基本组成和连接方法。

（52）知道能量守恒定律，能量既不会凭空产生，也不会凭空消灭，只会从一种形式转化为另一种形式，或者从一个物体转移到其他物体，而总量保持不变。

12. 掌握基本的化学知识。

（53）知道水的组成和主要性质，举例说出水对生命体的影响。

（54）知道空气的主要成分；知道氧气、二氧化碳等气体的主要性质，并能列举其用途。

（55）知道自然界存在的基本元素及分类。

（56）知道质量守恒定律，化学反应只改变物质的原有形态或结构，质量总和保持不变。

（57）能识别金属和非金属，知道常见金属的主要化学性质和用途。知道金属腐蚀的条件和防止金属腐蚀常用的方法。

（58）能说出一些重要的酸、碱和盐的性质，能说明酸、碱和盐在日常生活中的用途，并能用它们解释自然界和生活中的有关简单现象。

13. 掌握基本的天文知识。

（59）知道地球是太阳系中的一颗行星，太阳是银河系内的一颗恒星，宇宙是由大量星系构成的；了解"宇宙大爆炸"理论。

（60）知道地球自西向东自转一周为一日，形成昼夜交替；地球绕太阳公转一周为一年，形成四季更迭；月球绕地球公转一周为一月，伴有月圆月缺。

（61）能够识别北斗七星，了解日食月食、彗星流星等天文现象。

14. 掌握基本的地球科学和地理知识。

（62）知道固体地球由地壳、地幔和地核组成，地球的运动和地球内部的各向异性产生各种力,造成自然灾害。

（63）知道地球表层是地球大气圈、岩石圈、水圈、生物圈相互交接的层面,它构成与人类密切相关的地球环境。

（64）知道地球总面积中陆地面积和海洋面积的百分比,能说出七大洲、四大洋。

（65）知道我国主要地貌特点、人口分布、民族构成、行政区划及主要邻国,能说出主要山脉和水系。

（66）知道天气是指短时段内的冷热、干湿、晴雨等大气状态,气候是指多年气温、降水等大气的一般状态;能看懂天气预报及气象灾害预警信号。

（67）知道地球上的水在太阳能和重力作用下,以蒸发、水汽输送、降水和径流等方式不断运动,形成水循环;知道在水循环过程中,水的时空分布不均造成洪涝、干旱等灾害。

15. 了解生命现象、生物多样性与进化的基本知识。

（68）知道细胞是生命体的基本单位。

（69）知道生物可分为动物、植物与微生物,识别常见的动物和植物。

（70）知道地球上的物种是由早期物种进化而来,人是由古猿进化而来的。

（71）知道光合作用的重要意义,知道地球上的氧气主要来源于植物的光合作用。

（72）了解遗传物质的作用,知道 DNA、基因和染色体。

（73）了解各种生物通过食物链相互联系,抵制捕杀、销售和食用珍稀野生动物的行为。

（74）知道生物多样性是生物长期进化的结果,保护生物多样性有利于维护生态系统平衡。

16. 了解人体生理知识。

（75）了解人体的生理结构和生理现象,知道心、肝、肺、胃、肾等主要器官的位置和生理功能。

（76）知道人体体温、心率、血压等指标的正常值范围,知道自己的血型。

（77）了解人体的发育过程和各发育阶段的生理特点。

（78）知道每个人的身体状况随性别、体重、活动,以及生活习惯而不同。

17. 知道常见疾病和安全用药的常识。

（79）具有对疾病以预防为主、及时就医的意识。

（80）能正确使用体温计、体重计、血压计等家用医疗器具，了解自己的健康状况。

（81）知道蚊虫叮咬对人体的危害及预防、治疗措施；知道病毒、细菌、真菌和寄生虫可能感染人体，导致疾病；知道污水和粪便处理、动植物检疫等公共卫生防疫和检测措施对控制疾病的重要性。

（82）知道常见传染病（如传染性肝炎、肺结核病、艾滋病、流行性感冒等）、慢性病（如高血压、糖尿病等）、突发性疾病（如脑梗塞、心肌梗塞等）的特点及相关预防、急救措施。

（83）了解常见职业病的基本知识，能采取基本的预防措施。

（84）知道心理健康的重要性，了解心理疾病、精神疾病基本特征，知道预防、调适的基本方法。

（85）知道遵医嘱或按药品说明书服药，了解安全用药、合理用药以及药物不良反应常识。

（86）知道处方药和非处方药的区别，知道对自身有过敏性的药物。

（87）了解中医药是中国传统医疗手段，与西医相比各有优势。

（88）知道常见毒品的种类和危害，远离毒品。

18.掌握饮食、营养的基本知识，养成良好生活习惯。

（89）选择有益于健康的食物，做到合理营养、均衡膳食。

（90）掌握饮用水、食品卫生与安全知识，有一定的鉴别日常食品卫生质量的能力。

（91）知道食物中毒的特点和预防食物中毒的方法。

（92）知道吸烟、过量饮酒对健康的危害。

（93）知道适当运动有益于身体健康。

（94）知道保护眼睛、爱护牙齿等的重要性，养成爱牙护眼的好习惯。

（95）知道作息不规律等对健康的危害，养成良好的作息习惯。

19.掌握安全出行基本知识，能正确使用交通工具。

（96）了解基本交通规则和常见交通标志的含义，以及交通事故的救援方法。

（97）能正确使用自行车等日常家用交通工具，定期对交通工具进行维修和保养。

（98）了解乘坐各类公共交通工具（汽车、轨道交通、火车、飞机、轮船等）的安全规则。

20. 掌握安全用电、用气等常识，能正确使用家用电器和电子产品。

（99）了解安全用电常识，初步掌握触电的防范和急救的基本技能。

（100）安全使用燃气器具，初步掌握一氧化碳中毒的急救方法。

（101）能正确使用家用电器和电子产品，如电磁炉、微波炉、热水器、洗衣机、电风扇、空调、冰箱、收音机、电视机、计算机、手机、照相机等。

21．了解农业生产的基本知识和方法。

（102）能分辨和选择食用常见农产品。

（103）知道农作物生长的基本条件、规律与相关知识。

（104）知道土壤是地球陆地表面能生长植物的疏松表层，是人类从事农业生产活动的基础。

（105）农业生产者应掌握正确使用农药、合理使用化肥的基本知识与方法。

（106）了解农药残留的相关知识，知道去除水果、蔬菜残留农药的方法。

22. 具备基本劳动技能，能正确使用相关工具与设备。

（107）在本职工作中遵循行业中关于生产或服务的技术标准或规范。

（108）能正确操作或使用本职工作有关的工具或设备。

（109）注意生产工具的使用年限，知道保养可以使生产工具保持良好的工作状态和延长使用年限，能根据用户手册规定的程序，对生产工具进行诸如清洗、加油、调节等保养。

（110）能使用常用工具来诊断生产中出现的简单故障，并能及时维修。

（111）能尝试通过工作方法和流程的优化与改进来缩短工作周期，提高劳动效率。

23．具有安全生产意识，遵守生产规章制度和操作规程。

（112）生产者在生产经营活动中，应树立安全生产意识，自觉履行岗位职责。

（113）在劳动中严格遵守安全生产规定和操作手册。

（114）了解工作环境与场所潜在的危险因素，以及预防和处理事故的应急措施，自觉佩戴和使用劳动防护用品。

（115）知道有毒物质、放射性物质、易燃或爆炸品、激光等安全标志。

（116）知道生产中爆炸、工伤等意外事故的预防措施，一旦事故发生，能自我保护，并及时报警。

（117）了解生产活动对生态环境的影响，知道清洁生产标准和相关措施，具有监督污染环境、安全生产、运输等的社会责任。

24. 掌握常见事故的救援知识和急救方法。

（118）了解燃烧的条件，知道灭火的原理，掌握常见消防工具的使用和在火灾中逃生自救的一般方法。

（119）了解溺水、异物堵塞气管等紧急事件的基本急救方法。

（120）选择环保建筑材料和装饰材料，减少和避免苯、甲醛、放射性物质等对人体的危害。

（121）了解有害气体泄漏的应对措施和急救方法。

（122）了解犬、猫、蛇等动物咬伤的基本急救方法。

25. 掌握自然灾害的防御和应急避险的基本方法。

（123）了解我国主要自然灾害的分布情况，知道本地区常见自然灾害。

（124）了解地震、滑坡、泥石流、洪涝、台风、雷电、沙尘暴、海啸等主要自然灾害的特征及应急避险方法。

（125）能够应对主要自然灾害引发的次生灾害。

26. 了解环境污染的危害及其应对措施，合理利用土地资源和水资源。

（126）知道大气和海洋等水体容纳废物和环境自净的能力有限，知道人类污染物排放速度不能超过环境的自净速度。

（127）知道大气污染的类型、污染源与污染物的种类，以及控制大气污染的主要技术手段；能看懂空气质量报告；知道清洁生产和绿色产品的含义。

（128）自觉地保护所在地的饮用水源地；知道污水必须经过适当处理达标后才能排入水体；不往水体中丢弃、倾倒废弃物。

（129）知道工业、农业生产和生活的污染物进入土壤，会造成土壤污染，不乱倒垃圾。

（130）保护耕地，节约利用土地资源，懂得合理利用草场、林场资源，防止过度放牧，知道应该合理开发荒山荒坡等未利用土地。

（131）知道过量开采地下水会造成地面沉降、地下水位降低、沿海地区海水倒灌；选用节水生产技术和生活器具，知道合理利用雨水、中水，关注公共场合用水的查漏塞流。

（132）具有保护海洋的意识，知道合理开发利用海洋资源的重要意义。

# 附录13 "十三五"国家科普和创新文化建设规划

《"十三五"国家科普和创新文化建设规划》依据《中华人民共和国国民经济和社会发展第十三个五年规划纲要》、《国家创新驱动发展战略纲要》,实施《中华人民共和国科学技术普及法》,完成《国家中长期科学和技术发展规划纲要(2006—2020年)》、《全民科学素质行动计划纲要(2006—2010—2020年)》、《"十三五"国家科技创新规划》确定的科学普及和创新文化建设的相关任务编制,主要明确"十三五"时期科普和创新文化建设的指导思想、发展目标、重点任务和主要措施,是国家在科普和创新文化建设领域的专项规划,是指导我国科普和创新文化建设的行动指南。

## 一、形势与需求

科技创新和科学普及是实现创新发展的两翼。"十二五"期间,党和国家高度重视科学技术普及和创新文化建设工作,政府科普工作协调机制发挥积极作用,社会各界广泛参与,科普活动广泛开展,创新文化建设深入推进,我国科普事业和创新文化建设取得了显著成效。

### (一)科普和创新文化建设成效显著

一是公众科学素质和创新文化意识不断提升,据测算,我国公众具备基本科学素质的比例达到6.2%,实现了"十二五"科普规划确定的超过5%的目标。二是科普人才队伍持续增长,全国共有科普人员205.38万人,每万人口拥有科普人员14.94人,分别比2010年增长17.27%和14.40%。三是科普经费投入稳定提高,科普经费来源渠道仍以政府为主。全社会科普经费筹集额141.2亿元,比2010年增长41.88%;政府拨款占75.54%,比2010年的68.42%提高了近7个百分点。全国人均年科普专项经费 4.63 元，比 2010 年增长 77.39%。四是科普场馆建设力度加强，全国共有科技馆和科学技术类博物馆 1258 个，比 2010 年增长 41.35%；参观人数共计 15206.21 万人次，比 2010 年增长 61.15%。每万人口拥有科普场馆面积 74.8 平方米，比 2010 年增长 101%。五是科普传播形式日趋多样，科普图书、科普期刊、广播电视科普栏目等传统传播形式保持稳定，以移动互联为代表的新媒体迅猛增长，成为科学传播的重要平台，全国科普网站达到 2612 个，比 2010 年增长 22.80%。六是群众性科技活动成效显著，公众年度参与科普活动人数超过 6.22 亿人次，向公众开放开展科普活动的科研机构和大学数量超过 7241 个，比 2010 年增长 43.81%。七是创新文化环境正在形成，营造鼓励创新、宽容失败、开放包容的创新文化成为社会共识；关注创新、服务创新、支持创新、参与创新的良好社会风尚初步树立，大众创新创业渐成潮流。

科普工作和创新文化建设虽然取得了显著成效，但仍然存在一些突出问题和不足。科技创新与科学普及"一体两翼"不平衡，各级政府对科普工作重视不够，重科研、轻科普，科普与科研脱节现象仍然存在。公民科学素质总体水平较低，城乡和区域差别较大，难以适应经济社会快速发展的需要。科普产品研发能力弱，科普作品创作水平不高，基础设施建设不均衡，科普服务能力不强，展陈和传播内容同质化、单一化现象较为突出，科普供给侧未能满足公众快速增长的多元化、差异化需求，特别是面向劳动者和老年人的科普成效不高。对公众关注的热点问题和前沿科学技术最新进展快速响应不足，权威发声不够，应急科普机制不健全。运用市场化手段广泛调动社会力量参与科普的机制亟待完善，社会化、市场化、常态化、泛在化的科普工作局面尚未形成。全社会的创新文化氛围尚不浓厚，崇尚创新的价值取向仍未牢固确立，质疑探究、勇于创新的风气尚未全面形成，鼓励创新、宽容失败的体制机制保障尚未到位，评价激励制度滞后于创新发展的要求，科技人才创新创业活力亟待充分激发，企业创新的内在动力不足。

**（二）科普和创新文化建设面临新需求**

"十三五"是全面建成小康社会的决胜阶段，也是进入创新型国家行列的冲刺阶段，对科普工作和创新文化建设提出了新的更高要求。实施创新驱动发展战略，适应和引领经济发展新常态，实现经济发展动力转换、结构优化、速度变化，不仅需要提升科技创新能力，还需要强化创新文化氛围，推进大众创业、万众创新，把科技创新的成果和知识为全社会所掌握、所应用；普遍提高人民生活水平和质量，实现贫困人口全面脱贫，提升社会文明程度，改善生态环境质量，需要进一步在全社会弘扬科学精神、普及科学知识，大幅度提升公民科技意识和科学素质，提高公民解决实际问题和参与公共事务的能力。

面对新形势新需求，"十三五"科普和创新文化建设工作要与时俱进、开拓创新，努力实现以下转变：在科普工作对象上，由重点面向青少年群体向面向包含劳动者、老年人和贫困落后地区群众的全体公众转变；在科普产品供给上，由增加数量规模向更加注重结构优化、质量提升转变；在科普内容上，由"低幼化"的一般科学技术知识向更加注重弘扬科学精神、掌握科学方法、传承中华优秀传统文化、普及新技术新成果转变；在传播方式上，由传统媒体传播、场馆展示为主向传统媒体和新媒体融合和互动转变；在科普工作方式上，由政府主导抓重大科普示范活动向政府引导、全社会参与的常态化、经常性科普转变；在科普工作发展上，由重点开展公益性事业科普向统筹做好公益性科普事业与经营性科普产业转变；在创新文化建设上，由重点优化科研环境为主向营造全社会的创新创业环境和建立健全创新激励政策体系转变。

## 二、指导思想与发展目标

### （一）指导思想

全面贯彻党的十八大和十八届三中、四中、五中、六中全会精神，认真学习贯彻习近平总书记系列重要讲话精神和治国理政新理念、新思想、新战略，树立和贯彻创新、协调、绿色、开放、共享发展理念和"四个全面"战略布局，扎实推进创新驱动发展战略，坚持政府引导、社会参与、市场运作，以提升公民科学素质、加强科普能力和创新文化建设为重点，大力推动科普工作的多元化投入、常态化发展，切实提升科普产品、科普服务的精准、有效供给能力和信息化水平，进一步完善科普政策法规体系，着力培育创新文化生态环境，充分激发全社会创新创业活力，为全面建成小康社会、建设创新型国家和世界科技强国奠定坚实的社会基础。

### （二）发展目标

到2020年，科学精神进一步弘扬，创新创业文化氛围更加浓厚，以青少年、农民、城镇劳动者、领导干部和公务员、部队官兵等为重点人群，按照中国公民科学素质基准，以到2020年我国公民具备科学素质比例超过10%为目标，广泛开展科技教育、传播与普及，提升全民科学素质整体水平。国家科普研发、创作能力和科学传播水平显著提高，科普基础设施体系基本形成，科普基地布局更加合理，科普体制机制进一步优化，公益性科普事业和经营性科普产业统筹协调发展，关注创新、服务创新、支持创新、参与创新的良好社会氛围基本形成。具体目标为：

——公民具备科学素质的比例超过10%，力争比"十二五"提高5个百分点。

——科普投入显著提高。完善多元化投入机制，企业、社会团体、个人等成为科普投入的重要组成。

——科普作品的原创能力、传播水平和科普展教品研发能力达到中等发达国家水平。

——形成门类齐全、布局合理、特色鲜明的科普基础设施体系，力争达到每60万人口拥有一个科普场馆。建设一批国家科普示范基地，国家特色科普基地形成体系。

——创新文化氛围基本形成。公众创新意识明显增强，面向公众传播科学精神和培育创新文化的机制基本建成，在全社会形成科学、理性、求实、创新的价值导向。

## 三、重点任务

根据指导思想和发展目标，"十三五"期间重点开展以下任务：

### （一）提升重点人群科学素质

加快实施全民科学素质行动计划，以青少年、农民、城镇劳动者、领导干部和公务员、部队官兵等为重点人群，以青少年、城乡劳动者科学素质提升为着力点，开展《中国公民科学素质基准》的宣贯实施，全面推进公民科学素质整体水平的跨越提升，特别关注少数民族、贫穷、边远、落后地区群众科学素质的提升，缩小城乡和区域差别，提高公民解决实际问题和参与公共事务的能力，保障全面建成小康社会。

1. 提高青少年科学素质。结合普及义务教育，以增强创新意识、学习能力和实践能力为主，完善基础教育阶段的科学教育。鼓励中小学建立跨学科的科学技术实践创新中心，积极开展研究性学习与科学实践、社会服务与社会实践活动。以培养劳动技能为主，加强中等职业学校科技教育，推动科技教育与创新创业实践进课堂进教材,系统提高学生科学意识、创新精神和实践能力;以提升创新创业能力为主,完善高等教育阶段的科技教育,鼓励在校大学生开展创新性实验、创业训练和创业实践。充分发挥现代信息技术在科技教育和科普活动方面的积极作用,大力开展线上线下相结合的青少年科普活动。发挥非正规教育的促进作用,促进学校科技教育和校外科普活动的有效衔接。

2. 提高劳动者科学文化素质。大力开展农业科技教育培训,全方位、多层次培养新型职业农民和农村实用技术人才。广泛开展形式多样的农村科普活动,大力普及绿色发展、安全健康、节约资源、耕地保护、防灾减灾等科技知识和观念,传播科学理念,反对封建迷信,帮助农民养成科学健康文明的生产生活方式。加强农村科普公共服务体系建设,提升乡镇村寨科普服务能力。创新教育渠道和载体,推动建立公益性培训制度。将普及实用技术与提高农民科学素质结合起来,加强农村科普信息建设,探索培养新型职业农民的多种途径,开展针对性强、务实有效的农业科技培训,鼓励和支持农民创新创业。加大对革命老区、少数民族地区、边疆地区和贫困地区科普工作的精准帮扶,大力提高农村妇女和留守人群的科学素质。继续实施农业从业人员培训,鼓励职业院校,根据就业市场需求和企业岗位实际要求,参与开展对进城务工人员、农村转移就业劳动者的订单式或定岗培训,提高其职业技能水平和适应城市生活的能力。开展各种形式的职业培训、继续教育、技能竞赛和经常性科普活动,提高城镇劳动者科学素质和职业技能,更好地适应经济社会和自身发展的要求。依托街道、社区公共服务场所和设施,建立创新创业场所,提升社区科普能力和创业服务水平,提升居民应用科学知识解决实际问题、改善生活质量、应对突发事件的应变能力,促进居民形成科学文明健康的生活方式。开展老年人科技传播与科普服务,促进健康养老、科学养老。

3. 提高领导干部科学决策和管理水平。把科技教育作为领导干部和公务员培训的重要内容,突出科技知识和科学方法的学习培训,注重科学思想、科学精神的培养。引导领导干部和公务员不断提升科学管理能力和科学决策水平。积极利用网络化、智能化、数字化等教育培训方式,扩大优质科普信息覆盖面,满足领导干部和公务员多样化学习需求。提高领导干部和公务员的科技意识、科学决策能力、科学治理水平和科学生活素质。不断完善领导干部考核评价机制,在领导干部考核和公务员录用中体现科学素质的要求。制定并不断完善领导干部和公务员科学素质监测、评估标准。广泛开展针对领导干部和公务员的科技讲座、科普报告等各类科普活动。

4. 提高部队官兵科学素质。着眼科技强军目标，完善军队科普工作体系，加强军队科普能力建设。开展适合官兵特点的科普活动，传播科技知识，培养科学思想和科学精神。针对使命任务需求，培训科学理论和科学方法，提升官兵打赢信息化战争能力。

**（二）加强科普基础设施建设**

完善国家科普基础设施体系，大力推进科普信息化，实施科普基础设施建设工程，依托现有资源，因地制宜建设一批国家科普示范基地和国家特色科普基地，充实拓展专业特色科普场馆和基层科普基础设施，提高科普基地的教育、服务能力和水平，支持和推动有条件的科研机构、科研设施、高等学校和企业向公众开放，开展科普活动，提高科普基本服务能力和水平，建立国家科普基地评估评价机制和指标体系。

1. 加强科普场馆设施建设。推进科普基础设施的系统布局，建立以实体科技馆（科技类博物馆）为基础，流动科技馆（科技类博物馆）、学校科技馆、数字科技馆、科普大篷车为延伸，辐射基层科普设施的中国特色现代科技馆体系。支持部门、地方建设适应需求、各具特色的科普基地。进一步优化布局和结构，推动中西部地区和地市级科普基础设施的建设，缩小地区差距。推动有条件的企事业单位、社会团体因地制宜建设一批具有产业、领域或学科特色的专题科普设施。结合基层公共服务设施，统筹建设街道（乡镇）、行政村、社区科技创新（操作）室、科普活动站（室、中心）、科技图书室、科普画廊等基层科普场所。

2. 推进国家科普基地建设。按照需求导向、合理布局、特色鲜明的原则，推进国家科普示范基地和国家特色科普基地建设。依托大科学工程、大科学装置、国家（重点）实验室、重大科研试验场所等现有国家高端科技资源，以及部门、地方和企业带动性、示范性强的科普场所，选择条件成熟的建立国家科普示范基地和特色科普基地，面向公众或特定群体开展科普活动，提升其科技教育与科普服务的示范、带动作用。新建国家重大科研设施要充分考虑科普功能，同步规划、同步设计、同步建设。

3. 提升科普基本服务能力。加强基层科普服务能力建设的内容，着力提高各级各类科普基地、机构的服务能力、水平和成效，推动青少年宫、妇女儿童活动中心、文化宫、图书馆、实体书店、农家书屋、社区阅读中心等增加科普与服务功能；引导海洋馆、野生动物园、主题公园、自然保护区、森林公园、地质公园、动植物园等增强科普与服务功能；支持中小科普场馆充实展教内容，为中小科普场馆提供技术支持和人员培训服务，提高其业务水平；鼓励和支持科普基地结合自身优势，开展进农村、进校园、进社区、进企业、进军营科普活动。加强"流动科技馆（科技类博物馆）"建设，为乡镇学校、特别是边远贫困地区、革命老区、少数民族地区提供科普服务。

**（三）提高科普创作研发传播能力**

实施科普创作研发提升工程，综合运用政府鼓励、市场激励等手段，激发创作研发活力，推出一批高水平、高品质、多元化的科普作品和产品。实施科技传播能力提升工程，加强科技传播体系建设，充分激发传统媒体的科技传播活力，大力推进新媒体、自媒体等基于移动互联的"互联网+科普"新技术、新形式的运用，拓展科学技术普及速度、广度、深度，满足社会、公众对生产、生活中相关知识的迫切需求。

1. 提升科普原创能力。加强科普创作人才培养，推动科研人员和文艺工作者的跨界合作。以多元化投资和市场化运作的方式，加大对优秀科普原创作品以及科普创作重要选题的资助，产生一批水平高、社会影响力大的国产原创科普精品。制定科幻创作支持措施，推动我国科幻作品创作与生产进入国际一流水平。支持科普游戏开发，加大传播推广力度。开展全国优秀科普作品、影视、微视频、微电影、动漫的评选推介等活动，推动优秀作品在广播电台、电视台、院线、科普场馆、门户网站等进行播放，扩大科普作品的影响力。以作品征集、推介、评奖等方式，加大对优秀原创科普作品的扶持、奖励力度，激发社会各界人士从事科普作品创作的热情。

2. 增强展品研发能力。鼓励科普机构、科研机构、产学研中心等建立科普产品研发中心，提高科普产品的原始创新能力。建设一批科普影视、科普出版、科普动漫、科普创意等科普创作、研发示范试点。着力增强产品研发团队的能力建设，推动最新科技创新成果向科普产品的转化，支持科普展品（展教具）的研究开发，引导社会力量投身科普展教品研发工作。

3. 提升传统媒体传播力度。引导中央及地方主要新闻媒体加大科普宣传力度，加强科普宣传载体建设，继续发挥好广播电视的传播作用，制作播出贴近生活、丰富多彩、形式多样的科普节目，打造吸引力强、参与度高、受众面广的科普品牌栏目。促进出版单位增加各类科普出版物的品种，提高质量，扩大发行量，综合类和行业类报纸、期刊增加科普栏目的数量和版面。推动各类大众传播机构参与科普作品的创作与制作，加大对重大科技成果、事件、人物及社会热点的宣传力度。

4. 推进科普信息化建设。促进信息技术与科技教育、科普活动融合发展，实现科普理念、科普内容、传播方式、运行和运营等服务模式的不断创新。重视"互联网+科普"科技传播，以科普的内容信息、服务云、传播网络、应用端为核心，构建科普信息化服务体系。创新基于互联网的科普传播方式和载体，充分发挥微博、微信、移动客户端APP等新媒体即时、快速、便捷的传播优势，提高科学传播的吸引力和渗透力。开发一批内容健康、形式活泼、高科技含量的网络科普产品，大力发展网络虚拟科普、数字科普。鼓励和支持重点门户网站、政府网站和新闻网站开设科普专栏，建设网上科普展厅，培育和扶植若干吸引力强的品牌科普网站，促进网站之间开展科技传播交流与合作，提升网络科学传播广度和深度。

5. 创新科学传播方式。创新科普讲解方式，提升科普讲解水平，增强科学体验效果。借助信息技术、特别是互联网技术的发展，实现科学传播方式的创新，推进科普讲解的规范化、标准化，开展科普讲解竞技活动，提高讲解能力和技巧。促进科普展览内容和展览形式的创新，倡导快乐科普理念，增强参与、互动、体验内容。大力应用VR（虚拟现实）、AR（增强现实）、MR（混合现实）技术，开发科普互动展品、产品，丰富科普内容和传播方式。

**（四）加强重点领域科普工作**

建立起经常性与应急性相结合的科普工作机制，做好重点领域常态化科普工作，加强社会热点和突发事件的应急科普工作。

1. 做好重点领域科普。围绕信息技术、生物、航天、航空、核、海洋、高端装备制造、新能源、新材料、健康等高新技术产业和战略新兴产业开展形式多样的科普工作，提高公众对战略性新兴产业的认知水平，为产业转型升级，促进经济保持中高速增长奠定良好群众基础。

2. 及时开展应急科普。普及绿色低碳、生态环保、防灾减灾、科学生活、安全健康、节约资源、应急避险、网络安全等知识，针对环境污染、重大灾害、气候变化、食品安全、传染病、重大公众安全等群众关注的社会热点问题和突发事件，及时解读，释疑解惑，做好舆论引导工作。结合重大热点科技事件，组织传媒与科学家共同解读相关领域科学知识，引导公众正确理解和科学认识社会热点事件。对涉及公众健康和安全的工程项目，建立面向公众的科学听证制度，扩大公众对重大科技决策的知情权和参与能力。

3. 发挥品牌活动示范。继续组织实施好"科技活动周"、文化科技卫生"三下乡"、"公众科学日"、"中国航天日"、"科普日"、"院士专家科普巡讲"、"科技列车行"、"科学使者校园行"、"航海日"等品牌科普活动。针对新时期群众性科技活动特点，创新活动手段、丰富活动内容、提升活动效果，使这些活动在时间上延续、在空间上拓展。结合世界地球日、环境日、海洋日、气象日、国际博物馆日等国际纪念日，以及我国传统节日、防灾减灾日、安全生产月、文化和自然遗产日等，组织开展形式多样、各具特色的主题科普活动。针对新时期农民对科技的需求，创新科普服务的载体和方式，拓展服务的渠道和范围，提升科普服务的水平和质量，深入广泛开展科技特派员、科技入户、科技110、科技专家和致富能手下乡等农村科普活动。鼓励有条件的农村职业学校、成人教育机构、中小学建立科普实验室、科技创新（操作）室、创新屋，使科技人员、科技活动常下乡、常在乡。

4. 提升科普服务能力。推动科技馆、博物馆、少年宫、图书馆、文化馆、基层综合性文化服务中心、公园、动植物园、自然风景区等面向公众开展贴近生产、生活的经常性科普活动，增强科技吸引力，提升科普服务效果。及时通过科普讲座、科普讲解、科学实验演示等方式向社会宣传前沿科技知识，实现高端科技资源科普化。推动高新技术企业、军工企业对公众或特定人员开放研发机构、生产设施，组织开展各种观摩体验活动，让公众近距离感受现代制造业和现代服务业的科技含量。充分利用科普活动站（室）、科普宣传栏、流动科技馆等多种载体，采用群众喜闻乐见的形式，以普及知识、更新观念和传授技能为重点，切实加强对基层，特别是贫困、边远地区群众的科普服务能力。

5. 加强少数民族科普。针对少数民族地区特点，根据少数民族群众对科技的需求，开展适合少数民族特点的双语科普活动，创作、编印制作少数民族文字或双语科普作品。加强流动科普服务队、科普大篷车、流动科技馆建设，将科普服务延伸到少数民族集聚点、流动居住地等。结合少数民族传统节日开展科普志愿服务活动。

**（五）推动科普产业发展**

1. 促进科普产业发展。以公众科普需求为导向，以多元化投资和市场化运作的方式，推动科普展览、科技教育、科普展教品、科普影视、科普书刊、科普音像电子出版物、科普玩具、科普旅游、科普网络与信息等科普产业的发展。鼓励建立科普园区和产业基地，研究制定科普产业相关技术标准和规范，培育一批具有较强实力和较大规模的科普设计制作、展览、服务企业，形成一批具有较高知名度的科普品牌。

2. 培育科普产品市场。打造科普产品研发、生产、推广、金融全链条对接平台，大力培育科普企业，开发科普新产品，促进科普产业聚集，增强市场竞争力。鼓励举办科普产品博览会、交易会，建设科普产品市场和交易平台，加大对重点科普企业产品的政府采购力度。

3. 开发科普旅游资源。科普场馆、科普机构等加强与旅游部门的合作，提升旅游服务业的科技含量，开发新型科普旅游服务，推荐精品科普旅游线路，推进科普旅游市场的发展。旅游服务设施要发挥科普功能，开发和充实旅游景区（点）、乡村旅游点等旅游开放场所的科普内容，制定科普旅游设施与服务标准与规范。探索新型的科普旅游形式，满足公众对科普旅游日益增长的社会需求。

4. 促进创新创业与科普结合。推进科研与科普的结合，在国家科技计划项目实施中进一步明确科普义务和要求，项目承担单位和科研人员要主动面向社会开展科普服务。促进创业与科普的结合，鼓励和引导众创空间等创新创业服务平台面向创业者和公众开展科普活动。推动科普场馆、科普机构等面向创新创业者开展科普服务。鼓励科研人员积极参与创新创业服务平台和孵化器的科普活动，支持创客参与科普产品的设计、研发和推广。

**（六）营造鼓励创新的文化环境**

营造崇尚创新的文化环境，加快科学精神和创新价值的传播塑造，动员全社会更好理解和投身科技创新。营造鼓励探索、宽容失败和尊重人才、尊重创造的氛围，加强科研诚信、科研道德、科研伦理建设和社会监督，培育尊重知识、崇尚创造、追求卓越的创新文化。

1. 大力弘扬科学精神。紧紧围绕培育弘扬社会主义核心价值观，把弘扬科学精神作为社会主义先进文化建设的重要内容。大力弘扬求真务实、勇于创新、追求卓越、团结协作、无私奉献的科学精神。鼓励学术争鸣，激发批判思维，提倡富有生气、不受约束、敢于发明和创造的学术自由。引导科技界和科技工作者强化社会责任，报效祖国，造福人民，在践行社会主义核心价值观、引领社会良好风尚中率先垂范。

坚持制度规范和道德自律并举原则，建设教育、自律、监督、惩治于一体的科研诚信体系。积极开展科研诚信教育和宣传。完善科研诚信的承诺和报告制度等，明确学术不端行为监督调查惩治主体和程序，加强监督和对科研不端行为的查处和曝光力度。实施科研严重失信行为记录制度，对于纳入严重失信记录的责任主体，在项目申报、职位晋升、奖励评定等方面采取限制措施。发挥科研机构和学术团体的自律功能，引导科技人员加强自我约束、自我管理。加强对科研诚信、科研道德的社会监督，扩大公众对科研活动的知情权和监督权。倡导负责任的研究与创新，加强科研伦理建设，强化科研伦理教育，提高科技工作者科研伦理规范意识，引导企业在技术创新活动中重视和承担保护生态、保障安全等社会责任。

2. 增进科技界与公众互动互信。加强科技界与公众的沟通交流，塑造科技界在公众中的良好形象。在科技规划、技术预测、科技评估及科技计划任务部署等科技管理活动中扩大公众参与力度，拓展有序参与渠道。围绕重点热点领域积极开展科学家与公众对话，通过开放论坛、科学沙龙、科学咖啡馆、科学之夜和展览展示等形式，创造更多科技界与公众交流的机会。加强科技舆情引导和动态监测，建立重大科技事件应急响应机制，抵制伪科学和歪曲、不实、不严谨的科技报道。

3. 培育企业家精神与创新文化。大力培育中国特色创新文化，增强创新自信，积极倡导敢为人先、勇于冒尖、宽容失败的创新文化，形成鼓励创新的科学文化氛围，树立崇尚创新、创业致富的价值导向，大力培育企业家精神和创客文化，形成吸引更多人才从事创新活动和创业行为的社会导向，使谋划创新、推动创新、落实创新成为自觉行动。引导创新创业组织建设开放、平等、合作、民主的组织文化，尊重不同见解，承认差异，促进不同知识、文化背景人才的融合。鼓励创新创业组织建立有效激励机制，为不同知识层次、不同文化背景的创新创业者提供平等的机会，实现创新价值的最大化。鼓励建立组织内部众创空间等非正式交流平台，为创新创业提供适宜的软环境。加强科技创新宣传力度，报道创新创业先进事迹，树立创新创业典型人物，进一步形成尊重劳动、尊重知识、尊重人才、尊重创造的良好风尚。

4. 优化有利于创新的科研环境。改进高等院校、科研院所评价标准，实行科技人才分类评价，对从事不同科研活动的人员采取不同的评价指标与方法。倡导百家争鸣、百花齐放的学术研究氛围，学术研究中要尊重科学家个性，鼓励敢于冒尖，质疑探索。加强批判性思维和创新创业教育，在全社会形成鼓励创造、追求卓越的价值导向，推动创新成为民族精神的重要内涵。营造宽松包容的科研氛围，保障科研人员学术自由。充分发挥学术共同体的作用，鼓励不同领域和组织的学者合作创新。促进公众了解创新环境和创业历程，承认创新价值。创新投资意识和投融资手段，健全适合创新创业特点的收益分配、风险投资和社会保障体系，发展众创空间、创新工场、创业咖啡、创业集训营等多种形式的创业辅导场所。引导创业组织加强内部创新文化建设，形成开放、平等、民主的组织文化。

**（七）积极开展国际交流与合作**

加强科普和创新文化的国际交流与合作。学习国外先进科普理念，引进先进的展教用品等优质科普资源；支持优秀的科普展品、作品走出去。搭建科普和创新文化的国际交流合作平台，合作举办国际或区域性科普和创新文化活动。

1. 加强国家科普资源合作共享。拓展与发达国家科普交流与合作的渠道和领域，在国际科技合作交流中增加科普内容。鼓励学会、协会、研究会等与国外深入开展科普交流与合作。引进国外先进的科普展教用品及优秀的图书、音像电子出版物等科普资源，支持与国际知名科普研发机构合作。支持优秀科普展品、作品走向世界。加强创新文化、多元文化融合等相关主题的合作交流。借鉴发达国家科普和创新文化建设成功经验。

2. 促进"一带一路"沿线国家交流合作。合作举办科技竞赛、青少年科普交流考察活动。开展"一带一路"沿线国家科普人员的交流和培训合作，促进科普展品互展活动。加强创新文化建设交流，相互借鉴创新文化建设的成功经验和做法。推进举办"一带一路"国际科学节等活动。

3. 深化"海峡两岸及香港、澳门"科普和创新文化合作。加强内地与港澳台地区的科普展教具交流与互展活动，合作开展各种主题的科技活动周、科学节等群众性科技活动，继续支持澳门特别行政区办好科技活动周。开展科普夏令营、冬令营、科普乐园等青少年科普交流活动。

**（八）加强国防科普能力建设**

加强国防科普力量体系建设，完善政策法规和工作机制；加强军地协调配合，提高国防科普创作、研发和传播能力；发挥国防科普资源、科普作品作用，普及国防科技知识，提高国防观念和科学素质，更好地为国防和军队现代化建设服务。

1. 面向全民普及国防科技知识。弘扬国防精神和科学精神，提高公众国防观念和科学素质，激发爱国热情，使其关心和支持国防建设，更好地为国防和军队现代化建设服务。

2. 开展科普进军营等各类活动。组织部队官兵参观科研机构、科普场馆、科普基地，组织科普工作者、流动科普设施进军营，开展多种形式的科普活动，提高部队官兵科学素质。

## 四、主要措施

加强组织领导，明确分工责任，强化规划实施中的协调管理，形成规划实施的合力与相关制度保障。

### （一）健全组织领导协调机制

在全国科普工作联席会议制度的组织协调下，建立相关部门、各地方协同推进的规划实施机制。建立健全部门联席、军民融合、省市联动、媒体合作、专家协作的常态化科普协调机制和应急科普工作机制，统筹协调科技传播与科普服务工作。相关部门、各地方应依据本规划，结合实际，强化相关部门、地方科普和创新文化规划部署，做好与规划主要目标的衔接。充分调动和激发社会各界的积极性，广泛动员各方力量，共同推动规划顺利实施。

### （二）完善科普发展政策法规

落实支持科普发展的税收优惠政策，制定加强科普能力建设的具体措施，提高科普场馆研发和展教水平。研究制定国家科普基地建设管理办法，规范评价评估标准，加强对科普基地建设的引导和规范管理。研究制定科普产业相关技术标准，推动科普产业享受高新技术产业、创意产业和文化产业的相关优惠政策。各地政府应完善财政投入机制，为科普和创新文化建设目标的实现提供支撑。广泛吸纳境内外企业、机构、个人的资金和物资，支持科普和创新文化活动。建立政府公共科普服务平台，培育创新文化环境。

### （三）落实重点任务分工

细化落实本规划提出的主要目标和重点任务，建立规划重点任务、主要措施的分工实施方案，与规划任务内容对标并进行审查。健全部门之间、中央与地方之间、军地之间的科普工作沟通协调机制，加强不同任务间的有机衔接，确保规划提出的各项任务落到实处。

**（四）加强规划实施监测评估**

开展《科普法》执法检查，强化政府部门科普工作的责任和义务，依据《中国公民科学素质基准》开展公民科学素质测评工作。开展规划实施情况的动态监测和第三方评估，把监测和评估结果作为改进政府科普和创新文化管理工作的重要依据。将科普绩效纳入科研人员职称评定、国家科技计划项目考核。推进区域科普发展指数评价，实现政府对科普事业发展及公民科学素质的有效监测。建立创新文化评价考核体系，引导创新文化持续健康发展。定期发布国家科普和创新文化相关统计数据，为科普能力建设和创新文化培养提供权威大数据平台。加强宣传引导，调动和增强社会各方面落实规划的主动性、积极性。加快完善包容创新的文化环境，形成人人崇尚创新、人人渴望创新、人人皆可创新的社会氛围。

# 附录14  2017年全国科普讲解大赛优秀讲解人员名单

为深入贯彻实施创新驱动发展战略，按照科技部、中央宣传部、中国科协《关于举办2017年科技活动周的通知》要求，全国科技活动周组委会组织举办了以"科技强国　创新圆梦"为主题的"2017年全国科普讲解大赛"，主要目的是贯彻落实习近平总书记在全国科技创新大会上关于"科技创新、科学普及是实现创新发展的两翼，要把科学普及放在与科技创新同等重要位置"的重要指示精神，通过大赛在全社会广泛普及科学知识，弘扬科学精神，传播科学思想，倡导科学方法，动员全社会主动支持、积极投身建设世界科技强国的伟大实践。

1. 汪晶晶——"二维码"的前世今生，武警部队代表队
2. 杨志鹏——走进人工智能，国家民委代表队
3. 田青云——"谁带走了夏？"，上海代表队
4. 信欣——"雨和雪的罗生门"，气象局代表队
5. 陈倬——心脏复苏的新方法，北京代表队
6. 陈晓——"跑步会骨折吗？"，解放军代表队
7. 徐佳阳——"时间里的中国智慧——二十四节气"，内蒙古代表队
8. 纪碧丽——"群体免疫"的奥秘，广州代表队
9. 高翔——"舌尖上的伪装者"，卫生计生委代表队
10. 黄麒通——我们的"熟人"——发烧，上海代表队

11. 敖昊（公安部及武警）
12. 张智毅（厦门）
13. 曾红娟（北京）
14. 邴钟兴（卫生计生委）
15. 郭琳琳（黑龙江）3
16. 孙悦（天津）
17. 许明蕾（上海）
18. 刘放（解放军）
19. 王丽（重庆）
20. 栾天（黑龙江）
21. 宋文琦（天津）
22. 吴梓冰（广东）
23. 董潇（人民银行）
24. 陆佳裕（上海）
25. 孙嘉琦（解放军）
26. 赵洹琪（公安部及武警）
27. 邢玉婷（解放军）
28. 丁姿伊（浙江）
29. 刘兴华（广州）
30. 丁悦（北京）

31. 刘颖（河北）
32. 王玉冰（广东）
33. 刘坤佳（湖南）
34. 肖海燕（武警部队）
35. 杨秋玲（卫生计生委）
36. 漆梅（重庆）
37. 阮琳舒（云南）
38. 张雅声（解放军）
39. 雷钰菲（上海）
40. 谷乐（福建）
41. 张静（海南）
42. 孙海东（民航局）
43. 王子惠（食品药品监督管理总局）
44. 李介提（澳门）
45. 王艺颖（陕西）
46. 张薇（武警部队）
47. 栾天光（地震局）
48. 金子龙（上海）
49. 吴文超（广州）
50. 李晓丹（大连）
51. 刘晓东（气象局）
52. 牛雅琨（湖北）
53. 李家琪（厦门）
54. 唐海洋（成都）
55. 陈小兵（河南）
56. 唐虎（江苏）
57. 姚卫（西安）
58. 王志强（中医药局）
59. 金玉（黑龙江）
60. 吴年继（澳门）

61. 彭尧（天津）
62. 王梦圆（重庆）
63. 田晶（福建）
64. 马宏君（江苏）
65. 刘博（北京）
66. 杨鹤（气象局）
67. 郭雯（国土资源部）
68. 黄婧娴（公安部及武警）
69. 王彦林（湖南）
70. 安群飞（北京）
71. 康娜（内蒙古）
72. 陈德传（南京）
73. 马艺华（宁夏）
74. 蒋参（重庆）
75. 张薇薇（大连）

# 附录15  2017年全国优秀科普微视频作品名单

为深入贯彻党的十九大精神，以习近平新时代中国特色社会主义思想为指导，深入实施创新驱动发展战略，在全社会大力普及科学知识、弘扬科学精神，提高全民科学素养，落实《"十三五"国家科普和创新文化建设规划》确定的重点任务，科技部、中国科学院联合举办了2017年全国科普微视频大赛活动。活动得到了各地、各部门的积极响应，共收到中央、国务院部门、地方（省、自治区、直辖市及计划单列市、副省级城市）推荐和社会机构、个人自荐的381部作品。

科技部、中国科学院等对推荐和自荐的微视频作品进行了形式审查、网络评选，组织专家进行了独立评审，评出《黑洞》等100部微视频作品（名单附后），经公示无异议。现将这100部微视频作品作为2017年全国优秀科普微视频，向全社会推荐，并颁发荣誉证书。

一、地方、部门推荐作品（70部）

1.《黑洞》，中国科学院国家天文台制作，北京市推荐；

2.《植物寻香记》，中国科学院武汉植物园制作，中国科学院推荐；

3.《时间的印记》，黄洵杰制作，上海市推荐；

4.《风云气象卫星》，曹静等制作，广州市推荐；

5.《说能解源之走进能源》，中国科学院大连化学物理研究所制作，大连市推荐；

6.《食药安全手册——阿司匹林真是"神奇万能药"吗？》，国家食药监管总局新闻宣传中心制作，原国家食药监管总局推荐；

7.《能开放的金属花》，张芮等制作，天津市推荐；

8.《"数字敦煌"的前世今生》，苏海龙等制作，甘肃省推荐；

9.《两分钟了解中国"观云识天"史》，刘波等制作，中国气象局推荐；

10.《航空物探知多少》，熊盛青等制作，原国土资源部推荐；

11.《三分钟秒懂十个实验》，青微工作室等制作，共青团中央推荐；

12.《土沉香》，广西壮族自治区林业科学研究院《广西主要乡土珍贵树种系列科普影视作品创作》项目组制作，广西壮族自治区推荐；

13.《地质调查 100 问——可燃冰是个啥》，丁群安等制作，原国土资源部推荐；

14.《简牍到纸——书写载体的革命》，田建花等制作，原文化部推荐；

15.《地震那些事儿》，陈晓燕等制作，中国地震局推荐；

16.《安徽寻龙记之巢湖龙》，安徽省地质博物馆制作，安徽省推荐；

17.《导航君是如何实现定位的？》，安徽省地质博物馆制作，安徽省推荐；

18.《安详万年与齿同行》，四川大学华西口腔医院制作，四川省推荐；

19.《遥感技术》，孙学宏等制作，宁夏回族自治区推荐；

20.《搭建人体的钢筋水泥——走近锶的世界》，李倩等制作，山西省推荐；

21.《度量衡的前世今生》，李冰制作，黑龙江省推荐；

22.《走向深海》，中国科学院计算机网络信息中心等制作，中国科学院推荐；

23.《疫苗，陪伴孩子健康成长的守护神系列片（第二集）——生命有多重要，疫苗就有多重要》，黄瑞雪制作，湖南省推荐；

24.《我不是个"好"老师》，科技日报社等制作，科技部推荐；

25.《红色盛景——丹霞那些事》，罗雅丹等制作，湖南省推荐；

26.《气象主播喊个麦，双击没毛病!》，张茜等制作，中国气象局推荐；

27.《什么是个性化药物》，中国科学院上海药物研究所制作，中国科学院推荐；

28.《腾讯云小微——用声音连接物理世界》，腾讯云计算（北京）有限责任公司制作，工业和信息化部推荐；

29.《揭秘女儿国——干细胞技术或将实现同性生殖》，李天达等制作，原农业部推荐；

30.《青蒿素原料的资源再生研究》，李禾等制作，国家中医药管理局推荐；

31.《雷电的那些事》，成海民等制作，河北省推荐；

32.《雷电的那些事儿》，韦炜等制作，中国气象局推荐；

33.《速生鸡用了激素和抗生素吗？》，中国农业科学院农业质量标准与检测技术研究所制作，原农业部推荐；

34.《雾和霾的那些事》，刘波等制作，中国气象局推荐；

35.《岭南荔枝的科学》，朱才毅等制作，广州市推荐；

36.《PM$_{2.5}$的源解析》，陈永梅等制作，原环境保护部推荐；

37.《含水层破坏危害及其成因》，程国明等制作，原国土资源部推荐；

38.《妈妈再也不用担心我吃甜食了》，广西科技情报研究所制作，广西壮族自治区推荐；

39.《为了废墟下的生命》，周柏贾等制作，中国地震局推荐；

40.《你还在误解国产牛奶吗？》，中国农业科学院农业质量标准与检测技术研究所制作，原农业部推荐；

41.《吃花云南》，云南奥秘画报社有限公司制作，云南省推荐；

42.《风朗月清暮合紫禁》，故宫博物院制作，原文化部推荐；

43.《月宫一号》，姚智恺制作，工业和信息化部推荐；

44.《说走就走的旅行——病毒跨种传播》，陈逗逗等制作，中国科学院推荐；

45.《你知道转基因、转基因技术和转基因生物吗？》，中国农学会制作，原农业部推荐；

46.《从形态到基因中药鉴定学的"文艺复兴"》，李禾等制作，国家中医药管理局推荐；

47.《环境"监测员"——土壤动物》，娄悠猷等制作，上海市推荐；

48.《凤凰涅槃造化形气——揭秘湖南桐木岭遗址炼锌技术》，莫林恒等制作，国家文物局推荐；

49.《麻醉风云——三国篇》，潘振祥等制作，教育部推荐；

50.《为啥受伤的总是冬天？》，陈永梅等制作，原环境保护部推荐；

51.《敦煌艺术经典的科教阐释影片——舍身饲虎》，陈海涛等制作，国家文物局推荐；

52.《寻找暗物质》，赵文跃制作，上海市推荐；

53.《电池的起源》，高昕等制作，中国科学院推荐；

54.《一分钟带你了解云计算》，赵彦锃等制作，工业和信息化部推荐；

55.《鱼油和鱼肝油的区别》，刘畅等制作，哈尔滨市推荐；

56.《食药安全手册——你身边的黄曲霉毒素》，国家食药监管总局新闻宣传中心制作，原国家食药监管总局推荐；

57.《核电金钟罩》，广西防城港核电有限公司制作，广西壮族自治区推荐；

58.《云的家族》，霍林等制作，湖南省推荐；

59.《生物质能概述》，广西教育出版社有限公司制作，广西壮族自治区推荐；

60.《科学的睡姿》，张丽娟制作，江苏省推荐；

61.《3分钟教你如何防范网络诈骗》，青微工作室等制作，共青团中央推荐；

62.《药物的体内旅行》，赵文跃制作，上海市推荐；

63.《"闻"名机场——检疫犬机场"当差"》，上海机场出入境检验检疫局制作，原国家质检总局推荐；

64.《致命萌"宠"》，任安等制作，甘肃省推荐；

65.《网络诈骗不要怕 防范我有安全侠》，徐斌等制作，中国人民银行推荐；

66.《安全民居建设》，常建军等制作，北京市推荐；

67.《当地震发生时，我们应该怎么办？》，宋金龙等制作，中国地震局推荐；

68.《创新创业 科技惠民》，李洪雷等制作，沈阳市推荐；

69.《没人想告别》，成都大熊猫繁育研究基地制作，四川省推荐；

70.《读写台灯"照"护眼睛》，中国质量认证中心制作，原国家质检总局推荐。

二、社会征集自荐作品（30部）

71.《天舟一号——太空补给排头兵》，肖云等制作；

72.《探秘"天眼"FAST》，阚子毅等制作；

73.《熊蜂授粉记》，北京市农林科学院农业信息与经济研究所制作；

74.《悟空探物》，中国科普博览制作；

75.《天池》，夏小维制作；

76.《时间精灵长短波授时系统》，黎文等制作；

77.《毛皮滑雪板》，谢树燕制作；

78.《从陆地到海洋》，江芸等制作；

79.《同舟共济》，上海市中医文献馆制作；

80.《T博士的科学探索》，李伟豪制作；

81.《e知伴解——被嫌弃的消炎药的一生》，北京市可持续发展促进会制作；

82.《火山》，崔紫祺制作；

83.《地震安全歌》，福州智永信息科技有限公司制作；

84.《由"感"而发》，许理颖等制作；

85.《垃圾分类那些事儿》,张灿灿制作;

86.《趣谈生命进化——色彩魔棒黑素体》,刘巍制作;

87.《叹为观"纸"》,河北省科技馆制作;

88.《科普君的PX游戏》,潘希鸣等制作;

89.《寻找现实中的大白》,耿娴制作;

90.《〈桃花源记〉前传仁医版》,李雄志制作;

91.《辟谣之歌》,郝倩倩等制作;

92.《萌警小课堂》,共青团广州市公安局交通警察支队委员会制作;

93.《日珥》,蔡晓荦制作;

94.《你所不知道的二维码》,张明书等制作;

95.《人工智能vs人类》,严圳阳等制作;

96.《撒播甜蜜的木糖醇高产菌》,刘鹏等制作;

97.《黄志镗:这个从化学试剂厂走出来的院士不简单》,北京中科幻彩动漫科技有限公司制作;

98.《半导体量子芯片》,王英等制作;

99.《冠心病·新语》,包丽雯制作;

100.《5分钟了解你的泌尿系统》,李翔制作。

# 附录16  2017年全国科学实验展演汇演优秀项目名单

为贯彻落实党的十八大精神，深入实施创新驱动发展战略，大力"普及科学知识、弘扬科学精神，提高全民科学素养"，中国科学院科学传播局、科技部政策法规与监督司组织举办了以"科技强国  创新圆梦"为主题的"全国科学实验展演汇演活动"，来自全国各地 20 多个省、市推荐的 69 组科学实验秀队伍呈现了一场美妙绝伦的科学秀。

1. 我和科学有个约会，广东科学中心
2. 近观"龙卷风"，大庆铁人王进喜纪念馆
3. 江湖告急  打破常识告诉您洪水激流如何自救，黑龙江省公安消防总队牡丹江支队
4. 摩擦自锁演示及探究实验，清华大学
5. 漫游气之界，青海省科学技术馆
6. 能力非常道，上海科技馆
7. 消失的辣味儿，大庆石油科技馆
8. 神奇的电磁现象，西安高新第三中学
9. 高温超导 X 度磁悬浮技术，陕西师范大学
10. "压力山大"的爸爸，上海科技馆
11. 从"竹蜻蜓"到"猫旋"——角动量守恒原理，北京交通大学
12. 会飞的秋千，大庆石油科技馆
13. 魔力彩虹，陕西自然博物馆
14. 灰绿还是粉白——奇妙的色觉恒常性，中科院上海技术物理研究所

15. 探究热在空气中的自然对流，北京市东城区和平里第四小学
16. 自制光通信演示实验，西北师范大学
17. 观察 DNA 和 RNA 在细胞中的分布，武汉市常青第一中学
18. 武林外传之买车记，陕西科学技术馆
19. 农产品质量安全科普演示，广州市农业科学研究院
20. 党参和浙贝母的硫熏鉴别方法，中国食品药品检定研究院
21. 酸奶中乳酸菌的显微形态观察，西南民族大学
22. 玩转特斯拉，河南省焦作市科技馆
23. 神奇小火车，大连民族大学
24. 风来了，沈阳科学宫
25. 裸眼 3D 光学显示技术探秘，中央民族大学
26. 会转弯的光，中南民族大学
27. 小火柴、大力士，江苏省科学技术馆
28. 光语（物理实验），辽宁省科学技术馆
29. 听话的水系列实验，北京市第五十中学
30. 电磁现象、大气压的应用，北京市第十一中学分校
31. 舞动的风，科学派
32. 厉害了我的火，黑龙江省消防总队哈尔滨支队
33. 林源植物精油的制备，北京林业大学
34. 神奇的生长（置换反应），大连化学物理研究所
35. 花青素的变身，西南大学
36. 如何制作"纯""真"酸奶，河北省微生物研究所

# 附录17  2017年全国优秀科普作品名单

为深入贯彻落实党的十九大精神和习近平新时代中国特色社会主义思想，弘扬科学精神，普及科学知识，落实《"十三五"国家科技创新规划》和《"十三五"国家科普和创新文化建设规划》确定的重点任务，加强国家科普能力建设，科技部组织开展了2017年全国优秀科普作品推荐活动。活动得到了各地各部门的高度重视和积极响应，共收到34个省、自治区、直辖市及计划单列市、副省级城市，中央、国务院及中央军委所属34个部门推荐的278部作品（共计596册）。

在形式审查的基础上，科技部聘请相关知名专家组成评议组进行了独立评议，经过公示无异议，评出《量子时刻：奇妙的不确定性》等47部作品为2017年全国优秀科普作品，向全社会推荐阅读。具体名单如下：

1. 《量子时刻：奇妙的不确定性》，[美]罗伯特·P. 克里斯等著，刘朝峰译，人民邮电出版社，中科院推荐。

2. 《鸟国拾趣》（2册），谈宜斌著，中国林业出版社，林业局推荐。

3. 《美丽地球新视角》，国家测绘地理信息局卫星测绘应用中心主编，中国地图出版社，测绘地信局推荐。

4. 《太空日记：景海鹏、陈冬太空纪实》，刘思扬主编，景海鹏等编著，四川科学技术出版社，四川省推荐。

5. 《"改变世界的科学"丛书》（9册），王元主编，学夫子等著，上海科技教育出版社，新闻出版广电总局推荐。

6. 《中国古代重要科技发明创造》，中国科学院自然科学史研究所编著，中国科学技术出版社，中国科协推荐。

7.《万物中的科学》，[美]凯瑟琳·葛莱德等著，许晋福译，安徽少年儿童出版社，安徽省推荐。

8.《测量的故事》，[英]安德鲁·鲁滨逊著，《测量的故事》编译组译，中国质检出版社，质检总局推荐。

9.《漫步到宇宙尽头》，李然著，湖南科学技术出版社，中科院推荐。

10.《青少年科学素养文库》（4册），吴新智等著，外语教学与研究出版社，新闻出版广电总局推荐。

11.《胡大一医生浅谈心脏健康》，胡大一主编，中国轻工业出版社，卫生计生委推荐。

12.《郎景和院士"关爱女性健康"系列》（6册），郎景和著，湖北科学技术出版社，湖北省推荐。

13.《加油向未来科学一起嗨》（2册），加油向未来节目组组编，高等教育出版社，教育部推荐。

14.《世界航天器史》，[英]蒂姆·弗尼斯著，陈朴等译，中国科学技术出版社，工业和信息化部推荐。

15.《光阴》，申赋渔著，江苏凤凰美术出版社，江苏省推荐。

16.《机械运转的秘密　动物园大逃亡！》，[英]大卫·麦考利著，吕梦佳等译，电子工业出版社，工业和信息化部推荐。

17.《珠峰简史》，徐永清著，商务印书馆，测绘地信局推荐。

18.《呦呦寻蒿记》，《呦呦寻蒿记》编写组编，化学工业出版社，北京市推荐。

19.《细胞与干细胞：神奇的生命科学》，王佃亮等编著，化学工业出版社，共青团中央推荐。

20.《野鱼记》，陶旭东等著，新世纪出版社，广东省推荐。

21.《航天育种简史》，郭锐等著，陕西科学技术出版社，陕西省推荐。

22.《成语典故中的度量衡》，郑颖等编著，中国标准出版社，质检总局推荐。

23.《趣味力学现象》，胡宁生著，江苏凤凰教育出版社，南京市推荐。

24.《新编农牧民科普系列丛书》（8册），额尔德尼等编，远方出版社，内蒙古自治区推荐。

25.《霍蒙库鲁斯：趣味生物学简史》，[俄]尼·尼·普拉维利希科夫著，王梓等译，中国青年出版社，共青团中央推荐。

26. 《活跃的地球：板块构造趣谈》，[美]基奥斯等著，王大宏等译，地震出版社，地震局推荐。

27. 《家住三江源》，青海省林业项目办公室编，人民教育出版社，青海省推荐。

28. 《不做不知道，科学真奇妙》，央视创造传媒有限公司《脑洞大开》节目组编著，新蕾出版社，天津市推荐。

29. 《安全简史——从隐私保护到量子密码》，杨义先等著，电子工业出版社，工业和信息化部推荐。

30. 《天文·地质·古生物》，李四光著，地质出版社，国土资源部推荐。

31. 《密码的奥秘》，[美]保罗·伦德编著，刘建伟等译，电子工业出版社，中国科协推荐。

32. 《你看见我的蛋了么？》，[澳]彭妮·奥尔森文，[澳]朗达·N·嘉沃德图，陈小凡译，国家图书馆出版社，文化部推荐。

33. 《酷蚁安特儿总动员》（8册），霞子著，科学普及出版社，山东省推荐。

34. 《中国少年生态意识教育丛书·星际精灵蓝多多》（6册），环境保护部宣传教育中心主编，学林出版社，环境保护部推荐。

35. 《猿猴家书——我们为什么没有进化成人》，张鹏著，商务印书馆，中国科协推荐。

36. 《演化》，[法]让-巴普蒂斯特·德·帕纳菲厄等著，[法]帕特里克·格里斯摄，邢路达等译，北京美术摄影出版社，中科院推荐。

37. 《小石头、电饭煲与汽车警察》（4册），王大伟著，林敏绘，中国大百科全书出版社，公安部推荐。

38. 《社会文化科学背景下的技术编年史（远古—1900）》，姜振寰主编，高等教育出版社，教育部推荐。

39. 《小小疯狂科学家的50个有趣实验》，[美]卡伦·罗马诺·扬著，[美]马修·克拉克摄，阳曦译，安徽少年儿童出版社，安徽省推荐。

40. 《家庭实验室》，[法]戴尔芬·葛林堡等著，[法]约克·默尔等绘，赵佼佼等译，新蕾出版社，天津市推荐。

41. 《小厨房大药房》，姬领会等编著，中国医药科技出版社，食品药品监管总局推荐。

42. 《公众防汛防台抗旱知识读本》（4册），浙江省人民政府防汛防台抗旱指挥部办公室等编,中国水利水电出版社,水利部推荐。

43.《科学令人如此开怀》(5册),纸上魔方编绘,湖北教育出版社,新闻出版广电总局推荐。

44.《妙趣科学馆》(6册),黄永清等著,黑龙江少年儿童出版社,黑龙江省推荐。

45.《宇宙图志》,[美]迈克尔·本森著,余恒译,电子工业出版社,北京市推荐。

46.《法国经典少儿百科全书》系列(儿童版,少年版),[法]法国纳唐出版社著,刘婷等译,福建科学技术出版社,福建省推荐。

47.《地震探索之旅》(3册),中国地震局编,科学普及出版社,地震局推荐。